U0325826

MPR 出版物链码使用说明

本书中凡文字下方带有链码图标"＝＝"的地方，均可通过"泛媒关联"App 的"扫一扫"功能，获得对应的多媒体内容。

您可以通过扫描下方的二维码下载"泛媒关联"App。

"泛媒关联" App 链码扫描操作步骤：

1. 打开"泛媒关联"App；

2. 将扫码框对准书中的链码扫描，即可播放多媒体内容。

扫码体验：

 本章图片链接

本书出版得到以下项目资助：

- 佛山科学技术学院教材出版基金
- 广东省教育厅研究生教育创新计划项目"产教深度融合高质量工程硕士培养基地的制度体系研究"（2021JGXM103）
- 国家自然科学基金项目"基于水动力过程的粤北岩溶区土地利用方式对钙迁移、沉积影响机制研究"（41571091）
- 佛山科学技术学院环境与化学工程学院环境科学与工程学科建设费

编　委　会

景观规划设计

JINGGUAN GUIHUA SHEJI

主　编◎魏兴琥

暨南大学出版社
JINAN UNIVERSITY PRESS

中国·广州

图书在版编目（CIP）数据

景观规划设计/魏兴琥主编. —广州：暨南大学出版社，2021.9
ISBN 978 - 7 - 5668 - 3227 - 6

Ⅰ. ①景…　Ⅱ. ①魏…　Ⅲ. ①景观规划—景观设计　Ⅳ. ①TU986.2

中国版本图书馆 CIP 数据核字（2021）第 175948 号

景观规划设计
JINGGUAN GUIHUA SHEJI
主　编：魏兴琥

....

出 版 人：张晋升
统　　筹：苏彩桃
责任编辑：刘碧坚
责任校对：周海燕　陈皓琳　黄晓佳
责任印制：周一丹　郑玉婷

出版发行：暨南大学出版社（510630）
电　　话：总编室（8620）85221601
　　　　　营销部（8620）85225284　85228291　85228292　85226712
传　　真：（8620）85221583（办公室）　85223774（营销部）
网　　址：http：//www.jnupress.com
排　　版：广州尚文数码科技有限公司
印　　刷：佛山市浩文彩色印刷有限公司
开　　本：787mm×1092mm　1/16
印　　张：18.75
字　　数：456 千
版　　次：2021 年 9 月第 1 版
印　　次：2021 年 9 月第 1 次
定　　价：56.00 元

前　　言

　　景观规划设计是一门年轻的学科，是建筑学、规划学、艺术学、园艺学、植物学、生态学等多个学科综合的应用性学科，也是为解决城市快速发展过程中伴随而生的各类城市环境问题而诞生的新学科，迄今只有一百多年的发展史，因此，它又是一门不断发展和完善的创新学科。从 1863 年奥姆斯特德（**Frederick Law Olmsted**）创立景观规划设计学（**Landscape Architecture**）开始，"提供革新的规划和优秀的设计，创造一个更贴近自然、更符合自然群落、更能增加公众认同感的景观世界，并使它更安全、健康和美丽"就成了学科发展的核心内容。无论是奥姆斯特德还是其他学科发展人，他们的景观规划设计作品如今仍展现了极其重要的生态与人文价值，学科也得到更多学者和社会的认可。

　　随着我国城市化进程的加快，城市规划、建筑设计、环境保护之间的协调与合作愈发重要，迫切需要一门新学科将城市规划、建筑设计、生态环境保护、资源可持续发展等有机结合，而基于规划与设计结合的景观规划设计学科完全符合当代城市可持续发展的需要，应用景观规划设计的理论和方法是设计符合现代城市需要，满足大多数城市居民生活、工作、娱乐所需景观的良好途径。

　　和发达国家相比，我国的景观规划设计教育起步较晚。1998 年北京大学率先成立北京大学景观规划设计中心，2003 年又成立了北京大学景观规划设计学院。2004 年年底，中国国务院学位办批准了同济大学在建筑学一级学科中设立名为"景观规划设计"的二级学科硕士点和博士点，从而在中国开始了以"景观规划设计"为官方名称的研究生教育。但我国迄今还没有设立景观规划设计学本科专业，尽管如此，在全国设有环境艺术专业的约 100 所大专院校、设有园林专业的约 50 所大专院校和设有旅游管理类专业的约 80 所大专院校中，虽然其院校学科、专业背景不同，但都在从事培养景观规划设计人才的工作。此外，多所院校在规划、建筑、环境、地理等多个专业开设有景观规划设计方面的课程。

　　2010 年，为了更好地普及景观规划设计方面的知识，我们参考借鉴北京大学愈孔坚等《景观设计：专业　学科与教育》、同济大学刘滨谊《现代景观规划设计》、冯炜等《现代景观设计教程》等诸多相关著作出版了《景观规划设计》教材。近十年来，该教材得到业界内外一致认可，但也发现一些不足，特别随着景观规划设计行业在中国的飞速发展，其内涵、外延都不断发生变化，新方法、新概念、新内容不断涌现，该教材的内容迫切需要进行更新、完善和补充。在此背景下，我们对原教材十二章内容全部进行了修改、补充和完善，调整了部分章节，更换了大多数案例，增加了乡村景观规划设计等内容。

　　本书主要面向人文地理与城乡规划、城乡规划、园林等专业开设景观规划设计课程的高等本科、专科及职业院校学生。全书共分上、下编两大部分，共十三章内容。上编着重于理论基础部分、规划设计要素、方法和原则；下编着重于不同景观类型的规划设计方法。各章分工执笔如下：魏兴琥编写第一、第二、第四章，李越琼、魏兴琥编写第三章，梁钊雄、陆冠尧、魏兴琥编写第五章，石薇、魏兴琥编写第六章，黄金国、李辉霞编写第七章，谢萍编写第八、第十一章，魏兴琥、辛晓梅、胡佳编写第九章，王兮之编写第十章，魏兴琥、李凡编写第十二章，石薇编写第十三章，雷俐、徐喜珍、周红艳、刘伟参与了第四章部分内容编写，部分公园总平面图由石薇修改、编辑，全书由魏兴琥、刘淑娟统稿。柏林自由大学魏翊同学提供了城市广场部分图片。佛山科学技术学院2020级农艺与种业研究生张鑫雨、秦来巧参与了第七章部分平面图修改、书稿校对工作。书中部分插图由张悦全绘制。仲恺农业工程学院何香凝艺术设计学院院长李绪洪教授、广州城建职业学院郑重副教授指导并参与了本书统稿工作。

　　本书的编写得到佛山科学技术学院的大力支持，学校和环境与化学工程学院领导对本书的编写给予了大量的帮助，在此深表感谢。

　　昆明植物园的陈智发、陶恋对本书"公园的设计范例"中的"植物园案例——昆明植物园"内容给予了帮助并提供了部分照片，在此表示感谢。

　　由于笔者水平有限，书中难免有错漏和不当之处，希望广大读者和同行指正。

编　者

2021 年 1 月

目 录
CONTENTS

下 编　不同城市景观类型的设计与范例

上编 | 景观规划设计基础

第一章　绪论

第一节　景观规划设计学科产生的背景

一、城市化与城镇化

"城市化"译自 urbanization 一词，英语单词 urban 的意思既包括城市，也包括城镇，所以，西方的城市化也包含城镇化，原意是指人口向城市聚集、城市规模扩大以及由此引起一系列经济社会变化的过程。

按照《中华人民共和国国家标准城市规划术语》的定义，城市化是"人类生产与生活方式由农村型向城市型转化的历史过程，主要表现为农村人口转化为城市人口及城市不断发展完善的过程"。但不同学科对城市化的理解不同，如人口学把城市化定义为农村人口转化为城镇人口的过程，即城市化就是人口的城市化，是"人口向城市地区集中、或农业人口变为非农业人口的过程"；地理学所研究的城市化是一个地区的人口在城镇和城市相对集中的过程，城市化也意味着城镇用地扩展，城市文化、城市生活方式和价值观在农村地域的扩散过程；从社会学的角度来说，城市化就是农村生活方式转化为城市生活方式的过程；经济学家则是从工业化的角度来定义城市化，认为城市化是农村经济转化为城市化大生产的过程……

中华人民共和国成立之初，由于薄弱的经济基础与计划经济限制，我国的城市发展在相当一段时期内受到制约，直到改革开放时期才发生转变。改革开放初期，广大农村相对充足的土地资源和劳动力为乡镇企业的快速发展提供了良好的基础，具有中国特色的小城镇发展模式应运而生，城镇数量在改革开放初期的 1984—1996 年从 2 664 个猛增到 18 200 个，中国的小城镇在经济、产业、人口等方面占据着举足轻重的地位。因此，中国的城镇不仅在空间上和城市不同，城镇化和城市化也相对具有自己的特征。城镇化发展到现在，其内涵与作用已经发生了很大变化，其与中小城市、大城市的关系和协调发展需要重新审视，特别是中国共产党第十八次全国代表大会（简称中共十八大）提出新型城镇化概念后，城镇化的内涵与外延与过去更不同，更加强调人口、经济与社会活动在地理空间上的均衡分布，也更符合中国人口多、资源分布差异大、地貌单元复杂、经济发展不均衡的特点，即使在当今世界，在强调产业集群、大规模城市群增强区域竞争力的背景下，城镇化仍然是符合中国国情的一种发展模式。

城镇化与城市化的本质是一致的。概括地讲，城市（镇）化是指原从事农业的人口向城市（镇）集中从事非农产业的过程，表现为城市（镇）人口增多和城市（镇）规模的不断扩大，包括城市（镇）地区居民的生活、居住方式、产业结构等变化及其衍生的后果。

二、城市化进程与发展趋势

（一）城市化进程

公元前3500年左右诞生了美索不达米亚等世界上第一批城市，人口规模只有5 000～25 000人。公元前5世纪，除巴比伦外，波斯、希腊、印度和中国都开始有10万人以上的城市。公元1400年，随着西北欧经济的发展，其城市人口规模才开始迅速增长起来，巴黎成为当时欧洲的第一大城市，人口规模达27.5万。在公元800—1800年的大部分时间里，中国的城市数量和规模几乎都位于世界各国之首，从唐长安到宋杭州、南京，再到元、明、清的北京，城市人口规模一直保持在世界前列。18世纪中叶，源于英国的工业革命给人类社会带来了崭新的面貌，从此，世界开始从农业社会迈入工业社会，从乡村化时代进入城镇化时代，这被认为是城市化的正式开始。1800年，全世界人口达到100万的城市只有北京1个，1900年达到16个，1925年达到31个；1950年，人口500万以上的城市已有6个，2000年约有60个。2005年，人口超过1 000万的城市有20个。2017年，人口超过2 000万的城市超过12个，人口最多的日本东京人口超过4 200万，中国的重庆排第二，人口超过3 048万，上海、北京分别排第七、第九名，人口分别达到2 361万和2 170万。工业革命至今，城市人口和规模的快速发展远超以往任何历史时期，尤其在进入21世纪后，信息化、智能化飞速发展使人员流动、信息流动、物资流动更加快捷、方便，城市化进程进一步加速。

（二）城市化发展趋势

从18世纪中叶工业革命到20世纪末全球经济一体化，城市化的发展无论是在深度、广度还是内涵上，都发生了深刻变化，并表现出以下主要趋势：

1. 城市规模迅速扩大，发展中国家城市化进程加快

19世纪，发达国家城市规模不断扩张，城市化水平显著提高。20世纪50年代末，随着西方式工业化在全世界的扩散，全球城市规模出现迅速增长的局面，尤其是发展中国家的城市规模增长更加显著。1950年，全球800万人口以上的2个特大城市（纽约和伦敦）均分布于发达国家。到1970年，全球8个新的特大城市有3个（东京、洛杉矶和巴黎）位于发达国家，5个位于发展中国家（墨西哥城、圣保罗、布宜诺斯艾利斯、上海和北京）。1990年，20个世界特大城市中有6个分布于发达国家，14个分布于发展中国家。毫无疑问，随着全球一体化进程加快，世界城市化的主流正在向发展中国家转移。2000年，在世界人口最多的10大城市中，有6个属于发展中国家（墨西哥城、孟买、圣保罗、上海、拉各斯、北京）。2017年，世界城市人口排前10名的城市中有7个分布在发展中国家（中国重庆、上海、北京，印度德里，菲律宾马尼拉，巴基斯坦卡拉奇，墨西哥墨西哥城）。2018年5月，联合国经济和社会事务部人口司发布的《2018年版世界城镇化展望》中的数据显示，至2050年，全球城市人口总量将增加25亿，其中，中国将新增2.55亿。目前世界上有55%的人口居住在城市地区，到2050年，这一比例预计将达到68%。

在中国，城市化进程也在加速，按照 2014 年国务院印发的《关于调整城市规模划分标准的通知》中城市规模划分的标准，从改革开放初期的 1982 至 2010 年，超大、特大、大中城市数量逐年递增，小城市数量在 2000 至 2010 年减少，说明城市规模逐渐增大，人口流动趋势已经由从农村流向城市变为从农村和小城市向大城市转移。

2. 城市中心向周边郊区扩张，中心区人口下降

城市规模增加到一定程度后，一方面，原有城市的自然承载力已难以承受人口、产业集中带来的资源、交通、环境压力，迫使城市的空间地域结构发生变化，城市中心人口和厂矿企业逐渐向四周扩散，引起城市中心区人口的下降以及形成郊区城市化的新趋势；另一方面，交通条件的改善扩大了城市中心人口的扩散。此外，中心区不断攀升的房价、恶化的环境等也成为城市中心向周边地区扩张的动力。这一趋势迫使许多大城市在周边新建卫星城，并借助于高速公路和地下铁道减缓中心区的压力，导致一些大城市每天有几百万人次作"钟摆式"移动，如伦敦老城区白天人数达 100 多万，夜间只有十几万。在中国，这一趋势已在北京、上海、广州等大城市显现，不仅造成城市建设用地面积迅速扩张，郊区城市化，而且中心区人口已加速向周边甚至向其他城市迁移。根据北京市统计局数据，2017 年年末，北京市常住人口比上年末减少 2.2 万人，是 2000 年以来的首次出现负增长，特别是城市中心区人口减少了 37.9 万人。

3. 城市中心区的产业结构和功能进一步强化

在城市人口不断增加和规模不断扩大的压力下，城市的产业结构和社会结构也被动地发生变化，特别是人口的积聚使城市中第三产业的比重迅速提高，中心区第三产业甚至超过了第二产业。城市居民的生产、生活和居住方式也发生了巨大的变化。城市的生产、生活进一步向社会化、信息化、产业化发展，并出现了以一些大城市为核心的城市群，城市进入了信息化、区域一体化与国际化的新阶段，城市中心区的功能得到进一步强化。在很多小城镇，伴随着人口增加，也出现服务业迅速扩张，商品房遍地开花，产业结构向城市化发展的情况。

4. 区域性城市群的形成与扩展

随着现代社会生产和科学技术的飞速发展，以及社会活动的时空领域空前扩大，城市区域中心的辐射半径不断扩大，产业结构的优化与国际竞争力的提高使各大城市在各方面的联系更加紧密，形成了区域性的城市群（或大都市带）。例如，现在欧、美、日等发达国家与地区沿着主要交通干线已自发地形成了一些由若干大城市构成的多中心的城市体系，其人口均在 2 500 万以上，例如，美国东北部大西洋沿岸大都市带、美国五大湖沿岸大都市带、美国西部沿岸大都市带、英格兰大都市带、欧洲西北部大都市带、意大利北部波河平原大都市带、巴西南部沿海大都市带、日本东部太平洋沿岸大都市带等，我国长江三角洲大都市带和珠江三角洲大都市带也初步形成。此外，区域性城市群在空间规模上不断扩展，合作形式上更加多样化。粤港澳大湾区建设促使我国区域城市群向世界级城市群发展，成为引领中国经济转型升级的核心区域和创新型城市群，将与纽约大湾区、旧金山大湾区和东京大湾区一起构成世界四大湾区。

三、 城市化对环境与人类的影响

（一）城市化的正面效应

1. 集约高效利用自然资源和人力资源，促进生产力发展

大多数城市具备比其他区域更好的自然条件，水土资源优越，交通便利，人才济济，基础设施齐备，劳动力资源充沛，产业结构完善，工商业、服务业发达，建筑物与设施集中。这些优势使城市可以高效利用土地资源、水资源、生物资源、人才资源和时间资源，从而有效地节约资源，创造出更高的社会效益和经济效益。

2. 有助于改变人的观念，提高人的素质，促进社会文明发展

城市化不仅改变着人类的生产方式和生活方式，同时也改变着人类的思维方式和交往方式，使人的需求发生变化，并改变着人的生活、工作等观念意识。此外，城市化不仅为许多农村劳动力提供了就业机会，也为他们提供了学习技能、提高文化素质的机会，更为他们的下一代提供了更好的受教育条件，这些都有助于提高全民族的文化素质，促进社会文明发展，并对生态环境的保护具有深远的意义。

3. 促进区域体系和产业结构不断完善

城市化的加速发展加剧了城市竞争，有助于城市产业结构的合理调整和集约化、体系化，最终带动了具有特殊功能或不同特色的新兴城市和专业城市的发展，使区域体系不断完善，如钢铁城、煤矿城、石油城、大学城、科学城等。这种产业集约化有助于提高资源型产业的效益，有助于环境的保护和改善。大城市集群还可以使城市间的产业形成互补、协同发展，从而形成区域产业优势，增强区域竞争力。

（二）城市化的负面效应

在城市化的初期阶段，由于人口规模小、生产力水平低，城市化的负面效应并没有明显地暴露出来，但随着城市化进程的推进，人口高度集中，能源结构、生活方式、交通方式等的改变引起城市环境污染加剧以及用地紧张、交通拥挤、住房紧缺、房价飞涨、基础设施滞后、生态环境恶化、失业率增高等一系列城市问题。

1. 城市环境污染

环境污染是城市化所面临的最严重问题之一，特别是20世纪50年代以来，由于工业化进程的迅速推进，化石燃料需求加剧，工业废水、废气、废渣排放使环境污染达到了极其严重的地步，从而产生了一系列灾难性事件，其中较为严重的是比利时马斯河谷烟雾事件、美国多诺拉镇烟雾事件等8大公害事件和切尔诺贝利核电站泄漏事故、印度博帕尔毒气泄漏事故等6大污染事故。温室效应、厄尔尼诺现象、酸雨等都与城市排放大量有害气体有关。河流污染、土壤污染、垃圾围城、雾霾等现象在很多城市普遍存在。

2. 土地资源的需求压力增大，生态用地面积缩小

城市规模的扩大使建设用地需求增加，导致城市大规模占地、圈地现象出现。在我国，工业、农业用地过大的价值差也加快了大量的农用地变成建设用地的速度，而建设滞后又造成大量土地闲置。土地资源的不合理利用既造成了土地的紧缺，又造成了土地的浪费，不仅使城市内用地越来越紧张，也使许多耕地面临功能改变的威胁。同时，在城市建设中，土地资源紧张迫使生态绿地比例被压缩，城市生态承载力进一步下降。

在美国，专供城市利用的土地从 1982 年的 2 100 万 hm^2 增加到 1992 年的 2 600 多万 hm^2，在 10 年间，208 万 hm^2 的林地、153 万 hm^2 的耕地、94 万 hm^2 的草场和 77 万 hm^2 的牧地变成了城市用地。

在中国，城市建设用地面积在 1981—2014 年由 6 720km^2 增至 49 982.7km^2，净增长 43 262.7 km^2，增长了 6.44 倍。其中：仅 2000—2014 年 5 年间，北京市建设用地面积增加了 895km^2，上海增加了 449 km^2，广州增加了 594 km^2，深圳增加了 755 km^2。改革开放以来，中国耕地平均每年减少 480.5 万亩。

城市的扩张使原有的大量郊区生态防护带消失，而建成区内的生态用地面积不足，难以消化吸收城市废弃物造成的污染。中国小城镇的快速发展也成为农业用地减少的因素之一。很多城市周边、城镇周边都出现了垃圾围城、厂矿围田的景象。

3. 城市化对人类健康的影响

城市化所引起的环境问题直接威胁着人类健康，特别是近几十年来发生的一系列重大伤害事件，已引起世界的广泛关注，如切尔诺贝利核电站事故、莱茵河污染事故、墨西哥液化气爆炸事件等直接危害到人类的健康；城市热岛效应、干岛效应等，特别是城市的环境污染，也会直接或间接地、明显或潜在地影响着人类的健康；由于城市规模的扩大、高层建筑的增多、绿地的相对减少，动物和其他生物的生存空间被大幅度抑制，许多"城市病"逐渐繁衍开来，各种呼吸系统疾病、心脑血管疾病、肥胖病、癌症等的高发病率都与城市化带来的环境污染息息相关。

4. 自然生态系统遭到严重干扰甚至破坏

城市的扩张以及城市的生产、生活需求对周围环境造成越来越大的干扰，使自然生态系统受到严重影响。一个世纪前，地球表面仅 15% 的土地用于种植作物、饲养牲畜，今天，地球上 77% 以上的土地和 87% 的海洋已经被人类的活动直接影响改变。

城市扩张过程中，大片土地被开发为建设用地导致原有自然生态系统的面积减少。由于城市的发展以人为本，加上生态保护思想淡薄，对自然生态系统中的生物种类及其类型的重要性缺乏科学认识，使众多的生物种类及其群落赖以生存的环境遭受破坏，许多物种已灭绝，还有相当一部分正处在灭绝的边缘，而这些生物种类或群落类型往往是自然生态系统或人类的天然保护屏障，因此，其破坏必将对城市及其更大范围内的环境造成严重影响。如大量的湿地和沼泽被抽干或填埋，湿地生态系统消失，水陆生态传输的缓冲系统破坏，水环境愈加脆弱；进行大规模的海岸线延伸到海中的填海造地项目等，使得大面积的红树林被毁，这些行为会加剧海岸的侵蚀，改变港湾的水文，破坏自然演替过程，最终会对环境产生更严重的破坏。如摩洛哥丹吉尔港市的扩展改变了海岸的面貌和当地的海流形式，结果使附近海滨现在以每年 5m 的速度被侵蚀。在旧金山海湾，由于填海已使这个港湾城市在过去 150 年中减少了 1/3 的海湾区域，其中沿海 80% 的沼泽已经消失；印度的加尔各答因大量填埋潟湖和沼泽已大大地加重了当地洪水灾害。这种现象在我国也较为常见，滇池、太湖等由于大面积围湖建筑开发和排放造成湖水严重污染，昔日碧波荡漾、风景如画的滇池和太湖已变得绿藻成灾，声名狼藉。很多沿海城市的红树林在城市扩张中消失殆尽。

城市不断增加的各种需求也对自然生态系统产生了严重干扰，如在西北干旱区捡拾发菜加剧沙漠化，采、挖野生花卉、树木，移植大树加剧水土流失，草坪铺植换土等行为使原有的生态系统结构和功能发生了变化，造成自然生态防护效益降低，抗灾能力下降，近年来各地出现的泥石流灾害、沙尘暴灾害也在一定程度上与城市化过程中不注意自然生态系统的保护有关。

城市化的发展及其带来的一系列环境问题正是景观规划设计学科诞生和发展的主要动力，也是景观规划设计学家面临的最大挑战和需要特别关注的焦点。

第二节　景观规划设计学科的产生与发展

在论述景观规划设计学科前有必要对"景观"的概念和含义加以解释，使我们能更深刻地理解景观规划设计学科。

一、景观的含义与发展

什么是景观？"景观"一词的使用最早见于希伯来语《圣经》旧约全书，其原意是表示自然风光、地面形态和风景画面。但由于认识角度不同，对景观含义的理解也不同。艺术家认为景观是可以表现与再现的对象，正如风景；建筑师认为景观可以作为建筑物的配景或背景；旅游学家则将景观视为可开发利用的旅游资源；19世纪初期，德国著名地理学家洪堡（A. V. Humboldt）最早提出将景观作为地理学的中心问题，探索由原始自然景观变为人类文化景观的过程；生态学家认为景观是自然、生态和地理的综合体，包括所有的自然与人为格局和过程；我国的景观生态学家对景观的定义为："景观是一个由不同土地单元镶嵌组成，具有明显视觉特征的地理实体；它处于生态系统之上，大地理区域之下的中间尺度；兼具经济、生态和文化的多重价值。"在景观规划设计中，景观应包含景象、生态系统、资源价值、文化内涵等多重含义。

愈孔坚对景观的含义作了深刻的论述。

（一）景观的视觉美

1. 景观作为城市景象的含义

最早的景观含义实际上是城市景象。这种景象不仅是早期人类寻求的、能够提供安全和庇护的城市聚居地，也是乡野之人逃避大自然、憧憬更美好的生活家园的理想所在。在城市发展的整个过程中，无不寄托着人类的美好愿望与追求，而城市本身的发展也体现了人类文明的进程。

2. 景观作为城市的延伸和附属

无论是在文艺复兴前或文艺复兴期的欧洲，又或是18世纪的英国，还是19世纪的中国；无论是最初的乡村风景，又或是以凡尔赛为代表的巴洛克造园，还是英国的自然风景园林和古代中国的"园林"，其实质都是贵族和有钱人追求的理想城市，景观只是城市的延伸和附属，是"虚拟的自然"。

3. 景观作为城市的逃避和对抗

从19世纪下半叶开始，在欧洲和美国各大城市，城市环境变得极度恶化。城市作为文明与高雅的形象被彻底毁坏，反而成为丑陋的和恐怖的场所，自然原野与田园则成为逃避的场所。因此，人们也从欣赏和赞美城市转向爱恋和保护田园。

在城市的发展历史中，景观的视觉美的含义在不断变化和修正，景观的载体也在变换，但始终未脱离它仅仅是为少数贵族和有钱人服务、是取悦部分人视觉与感受的人工景象的地位。

（二）景观作为栖息地的含义

景观虽然是以人为主体的视觉美的感知对象，但同时，城市景观首先是人类的栖息地，是寄托了个人或群体的社会和环境的理想家园，正如陶渊明笔下的桃花源是中国士大夫的社会和环境理想的景观家园一样。无论是古埃及、古希腊、古罗马的城市景观，还是中世纪欧洲、文艺复兴时期的景观，均是建立在栖息地家园之上的为封建贵族或宗教服务的视觉或功能载体；中国古代园林无论是私家园林还是皇家园林，都是建立在"家园"中的为少数人欣赏的景观。因此，景观是人与人、人与社会、人与自然关系在大地上的烙印，是建立在栖息地之上的人类生活、文化、历史的影像，反映景观所有者的生活体验。

（三）景观作为系统的含义

随着自然科学尤其是生态学的诞生与发展，景观被赋予新的含义，即景观是一个自然生态系统和人工生态系统。任何一种景观均是不同的生态系统，系统内有物质、能量组成及流动，不仅各自的功能和结构有异，而且系统也是变化的、动态的和相对平衡的。景观作为系统，其含义包括：

1. 反映景观本身与外部系统的关系

景观本身与外部系统的关系即景观自身的生态系统与外部其他生态系统之间的交流关系。

2. 反映景观内部各元素之间的生态关系

景观内部各元素之间的生态关系即水平生态过程。如森林内部不同树种之间、乔木与草本之间、植被与土壤之间等存在水分、养分等的流动与交换过程。

3. 反映景观元素内部的结构与功能的关系

一棵树、一株花、一根草，无论是自然的还是人工的景观，它们之间都有最适宜的组成结构和功能关系，并且它们总是在竞争中不断调节以达到最佳的资源利用效率，形成生态平衡。

4. 反映生命与环境之间物质、营养及能量的关系

景观内的生命，包括景观内或外的人类及其他生物，是整个生态系统的组成部分，它们与其载体——环境之间构成完整的生态系统，在系统内的各要素之间，有着复杂的基于物质、营养及能量的共生、依存和竞争关系，只有形成平衡而合理的关系，景观本身和整个生态系统才是健康而有序的，否则会对某个要素甚至整个系统构成威胁和伤害。

景观作为一个生态系统，几乎包含了所有上述生态过程而成为生态学的研究对象。

（四）景观作为符号的含义

人类有别于其他动物，是因为其文化特征。景观是人类文化传播的媒体，它记载着

一个地方的历史，包括自然的和社会的历史；讲述着动人的故事，包括美丽的和凄惨的故事；讲述着土地的归属，也讲述着人与土地、人与人，以及人与社会的关系。每一个人工景观的设计或自然景观的改造都传达了设计者和所有者的意愿，反映了人类在自然环境影响下对生产和生活方式的选择，也反映了人类对精神、伦理和美学价值的取向。

综上所述，景观的内涵极其深远而广泛。每一个自然的或人工的景观，不仅包含着视觉景象的含义，还被赋予人类文化的印记，也融入了自然科学的内涵。在当今社会，景观已不再是一个单一的或破碎的片段，而是一个综合了自然科学与社会科学的系统，一个将人类生活、自然界与景观高度结合的、能够保持地球和谐和可持续发展的完整系统。

景观的含义随着社会的发展变革而改变，从封建贵族时代、民主时代到当今的自然科学、社会科学飞速发展时代，景观的载体、内涵、特征在不断地变化和完善，它已经从最初的人工景象、栖息地景观演变为整个自然生态系统中重要的构成要素，而不再是单纯依附于人、服务于人的视觉、文化和生活工具，是与人类等同的地球生态系统的组成部分，是当今社会可持续发展的关键因子。

因此，景观是一个系统，是一个承载着自然生态系统和人类文化内涵的载体。我们只有深刻地理解景观的内涵，才能更好地认识和掌握景观规划设计学科。

二、景观规划设计学科的产生与发展

（一）景观规划设计学科的产生

19世纪，世界城市化快速发展，特别是从19世纪下半叶开始，世界各大城市规模快速扩张，导致了欧洲和美国各大城市的环境极度恶化，破坏了原有的城市形象，导致了对城市景观理念的重新审视和转变，从而促生了以奥姆斯特德（F. L. Olmsted，1822—1903）为代表的景观规划设计师的出现和景观规划设计学科的诞生，这一诞生时间被锁定在1863年5月。

景观规划设计最初是以景观规划设计职业的方式出现于美国。景观规划设计职业在美国的形成与唐宁（A. J. Downing，1815—1852）、沃克斯（Calvert Vaux，1824—1895）以及奥姆斯特德等建筑规划设计学家密不可分，特别是城市公园的兴起与发展成为美国景观规划设计职业出现的基础。由于美国文化、气候及民主制度的关系，民众户外活动丰富，大众户外活动的空间颇受关注。唐宁认识到了城市开放空间的重要性，倡议在美国建立公园。华盛顿公园成为他计划建造的首座大型公园，并想借此带动其他城市建造公园，为市民提供休憩场所。遗憾的是，华盛顿公园仅完成了最初的建设，唐宁就去世了，但他仍获得了"美国公园之父"的称号。在唐宁关于浪漫郊区的设想中，他表达了逃避工业城市和突破美国方格网道路格局的意愿。在新泽西公园规划中，他设计了自然型的道路，住宅周边植被茂密，住宅区中有公园，这种回归自然的设计风格对后来的景观规划设计影响很大。沃克斯是一位英国建筑师，受唐宁邀请在1850年到美国与唐宁一同从事园林设计，他们共同完成了许多乡村住宅、小别墅等代表性设计。唐宁和沃克斯都是英国浪漫主义风景派风格的尊崇者，他们的设计深受英国风景园设计的影响。因此，以公园为载体、以英国风景园为主体风格、回归自然的设计理念成为景观规划设计学科的基础与萌芽。

被称为"美国景观规划设计之父"的奥姆斯特德对景观规划设计学的贡献最早始于他和沃克斯共同设计的纽约中央公园及他对公园的建设和管理。在这块位于曼哈顿中心、总面积 320 多公顷的公园设计中，他们确立了要以优美的自然景色为特征的准则，并强调居民的使用，公园内四条下沉式的过境道路不仅承担了城市交通的功能，也避免了对公园内自然景观格局的破坏，并将城市交通对步行者和公园内其他三条环路造成的干扰降到最低程度。公园四周用乔木绿带隔离视线和噪声，营造一个相对安静的环境。公园采用自然式布局，尽可能保留原有的地貌和植被，保证林木覆盖度，对原有的自然景观保持原貌，人工景观如道路、雕塑、水体等特别强调富于创造性与多样化，美观与实用结合。奥姆斯特德在设计之初已经敏锐地认识到了在工业化、城市化大背景下，城市居民的游憩及亲近自然的需求。在中央公园的设计中，他综合考虑的因素包括交通组织、游览线路、原始地形、水体、绿化、灌溉、建筑、审美等，为纽约市民提供了一处优美而充满自然气息的日常游憩场所，并在担任公园主管期间努力维护了其完整性。在当今高楼林立的曼哈顿，这一片闹市中的休闲绿地更体现了其生态、功能、文化价值，体现了景观规划设计的作用与价值。继纽约中央公园之后，他又先后完成了布鲁克林的希望公园、芝加哥的滨河绿地、波士顿的公园道、芝加哥的哥伦比亚世界博览会（1893）的设计。在这一系列的公园和其他景观的设计过程中，景观规划设计的理念与核心逐渐形成并完善。

尽管他们所从事的仍是风景园林设计，但他们所承担的工作职责已远远超过传统风景园林师，这也正是奥姆斯特德与沃克斯采用 Landscape architect 而非 Landscape gardener 这一称谓的原因所在。奥姆斯特德坚持把自己从事的专业从传统的风景造园专业中分离出来，把自己从事的专业称为"景观规划设计"（Landscape architecture），把自己称为"景观规划设计师"。以纽约中央公园的设计为起点，景观规划设计从传统造园专业分离出来，并不断发展完善为一门新的学科。

奥姆斯特德长达 30 多年的景观规划设计实践、经验、生态思想、景观美学和关心社会的思想奠定了景观规划设计学的基础，他被誉为美国的"景观规划设计之父"，是美国景观规划设计师协会的创始人和美国景观规划设计专业的创始人。奥姆斯特德的儿子 John Charles Olmsted 和 Federick Law Olmsted Jr. 继承了父亲的理念并进一步拓展和加深了景观规划设计的思想，他们父子三人合起来超过 100 年的景观规划设计实践，塑造了美国的景观规划设计专业。

1900 年，Federick Law Olmsted Jr. 和 A. A. Sharcliff 首次在哈佛大学开设了景观规划设计专业课程，并在美国首创了 4 年制的景观规划设计专业学士学位。奥姆斯特德之子 Federick Law Olmsted Jr. 于 1906 年开始主持哈佛大学的景观规划设计专业教育。

目前，美国有 60 多所大学设有近 80 个景观规划设计专业，其中 2/3 设有硕士学位教育，1/5 设有博士学位教育。1932 年，英国第一个景观规划设计课程出现在莱丁大学，相当多的大学于 20 世纪 50 至 70 年代分别设立了景观规划设计研究生项目。此外，澳大利亚、德国、斯洛文尼亚等国也都开设了景观规划设计专业。

（二）景观规划设计学科的形成与发展

概括地讲，美国的景观规划设计学科经历了从花园到风景园、从风景园设计到景观规划设计、从景观规划设计职业到景观规划设计学科这三个发展过程。

作为一门年轻的学科，景观规划设计学思想在 100 多年的发展中不断完善和进步。继奥姆斯特德父子之后，Henry Vincent Hubbard、Thomas Church、Eckbo、D. Kiley、L. Harprin、L. L. McHarg、Peter Walker 成为景观规划设计的第二代代表人物。他们不仅继承和延续了景观规划设计原有的理论，而且在实践和理论方面有了各自新的认识和观点，使这一学科更加完善和系统。

现代景观规划设计的理论家 Eckbo 奠定了现代景观规划设计的理论基础，他认为："人"是景观规划设计的主体，所有的景观规划设计都应该为人服务；景观的形式取决于场地、气候、植物等条件；"空间"是设计的最终目标。

麦克哈格（Lan Lennox McHarg，1920—2001）是著名的景观建筑师，第一代生态规划师。作为生态规划的倡导者，麦克哈格基于第二次世界大战后工业化和城市化对环境与生态系统的破坏后果，于 1969 年首先提出了生态规划，他的 *Design with Nature*，建立了当时景观规划的准则，标志着景观规划设计专业开始承担起后工业时代人类整体生态环境规划设计的重任，使景观规划设计专业在奥姆斯特德奠定的基础上又大大地扩展了活动空间。麦克哈格强调土地利用规划应遵从自然固有的价值和自然过程，即土地的适宜性，并因此完善了以因子分层和地图叠加技术为核心的规划方法论，被称为"千层饼模式"，从而使景观规划设计提高到一个科学的高度，成为 20 世纪规划史上一次最重要的革命。

Peter Walker 对色彩、模式、层次和空间所构成的视觉景观处理的革新将景观规划设计的艺术提高到一个新的高度。

20 世纪 80 年代后，随着自然科学研究技术进步与理论创新，特别是景观生态学理论的飞速发展，景观规划设计学理论也不断得到加深和完善。第一，景观规划设计的服务对象已从满足居民休憩、娱乐和生活的公园、小区等休憩场所扩展到整个户外活动空间，作为景观主宰的人类不应凌驾于自然之上，而应将人类置身于生态系统之中，将人类的生存发展与其他物种的生存发展紧密联系，景观规划设计主体已由单一的景观单元扩展到土地、植被、水文、大气、人类活动等多个要素交互作用形成的多个生态系统的镶嵌体。第二，以景观生态学模式"斑块—廊道—基质"为基础形成了景观生态规划模式，通过研究多个生态系统之间的空间格局和相互作用分析与改变景观，使麦克哈格只强调垂直自然过程的"千层饼模式"发展到研究景观单元之间的生态流。第三，以决策为中心的规划模式和规划的可辩护性思想则在另一层次上发展了现代景观规划理论，使自然决定的规划重心回到以人为中心的规划基点，但在更高层次上能动地协调人与环境的关系和不同土地利用之间的关系，以维护人与其他生命的健康共存和持续发展。第四，可持续发展成为当代景观规划设计的主要理论依据与规划设计目标。可持续包含了发展和管理自然与资源的所有基本原则，直到现在，尽管没有一个关于自然景观可持续利用的统一概念，但大多数观点同意"可持续景观是经济健康发展，生态稳定，社会文化繁荣"的基本认识。可持续只有在经济、生态和文化相互协调，经济发展过程中没有造成自然和资源破坏的前提下才能满足当代和后代人的生存与发展需要。这就意味着景观规划设计过程中需要对现代土地的使用备加关注和小心，特别是土地的再生能力必须保持，所有的土地使用过程都必须尊重自然，这是景观设计的至关重要的先决条件，只有与自然相协调一致的土地利用过程才能决定和改善景观的视觉美感。此外，可持续景观还应该包含很多能够自由与自然发展的自然区域和地方。

纵观国外的景观规划设计专业教育，非常重视多学科的结合，包括生态学、土壤学、土地管理学、城市规划等自然科学，也包括人类文化学、行为心理学等人文科学，最重要的还必须学习空间设计的基本知识，这种综合性进一步推进了学科发展的多元化。

第三节　景观规划设计的定义与特征

一、景观规划设计概念

景观规划设计目前还没有一个统一的定义，但它包含规划和设计两个层次的内涵，这也导致了不同学者对这一概念有不同的解释说明。在此，可以从广义的规划和狭义的设计两个角度来诠释景观规划设计的概念。

（一）广义的景观规划设计

麦克哈格认为景观规划设计是多学科综合的，是用于资源管理和土地规划利用的有力工具，他强调把人与自然世界结合起来考虑规划设计问题。

西蒙兹在《景观规划设计：环境规划手册》中提到，景观研究是站在人类生存空间与视觉总体高度的研究。他认为，改善环境不仅仅是纠正由于技术与城市的发展带来的污染及其灾害，还应该是一个创造的过程，通过这个过程，人与自然和谐地不断演进。在它的最高层次，文明化的生活是一种值得探索的形式，它帮助人类重新发现人与自然的统一。

美国景观设计师协会关于景观设计的定义：景观设计是一种包括自然及建成环境的分析、规划、设计、管理和维护的职业。景观设计职业范围的活动包括公共空间、商业及居住用地场地规划、景观改造，城镇设计和历史保护等。

刘滨谊认为，景观规划设计是一门综合性的、面向户外环境建设的学科，是一个集艺术、科学、工程技术于一体的应用型专业。其核心是人类户外生存环境的建设，故涉及的学科专业极为广泛综合，包括区域规划、城市规划、建筑学、林学、农学、地学、管理学、旅游管理、环境科学、资源科学、社会文化、心理学等。

俞孔坚认为，景观设计学是关于景观的分析、规划布局、设计、改造、管理、保护和恢复的科学和艺术。景观设计既是科学又是艺术，两者缺一不可。景观设计师需要科学地分析土地、认识土地，然后在此基础上对土地进行规划、设计、保护和恢复。

广义的景观规划设计概念是随着我们对于自然和自身认识程度的提高而不断完善和更新的。景观规划设计包含规划和具体空间设计两个环节。其中规划环节指的是大规模、大尺度上对景观的把握，包括场地规划、土地利用规划、控制性规划、城市设计、环境规划和其他专业性规划。场地规划是通过建筑、交通、景观、地形、水体、植被等诸多因素的组织和精确规划使某一地块满足人类的各种使用需求，并具有良好的经济、生态环境、文化等发展趋势。土地利用规划又称土地规划，是土地利用管理系统发展战略的总体谋划，是在众多的抉择中经过合理的评估和选择确定组合目标的过程，包括土地利用现状调查与分析、土地评价、土地供给与需求预测、土地供需平衡和土地利用结构优化、土地利用规划分区、以及居民点、交通运输、水利工程、农业、生态环境用地规划和其他土地利用专项规划。控制性规划主要是根据某项特定要求，解决土地保护、使用与发展的矛盾关系，使其和谐与可持续发展，包括景观地质、开放空间系统、公共游憩系统、给排水系统、交通系统等诸多单元之间关系的控制。城市设计主要是城市及周边地区的公共空间的规划和交通、构筑物等设计，如对城市形态的把握，和建筑师合作对于建筑面貌的控制，城市相关设施的规划设计（包括街道设施、标识）等，以满足城市居民的生活需求、文化娱乐需求及经济发展。环境规划主要是指某一区域内自然系统的规划设计和环境保护，目的在于维持自然生态系统的承载力和可持续性发展。

（二）狭义的景观规划设计

景观规划设计是一门综合性很强的学科，其中场地设计和户外空间设计，也就是我们所说的狭义的景观规划设计，是景观规划设计的基础和核心。盖瑞特·埃克博认为景观规划设计是在从事建筑物、道路和公共设备以外的环境景观空间设计。狭义的景观规划设计中，其主要要素包括地形、水体、植被、建筑及构筑物，以及公共艺术品等，主要设计对象是城市的开放空间，包括广场、步行街、居住区环境、城市街头绿地以及城市滨湖滨河地带等，其目的是不但要满足人类生活功能上、生理健康上的需求，还要不断地提高人类生活的品质，丰富人的心理体验和精神追求。

简而言之，景观规划设计是采用多学科综合的方法，对城市、乡村及其周边地区的土地及空间进行分析、规划、设计、管理、保护和恢复，使之不仅能够满足人类生存和发展的物质、文化和精神需求，而且能够与自然长期和谐共存。其在含义上包含规划、设计和管理三个层次的内容。

二、 景观规划设计的主要特征

（一）美学特征

艺术是景观规划设计学科的核心内容之一，而景观的视觉美学特征是其最基本的要素特征。由于社会文化背景的差异，任何人对于美的感受都不会完全一致，或者说敏感度不同，但是在一定程度上，人与人的审美体验还是可以沟通的和有共同点的，这种共同的审美体验也就成为我们从事景观规划设计的美学基础。

景观规划设计师能否和景观使用者沟通，一个景观规划设计能否让参观者和使用者感到美和愉悦，这往往是景观规划设计能否成功的重要条件，因此景观设计师必须观察原有景观自身在美学上的特色，包括视觉、听觉和触觉等多方面，在设计的同时强化其在美学上的特色，并且深入挖掘景观的历史文化内涵，只有这样才能触发使用者对景观主体美的享受。

中国传统艺术中的"意境"是主观的意、情、神和客观的境、景、物相互结合、相互渗透的艺术整体，是体现主观的生命情调和客观场景的融合，是对景观美学特征很好的释义。中国书画中有"外师造化，中得心源"的原则，这一点在景观规划设计中同样重要。景观规划设计是在现有基地的基础上，有意识地去组织风景，并将其串联在一起，如同写文章一样，这就需要设计师在设计之初脑中先有景观意向，意在笔先。蕴含艺术特征的景观规划设计作品才是有生命力的。

（二）生态特征

景观规划设计学科诞生初始就将生态学的理念灌输其中，将保护自然生态系统作为设计的主要目标。

20世纪60年代，麦克哈格的《设计遵从自然》一书将景观规划设计提升到了生态结构优化的高度。他认为，美是人与自然环境长期交往而产生的复杂和丰富的反应。景观规划设计的视觉美观是重要的，但不是唯一目标。景观规划设计师既要治标也要治本，在根本上改善人类聚居环境，利用城市绿地来调节微气候、缓解生态危机成为景观规划设计在21世纪的新任务。

对于一个景观规划设计师来说，了解自然环境和人类自身自然节律和秩序就成为设计之"初"：尊重自然所赋予的河流、山丘、植被、生物，在其中巧妙地设计景观，将人为景观和原有地形地貌结合在一起，以两者和睦相处、相得益彰为最终目标。随着生态学研究的发展，特别是景观生态学科的兴起，为景观规划设计提供了可靠的理论基础。掌握、了解不同生态系统的结构、功能和相互联系，并充分应用于设计之中才能使我们的设计达到人与自然和谐发展的最终目的。

（三）各学科综合的特征

景观规划设计涵盖了艺术、规划、设计、生态环境保护、管理、建设的内容，在原有风景园林设计基础上又吸收了生态学、规划学、环境科学、建筑学、地理学、管理学、心理学等多个学科的理论知识与方法，以可持续发展理论为原则。所以，无论是理论基础还是技术方法，它都是各学科的集成与发展。此外，它还弥补了原有城市规划和建筑设计的不足，使城市规划与管理更为系统和科学，更加符合城市未来的可持续发展需求。只有综合各学科优势，将城市景观规划、景观设计和建筑设计结合为一体，才能形成一个有特色的、可持续发展的城市开放空间和城市形象。

（四）社会特征

景观规划设计，尤其是宏观的景观规划必须着眼于立足社会问题，特别是与当地居民息息相关的住房、消费、交通、休闲娱乐、文化教育等，一个良好的景观规划设计一定要考虑大多数人的生活、工作与经济利益。例如，城市绿地规划要从生态效益最大化考虑，居住区规划要考虑大多数中、低收入家庭的购买力和生活工作便利，城市广场、公园的位置与功能规划设计要充分考虑公众的利益和意见等。设计区域的经济发展、社会现状、就业、治安、教育等都是景观规划设计者要充分考虑的要素和设计前提。

（五）历史特征

城市是历史的积淀，每个城市都有其产生、发展、辉煌的过程，它经历了一代又一代人的建设与改造，体现了不同时代的人文特征，也表现了不同时代的风貌。城市景观是一个随不同时代变化的过程，它随着城市的发展、科学的进步不断变化，但每一个变化都凝结着历史的文化痕迹。即使是一个新兴的小城镇，同样见证着社会、人文、自然的变迁。在现代城市景观改造和建设过程中，我们应当尊重、学习、借鉴历史文化景观，保护历史景观遗迹，使历史景观能够世代延续。

（六）地方性特征

每个城市都诞生于特定的、有基本生存与生产资源保障的自然地理环境中，由不同的自然环境、不同的历史文化背景、不同的生活习俗、不同的语言，以及在长期的实践中形成的特有的建筑风格等，加上当地的居民素质及所从事的各项活动构成了每一个城市特有的景观。这些地方特有的景观不仅需要继承和延续，更需要保护和发展。

（七）商业特征

在城市化迅速发展扩张的过程中，城市中和城郊原有的自然景观日渐稀少，大量的森林、草地、湖泊，甚至农田被城市建筑群取代，城市居民所需的休闲、观光和娱乐的自然景观越来越少。在这种背景下，一些用于满足市民文化、生活、娱乐、观光的人工景观应运而生，如1955年由沃尔特·迪斯尼在美国洛杉矶建造的世界上第一个现代意义上的主题公园——迪斯尼乐园，更多地体现了人工景观的商业特征。在洛杉矶迪斯尼乐园10岁生日时，它的游客总数达到了5000万人，在10年里，迪斯尼乐园的收入高达1.95亿美元。每天到此游玩的人约4万人，最多时可达8万人，仅一天的门票收入就近百万美元，再加上园内各种商业服务，其收入更为可观。到20世纪末，在近40多年来，迪斯尼乐园已接待游客达10多亿人次。这一充满商业特性的主题公园已在法国巴黎、日本东京、中国香港、中国上海建园，吸引着来自世界各地的游客。

在我国，许多城市公园、广场、居住区中，配备很多具有商业特征的娱乐、观光设施用于吸引游客。在世界各地的主题公园中，都普遍可见不同规模、不同方式的游乐设施，借以吸引参观者，增加门票收入。在城市中的商业街、购物广场等景观中都充满了现代城市景观的商业特征气息。

━ 本章复习思考题 ━

一、城市化对环境的正、负效应及其与城市景观规划学科诞生的关系？

二、如何理解景观的含义？

三、简述景观规划设计的概念及其学科理论的发展。

四、简述景观规划设计的特征。

五、简述景观规划设计师的职业范围及其作用。

第二章　景观规划设计的原则、内容与评价

第一节　城市景观规划设计的基本指导思想与原则

景观规划设计学科发源于美国，根植于英国风景园林，为解决城市化快速发展产生的各种环境问题而生，肩负着用科学规划设计方法合理利用土地及空间并实现城市可持续发展的目标重任，一百多年的发展使其日臻完善，在城市化高速发展的当今世界，在城市环境问题日渐凸显的现在，其作用也愈加显著。中国有几千年的文明发展史，早在周代就有了城市建设的规制，在几千年的发展过程中，城市不断发展建设，现有的大多数城市基本是在旧城基础上发展起来的，新、旧之间的更新与改造始终是当代城市建设面临的难题。特别是在城市化迅速发展的时期，城市建设中的许多矛盾激化，给城市景观环境带来严重的破坏。我国现行的城市规划、设计、建设和管理体制仍然没有完全脱离计划经济和行政干预的影响，过多关注经济发展和城市形象，缺乏长效性、持久性的规划，造成城市整体风格不统一、意象不深刻、特色不鲜明，也造成很多资源浪费、景观结构不合理等问题。景观规划设计学科为我们提供了很好的选择，只有遵循景观规划设计的理论与方法，保持人工环境与自然环境的有机结合，才能解决现代城市建设中出现的种种矛盾，改善城市环境质量，提高生活品质，达到人与自然协调，资源永续利用，从而打造景观格局合理、特色鲜明、环境健康美丽的生态城市。

一、基本指导思想

景观规划设计是综合性极强的学科，不单是城市规划师或建筑师个人意图的体现，更是城市发展各项因素综合作用的结果，景观规划设计必须掌握以下基本观点。

1. 综合与整体的观点

第一，城市是社会发展的产物，是人对自然改造利用的结果，是政治、经济、文化的集中表现，城市面貌是上述诸因素综合作用的形象表达。不同的时代、不同的自然条件、不同的经济水平、不同的政治制度、不同的文化传统、不同的生活习俗等，造就了形态各异的多元化的城市。城市景观规划设计必须全面透彻地研究城市形象，从社会发展的大环境角度来考察了解各种城市规划、设计、建设对城市形象和生态环境产生的各种正面或负面的影响，总结实践经验与教训来指导城市的建设，这是城市形象分析的综合。

第二，城市的形象受到政治、经济、文化等因素的制约，而这些因素是互相渗透的，其对城市的影响与制约是不平衡的，最根本的制约还是经济基础。但是在同样的经济条件下，政治因素往往起决定作用。经济效益、社会效益、环境效益三者在理论上应该统一，但实践证明这种统一只能是相对的。城市规划设计工作者在任何时候都不可能成为主宰城市的"救世主"，面对不同的政治、经济形势，城市规划设计者只能是城市

建设决策的"参谋"、正确舆论的宣传员。其责任是要审时度势，权衡利弊，做出最佳选择，以此来影响决策者，并向社会宣传、呼吁，争取社会的认同，引导城市景观健康发展，把对城市景观形象塑造的有利因素大加发扬，将损害城市环境的因素减到最小。政府部门应当提高城市建设科学决策的水平，加强景观规划设计师参与城市景观决策的权力，避免领导者的主观决策造成失误和偏向。

第三，景观规划设计是多学科综合的产物，每一个城市景观的规划设计都要求规划设计者吸纳、借鉴所有艺术、规划、生态、地理、建筑、管理等相关学科的理论知识，并使决策者、规划设计者、建筑商、管理者形成统一协调的整体。

第四，景观规划设计学是对人类生态系统的整体规划设计，每一个景观的规划设计都应该考虑整体生态系统，综合系统内的每一因素，使景观形成统一协调的系统。

2. 可持续发展的观点

纵观历史和世界发达城市的发展，由于片面追求经济发展而忽略了对资源和历史文化的保护，造成重大损失和惨痛教训，城市难以持续发展，很难保持长久的繁荣，最终走向败落。一个城市的可持续发展除了资源的永续利用，更体现在城市历史文化资源的保护和持续上。

在经历了一个快速发展和破坏的阶段后，到 20 世纪 70 年代，欧洲各国对历史城市保护的重要性形成共识，大家痛悔在经济恢复时期对城市历史传统造成了过多破坏，于是提出了历史城市保护年的倡议。1976 年通过的《关于历史地区的保护及其当代作用的建议》①（即内罗毕建议），就是在这样的背景下产生的，文件正式提出了保护城市历史地区的问题，强调"历史地区及其环境应被视为不可替代的世界遗产的组成部分，其所在国政府和公民应把保护该遗产并使之与我们时代的社会生活融为一体作为自己的义务"，文件还提出了对历史城镇进行维护、保存、修复和发展的措施。

具有悠久历史的中国城市所面临的问题更为严峻。五千年的中华文明为我们留下了无数宝贵的遗产，在历史发展的长河中，随处都可以找到不同时代在各个城市留下的痕迹，历史越悠久的城市，文物古迹积累越多，对城市面貌的影响就越大。改革开放以来，中国城市迎来了飞速发展的机遇，然而经济大发展的时代，也是历史风貌保护最脆弱的阶段。但这并未引起城市管理者、规划者、建设者足够的重视，全国各城市都存在大量历史遗存遭到破坏的情况，造成永久的遗憾。进入 21 世纪后，随着我国经济快速发展，城市历史文化保护已成为国家一项重要事业，很多城市开始审视自己的规划建设工作，加强对历史环境的保护、整建与修复。在未来的城市发展中，包括小城镇建设和乡村景观建设过程中，我们必须吸取发达国家的历史经验，慎重对待历史遗存，坚持可持续发展的方针，尽量避免建设性的破坏。

资源的永续利用是可持续发展的核心内容，我们在城市景观规划设计时，一定要考虑光能、热能、水能的高效利用，在各种层次的耗能环节中，加入节能措施，如太阳能技术、节水技术、节约土地技术。在热带、亚热带等富热能城市，提高光能利用，尤其在建筑物、道路等各种设施空间，增加植被覆盖度，将光能转化为植物能，降低热能，

---

① 联合国教育、科学及文化组织大会第十九届会议通过。

减少热辐射，降低电能使用，最大限度减少自然资源消耗。在寒带、温带城市，充分利用太阳能、风能资源，合理设计建筑物墙体，利用保温材料节约能源，降低电能、燃料的使用。在干旱、半干旱地区，一定要高效节约用水，避免浪费和污染，即使在南方水资源相对充沛的城市，也要关注雨水资源的收集利用，提高居民的节水意识，提高流域生态系统建设。

3. 因地制宜的观点

首先，每个城市的形成和发展，都有其特殊的自然环境和政治、经济、社会、文化背景，在发展中形成了各自鲜明的地方特色、形象标志和强烈的个性。例如，明清时代快速发展起来的都城北京，具有中轴明显、格局严整对称、以青灰色的民居烘托金黄色皇宫等鲜明特色。苏州则有白墙黑瓦、小桥流水、咫尺园林等特色。高原古城拉萨夕阳照映下布达拉宫金碧辉煌。大漠敦煌，天山脚下、戈壁滩旁的乌鲁木齐，北国风光、千里冰封的东北等，无不反映了其不同于其他城市的个性特色。在城市发展中如何保持、继承和发扬这些传统特色，是城市规划设计者应该重视、研究的问题。特别对那些历史城市，在改造、完善城市设施，强化现代城市功能的同时，必须尊重每个城市的实际情况，保持城市的历史文脉和社会结构。

其次，景观规划设计应遵循生态适应性观点，研究学习、发扬光大城市发展过程中形成的和谐、稳定的自然与人工景观，并在城市改造与新城建设中保持自然生态系统结构与功能的稳定和健康发展。

再次，因地制宜和适应性观点并非闭关自守和夜郎自大，而是充分吸取国内外的先进技术。但是，外来的东西必须经过消化吸收后，才融入本地的城市中去，切不可生吞活剥，只讲究表面形式的模仿，把城市建设得不伦不类。当前，国内很多城市盲目模仿国外景观，到处可见罗马柱、喷水雕塑、大草坪等，而忽略了自身的城市文化特色。

最后，不同城市的自然地域分异也是城市景观规划设计者首要考虑的因素，地理地貌特色、生物气候带分布等都是规划设计的基础。

4. 长期而持久的观点

城市是由简单到复杂、低级到高级一步一步发展起来的。因此，城市形象与景观的塑造与成熟也是一个缓慢的过程，城市规划，尤其在旧城的改造设计过程中，不能拔苗助长，只追求眼前局部利益、降低标准以勉强加快城市的改造与发展速度、求得一时政绩、急于求成的改造常常给城市的进一步发展造成更多的障碍，如近年我国出现的"草坪热""移植大树风""大广场风"等，都是追求短期时效的结果，结构不合理、利用率低、浪费土地。景观规划设计要依据景观生态学的原理和方法，在满足人类物质、精神需求的同时，要考虑资源的长期、可持续利用，考虑长期的经济发展和环境保护目标，要从现有人口的发展速度、经济增长速度、城市人口多样化的需求出发，建立长期的城市景观规划。

5. 与时俱进的观点

城市化的每一个快速发展阶段都伴随着人类社会的进步、现代科技的发展，从农业社会的城市、工业化时期的城市到后工业时代的城市，从第一次工业革命到现在的第四次工业革命，从蒸汽时代、电气时代、生物科技与产业革命时代到当今的信息化、智能化时代，城市也正在向智慧城市发展。城市景观规划设计必须顺应人类社会和科技的发展趋势，满足当代人和未来发展的需求，充分利用、发挥现代科技成果，如互联网技术、人工智能技术、大数据技术及新材料、新能源等，合理规划土地与空间，高效利用资源，建设可持续发展的、生态环境健康的、满足人类全方位需求的智慧城市。

二、基本原则

基于上述观点，景观规划设计应遵从以下原则：

1. 以人为本，体现博爱

现代景观规划设计理论家 Eckbo 认为，"人"作为景观中最活跃的要素，所有的景观规划设计都必须为"人"服务。环境设计的最终目的是应用社会、经济、艺术、科技、政治等综合手段，来满足人在城市环境中的存在与发展需要。

人是城市空间的主体，任何空间环境设计都应以人的需求为出发点，体现出对人的关怀，根据婴幼儿、青少年、成人、老人、残疾人的行为心理特点创造出满足各自需要的空间，如运动场地、交往空间、无障碍通道等。时代在进步，人们的生活方式与行为方式也在随之发生变化，景观规划设计应适应人类社会变化的需求。当然，以人为本并不是将人类从自然生态系统中独立出来，更不能将人类凌驾于其他生物之上，而是将人类与其他生物等同对待，只是充分利用人类的主观能动性和才智营造和谐共存的地球生态系统。

2. 尊重自然，和谐共存

自然优先是景观规划设计的最基本原则。自然环境是人类赖以生存和发展的基础，其地形地貌、河流湖泊、绿化植被、土地等要素构成城市的宝贵景观资源，保护自然资源、维护自然生态过程是改造和利用自然的前提，尊重并强化城市的自然景观特征和生态功能特征，使人工环境与自然环境和谐共处是城市景观规划设计的根本和城市特色创造的前提。

3. 延续历史，创新未来

城市建设大多是在原有基础上的更新改造，今天的建设是连接过去与未来的桥梁。对于具有历史价值、纪念价值和艺术价值的景观，我们要有意识地挖掘、利用和维护保存，以便历代所经营的城市空间及景观得以连续。同时，科学发展日新月异，新材料、新方法、新观念不断涌现，景观规划设计也应该充分利用现代科技成果，规划设计出符合当代人与时代需要、具有地方特色、生态环境健康的城市空间。

4. 协调统一，多元变化

城市的美体现在整体的和谐与统一之中，正如凯文·林奇所说，任何一个城市，都存在一个由许多人意象复合而成的公众意象。城市需要标志和特色，而这需要通过城市的整体规划设计和核心景观才能实现，一个城市的整体美至关重要。城市景观是一种群体关系的艺术，其中任何一个要素都只是整体环境的一部分，只有相互协调配合才能形成一个统一的整体。如果把城市比作一首交响乐，把每一位城市建设者比作一位乐队演奏者，那么需要在统一的指挥下，才能奏出和谐美妙的乐章。

城市的美同时反映在丰富的变化之中。根据行为心理学的研究，人的大脑需要一定复杂程度的刺激，过多的刺激容易使人疲惫，单调的景物又使人乏味，这就需要城市景观既统一而又富有变化。一方面可以通过建筑的形式、尺度、色彩、质地的变化区分主次建筑，另一方面可以通过空间序列的组织，营造出空间大小、开合的变化，形成光与影的明暗对比，构成有起伏、转承、高潮的空间环境景观。多元化的景观也是生物多样性保护的具体体现。

5. 实用与美观相结合

景观设计的艺术美不可或缺，但景观美要基于景观的实用功能性。城市景观首先应考虑其功能，包括文化的、生活的、娱乐的、生态的等，其次是视觉的形象。当然，雕塑、喷泉等艺术小品在不影响景观主体的实用功能前提下对于提升景观的艺术价值和文化品位也至关重要，不能因为追求美观，而过多地装饰建筑物、铺设华丽的地砖、摆设大量的盆花，而忽略了其功能，浪费过多资源和财力。在很多城市，设置华丽的路灯、过于艺术的垃圾箱、湿滑的瓷砖人行道、不实用的公园座椅等都是片面追求美观的不合理行为。

6. 节能、节俭和高效相结合

可持续发展的核心观点就是资源的永续利用，景观规划设计自始至终都要考虑资源的节约和高效。从整个城市生态系统、土地集约节约、水资源节约利用，从交通系统、居住区布局，到公园、广场中的每一盏灯，应尽最大可能地节约每一寸土地，节约每一度电、每一滴水，保持最大的生态服务功能价值和土地效益，避免城市建设和设施的铺张浪费与追求奢华。

第二节　景观规划设计的内容

景观规划设计涵盖了规划与设计两方面的内容。

一、景观规划

景观规划包括国土规划、场地规划和特殊景观规划三个方面。国土规划主要指自然保护区规划和国家风景名胜区保护规划；场地规划包括旧城区改造规划、新城建设规划、城市绿地系统规划、旅游规划等；特殊景观规划包括开发区规划、商业区规划、居住区规划、公园规划及其他专项用地规划。除了城市，在奥姆斯特德早期的景观规划设计作品中也包括了乡村居住区、农场的规划设计，因此，城市景观规划设计也包括乡村规划设计，尤其在我国大力提倡新农村建设规划之际，将景观规划设计方法应用于乡村景观设计恰逢其时。

景观规划的内容主要有：

（一）规划区基本情况调查与分析

包括区位、自然条件、人文、经济、产业结构、历史、土地利用现状、交通现状、市政设施现状、公共服务设施现状、环境保护现状、风景名胜区现状、自然保护区现状等的情况调查、资料收集与数据、图鉴分析评价。

（二）上层次规划、已有规划与相关规划的解读和要求

分析上层次规划的内容与要求，评价已有规划的实施效果和存在问题，分析与本规划相关的其他专项规划，借鉴其优点，并保持相关内容的一致与协调。此外，要学习、借鉴其他国内外同类规划的优点，取长补短，突出自身特色。

（三）城市发展战略、定位与目标的确定

根据上层次规划的要求和规划区社会、经济与自然条件（特别要考虑区域的资源瓶颈）现状分析确定城市或规划区域规划期内及未来发展战略，合理定位，制定总体目标和阶段性建设目标，确定规划期内的发展规模，如人口规模、经济发展指标、建设用地规模、生态用地规模、环境保护指标等。

（四）空间布局规划

空间布局规划包括城市空间结构、空间形态、产业功能布局、交通规划、生态绿地规划、市政设施规划等。

（五）确定规划期内建设的重点项目

根据规划目标和功能布局确定产业区、交通、市政、绿地、环保、教育、商业、居住等重点建设的项目内容、计划与目标。

（六）规划的实施保障

建立规划实施的一系列详细的可行的保障措施，如政策、土地、资金、建设管理部门、人力资源等保障。

由于规划的层次不同，规划要求的内容也有所差异，因此，应根据具体的规划要求确定规划的内容。

二、景观设计

在城市景观规划指导下的具体设计内容，主要指城市公共空间的具体景观设计，包括城市公园、城市广场、商业区、道路绿化、城郊防护林带、滨水景观带、住宅区、厂矿区、学校、庭园、雕塑小品等的空间设计。

景观设计的内容与景观规划内容大致相似，只是区域小，内容要求更细，设计图纸比例更大，说明更详细，并要求有详细的经费预算、实施计划等。

第三节 景观的分析与评价

景观，无论是自然景观还是人工景观，分析其价值，评价其功能、结构及合理性是十分重要的。合理分析与评价才能使我们准确认识它的生态价值、文化价值、服务功能，才能发现不足，改造和建设最具生态、人文价值的景观。因此，景观的合理分析与评价对于自然资源的合理利用和保护，对于城市空间和结构的合理布局，对于人类文明的发展有着重要的意义。

关于景观的合理性评价，目前还没有一套大家公认的完整的评价体系。但国外关于

景观质量评价的方法值得借鉴。此外，景观生态学的生态价值评价方法（生态系统服务功能价值评估方法）和生态足迹评价方法也可以参考。

一、景观质量评价方法

从 20 世纪 60 年代至今，关于景观质量评价的研究成果层出不穷，学派林立，概括而言，可分为：专家学派、心理物理学派、认知学派（或称心理学派）、经验学派（现象学派），在这里只以专家学派为例进行介绍。

（一）专家学派

专家学派认为凡是符合形式美原则的景观都具有较高的景观质量，将景观用线条、形体、色彩和质地四个基本元素来分析，强调诸如多样性、奇特性、统一性等形式美原则在决定景观质量分级时的主导作用。另外，专家学派还常常把生态学原则作为景观质量评价的标准。这一评价方法已被英、美等国家许多官方机构所采用，如美国林务局的风景管理系统 VMS（Visual Management System）；美国土地管理局的风景资源管理 VRM（Visual Resources Management）；美国土壤保护局的风景资源管理 LRM（Landscape Resources Management）；美国联邦公路局的视觉污染评价 VIA（Visual Impact Assessment）等。但由于各个部门的性质及管理对象不同，各个景观评价及管理系统也有差异。美国林务局的 VMS 系统和土地管理局的 VRM 系统主要适用于自然风景类型，主要目的是通过自然资源（包括森林、山川、水域等）的景观质量评价，制定出合理利用这些资源的措施；美国土壤保护局的 LRM 系统则主要以乡村、郊区景观为对象；而美国联邦公路局的 VIA 系统适合于更大范围的景观类型，主要目的是评价人的活动（建筑施工、道路交通等）对景观的破坏作用，以及如何最大限度地保护景观资源等。专家学派（以 VMS 系统为例）主要评价方法如下。

1. 景观类型的分类

VMS 系统比较强调景观分类，主要按照自然地理区划的方法，基于数据库和数据调查，以地形地貌、植被、水体等为主要分类依据划分景观类型和亚型。

2. 景观质量评价

VMS 系统中，丰富性（多样性）是景观质量分级的重要依据，根据山石、地形、植被、水体的多样性划分出三个景观质量等级：A（特异景观）、B（一般景观）、C（低劣景观）。

3. 敏感性分析

敏感性是用来衡量公众对某一景观点关心（注意）的程度。人们注意力越集中的景观点，其敏感性程度就越高，即该点是影响人们审美态度的敏感点。在 VMS 系统中，把景观区域根据敏感性程度划分为三个等级：1（高度敏感区）、2（中等敏感区）、3（低敏感区）。

4. 管理及规划目标的设定

景观质量评价和敏感性评价结果是确定景观管理与规划目标的主要依据。将标有景观质量等级的地图与标有敏感性等级和距离带的地图进行叠加，得到综合评价结果，并由此确定每一地段或区域内的管理措施与规划目标。VMS 系统根据管理措施的差别划分为四个等级区：1（保留区）、2（部分保留区）、3（改造区）、4（大量改造区）。

5. 视觉影响评价

视觉影响的评价就是评价或预测某种活动（如修建公路、架设高压线路等）将会给区域内景观的特点及质量带来多大程度的影响。在 VMS 系统中，常用"视觉吸收能力"这一概念描述景观本身对外界干扰的忍受能力。

而 VRM 系统中的视觉污染评价体系较为完善，它首先以地形、地貌、植被、水体、建筑等的形体、线条、色彩、质地为基本元素，分析现状景观的特点，然后将计划活动（工程）也分解为形体、线条、色彩和质地四个基本元素，再对这两组基本元素的对比度进行评价，划分出四个等级：A：没有对比——各对应元素之间的对比性不存在或看不到；B：对比不明显——各对应元素之间的对比性能够觉察，但不引人注意；C：对比中等——对比性引人注意，并将成为景观的重要特征之一；D：对比强烈——对比成为景观的主导特征，并使人无法避开对它的注意。通常情况下，对比度越强烈，则对原景观的冲击也就越大，对景观的破坏也就越严重。

6. 最终决策

根据各种评价过程及结果对景观作出评判，并制定管理措施或规划目标。

（二）其他学派

心理物理学派：把景观与景观审美的关系理解为刺激—反应的关系。把心理物理学的信号检测方法应用到景观评价中来，通过测量公众对景观的审美态度，得到一个反映景观质量的量表，然后将该量表与各景观成分间建立起反映这种主客观作用的关系模型。

认知学派：该学派将景观作为人的生存空间和认识空间来评价，强调景观对人的认识及情感反应上的意义，尝试从人的进化过程及功能需要的角度去解释人类对景观的审美过程。以英国地理学家 Appleton 的"了望—庇护"理论为评价基础。主要评价模型有Kaplan S. 的景观审美理论模型、Ulrich 的景观评价模型。认知学派认为在景观审美过程中，景观具有可以被辨识和理解的特性——"可解性"与"可索性"（包含着无穷信息和可以不断地被探索的特性）两大特性，当某个景观都具备这两个特性时，说明这一景观质量好。

经验学派：该学派把景观的价值建立在人与景观相互影响的经验之中，而人的经验同景观价值也是随着两者的相互影响而不断发生变化。把景观作为人类文化不可分割的一部分，用历史的观点，以人及其活动为主体来分析景观的价值及其产生背景，而对客观景观本身并不注重。通常通过考证文学艺术家关于景观审美的文学、艺术作品，考察名人的日记等来分析人与景观的相互作用，或某种审美评判所产生的背景方法来分析某个景观产生的背景及环境。采用心理测量、调查、访问等方式，记述现代人对具体景观的感受和评价，但这种心理调查方法同心理物理学的方法是不同的，在心理物理学方法中被试者只需就景观打分或将其与其他景观比较即可，而经验学派的心理调查方法中，被试者不是简单地给景观评优劣，而是要详细地描述他的个人经历、体会及关于某景观的感觉等。

四种学派各有优缺点，专家学派强调景观本身，其他学派突出主观要素。专家学派的景观质量评价方法在土地利用规划、景观规划以及管理等各个领域都起到很大的作用；心理物理学派的方法则是各种景观评价方法中最严格、可靠性最好的一种方法；认知学派强调景观评价模型的普遍适用性，它从更为抽象的维度出发（如复杂性、神秘性等）来整体把握景观；经验学派的研究方法，则以高灵敏性为特点，强调人的主观作用及景观审美的环境，尽管该方法缺乏实用价值，但可以作为加强景观美育的理论依据。各个学派、各种研究方法不是互相矛盾的，而是互相补充的，如将专家学派强调景观本身与经验学派强调人的作用互为补充则能更客观、更全面地评价景观的质量。

二、 生态价值评价方法

（一） 生态系统服务功能与价值概念

生态系统服务功能是指人类直接或间接从生态系统得到的利益，主要包括经济社会系统输入有用物质和能量，接受和转化来自经济社会系统的废弃物，以及直接向人类社会成员提供服务（如人类生存生产不可或缺的洁净空气、水、生物体等资源）。

生态系统服务功能价值分为使用价值和非使用价值。使用价值是指人类在当前或未来某个期限内能够从该项生态系统服务功能中获得经济利益的价值，包括直接使用价值（直接满足人类当前生产或消费需求，如食品、药品、原材料等）、间接使用价值（为人类生产消费提供必要的保证条件，如水循环、土壤保护、气候调节等）、潜在价值（未来可能被使用并为人类提供经济利益，如涵养水源、游憩娱乐等，是直接或间接使用价值的未来收益的贴现）。非使用价值是指与人类的道德观念相关，难以获得经济利益的价值，包括遗传价值（为后代保留的一种表现价值）、存在价值（确保生态系统服务功能继续存在的支付意愿），两者存在一定的价值重叠。

（二） 生态系统服务功能分类

Costanza 用生态系统产品（如食物等）和服务（如消纳人类产生的各种废弃物等）表示人类从生态系统中直接或间接获得的利益。将生态系统服务功能分为气体调节、气候调节、扰动调节、水调节、水供给、控制侵蚀和保持沉积物、土壤形成、养分循环、废物处理、传粉、生物控制、避难所、食物生产、原材料、基因资源、休闲、文化 17 种类型。

（三） 生态系统服务功能价值评估方法

生态系统服务功能价值评估方法大致有三类：一是直接市场法，包括费用支出法、市场价值法、机会成本法、恢复和防护费用法、影子工程法、人力资本法等；二是替代市场法，主要包括旅行费用法、享乐价格法；三是模拟市场法，主要包括条件价值法。

1. 直接市场法

费用支出法：通过人们对某种生态服务功能的支出费用来反映其生态价值。该方法可用于对旅游文化娱乐功能的计算。例如，对某个自然景观的游憩价值，可用旅游者支出的费用（如交通费与门票费等）总和来作为该生态系统的游憩价值。这种方法计算方便、实用，但费用支出部分无法反映游客乐于享受此生态服务的意愿价值，因而不能全面反映该生态服务的价值。

市场价值法：该方法主要用于评估生态系统服务中没有费用支出，但有市场价格的生态服务价值（如植被的净化空气、涵养水土等价值）。市场价值法首先需要定量评价某种生态服务功能的效果，再根据这些效果的市场价格来评估其经济价值。通常采用理论效果评价法和环境损失评价法。理论效果评价法：计算某种生态系统服务功能的定量值—再确定该生态服务功能的"影子价格"—最后计算其总经济价值。环境损失评价法：这种生态经济评价方法与环境效果评价法类似。如评价保护土壤的经济价值可以用生态系统破坏后所造成的土壤侵蚀量及土地退化、生产力下降的损失来估算。市场价值法计算简单易行，但受制于很多生态内容，难以用市场价值比较而无法计算。

机会成本法：是指如果某种资源没有市场价格参考，那么该资源的价值可以用所牺牲的替代用途的收入来估算，即所放弃的潜在收益。这种计算方式适合于评估部分稀缺性的自然资源和生态资源，其价格取决于边际机会成本，它在理论上反映了收获或使用一单位自然和生态资源时全社会付出的代价。边际机会成本主要由边际生产成本、边际使用成本和边际外部成本组成，主要针对自然资源，它能够相对客观地反映某种自然资源的生态服务价值。

恢复和防护费用法：全面准确地评价环境质量改善的效益非常困难，但可以用为了消除或减少有害环境影响所需要的经济费用来估算环境资源破坏带来的最低经济损失。对环境质量的最低估计，可以从为消除或减少有害环境影响所需要的经济费用中获得，把恢复或防护一种资源不受污染所需的费用，或人们为了减少生态环境恶化所带来的影响而付出的费用，作为环境资源破坏带来的最低经济损失。例如，为了防止空气污染购买空气净化器、因水质变差购买净水器、因水土流失构建防护工程等的费用，都属于恢复和防护费用。这种方法是基于想保护和恢复某些生态功能所需的费用而进行的生态功能评估，往往由于没有或缺少准确的所需费用的标准，造成评估结果的差异。

影子工程法：又称替代工程法，是指当环境受到污染或破坏后，人工建造一个替代工程来代替原来的环境功能，用现时条件下重新建造一个全新状态的生态所需的全部成本来估计环境污染或破坏所造成的经济损失。例如，原有湿地被开发为建设用地后重新寻找合适区域建设湿地公园等。这种方法计算数字比较准确，数额相对于效益也较小，但这类计算没有考虑效益因素及激励作用，替代的工程也不唯一。

人力资本法：人力资本法是通过市场价格和工资多少来确定个人对社会的潜在贡献，并以此来估算环境变化对人体健康影响的损失。环境恶化对人体健康造成的损失主要包括因污染致病、致残或早逝而减少本人和社会的收入；医疗费用的增加；精神和心理上的代价。

2. 替代市场法

旅行费用法：该方法可以用来评价没有市场价格的生态环境资源，是评估森林游憩等价值的间接评估方法，与费用支出法的区别在于旅行费用法是利用支出的旅行费用（常以交通费和门票费作为旅游费用）作为生态系统游憩的价值。

享乐价格法：是指人们为了享受更好的环境而愿意支付的价格差价，即某物品由于所处环境的差别（如公园、湖泊、河流、森林等），而与其他同类物品价格不同，之间的差价即为环境的价值。该价值主要在土地、房产的价格上体现，当人们为了购买与其他地方同样的房屋付出更高的价格时，把其他因素都考虑后，剩余差价可以归为房屋周围环境的价值。

3. 模拟市场法

条件价值法即条件价值评估法（CVM），又叫意愿调价评估法，通过直接询问一组被调查人员对减少不同环境危害而愿意支付的价格，以人们的支付意愿来估算生态系统服务的经济价值。该方法花费成本少，并且对几乎所有价值对象都可进行评估。但主观性强，受研究者和调研员的素质影响较大，容易产生较大的偏差。

生态系统服务功能多样、复杂，估算不同服务功能时，使用的评估方法也有所不同。每种方法都有其优缺点，应针对不同的评估对象采用不同的方法，一般情况下，直接市场法的可信度要高于替代市场法，替代市场法又高于模拟市场法。对同一案例，应采取多种可行的计算方法，从多角度对生态系统服务功能价值进行评估，选取最实用的评价方法。

三、生态足迹评价方法

（一）生态足迹概念

20 世纪 90 年代初，加拿大大不列颠哥伦比亚大学里斯（William E. Rees）教授提出生态足迹概念，生态足迹又叫"生态占用"，人类的衣、食、住、行等生活和生产活动都需要消耗地球上的资源，并产生大量的废物，生态足迹就是用土地和水域的面积来估算人类为了维持自身生存而利用自然的量，评估人类对地球生态系统和环境的影响，即在现有的技术条件下，某一人口单位（一个人、一个城市、一个国家或全人类）需要多少具备生产能力的土地和水域，来生产所需资源和消纳所衍生的废物。例如，一个人的粮食消费量可以转换为生产这些粮食的所需要的耕地面积，他所排放的二氧化碳总量可以转换成吸收这些二氧化碳所需要的森林、草地或农田的面积。因此它被形象地理解成一只负载着人类和人类所创造的城市、工厂、铁路等的巨脚踏在地球上时留下的脚印大小。生态足迹的值越高，代表人类所需的资源越多，对生态和环境的影响就越严重。在生态足迹计算中，各种资源和能源消费项目被折算为耕地、草场、林地、建筑用地、化石能源土地和海洋（水域）六种生物生产面积类型。

（二）生态足迹模型的基础方法

以土地利用类型划分的消费矩阵是该方法的前提条件与基本依据。该方法把土地利用类型细分为建设用地、农业用地、牧业用地、森林和能量用地；消费则指食物、住房、交通运输、商品与服务方面的消耗，用表征消费来表示，即消费量＝（国内生产量＋进口数量）－出口量。生态足迹计算中所提供的土地面积获取途径是用消费量除以各类型土地的全球平均产量所得到的比值。

生态足迹主要计算步骤为：首先，划分并计算各消费项目的消费量；其次，以平均产量数据为基点，将各消费量折算成生物生产性土地面积；再次，引入均衡因子把各类生物生产性土地面积转换为等价生产力土地面积，并汇总算出生态足迹大小；最后，引入产量因子计算生物承载力并与生态足迹进行比较，作为评判可持续发展的重要参量。

（三）生态足迹的计算方法

1. 各种消费项目的人均生态足迹分量

用公式：$A_i = C_i/Y_i = (P_i + I_i - E_i)/(Y_i \times N)$ 进行计算。式中 i 为消费项目的类型；Y_i 为生产第 i 种消费项目的生物生产性土地年平均产量（kg/hm²）；C_i 为第 i 种消费项目的人均消费量；A_i 为第 i 种消费项目折算的人均占有的生物生产性面积（人均生态足迹分量）（hm²/人）；P_i 为第 i 种消费项目的年生产量；I_i 为第 i 种消费项目年进口量；E_i 为第 i 种消费项目的年出口量；N 为人口数。

2. 能量足迹

能量足迹往往是生态足迹计算中的一个独立的且引起人们极度关注的重要组成部分，其含义指专门用于吸收源于化石燃料的二氧化碳、建设水电站的面积以及吸收核电厂的辐射。能量足迹所占比例较大，发达国家的能量足迹一般占生态足迹总量的一半以上，一个国家的生态赤字也主要源于能量组分，故而在生态足迹的计算过程中，能量消费与能量土地往往单独进行核算。能源细化为六类：化石燃料分为气体、液体、固体与核能四类，此外还包括薪柴与水力能源。单独进行能量核算时，有三种可能的方法与途径：一是替代法，也就是将农田或林地生产的生物量折算成等量的乙醇（或甲醇）燃烧所产生的能量。二是自然资本存量法，正确估算用于吸收化石燃料燃烧所产生的二氧化碳的林地面积。三是碳吸收法，合理核算以同等速率补偿化石燃料能源消耗的生产性土地面积。其中，自然资本存量法是当前生态足迹研究中获普遍认可并在实际操作中广泛运用的方法。

3. 人均生态足迹

不同土地单位面积的生态生产能力、同类型土地的单位生态生产能力受不同自然环境和人文环境影响差异很大。为便于横向对比，通常通过"均衡因子"方法来进行比较。均衡因子是全球该类生物生产面积的平均生态生产力与全球所有各类生物生产面积的平均生态生产力之比值。国际通用的均衡因子分别为：耕地、建筑用地为 2.8，森林、化石能源土地为 1.1，草地为 0.5，海洋为 0.2。人均生态足迹计算公式为：$ef = r_j \times A_i = r_j(P_i + I_i - E_i)/(Y_i \times N)$ $(j = 1, 2, 3, \cdots, 6)$，式中 ef 为人均生态足迹（hm²/人），r_j 为均衡因子。

4. 生态承载力

生态承载力是各种生物生产土地类型面积与相应的均衡因子和当地的产量因子的乘积。某国家或地区某类土地的产量因子是其平均生产力与世界同类土地的平均生产力的比率。计算公式：$EC = N \times ec = N \times (a_j \times r_j \times y_j)$，式中 EC 为区域总生态承载力，N 为人口数量，ec 为人均生态承载力，a_j 为人均生态生产性土地面积，r_j 为均衡因子，y_j 为产量因子；$y_j = ylj/ywj$，式中 ylj 指某国家或地区的 j 类土地的平均产力，ywj 指同类土地的全球平均生产力。

四、 景观的综合评价

无论从景观本身还是从人类主观角度评价景观，都不能忽视景观的多重属性。景观既是生态系统，又是人类文化载体，既是人类生活娱乐基础，又是经济发展的要素。景观的评价一定要考虑其多重属性。总体上讲，需要从以下五个方面来综合评价某一景观是否合理和完善。

（一）景观的生态价值

景观规划设计学的最大进步在于将景观置于整个生态系统之中，同时，规划设计遵循自然优先的原则，强调自然系统的保护和资源的可持续发展。特别在全球经济一体化、城市化高度发展的 21 世纪，环境保护成为人类的主题。景观的生态服务功能体现在单位土地的生态效益上，特别是单位土地面积的第一性生产量，在满足人类生活、生产的基础上根据生态学原理合理配置生物资源，尽可能地保护自然生态系统，增加生物产量。景观规划设计中充分遵循节地、节水、节电、减污原则，提高土地、生物、水、电、光的利用率。避免当前"大广场、大草坪"等土地资源浪费行为，大力推广可持续景观设计技术，推广屋顶绿化、循环经济、地下空间开发等技术。生态服务功能价值评价方法是评价区域景观生态价值的最好方法。

（二）景观的社会效益与经济效益结合

城市规划和设计在于合理利用城市空间，营造秩序井然的社会环境。但在竞争日趋激烈的国际背景下，经济发展成为城市规划中的首要目标，城市空间布局中，工矿、商业用地、产业园区等成为城市用地的主导，公共绿地逐渐萎缩。城市居民的活动空间减少，削弱了人类的交流活动，从而影响到居民的精神风貌、社会道德秩序、社会安定与安全等方面。在保持经济效益的同时，景观规划一定不能忽略社会效益，两者相互影响，相互促进。在城市空间布局时应充分考虑居民的文化生活、休闲娱乐、健身交流等场所。有良好的社会环境，才有团结繁荣的经济环境。社会效益需要依赖城市交通、教育、卫生、体育等公共设施基础条件和公园、广场、街头绿地、运动场等休闲活动空间，只有充分满足居民的文化、生活、娱乐、健身等多元化需求，才能使居民的生理、心理健康，有崇高的精神追求和文化素养，才能形成和谐稳定的社会。

（三）景观环境的生活价值

景观环境的生活价值一方面体现在城市景观是否满足居民的基本生活需求，如交通、购物、活动等；另一方面体现在景观环境是否使居民在视觉、情感等方面得到愉快和满足。城市景观规划设计无论是道路、购物中心、公园广场、居住小区还是医院、学校，应按照人性化设计，要与人的日常行为、心理需求相吻合，不仅要符合人们工作、娱乐、休息、饮食等各种条件，而且要满足居民高质量的生活需求。

（四）景观环境的文化价值

景观是人类文化的载体，是体现人类历史文化的精粹。虽然景观的文化价值是抽象的且难以评价的，但可以通过景观对人类的感染力和持久性来衡量其文化价值。设计者通过景观的塑造表达意愿，并让其他人感受到景观的内涵。好的景观环境不仅使人产生共鸣，从中得到有意义的启迪、富有想象的参与、民族的认同感，而且可以从中获得精神上的满足与体验。

（五）景观环境的再创造价值

无论是自然景观还是人工景观，都有动态变化的过程，不是静止的，自然景观有繁育—生长—更新的不断更替过程，人工景观如广场、雕塑、水景等也会随着自然环境、社会环境的变化而使其原有价值发生变化。如何使景观价值保持最大？这就需要景观的再创造，也就是景观环境的开放、管理和更新。尤其是景观的管理至关重要，在我们周边及很多城市经常可见新建的公园、广场人头攒动，但时间不长，由于管理不善而垃圾遍地、杂草横生、污水遍地，导致人迹罕见，丧失了原有价值，限制了其综合效益的发挥。为了再创造，除了加强管理、及时更新外，还要在规划设计中因地制宜和留有余地，并为群众参与提供必要的条件，达到常在常新的效果。

景观的多重特性决定了其评价是一个非常复杂的体系，由于景观本身的多样性和复杂性，加之人类科学技术的限制性和人对景观评价的多主体性原因，我们目前还很难全面、完整、系统而准确地描述和评价景观，但利用现代科学技术理论与方法，在某一时段对某一区域或某一景观作出定性和基本准确的定量评价还是可行的。特别需要强调的是在景观评价时一定要采用多学科综合、多种技术集成的方法。

--- **本章复习思考题** ---

一、景观规划设计的主要指导思想与原则是什么？

二、景观规划设计的主要内容是什么？

三、简述景观评价的常用方法及其各自的优缺点。

第三章 景观规划设计理论基础

景观规划设计的多学科综合性决定了其理论的复杂性、融合性、多样性及时代变化性，从英国风景园林设计、城市公园设计、生态规划到景观生态学的兴起与发展，在景观规划设计学短短 100 多年的发展史中，其理论与实践方法在不断发展和完善，但仍然处于不断探索和研究的阶段。随着现代科学的发展，依靠景观规划设计领域和相关学科领域学者的不断努力，景观规划设计理论必将更加系统和完善。

第一节　麦克哈格的生态规划理论

20 世纪 70 年代初，生态环境问题日益受到关注，作为宾夕法尼亚大学景观建筑学教授的麦克哈格提出了将景观作为一个地质、地形、水文、土地利用、植物、野生动物和气候等决定性要素相互联系的整体来看待的观点。1971 年，麦克哈格出版了《设计结合自然》，提出在尊重自然规律的基础上，建造与人共享的人造生态系统的思想，进而提出生态规划的概念，发展了从土地适应性分析到土地利用的一整套规划方法和技术，完善了以因子分层分析和地图叠加技术为核心的生态主义规划方法，即"千层饼模式"。该方法的创立，对后来的环境规划、城市规划以及大尺度的区域景观规划产生了深远的影响。

一、概念与内涵

"千层饼模式"以景观垂直生态过程的连续性为依据，使景观改变和土地利用方式适用于生态方式，"千层饼"的最顶层便是人类及其居住所，即我们的城市。"千层饼模式"的理论与方法赋予了景观规划学以某种程度上的科学性质，景观规划成为可以接受种种客观分析和归纳的、有着清晰界定的学科。麦克哈格的研究范畴集中于大尺度的景观与环境规划，但对于任何尺度的景观规划实践而言，这都意味着一个重要的信息，那就是景观除了是一个美学系统以外还是一个生态系统，与那些只是艺术化地布置植物和地形的设计方法相比，其在环境伦理的观念方面有着更为周详的设计思想。虽然在多元化的景观规划实践探索中，其自然决定论的观念只是一种假设，但是当环境处于脆弱的临界状态时，麦克哈格及宾州学派最重要的意义在于促生并奠定了景观规划学的自然生态意识形态基础。对于现代主义景观建筑师而言，环境伦理的观念告诉他们，除了人与人的社会联系之外，所有人都与地球的生态系统紧密相连。

二、自然生态设计理论

（一）城市规划设计与自然环境综合

麦克哈格强调人类对自然的责任，他认为："如果要创造一个善良的城市，而不是一个窒息人类灵性的城市，我们需同时选择城市和自然，缺一不可。两者虽然不同，但互相依赖；两者同时能提高人类生存的条件和意义。"麦克哈格的重点既不放在设计方面，也不放在自然本身上面，而是放在"结合"上面，这包含着人类的合作和生物的伙伴关系的意思。他寻求的不是无端的硬性设计，而是充分利用自然具有的潜力。

他把自然价值观带到城市设计上，强调分析大自然为城市发展提供的机会和限制的条件，他认为，从生态角度看，"新城市形态绝大多数来自我们对自然演化过程的理解和反响"。为此，他专门设计了一套指标去衡量自然环境因素的价值以及它与城市发展的相关性。这些价值包括物理、生物、人类、社会和经济等方面的价值，每一块土地都可以用这些价值指标来评估，这就是著名的价值组合图评估法。现在很多大型项目（公路、公园、开发区等）都是用这种办法来选址的。同时，他认为，美是建立于人与自然环境长期的交往而产生的复杂和丰富的反应，这也是美与善的连接。

（二）生态学是城市设计的基础

麦克哈格是第一个把生态学用在城市设计上的，其分析主要基于以下两个原则：

首先，生态系统可以承受人类活动所带来的压力，但这承受力是有限度的。因此，人类应与大自然合作，而不应与大自然为敌。其次，某些生态环境对人类活动特别敏感，因而会影响整个生态系统的安危，必须妥善处理。健康的城市环境是城市设计的最终目标，这需要人类在每个生态系统中寻找最适合自己的环境，然后通过改变自己和改变环境来提升适合程度。

（三）生态规划设计的方法

1．自然过程规划

视自然过程为资源，"场所就是原因"。对自然过程逐一分析，如将有价值的风景特色、地质情况、生物分布情况等都表示在一系列图上，通过叠图找出具有良好开发价值又满足环境保护要求的地域。

2．生态因子调查

生态规划的第一步就是收集土地信息，包括原始信息和派生信息的收集。前者通过调查规划区域获取，后者通过前者的科学推论得出。

3．生态因子的分析综合

先对各种因素进行分类分级，构成单因素图。再根据具体要求用叠图技术进行叠加或用计算机技术归纳出各级综合图。

4．规划结果表达

生态规划的结果是土地适宜性分区，每个区域都能揭示规划区的最优利用方式，如保存区、保护区和开发区。这要求我们在单一土地利用的基础上进行土地利用集合研究，也就是进行共存的土地利用或多种利用方式研究，通过矩阵表分析两者利用的兼容度，将其绘在现存和未来的土地利用图上，成为生态规划的成果。

第二节 约翰·西蒙兹的环境规划理论

约翰·西蒙兹（John Ormsbee Simonds）是当代美国"受到最广泛尊敬的景观建筑师"，毕业于哈佛大学设计院，并担任美国景观设计师会（ASLA）主席。作为一位理论和实践并重的学者，他在生态景观规划与城市设计的结合及其实际操作方面提出了系统而富有现实意义的建议和主张。其学术思想集中反映在《大地景观：环境规划指南》（1990）一书中。在书中，西蒙兹全面阐述了生态要素分析方法、环境保护、生活环境质量提高，乃至生态美学的内涵，从而把景观研究推向了"研究人类生存空间与视觉总体的高度"。

一、 理解景观服务对象的多重需求和体验是景观规划设计的基础

西蒙兹认为："人们规划的不是场所，不是空间，也不是物体；人们规划的是体验——首先是确定的用途或体验，其次才是对形式和质量的有意识的设计，以实现希望达到的效果。场所、空间或物体都根据最终目的来设计，以最好地服务并表达功能，最好地产生所欲规划的体验。""人们"是指景观规划设计的主体服务对象。规划的是他们在景观中所欲得到的体验，而不是外来者如旅游者、设计师和开发商的体验，也不是设计师和开发商将自己认为"好"的景观体验放在设计中强加给景观的真正使用者。明确景观的真正使用者和他们的体验至关重要，如公园设计、风景名胜区规划、历史文化名城保护、街道改造、新农村规划等的使用者。

在景观规划设计中，人首先具有动物性，通常保留着自然的本能并受其驱使。要合理规划，就必须了解并适应这些本能。其次，人又有动物所不具备的特质，他们渴望美和秩序，这在动物中是独一无二的。人在依赖于自然的同时，还可以认识自然的规律，改造自然，所以，理解人类自身，理解特定景观服务对象的体验和需求，对于景观设计的成功极其重要。

二、 基于生态平衡营造和谐环境

景观规划设计的另一个主体对象是自然，是那些受到人类活动干扰和破坏的自然生态系统。我们所欲规划的人的体验必须通过物质空间要素才能体现出来。这些要素有纯自然要素如气候、土壤、河流、地形、动物、植物等，也有人工要素如建筑物、道路等，景观规划设计中对各个要素的综合考虑必须放在人与自然相互作用的前提下。了解自然生态系统本身的演变是必要的，此外还必须理解人类干扰下自然系统的发展和演变规律。改善环境不仅仅是纠正由技术与城市的发展带来的污染及灾害，它还应是一个人与自然和谐演进的创造过程。

三、 理解景观规划设计的社会环境，尊重人类文化，提高景观设计的认同感

景观规划设计处于社会环境中，人类的价值观、审美、哲学取向等都对其有着很深

远的影响。不同的国家、地区和民族的景观差异与社会环境差异关系密切。即使在同一国家、地区和民族，不同时期的景观规划设计也表现出很大的异质性。即使受到外来文化的影响，本民族、本地区的文化根基也不会从根本上发生改变。人类是相互影响的，景观规划设计只有把握了对人类社会文化的理解，才有可能得到大众的认可，才有更旺盛的生命力。在景观规划设计的最高层次，文明化的生活是一种值得探索的形式，它帮助人类重新发现与自然的统一。

西蒙兹提出了区域规划的四条标准：计划的用途是否适宜人；能否在不超过土地承受能力的条件下进行建设；是不是一个好的邻居；能否提供适合各种级别的公共服务设施。这些标准充分体现了他的景观规划设计思想与方法。此外，他结合生态分析，创造性地提出了"绿道"和"蓝道"概念，并成功将其应用于美国托利多市滨水开放空间的规划设计等案例中。这对我们今天实施贯彻"生态优先"准则的跨世纪城市建设目标和理念具有重要的启示。

第三节 景观规划设计的三元素理论

刘滨谊教授总结出现代景观规划设计的视觉景观形象、环境生态绿化、大众行为心理三元素理论。他认为任何一个具有时代风格和现代意识的成功之作，都包含这三个方面的刻意追求和深思熟虑，只是具体规划设计情况以及三元素所占的比例侧重不同而已。三元素理论综合反映了景观规划设计的基本原则，涵盖了规划设计的艺术性、生态环境保护、以人为本的主题内容。

一、三元素概念与内涵

视觉景观形象是从人类视觉形象的感受需求出发，根据美学规律，利用空间虚实景物研究如何创造赏心悦目的环境形象。创造成功的视觉景观形象需要研究景观美学的理论和人类的视觉美观感受，因此，美学理论是景观规划设计的最基本理论。

环境生态绿化是从人类的生理感受需求出发，根据自然界生物学原理，利用阳光、气候、动植物、土壤、水体等自然和人工材料，研究如何创造令人舒适的、生态友好的物理环境。这不仅需要研究景观生态学的理论，还要研究城市生态学、园林生态学、生态经济学、植物学、地理学等理论与方法。

大众行为心理（游憩行为心理）是从人类的心理精神感受需求出发，根据人类在环境中的行为心理乃至精神活动的规律，利用心理、文化的引导，研究如何创造赏心悦目，使人浮想联翩、积极上进的精神环境。这需要研究景观社会行为学、大众心理学的理论与方法。

三元素在人们对景观环境的感受中所起的作用是相辅相成、密不可分的。通过以视觉为主的感受通道，借助物化了的景观环境形态，引起人们行为心理的反应，即所谓心旷神怡、触景生情、心驰神往。一个优秀的景观环境带给人们的感受，必定包含着三元素的共同作用。这也是中国古典园林中三境一体——物境、情境、意境的综合作用和体现。大众行为心理体现了以人为本的设计理念，但以人为本并非将人类凌驾于自然生态系统之上，而是充分发挥人的主观能动性，更好地处理人与自然的关系，营造和谐的人地环境。

二、 基于三元素的景观规划设计目标

每一个景观规划设计均包含"视觉景观形象""环境生态绿化"和"游憩行为心理"三方面的内容。关于"游憩行为"的规划，其核心是对景观资源（分自然和人为创造两类）、人们的行为心理与项目经济运作这相互交织的三者进行揣摩、分析、设定和预测，统称策划，它决定了景观规划设计的未来服务对象、景观要素、空间结构等。"视觉景观形象"的规划设计，又称为风景园林规划与设计，其核心是对游憩行为、景观项目及设施建设这三者进行空间布局、时间分期、设施设计，统称规划设计，它决定了策划的实施。"环境生态绿化"的规划设计，其核心是对景观环境、景区、景点的自然因素环境与景观开发建设造成的影响进行识别、分析、保护，它决定了景观主体的可持续性。每一景观虽然规模、层次、深度各不相同，但景观规划设计都应综合考虑上述三方面，只是不同景观在这三方面的比重、深度有所差异。

三、 基于三元素的景观规划设计操作方法

根据景观规划设计的理论内涵，任何一个景观的规划与设计都必须遵循游憩行为—视觉景观的时空形态分布—环境生态绿化三方面结合的宗旨，并由此决定了景观规划设计操作方法论上的三元——多部门、多学科专业人员的介入，层次明确的系统理论，规划与设计的专业素质。景观与城市规划师的专业素质是景观规划设计师的实践根基，这种规划的根基，除了时间空间布局与形态设计能力，其根本的素质在于：一方面要具备条分缕析、辨别纲目的严密的理性思维与行动，另一方面要具备灵活应变、始终创新、自由浪漫的感性思维与行动，这正是规划与设计的本质所在。多部门、多学科专业人员的介入是景观规划设计成功的关键，正如麦克哈格首次组织气象学家、地质学家、土壤学家、植物生态学家、野生动物学家、资源经济学家、计算机专家和遥感专家共同从事景观设计的教学科研与实践，并奠定了景观规划设计学科独特的、不可替代的地位一样。多学科结合、多部门协同、多专业合作才能实现景观规划设计的最终目标。景观生态学、景观美学、心理学等学科的系统理论是开展景观规划设计的技术基础与保障。

第四节　俞孔坚的"生存艺术"景观设计理论

俞孔坚在哈佛大学设计院系统学习了景观设计、区域规划、地理学理论基础，并经过数十年的景观设计探索实践，形成了自己的景观设计理论，该理论在诸多设计作品中获得了国际同行的认可和现实成功。

一、"生存艺术"景观设计的概念与内涵

"生存艺术"是我们祖先在一代代谋生过程中积累下来的宝贵经验与财富，是天地—人—神和谐的产物，是在土地上生存的技术和艺术。在全球化和城市化背景下，世

界城市正在面临严峻的环境与生态危机，城市发展与自然生态系统也背离了原来同等共生的关系，景观设计学亟须重归土地设计和保护的生存艺术，走向广阔、真实而寻常的土地，寻找大禹的精神，汲取在土地上生存的技术和艺术。只有通过努力保存文化遗产，尤其是乡土文化遗产，保留农业生产的传统，恢复被破坏的环境，为人类和野生动植物提供宜居的景观，才能实现"生存艺术"。而实现文化与生态的可持续发展是"生存艺术"景观设计的目标。

二、"生存艺术"景观设计的内容与方法

几千年来，中国农民凭借祖祖辈辈流传下来的"生存艺术"，通过不断的试验、失败和修正，管理和营造着具有生命的大地。一代又一代人在享受其造田、灌溉、种植艺术的成果的同时，也在不断适应着自然灾害的威胁和后果——洪水、干旱、地震、滑坡、水土流失。生存需求正是这些能够赋予大地景观生产性的经久不衰的"生存艺术"产生的原因。这片土地因为人类的改造和创造，与自然过程相适应而变得和谐、有秩序，并因此美丽无比。然而当今社会，中国的城市规划设计却偏离了可持续发展的方向，"生存艺术"变成了矫揉造作的"美学艺术"，"城市美化运动"已经让我们的建筑和城市艺术迷失了方向，生态系统已经被钢筋、水泥、大理石、砖块这些缺乏生命力和生产力的物质霸占，城市的生机不断被削弱，过度的装饰不仅浪费了资源，增加了碳排放，更加剧了环境的退化。

1. 定义与营造生态城市

根据第五届国际生态城市大会通过的《生态城市建设的深圳宣言》，推动城市生态建设必须采取以下行动：

（1）通过合理的生态手段，为城市人口，特别是贫困人口提供安全的人居环境、安全的水源和有保障的土地使用权，以改善居民生活质量和保障人体健康。

（2）城市规划应以人而不是以车为本。扭转城市土地"摊大饼"式蔓延的趋势。通过区域城乡生态规划等各种有效措施使耕地流失最小化。

（3）确定生态敏感地区和区域生命支持系统的承载能力，并明确应开展生态恢复的自然和农业地区。

（4）在城市设计中大力倡导节能、使用可更新能源、提高资源利用效率，以及物质的循环再生。

（5）将城市建成以安全步行和非机动交通为主的，并具有高效、便捷和低成本的公共交通体系的生态城市。终止对汽车的补贴，增加对汽车燃料使用和私人汽车的税收，并将其收入用于生态城市建设项目和公共交通。

（6）为企业的生态建设和旧城的生态改造项目提供强有力的经济激励手段。向违背生态城市建设原则的活动，如排放温室气体和其他污染物的行为征税；制定和强化有关优惠政策，以鼓励对生态城市建设的投资。

（7）为优化环境和生态恢复制订切实可行的教育和再培训计划，加强生态城市的能力建设，开发生态适用型的地方性技术，鼓励社区群众积极参与生态城市设计、管理和生态恢复工作，增强生态意识，扶持社区生态城市建设的示范项目。

2．创新规划方法论

中国城市化与城市扩张呈燎原之势，传统的城市扩张模式和规划编制方法已显现诸多弊端，城市扩张前景和生态安全需要具有战略眼光的城市决策者来保障。城市的生态基础设施是城市及其居民持续获得自然生态服务的保障。面对中国未来巨大的城市化前景，城市生态基础设施建设具有非常重要的战略意义。为此，"反规划"概念被提出，即城市规划和设计应首先从规划和设计不建设用地入手，而非首先规划传统的建设用地。"反规划"就是规划和设计城市生态基础设施，并提出城市生态基础设施建设的十一大景观战略：维护和强化整体山水格局的连续性；保护和建立多样化的乡土生境系统；维护和恢复河流和海岸的自然形态；保护和恢复湿地系统；将城郊防护林体系与城市绿地系统相结合；建立非机动车绿色通道；建立绿色文化遗产廊道；开放专用绿地；溶解公园，使其成为城市的生命基质；溶解城市，保护和利用高产农田作为城市的有机组成部分；建立乡土植物苗圃基地。通过这些景观战略，建立大地绿脉，使其成为城市可持续发展的生态基础设施。

3．将绿地系统作为城市基质

传统意义上的公园也在消亡。在现代城市中，公园不再是市民出门远游的一个特殊场所，而是日常生活和身心再生所必需的"平常景观"，是居民日常工作与生活环境的有机组成部分。随着城市的更新改造和进一步向郊区扩展，工业化初期的公园形态将被开放城市绿地取代。孤立、有边界的公园正在溶解，而成为城市内各种性质用地之间以及内部的基质，以简洁、生态化和开放的绿地形态渗透到居住区、办公园区、产业园区，并与城郊自然景观基质相融合。这意味着城市公园在地块划分时不再是一个孤立的绿地色块，而是弥漫于整个城市用地中的"绿色液体"。

4．在城市里构建都市农田

城乡交融，将城外的高产农田渗透入市区，而城市机体延伸入农田之中，农田生态系统与城市的绿地系统相结合，共同组成城市景观的绿色基质。农田景观本身具有很高的观赏性，城市中引入农田便于广大居民到农田中休闲。居民可以亲手种植、维护和采摘农作物，对青少年尤其具有教育功能，对老年人来说则是一种休闲活动和回忆。

城市中的农田更主要的生态服务功能是改善城市的人工环境，在生硬的城市环境中融入以农田为主体景观的自然—人工复合系统，这不仅可以维系农业的基本功能——生产，还可以充分发挥农田具有的对水文和大气质量、温湿度的改善作用。另外，物种和景观的多样性、季相的丰富性带给城市的活力，是郊外的田园和城区的绿地所不可替代的。

5．构建城市生态基础设施，杜绝浪费的庆宴式景观

城市生态基础设施建设的目标是识别并构建安全、可持续发展的人类居住环境。而水资源、水环境、土壤肥力、地质稳定性、生物繁衍、动物迁徙等都是需要考虑的安全要素。

"适宜性分析"方法是城市生态基础设施建设的基本内容。各种抽象变量，如"最小成本距离""最低成本"等用来识别位置、路径、野生动物和人类活动的廊道等。另外，基于科学研究的决策战略也至关重要，包括对土地、生态安全、时空、人类等各要

素的科学评价、预期、分析等。除了生态学、景观生态学、生态系统服务学之外，经济学也是城市生态基础设施建设重要的方法论和内容。

现在的中国城市建设管理中，"城市美化"已背离了自然，背离了景观设计的初衷。出现了无人、非人性广场，以贵为美，甚至破坏了城市空间和社会结构，大拆大建，劳民伤财。广场和街道"五一""十一"花坛一个比一个大，一个比一个气派，而且年年翻新，甚至月月翻新。每年各大城市对"五一""十一"大庆摆花、设花坛"宴"的投入足以为该城市建成一个居民可以天天享用的、不算小的城市绿地或公园。

6. 保护自然水系统

河流水系是大地生命的血脉，是大地景观生态系统的主要基础设施。污染、干旱缺水、截流断流和洪水是目前中国城市河流水系所面临的四大严重问题；大大小小的河流，段段有大坝，各个在截流，流域生态系统被割裂成斑块状。在城市，河流两岸的湿地、陆地被混凝土据为城市建设用地，水、陆交流系统被分割，缺少了缓冲地带和对水体富营养化的消化，治理城市的河流水系成为"民心工程"和政绩工程。水污染治理是系统工程，要采取从生态系统整体出发进行治理的科学方法。简单地采取针对水污染的任何治理技术都是徒劳无益或短效的，结果只是耗费了巨资，而难以从根本上解决水污染问题。从水科学角度看，恢复和维护河道和滨水地带的自然形态才是治理水污染、水灾害，营造水景观的长远之路，才是根本之路。

7. 建设绿道

非机动车绿色通道在实施建设的过程中，应尽量利用社区内部道路、河流、绿地、广场、步行街等现有的绿色空间，辅以部分专门开辟的新绿色通道，将现有的和规划的绿地公园、环城绿带、游园、大型居住区中心绿地以及组团绿地、单位专用绿地等相连接，通过对现有绿色空间的挖掘利用，增加可操作性，分阶段和分区域实施。在旧社区改造和城市新城区建设中，在不同空间尺度上形成社区与社区、居住地与办公区、居住地与城市文化和休闲场所、城郊自然地之间的绿色步行与自行车通道。

城市的规模和建设用地的功能可以是不断变化的，而由景观中的河流水系、绿地走廊、林地、湿地所构成的景观生态基础设施则永远为城市所必需，是恒常不变的。

第五节　景观生态学理论与景观规划设计

一、景观生态学的概念和内涵

"生态学"（Ecology）一词源于希腊文 Oikos，原意为房子、住所、家务或生活所在地，Ecology 原意为生物生存的环境科学。生态学就是研究生物和人及自然环境的相互关系，研究自然与人工生态的结构和功能的科学。

景观生态学的概念是德国地植物学家特罗尔（Troll Carl）于 1939 年在利用航片解译研究东非土地利用时提出来的，用来表示对支配一个区域单位的自然—生物综合体的相互关系的分析。他当时认为，景观生态学并不是一门新的学科，或者是科学的一个新分支，而是对一个特殊观点的综合研究。特罗尔对创建景观生态学的最大历史贡献在于通过景观综合研究开拓了由地理学向生态学发展的道路，为景观生态学建立了一个生长点。

1998 年国际景观生态学会（IALE）在修改的会章中指出：景观生态学是对于不同尺度上景观空间变化的研究，包括对景观异质性、生物、地理及社会原因的分析。它是一门连接自然科学和有关人类学科的交叉学科。景观生态学的核心主题包括景观空间格局（从自然到城市），景观格局与生态过程的关系，人类活动对于格局、过程与变化的影响，尺度和干扰对景观的作用。

景观生态学就是研究由相互作用的生态系统组成的异质地表的结构、功能和动态。结构指明显区别的景观要素（地形、水文、气候、土壤、植被、动物栖居者等）和组分（森林、草地、农田、果园、水体、聚落、道路等）的种类、大小、形状、轮廓、数目和它们的空间配置。功能指要素或组分之间的相互作用，即能量、物质和有机体在组分（主要是生态系统）之间的流动。动态指结构和功能随时间的改变。

景观生态学是一门新兴的多学科交叉的学科，它的主体是地理学与生态学的交叉部分。景观生态学以整个景观为对象，通过物质流、能量流、信息流与价值流在地球表层的传输和交换，通过生物与非生物以及人类之间的相互作用与转化，运用生态系统原理和系统方法研究景观结构和功能，景观动态变化以及相互作用机理，景观的美化格局、优化结构、合理利用和保护。

景观生态学强调异质性，重视尺度性、高度综合性。

景观生态学是新一代的生态学，从组织水平上讲，其处于个体生态学—种群生态学—群落生态学—生态系统生态学—景观生态学—区域生态学—全球生态学系列中的较高层次，具有很强的实用性。景观综合、空间结构、宏观动态、区域建设、应用实践是景观生态学的几个主要特征。从学科地位来讲，景观生态学兼有生态学、地理学、环境科学、资源科学、规划科学、管理科学等许多现代大学科的优点，适于组织、协调跨学科、多专业的区域生态综合研究。

二、 景观生态学的几个重要理论与概念

1. 斑块—廊道—基质模式

斑块—廊道—基质模式是构成并用来描述景观空间格局的一个基本模式。其概念来自生物地理学（主要是植物地理学）中对不同群落分布形式的描述，并给予其更加明确的定义，从而形成的一套专有概念和术语体系。斑块是指在景观的空间比例尺上所能见到的最小异质性单元，即一个具体的生态系统。廊道是指不同于两侧基质的狭长地带，可以看作一个线状或带状斑块，而连接度、结点及中断等是反映廊道结构特征的重要指标。基质是指景观中范围广阔、相对同质且连通性最强的背景地域，是一种重要的景观元素，它在很大程度上决定着景观的性质，对景观的动态起着主导作用。

斑块—廊道—基质模式的形成，使得对景观结构、功能和动态的表述更为具体、形象，而且斑块—廊道—基质模式还有利于考虑景观结构与功能之间的相互关系，方便比较它们在时间上的变化。但在实际研究中，要确切地区分斑块、廊道和基质往往是很困难的，也是不必要的，景观结构单元的划分总是与观察尺度相联系，所以斑块、廊道和

基质的区分往往是相对的。某一尺度上的斑块可能成为较小尺度上的基质，也可能是较大尺度上的廊道的一部分，如一个公园，在整个城市尺度中，公园内的草地、林地可能只是一个小的斑块，但在公园尺度或更小尺度下，公园内的草地、林地就可能变成了基质。

2. 景观结构与格局

景观作为一个整体，构成一个系统，具有一定的结构和功能，而其结构和功能在外界干扰及其本身自然演替的作用下，呈现动态特征。

景观结构是指景观的组分构成及其空间分布形式。景观结构特征是景观性状最直观的表现方式，也是景观生态学研究的核心内容之一。不同的景观结构是不同动力学发生机制的产物，同时还是不同景观功能得以实现的基础。

在景观生态学中，结构与格局是两个既有区别又有联系的概念。景观结构包括景观的空间特征（景观元素的大小、形状及空间组合等，如植被分布等）和非空间特征（景观元素的类型、面积比例等，如植被类型、盖度等）两部分内容，而景观格局一般是指景观组分的空间分布和组合特征（如某个区域的森林分布，森林和草地、农田、水体等的组合特征等）。另外，这两个概念均为尺度相关概念，表现为大结构中含有小的格局，大格局中同样含有小的结构。

景观生态研究通常需要基于大量空间定位信息，在缺乏系统景观发生和发展历史资料记录的情况下，从现有景观结构出发，通过对不同景观结构与功能之间的对应联系进行分析，成为景观生态学研究的主要思路。因此，景观结构分析是景观生态研究的基础，格局、异质性和尺度效应问题是景观结构研究的几个重点领域。

3. 异质性

异质性是指在一个景观区域中，景观元素类型、组合及属性在空间或时间上的变异程度，是景观区别于其他生命层次的最显著特征。景观生态学研究主要基于地表的异质性信息，而景观以下层次的生态学研究则大多数需要以相对均质性的单元数据为内容。

景观异质性包括时间异质性和空间异质性，更确切地说，是时空耦合异质性。空间异质性反映一定空间层次景观的多样性信息，而时间异质性则反映不同时间尺度下景观空间异质性的差异。正是时空两种异质性的交互作用导致了景观系统的演化发展和动态平衡，系统的结构、功能、性质和地位取决于其时间和空间的异质性。

异质性来源于干扰、环境变异和植被的内源演替，其存在对于整个生物圈意义重大，地球上多种多样的景观是异质性的结果，异质性是景观元素间产生能量流、物质流的原因。景观异质性原理不仅是景观生态学的核心理论，也是景观生态规划方法论的基础和核心。

4. 尺度

尺度指研究对象在时间和空间上的细化水平，任何景观现象和生态过程均具有明显的时间和空间尺度特征。景观生态学研究的重要任务之一，就是了解不同时间、空间水平的尺度信息，弄清研究内容随尺度发生变化的规律。景观特征通常会随着尺度变化出现显著差异，以景观异质性为例，小尺度上观测到的异质性结构，在较大尺度上可能会作为一种细节被忽略，正如地图学中比例尺的不同会造成图例单元的差异一样。因此，某一尺度上获得的任何研究结果，不能未经转换就向另一种尺度推广。

不同的分析尺度对于景观结构特征以及研究方法的选择均具有重要影响，虽然大多数情况下，景观生态学是在与人类活动相适应的相对宏观尺度上描述自然和生物环境的结构，但景观以下的生态系统、群落等小尺度资料对于景观生态学分析仍具有重要的支撑作用。不过，最大限度地追求资料的尺度精细水平同样是一种不可取的做法，因为小尺度的资料虽然可以提供更多的细节信息，却增加了准确把握景观整体规律的难度。所以，在着手研究一项景观生态问题时，确定合适的研究尺度以及相适应的研究方法，是取得合理研究成果的必要保证。对于城市景观规划设计而言，这一点尤其重要。

三、景观生态学与景观规划设计

景观生态学为景观规划设计提供了很好的理论与技术支撑，两者既有共性，又有互补性。

（一）学科背景与研究对象的一致性

景观规划设计学科的诞生是源于城市化快速发展过程导致的城市环境的极度恶化，同样，景观生态学的诞生也是源于工业社会对自然土地的破坏日益剧增引起的当代社会景观之间的紧张。两者都将"景观"作为主要的研究对象，虽然景观生态学家和景观规划设计师对"景观"的解释略有不同，但"景观"是自然、生态和地理的综合体，是不同生态系统镶嵌组成的异质区域这一概念得到两者的共同认可。尽管景观生态学家也研究人类干扰与景观格局变化的关系，但景观的自然属性是他们研究的主体，而景观规划设计师的"景观"，不仅具备生态学中的自然生态属性，而且其人文属性更被看重，景观规划设计师虽然将景观视为生态系统整体，但他们坚持以人为本的原则，将人类的物质和精神追求作为规划设计的一大目标。两者同样应用于自然保护、城乡景观建设、旅游景观建设、退化景观恢复等方面，从规划层面上讲，两者是相通的，但在设计层面，景观规划设计的范围更具体、更实用。

（二）规划与管理目标的一致性

营造和谐的人类—自然环境，实现资源可持续发展是两者共同的目标。景观生态学注重研究人类对景观的广泛影响，把人们的行为包含在生态系统中，在人类尺度上分析景观结构，把生态功能置于人类可感受的框架内进行表述，这对了解景观建设和管理对生态过程的影响是有利的。景观规划设计使自然决定的规划重心回到以人为本的规划基础，保证了在更高层次上协调人与自然及不同土地利用之间的矛盾，以维护人与其他生命的健康共存与持续发展。因此，无论是景观的规划、设计还是景观的管理、维护，最终目标都是在人类与自然和谐共存的基础上促进人类文明的进步。

（三）研究方法与理论的相互借鉴

在野外调查与观测中，植被调查、土壤调查、地质调查、地貌调查、水文调查及社会经济与人文调查等都是景观生态学与景观规划设计共同采用的方法。"3S"技术的快速发展为景观生态学与景观规划设计更宏观、更科学地进行规划提供了帮助。而CAD、3DMAX等计算机制图软件为规划和设计提供了更快捷高效、更准确的技术手段。

景观生态学的斑块—廊道—基质模式为描述景观结构、功能和动态提供了一种空间语言，也为景观规划设计提供了很好的理论指导。比如，各种孤立的生态园林类型所形成的生态效益只能是微观效益，只有用生态线（廊道）把各个生态点（斑块）和生态面（基质）联系起来，形成系统，才能发挥更大的生态效益。在规划设计交通道路时，使各类绿地斑块拥有最佳的位置、最佳的面积、最佳的形状，且均匀分布于城市道路景观中；廊道（绿化带）把这些零散分布的绿地斑块连接起来，以形成城市道路绿地景观的有机网络，这样才能使城市道路绿地成为一种开放空间，把自然引入城市之中，给生物提供更多的栖息地和更广阔的生境。同样，对于一座城市，不仅要合理设置不同区位、不同规模、不同功能的公园，还要通过林带、河流等廊道把城市公园、居住区绿地、厂矿绿地等连接为一个整体，形成完整的生态系统，增强生态系统的稳定性和多样性，增加生态功能。

第六节　景观美学理论

一、美的含义

提到美，人们头脑中出现的是形象生动、五彩缤纷的世界，美的形态是丰富多彩的，对美的欣赏是轻松愉快的。但美是什么？美的标准是什么？关于美的定义，众说纷纭。

在西方，古希腊的毕达哥拉斯学派认为美在于"对立因素的和谐统一，把杂多导致统一，把不协调导致协调"。柏拉图从哲学的高度，对美的问题进行了深入的探讨，他不仅对当时流行的种种美学见解提出异议，而且辨析了"什么是美"和"什么东西是美的"这两个不同性质的命题，他强调，回答"什么是美"，就是要找出"美本身"具有的特点，把握美的普遍规律。亚里士多德肯定了现实生活中美的客观存在，肯定了艺术美对生活的依存关系，肯定了艺术作品中塑造的人物可以而且应该"求其相似而又比原来的人更美"。康德和黑格尔都以感性为思考的中心，致力于解决感性与理性的和谐自由统一问题。黑格尔把艺术纳入绝对理念发展的历史，视艺术为理念外化为主体心灵的感性表现，即美作为理念的感性显现，经历了一个有序的发展过程。马克思主义美学认为，美是人类社会的特有现象，与动物单纯追求生理快感的活动和感觉有本质的区别。宇宙太空之间，在人类社会以前日月星辰、山水花鸟都早已存在，并且按照自身的规律发展，但那只不过是一些自在之物，并未与人类发生关系，因而也就无所谓，美不可能脱离人类社会而单独存在。美在人类的社会实践中产生，事物的使用价值先于审美价值。

美学作为独立学科建立以来的历史表明，它取得了长足的发展，形成了学派林立、多元发展的局面。归纳来看，对于美的概念，从上面的讨论中我们可以得到以下启迪：

1. 美是人的感受

任何美学理论都不可避免地论及审美主体与客体的关系，无论强调美是人的情感因素的主观论，还是强调美是事物的客观属性的客观论，缺少了人这个主体，美便无从谈起。

2. 美是人们通过感官可以感觉到的具体形象

凡属美的事物，无不以其感性具体的形象诉诸人们的视觉、听觉、味觉以及其他感官，是看得见、摸得着的。

3. 美属于人的思想意识和情感的范畴

美与纯生理性质的快感不同，美是能动人以情，给人以感动，使人获取愉悦的形象。追本溯源，它必然与人的物质、生存的基本需求是统一的，因而美不可避免地带有功利性，即美的目的性。

4. 审美是一种价值判断

审美是社会价值体系中的一个组成部分。中国美学中美与伦理道德的高度统一是社会价值判断在审美中的表现，因此，审美是一种社会现象。

5. 个体审美判断的根源在于个体特性

个体的美感经验很大程度上受限于个体的社会经验和文化经历，不同个体的欲望、要求、情感、个性、社会经验以及文化经历往往是有差异的，因而审美必然存在个体差异性。

二、 景观美的含义

"景观"从诞生之日起，就与美学息息相关，农业时代，人类的生存环境主要被自然景观围绕，再加之科学技术的局限性，人类对周围的环境充满了神奇的幻想。许多文人雅士在受到尘俗困扰后往往寄情于山水，将自己心目中经过抽象和美化的自然环境绘在画上，写进诗里。

景观规划设计作品中的美更多地体现在园林作品上。卢新海认为，园林美是一种以模拟自然山水为目的，把自然的或经人工改造的山水、植物与建筑物按照一定的审美要求组成的建筑综合艺术的美。它与自然美、生活美和艺术美既紧密联系又有区别，是自然美、生活美与艺术美的高度统一。

首先，园林美源于自然，又高于自然，是对大自然造化的典型概括，是自然美的再现。无论是园林整体还是组成园林的个体，都具有"将自然美典型化"的特点。假山、盆景、小桥流水等都是再现典型自然美的表现手法，是"外师造化，中得心源"的结果。

其次，园林美是园林艺术家按照客观的美的规律和对自然美的艺术理解与把握，对某种审美观念进行创造的产物，是现实美的集中和提高，是艺术家对社会生活形象化、情感化、审美化的结果。但园林美与其他艺术美又是有所区别的，在许多方面都接近或近似于自然美。园林美不允许从根本上改变自然，更多体现人对"人是自然的一部分"的明智态度和自我意识，体现人们对"人征服自然又是自然的一部分"的辩证统一关系的认识和态度。

因此，园林美是一种独立的艺术，是一种不能分割的整体艺术美，是包括自然环境和社会环境在内的、艺术化了的整体生态环境美，它随着文学、绘画、艺术和宗教活动的发展而发展，是自然景观和人文景观的高度统一。它具有以下特征：

1. 园林景观中的自然美

植物是构成园林最基本的材料，也是体现园林美最直观的视觉形象。植物的自然美，首先表现在大自然植物的多样性，包括多样的形态、多样的色彩、多样的功能和多样的物种组合。例如，北京香山的红叶，杭州西湖的苏堤春晓、柳浪闻莺、曲院风荷等是美，高山针叶林、亚热带阔叶林、热带雨林同样也是美。自然植物都具有美的特征，关键在于人类如何利用。

自然界中的万物万象，如高山流水、江河湖海、日月星辰及四季变化都是构成园林自然美的最佳素材。园林艺术家正是利用优美的自然风光造就令人流连忘返的美景的。例如杭州西湖"十景"，每一处都能体现最佳的自然美，体现四季变化的"苏堤春晓""平湖秋月"，体现一日变化的"雷峰夕照"，体现气候特色的"曲院风荷""断桥残雪"，突出山景的"双峰插云"，呈现出异常丰富的自然景观。

园林景观中的声音美是另一种自然美。海潮击岸的咆哮声、"飞流直下三千尺"的瀑布发出的雷鸣声、峡谷溪涧的哗哗声、"清泉石上流"的潺潺声、雨打芭蕉的嗒嗒声、山里的空谷传声、风摇松涛、林中蝉鸣、树上鸟语、池边蛙奏等，都是大自然的演奏家给予游人的音乐享受。

2. 园林景观中的生活美

园林景观的服务对象是人，园林设计的基本目标是为人类提供一个可游、可憩、可赏、可学、可居、可食的综合空间，提高人类生活水平，满足人类多样化的物质和精神需求。

园林景观的生活美主要表现在以下方面：第一，园林环境健康，空气清新，水体清澈，绿树成荫，清洁安全。第二，园林中有宜人的小气候，通过合理的水面、草地、树林配置营造最佳的环境。冬季既能防风又有和煦的阳光；夏季则有良好的气流交换条件以及遮阳的功能。第三，园林环境安静。第四，园林中有多样化的植物种类，绿色植物生长健壮繁茂，形成立体景观。第五，园林中有方便的交通、完善的生活福利设施、配套的文化娱乐活动和美丽安静的休憩环境。既有广阔的户外活动场所，供人安静地散步、垂钓、阅读、休息的场所，又有划船、游泳、溜冰等体育设施，还有各种展览、舞台艺术、音乐演奏等场地，这些都能愉悦身心，带来生活的美感。第六，园林中有可挡烈日，避寒风，供休息、就餐和观赏相结合的建筑物。尽量为人们创造接近大自然的机会，使人们接受大自然的爱抚，享受大自然的阳光、空气和特有的自然美，在大自然中充分舒展身心，消除疲劳，恢复健康。

3. 园林景观中的艺术美

艺术美是社会美和自然美的集中、概括和反映，它虽然没有社会美和自然美那样广阔和丰富，可是它对社会美和自然美经过了一番去粗取精、去伪存真、由此及彼、由表及里的加工改造，去掉了社会美的分散、粗糙和偶然的缺点，去掉了自然美不够纯粹（美丑合一）、不够标准的特点，因此，它比社会美和自然美更集中、更纯粹、更典型，也更富有美感。

园林景观之美是一种时空综合艺术美。在体现时间艺术美的方面，它具有诗与音乐般的节奏与旋律，能使人通过想象与联想，将一系列感受转化为艺术形象。在体现空间艺术美的方面，它具有比一般造型艺术更为完备的三维空间，既能使人感受和触摸，又能使人深入其中，身临其境，观赏和体验到它的序列、层次、高低、大小、宽窄、深浅、色彩等。

在园林形式的艺术美方面，园林景物轮廓的线形，景物的体形、色彩、明暗，静态空间的组织，动态风景的节奏安排是园林形式美的重要因素。

园林艺术美还包括意境美。园林意境就是通过园林的形象所反映的情意使游赏者触景生情，产生情景交融的一种艺术境界。陈从周先生定义："园林之诗情画意即诗与画的境界在实际景物中出现之，统名意境。"意境是一种审美的精神效果，它不像一山、一石、一花、一草那么实在，但它是客观存在的。它应是言外之意、弦外之音。它既不存在于客观，也不完全存在于主观，而存在于主客观之间，既是主观的想象，也是客观的反映，只有当主客观达到高度统一时，才能产生意境。意境具有景尽意在的特点，因物移情，缘情发趣，令人遐想，使人流连。

第七节　心理需求、行为和环境

一个景观规划设计的成败、水平的高低以及吸引人的程度，争论也好，分析也罢，归根结底就看它在多大程度上满足了人类户外活动的需要，是否满足人类的户外行为需求。

人与环境的交互作用主要表现为环境刺激和相应的人体效应。人体外部感觉器官受到外部环境因素刺激后会出现相应的反应。环境的刺激会引起人的生理和心理效应，而这种人体效应会以外在行为表现出来，我们称这种表现为环境行为。环境行为学是一门以人类行为为课题的科学，涵盖社会学、人类学、心理学和生物学等，通过研究人的行为、活动、价值观等问题，为生机蓬勃和舒适怡人环境的形成提供帮助。

景观规划设计中的各种要素对人心理的影响直接关系到景观规划设计的价值和合理与否。环境、行为和心理之间的关系是景观设计研究中必不可少的内容。环境、行为和心理之间的关系研究早在20世纪初欧美等地区的发达国家就开始了，最初是在地理学研究中起步的。1908年，美国地理学家加勒弗（F. P. Galliver）发表了《儿童定向问题》一文，1913年，美国科学家特罗布里奇（C. C. Trowbridge）提出了"想象地图"。之后便是一系列开拓性的研究，费斯廷格（Leon Festinger）、沙克特（Stanley Schachter）与巴克（Barker R. G.）在群体行为的传统社会心理研究中发现，物质环境的布置对行为有明显的影响。这一研究被广泛认为是关于环境对人类行为影响方面研究的起点。

20世纪50年代以后，环境行为心理的研究进入第二阶段：系统分析研究阶段。美国堪萨斯大学心理学家巴克在美国米德韦斯特建立了心理学实验场，重在研究真实行为场景对行为的影响，并在不同国度之间做了比较，这项实验从1947年开始，坚持了25年。另外一位对环境行为心理做了系统性分析的人类学家是霍尔（E. T. Hall），其于1959年所著的《沉默的语言》和1966年所著的《被隐藏的维度》颇具影响力。他认为空间距离和文化有关，它好像一种沉默的语言影响着人的行为，同时他提出"空间关系学"的概念，并在一定程度上将这种空间尺度以美国人为模板加以量化：密切距离（0～0.45m）、个人距离（0.45～1.20m）、社交距离（1.20～3.60m）、公共距离（3.60～8.00m）。

20世纪60年代以后，这种作为心理学前沿的学科开始直接对设计学起到指导作用。挪威建筑学教授舒尔茨（Christain Norberg Schulz）的《存在·空间·建筑》，对于空间的理解和分析比过去前进了一大步。

对环境行为的研究使我们的景观规划设计更加具体和有针对性，因此，有必要了解景观规划设计中比较常用的几个概念。

一、 心理需要

人类户外活动的规律及其心理需求是景观规划设计的根本依据。

原始社会中人对于美和丑的区分是很简单和直接的，人类恐惧和未知的事物所展现出的形象被认为是丑的，而有利于人类生存的形象被认为是美的，这种反应来源于当时的人类对于自然了解的贫乏。这时的景观带有对自然的崇拜和敬畏，还有对未知和恐惧产生威慑作用的心理需求。

随着人类对自然的认知的提升，这个时期景观的作用开始由实用型慢慢向装饰型转变，景观美的标准也发生了变化。由于社会的发展、人类劳动分工方式的转变，城镇开始出现，人类以聚居的形式活动，与自然接触的机会大大减少，于是在生活空间中开始出现模仿大自然美的景观空间。而且随着时间的推移和社会情况的变化，景观的美丑开始与道德和政治产生密切的关联，人们开始借物言志，每种景观元素在被组合之前就已经有了其自身的象征，设计者对于景观元素的运用很是小心，既要有视觉的美感，又要顾及其在道德和政治上的合理性，这时的景观空间更多是为了满足人类精神层面的需求。

二、 人的行为

（一）人类的基本需求

心理学家马斯洛在20世纪40年代就提出人的需求层次学说，这一学说对行为学及心理学等方面的研究具有很大的影响。他认为人有生理、安全、归属和爱、尊重及自我实现等需求，这种需求是有层次的。最下面的需求是最基本的，而最上面的需求是最有个性和最高级的（图3－1）。这种需求是会发展变化的，不同情况下人的需求不同。当低层次的需求没有得到满足的时候，人就不得不放弃高一层次的需求。虽然人本身所具有的复杂性常常导致各种需求同时出现，人也并不是绝对按照层次的先后去满足需求的，但这种学说对我们认识人的心理需求仍然具有一定的普遍性。

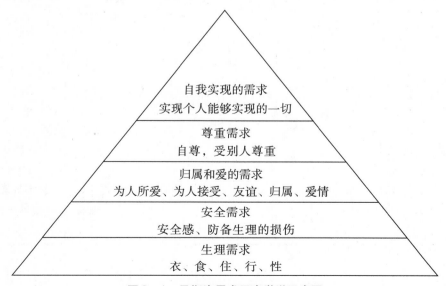

图3－1 马斯洛需求层次学说示意图

　　根据马斯洛需求层次学说，景观规划设计所应满足的层次也应该包括从低级到高级的过程，环境景观的参与者在不同阶段对环境场所有着不同的接受状态和需求。景观是研究人与自身、人与自然之间关系的艺术，因此，满足人的需求是设计的原动力。

　　要研究景观中的人类行为，就不能不考虑人类行为最基本的规律（表3－1）。人类的各种行为体现出来的需求可归纳为三种基本类型，即安全、刺激与认同。这三类要求是融合在一起的，并无先后次序。在景观规划设计中，我们要尽量满足人类对这三方面的需求。

表3－1　行为理论：人的基本需求

罗伯特·阿德里 （Robert Ardrey）	亚伯拉汉·马斯洛 （Abraham H. Maslow）	亚历山大·莱顿 （Alexander Leighton）	亨瑞·默里 （Henry A. Murray）	佩格·皮特森 （Peggy Paterson）
安全	生理	性满足	依赖	避免伤害 性
		敌视情绪表达	尊敬	加入社会团体 教育
		爱的表达	权势	援助
	安全	获得他人的爱情	表现	安全 地位
		创造性的表达	避免伤害	行为参照 独处
		获得社会认可	避免幼稚行为	自治 认同
刺激		表现为个人地位 的社会定向	教养	表现 防卫
	归属和爱		地位	成就 威信
		作为群体一员的 保证和保持	拒绝	攻击 拒绝
	尊重	归属感	直觉	尊敬 谦卑
认同			性	玩耍 多样化
		物质保证	救济	理解 人的价值观
	自我实现		理解	自我实现 美感

（二）人类在景观中的三种基本活动

（1）必要性活动。所谓必要性活动是指人类因为生存需要而必须进行的活动（如等候公共汽车去上班等一些必要性活动）。其最大的特点是基本上不受环境品质的影响。

（2）选择性活动。选择性活动与环境的质量有很密切的关系（如饭后散步、周末外出游玩等游憩类活动，要从两条路中选择一条，排除快捷等功能性因素，一条美观洁净，另外一条坑坑洼洼、藏污纳垢，大家自然愿意选择美观洁净的那条）。

（3）社交性活动。社交性活动和环境品质的好坏亦有相当紧密的关系（如在公园里设置露天舞台，人们组成团体举行聚会等）。

在三类活动中，我们更为关心的是社交性活动。从规划设计的角度看，研究社交性活动涉及交往强度的问题。具体地讲，就是要琢磨一个户外空间可以容纳多少人，这就产生了一个数量问题。面积大小相同的空间，一种能容纳 10 个人，另一种则能容纳 1 000 个人，从这种数量的差别便可看出交往的强度差别。交往强度除与空间场地的规模相关之外，还与空间场地的质地、质量有关。

（三）景观对人的行为的三种影响

人的行为往往是景观设计时确定场所和动线的根据，环境建成以后会影响人的行为，同样，人的行为也会影响环境的存在。

1. 行为层次

景观设计强调开放空间，我们关注的行为亦是人在户外开放空间中的行为，我们可以将这些行为简单分类，大概可以分为以下三类：①强目的性行为：也就是设计时常提到的功能性行为，商店的购物行为、博物馆的参观行为，这是设计最基本的依据。②伴随主目的行为的行为习性：典型例子是抄近路，在要到达目的点的前提下，人会本能地选择最近的道路，虽然我们可以用围墙、绿化、高差来强行调整，但是效果往往不佳，所以在设计时应该充分考虑这类行为，并将其纳入动线的组织之中。③伴随强目的行为的下意识行为：这种行为比起上面两种，更加体现了人的一种下意识和本能。例如人的左转习惯，人虽然意识不到为什么会左转弯，但是实验证明，如果防火楼梯和通道设计成右转弯，疏散行动速度会减慢。展览空间如果右转布置，也会造成逆向参观和流线的混乱。这种行为往往不被人重视，却非常重要。

2. 行为集合

行为集合是为达到一个主目的而产生的一系列行为。例如，在设计步行街时，隔一定距离要设置休息空间、设计流线时要考虑无目的性穿越街道的行为，以及通过空间的变化来消除长时间购物带来的疲劳等。

3. 行为控制

这个概念可以让我们认识到设计对人的行为的作用。法国哲学家爱尔维修说"人是环境的产物"，有时我们设计空间的同时也设计了一种相应的行为模式，这种模式在日复一日的强化下，很可能演化成一种习惯，这就是环境对行为的控制作用。著名心理学家斯金纳（B. F. Skinner）认为，当研究者不但能够预测行为的发生，并且可以通过操纵自变量而对行为产生影响时，就说明他已经充分地了解了行为。例如，在设计花坛的时候，为了避免人在花坛上躺卧，可以将尺度设计得窄一些。

三、空间和环境

（一）气泡

气泡的概念是由爱德华·T. 霍尔提出的，指的是个人空间。任何活的人体都有一个使其与外部环境分开的物质界限，同时在人体近距离内有一个非物质界限。人体上下肢运动所形成的弧线决定了一个球形空间，这就是个人空间尺度——气泡。其他空间大都是气泡空间的延伸。人是气泡的内容，也是这种空间度量的单位。空间（气泡）即space，是由三维空间数据限定出来的，建筑空间通常由上、下、前、后、左、右六个面限定而成，景观/风景园林空间通常由天、地、东、南、西、北六个面限定而成。

（二）领域

领域既不同于场所，更不同于空间。这个概念最初出现在动物界领地中。如一只老虎一般活动出没的范围约为 40 平方千米，这一范围内一般不会出现第二只老虎，这 40 平方千米就是这只老虎的活动领域。领域由人类活动限定而成，通常物理空间界限难以明确界定。这一概念引入心理学中来，人类的行为也往往表现出某种类似动物的领域性，人类的领域行为与动物既有相似点，也有区别。人类的领域行为有四点作用，即安全、相互刺激、自我认同和管辖范围，大概分为以下四个层次：公共领域、家、交往空间和个人身体。气泡也可以认为是领域空间的最小单位。

我们在生活体验中发现，即使没有人告知，我们也可以认知某一空间的用途，并且自觉地用某种行为去对应空间的功能。一般认为人对空间的认知大体有三类：滞留性、随意消遣性和流通性。心理学研究表明，在行为个体认知环境以后，就会本能地对自己的领域进行维护，如果受到冲突和干扰，就会感到不悦，从而在心理上和行为上有反感的表示。对此我们在景观设计中要特别注意空间的尺度对人心理的影响，可以通过植物、矮墙或者某些构筑物来增强滞留空间使用者的私密性，也可以通过不提供适宜滞留领域空间来暗示使用者流动空间的性质，从而提高流动空间的效率。这里要注意人与人之间过度的疏远和靠近都会造成一种心理上的不安定。

（三）场所

场所不同于空间，通常其空间限定并非六个面。舒尔茨提出"场所是有明显特征的空间"，场所依据中心和包围它的边界两个要素而成立，定位、行为图示、向心性、闭合性等同时作用形成了场所概念。场所概念也强调一种内在的心理力度，以吸引支持人的活动。中国乡村的村入口，作为一种典型的场所，其空间是由大树下那片经历多年沧桑、发生了很多故事的场地所限定的。此时的场地实质上是人类行为的标识，场所空间是由人的时间空间行为活动限定而成的。例如，公园中老人相聚聊天的地方，广场上儿童一起玩耍的地方。在某种意义上来讲，景观设计是以场所为设计单位的，设计出有特色的场所，将其置于建筑和城市之间，相互连贯，在功能、空间、实体、生态空间和行为活动上取得协调和平衡，使其具有一定的完整性，并且让使用者体验美感。

第八节　空间设计理论基础

空间设计基础在城市规划学科、建筑设计、室内设计、景观设计等诸多学科中都是相通的，是必须掌握的。其主要内容是空间造型的方法和原理。无论空间尺度大小，其使用者都是人，都是以人为基本模数的，所以这些设计学科都具有相同的空间设计基础。

空间形态分为两大类：积极形态和消极形态。积极形态，即人可以看到和触摸到的形态，又称实体形态。消极形态，即人看不到摸不到的，只能由实体形态所暗示出来的形态，又称虚体形态。例如，身处广场之中，周围的建筑就是实体形态，而广场这个有建筑围合而暗示出来的空间就是虚体形态。

形态的表现形式主要有三大类：两维空间（即平面）、三维空间（即立体）、四维空间（立体加上时间）。应该说，景观设计中主要是后两者的设计和创造，但是在处理实体和空间的界面时，平面的设计和创造也不可或缺。

一、造型基础

景观的审美感受是通过视觉形象来实现的，视觉形象又是由造型的元素：点、线、面、色组成的，造景离不开造型，景观形象给予人的感受和印象，都是以微观的造型要素的表情为基础的，下面我们分而述之：

（一）点

点是构成形态的最小单元和细胞，它是图形、图像最基本的组成部分，点排列成线，线堆积成体。在几何学中点表示位置、不具备面积大小和方向，然而在我们生活的空间中是没有单独的点元素的，我们所说的点往往是放在环境中，和周围的形态相比呈现出面积较小的、相对集中的元素，我们都将其抽象成点元素。点包括平面的点、立体的点、三角的点和球形的点等，点有长短、宽窄及运动方向，是由各元素相互对应，相互比较而确定的（图3-2）。随着点与块的缩小与扩大，它们之间互相的转换，对形态上造型语言的不同会在心理上产生不同的感受：如角状点有强烈的冲击力；曲形点则有柔和的漂浮感。

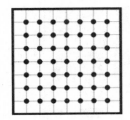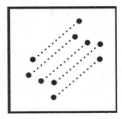

图3-2　各种点的表情

现代景观设计中点的内容被扩大，植物、山石、亭塔、台凳、汀步、石矶、灯光、水池、雕塑等有一定位置的、形状不大的要素，都可以视为物化了的点。单独的点元素会起到强调那个位置的作用，具有肯定的特性。而两个点往往暗示了线的趋势。如果一个平面内有三个或五个点，会产生消极的面的联想，具有松散的面的性格。如果一个面内的点密集到了一定的程度，就会形成点群的性格。

在景观设计中可以运用点的群化特性来对景物进行设计和创造，达到景观设计的目的，主要有以下几种：

1．运用点的积聚性及焦点特性，创造空间美感和主题意境

点的群化特性很容易形成视觉的焦点和中心。点即是景的焦点，又是景的聚点，小小的点可以成为景中的主景。例如，在十字路口中间、景观建筑的一角、在道路的起点、尽头，或在广场中央等，点可以成为视觉的焦点（附图3-1）①。

2．运用点的排列组合，形成节奏和秩序美

点的运动、点的分散与密集，可以构成线和面，同一空间、不同位置的两个点，相互严谨地排成阵列，会让人联想到严肃大方的性格，具有均衡和整齐的美感（附图3-2）。

3．散点构成在景观中的视觉美感

不同位置、大小的点在景观环境中可以产生一种动感，可以增加环境自由、轻松、活泼的特性，有时由于散点所具有的聚集和离散感，往往给景观带来如诗的意境。

（二）线

视觉中的线，是众多的点沿着相同的方向，紧密地排列在一起所形成的。线存在于点的运动轨迹，面的边界以及面与面的断、切、截取处，具有丰富的形状和形态，并能形成强烈的运动感。线的主要特点是具有长度和方向，其外形有长短、粗细、轻重、强弱、直接、转折、顿挫等不同的变化。和点一样，我们生活的空间中也不存在纯粹的线元素，我们周围的物体都是由若干面组成的实体。但是，抽象化的线元素的研究对于设计非常重要。线从形态上可分为直线和曲线两大类，直线往往是十分确定的，粗直线给人以强力、粗笨、稳重的感觉，细直线给人的感觉是神经质、敏锐和脆弱。总的来说，直线具有男性的气质（图3-3）。相对而言，曲线具有优雅柔软的气质。圆弧和椭圆弧等几何曲线给人以充实饱满的感觉；抛物曲线近似于流线，有速度感；双曲线具有一种曲线平衡的美，有较强的现代感；螺旋曲线是具有渐变韵律的曲线，富于动感；自由曲线最具抒情特色，也是较难运用的一种曲线形态，需要较高的构成修养（图3-4）。

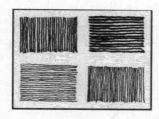

图3-3　各种直线的表情

图3-4　各种曲线的表情

---

① 由于篇幅所限及考虑显示效果，本书部分景观图只出现图序，不呈现图片，这些图片每章后做链码，可通过扫链码进入查看。

1. 直线在景观艺术中的应用

直线分为水平线、垂直线和斜线三种。水平线平静、稳定、统一、庄重，具有明显的方向性。在景观中，直线形道路、铺装、绿篱、水池、台阶都体现了水平线的美感。垂直线给人以庄重、严肃、挺拔向上的感觉，在景观中，使用垂直线造型的疏密相间、有序排列的栏杆及护栏等，具有明显的节奏感、韵律美。斜线运动感较强，具有奔放、上升等特性，但容易让人产生不安定感。景观中的雕塑使用斜线，可以表现出生命力，达到动中有静、静中有动的意境。直线能够表现出简洁、明快、动感的个性特征，成为现代景观设计重要的表达元素。例如，美国景观设计大师彼得·沃克在他的极简主义景观作品中就大量使用了直线，他在得克萨斯州沃斯堡伯奈特公园的设计中，以水平线和垂直线为设计线形，用直交和斜交的直线道路网，长方形的水池和有序排列的直线形水魔杖构架了整个公园（附图 3-3）。再如，万科城售楼中心，运用几何式的线条处理，以干净简约的铺装界面呈现，重构了人与自然、建筑之间的角色关系（附图 3-4）。

2. 曲线在景观艺术中的应用

曲线轻柔、温和，富有变化性、流畅性，带给人自然、飘逸的感觉。曲线的种类很多，分为椭圆曲线、抛物曲线、双曲线、自由曲线，能够表达出丰满、圆润、柔和、富有人情味的感觉，具有强烈的流动感。曲线在园林景观设计中运用最广泛，园林中的廊、桥、墙、花坛、建筑等，处处都有曲线的存在。

景观设计中，曲线以多种形式出现，形成了各具特色的景观。天津滨海图书馆由一个椭圆形的开口直穿建筑中部，内部中央天井一个球形镜面报告厅，顶部是像大教堂一样的梯田式拱顶。一层层白色的梯田式书架呈波浪状铺开，充满曲线感，呼应了球体的形式，创造了一个延伸到外部并包裹立面上的内部设计、地形和景观（附图 3-5）。坐落在湖南长沙梅溪湖畔的梅溪湖国际文化艺术中心由三个独立的文化场馆组成，采用花瓣落入梅溪湖激起不同形态"涟漪"的概念，团簇式的建筑形成了多个户外庭院，同时提供了通往公园和节日岛的路径，游人们可以从城市中欣赏附近梅溪湖的景色（附图 3-6）。

曲线能带来美感，带给人自由、轻松的感觉，但在景观设计中需要注意曲线的弯度要适度，有张力、有弹力，才能显现出曲线的美感（张晓燕，2007）。

（三）面

面是由线运动而成的，是线的封闭状态，不同形状的线可以构成不同形状的面。面是线移动的轨迹，点的扩大，线的宽度增加等也会产生面。自然界中面的形很多，所以性格也较为复杂，但是我们在设计过程中还是较为简单的面元素用得较多（附图 3-7）。例如，方形面给人单纯、大方、安定、呆板的感觉；圆形面给人饱满、充实、柔和的感觉；三角形面中正三角形给人较为单纯、安定、庄重有力的感觉，倒三角形给人单纯却不稳定的感觉。对于较为复杂的面，评价标准是形所含的直线成分越多越接近于直线性格，包含的曲线成分越多越接近曲线性格。

1. 几何形面在景观艺术中的应用

几何曲线形平面具有严谨性，在园林中主要应用于体现规则式园林中空旷地和广场外形轮廓、封闭型的草坪、广场空间等。几何形曲线园林的布局显得整齐、庄严，富有气魄而亲切，且易于与建筑、道路等整齐规则的直线形平面环境协调一致，刚柔相济，产生秩序安定、温馨的美感。

2. 自由曲线形平面在景观艺术中的应用

自由曲线形平面是曲线和面结合的产物，突出了自然、随和、自由生动的特性，一般应用于自然式园林中。在中国古典园林中，无论是园林中的空旷地或广场的轮廓，还是水体的轮廓，都为自然形的，形成园林中开朗明净的空间；草地植物的种植形成立面效果和地形平面也是自由曲线形的。在现代园林中，草地、水面、树林等形成的面也采用了自由的曲线形平面，在很多地方和几何形平面结合使用，甚至有的自由曲线形平面在某个边结合几何形平面来设计，将人工和自然完整地结合起来。

（四）形体与形态

形体是形在三维空间中的运动，是由面移动而成的，它不是靠外轮廓表现出来的。当不同的面于不同的方向，并在边缘的位置连在一起就形成了形体。形体是形状在空间中的延伸，是形变化的延续，它能引导人们的视线从水平线以下向高处发展，使得空间也随之发生改变，给人以不同的视觉体验和心理感受。形体的种类从大的方面可分为三类，即直线系形体、曲线系形体和中间系形体。由于人对于面是通过朝向自己的若干个面来观察的，形体的表情就是围合它的各种面的综合表情，因此形体构成规律原则上和面是一致的，它的特殊性在于人在四面移动观察一个体时会产生四维立体感。形体在景观设计中经常表现为假山、雕塑、建筑、装置等，它可以打破景观设计时面的单调，同时也可以和平面上的图形相呼应、协调，使景观产生令人舒适的视觉感受。在现代的景观设计中，大量的形体被广泛运用，在设计中创造一种符合现代人审美趣味的构成感。

形态是指物体的形体事态和内涵的有机结合，它包括物与物之间、人与人之间等多层关系，是形体的表现。在景观艺术中，形体与形态既互相区别，又互相作用。组成形态的形体包括形体的数量、体量、尺度、空间、组合方式等方面。每一个形体的变化都会引起形态性格的变化，具体包括以下内容：

（1）由于形体数量的多少不同，所反映的形态特征也会完全不同。

（2）体量是指物体内部的容积、量与度的外在表现，它体现了一个物体的长、宽、高的尺度。通过体量的对比可产生优美的景观艺术效果。

（3）对于尺度的把握在景观设计中是极其重要的。尺度是使一个特定物体或场所呈现恰当比例关系的关键因素。尺度可分为绝对尺度和相对尺度两种。绝对尺度是指物体的实际空间尺寸，是一种功能上的实际尺度，人可以真实体会物体的存在。而相对尺度则是指人的心理尺度，体现人的心理知觉在空间尺度中所得到的感受，相对尺度是通过他们之间的相互对比与协调关系来使观察者获得心理上的满足感。

（4）把物体通过一定的形式语言来进行组合。

由于它们组合的方法和形式不同，因此其呈现的空间形态也各不相同（图3-5）。

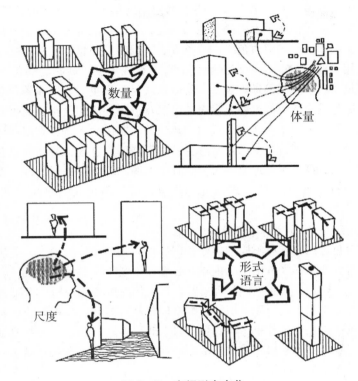

图3-5　空间形态变化

（五）空间

空间和立体是内与外的关系，它的表情是围合它的各种面形的表情的综合。空间是指区域与区域、物与物之间的空间距离。如果两个空间的距离相对过大，则会给人以平淡、松散的感觉；如果两个空间的距离相对太小，则会显得拥挤和局促。因此，在景观设计中，要获得一种良好的空间效果，可以通过不同形状的空间组合和变换来营造，不同大小空间的对比、面的高低变化以及不同次序的排列，对于景观中视觉空间设计和规划都是较为关键的因素。景观设计师要善于抓住不同的空间变化给人的视觉和心理造成不同的感受的规律来设计出具有空间变换的景观设计作品。

（六）色彩

色彩是视觉元素中非常重要的一个元素，它在视觉艺术中占有重要的地位。色彩是眼睛受到光线刺激所引起的感觉作用，色彩能够影响人的情绪及心理，无论是艺术家还是设计师都借助色彩来表达感情。色彩是景观中能引起形式美感的因素，一个好的景观设计师应该善于利用色彩给人的视觉感受来进行景观的设计，合理地使用色彩，才能对景观环境的艺术表现起到一定的强化和烘托作用。景观色彩设计中应遵循以下基本原则：

1. 色彩与景观功能相适应

不同的景观是为了满足不同的需要而设计的，而不同的功能对景观空间环境的需求不同，因此对色彩的设计要求也不同。要根据使用者的心理需求和心理反应来使用颜色，不同的色彩会让人们产生不同的联想和感受，从而影响人们的行为。例如，红色可表现出热烈、喜庆、刺激的感情色彩；黄色可表现温暖、高贵、干燥的感觉，具有强烈的视觉刺激作用；蓝色则是一种理性颜色，它可表现宁静、辽阔之感等。在景观环境中，纪念性建筑，烈士陵园等景观场所，营造的气氛是庄重的、肃穆的、严肃的，而选择较为稳重的冷色系中的类似色的色彩设计可以营造出相应的气氛；而娱乐性空间，如主题公园、游乐园等则需要营造出活跃的、热烈的、欢快的气氛，应该充分利用亮度和彩度比较高的对比色来形成丰富的视觉感受；在安静的休息区，需要的是宜人的、舒适的、平和的气氛，应该采用以近似色为主同时较为调和的色彩进行设计，以自然环境色彩为主，同时要有一些重点色形成视觉的焦点，从而满足人们较长时间休息的心理需要。

2. 色彩与服务人群主体相和谐

不同的人对色彩的喜爱有不同的偏好，例如，为儿童设计的景观，应该采取彩度较大的暖色系，符合儿童喜爱鲜艳温暖色彩的心理；为老年人设计的景观，应采用稳重大方、调和的色彩，以符合老年人的心理需要；在炎热地区应该采用让人感到凉爽和宁静的色彩；而北方寒冷地区，则应采用温暖鲜艳的色彩。因此，在景观环境设计中，对于物体色彩的设定都不是以某种单一的表现方式来展现给人们的，而是要通过色彩与色彩的搭配、组合以及渐变等手法来形成丰富的视觉及心理感受，为人们提供多层次、多方位、多情感的色彩艺术空间。

（七）质感

质感对于景观设计师来说是另一个重要的视觉元素，任何材料都具有自身的质感。材质是指材料的质感，材质是人通过触觉和视觉而感知到的物体特征，材质所表现的是材料的肌理美，是由触觉经验经过视觉作用来加以判断的。质感则是通过材质的天然色彩来展现其自然的魅力。不同的材质会在人的心理上产生不同的感官效应。

在景观设计中，不同景观材质的变化会带给人感情上的波动和变化。质感的体现主要是通过对比的方法，如材质的粗糙和光滑、柔软和生硬等。景观设计中常用的不同质感的材料主要有金属、玻璃、岩石、木材、混凝土、陶瓷、塑料等。在设计过程中，将这些不同的材料相互搭配，使材料的质感能够最大限度地发挥其应有的作用，可以创造出不平凡的景观作品。例如，岩石的表面和其切割的立面形成对比，同时又和周围的玻璃及岩石空隙中蓝色玻璃存在着质感上的反差，这些都极大地丰富了景观设计中的视觉效果，吸引观者的眼球。景观设计中质感的表现应遵循以下原则：

1. 充分发挥素材固有的美

材质本身可以营造出丰富的视觉感受，因此在景观设计中应强化材质本身的特征，用简单的材料创造出不平凡的景观，体现出设计的特色。

2. 根据景观表现的主题采用不同的手法表现质感

质感的对比是提高质感效果的最佳方法之一。质感的对比能使各种材料的优点相得益彰。例如，地面铺装有丰富的材料选择，如地砖、卵石和磨石等，但材料的质感具有粗糙、朴实的共性，因此既可形成丰富的特性，同时又具有协调的感觉。质感的对比是提高质感效果的最佳方法之一。

借助材料的硬度、重量、表面肌理、色彩触感等，通过不同的塑造手段来表现不同环境中人的情感，材质永远是景观设计师追求和利用的设计因素。

通过以上分析我们可以发现，景观设计艺术构成上是由线来形成面，再由面组成体，它们的有效组合和运用起到的视觉效果是不容忽视的（图3－6）。任何景观设计艺术都是利用设计师对造型、色彩、质感等要素的搭配来表达出作品的主题，同时也是通过设计师对造型、色彩、质感等要素的理解来传递着对美的感受和美的体验。

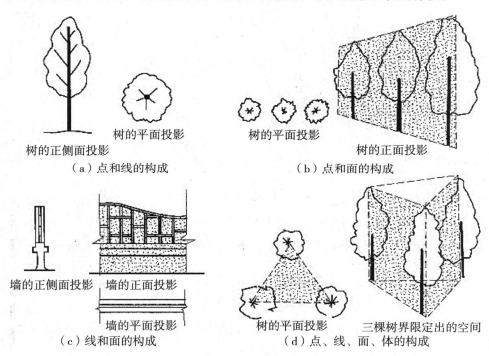

图3-6　景观环境形态中的点、线、面、体

二、 空间形式认知与分析

对于形式的认知是任何设计学科共同的设计基础，这里的认知和分析不同于日常生活中对事物简单的认识与理解，两者最大的不同点在于一种抽象能力的培养，设计师的观察是一种抽象的观察。形式要素的分类主要有视觉要素、关系要素和概念要素。

视觉要素主要指形状、大小、色彩、质感这些和具体的视觉特征有关的要素。关系要素是指与视觉要素的编排、位置有关的要素，如方向、位置、视觉惯性等。概念要素是不可见的，只存在于我们的意念当中的，如点、线、面、体等。在认知过程中，这三个层次的要素是互相穿插和联系的。认知和操作中思维的流向是相反的，在认知过程中，先对视觉要素进行抽象，总结关系要素，最后简化成一种抽象的概念要素，认知过程结束。在设计过程中，先在头脑中产生概念要素的组合，再用关系要素进行分析和完善，最后具体化成视觉要素，体现在具体空间中。

我们在设计过程中所操作的具体实物主要是物质材料、结构等，但是我们设计的主要对象是空间，而空间是抽象的，设计师首先应认知空间。

（一）图与底的关系

丹麦建筑师 S. E. 拉斯姆森在《建筑体验》一书中，利用"杯图"来说明实体和空间的关系。我们在观察事物时，会将注意的对象——图（figure）和对象以外的背景——底（ground）分离开来。主与次、图与底、对象与背景在大多数情况下是非常明确的，有时两者互换仍然可以被人明确地认知。杯图就是这样的一个例子（图 3 - 7）。

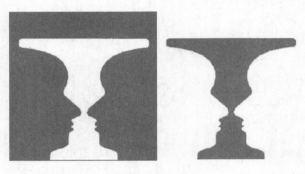

图 3 - 7　杯图

当图与底同时映入人的视野，则会显现出以下知觉规律：

（1）底具有模糊绵延的退后感，图通常是由轮廓界限分割而成，给人以清晰、紧凑的闭合感。

（2）图与底的从属关系随周围环境不同而变化，在群体组合中，距离近、密度高的图形为主体形。

（3）小图形比大图形更容易变为主体形，内部封闭的比外部敞开的图形更容易成为主体形。

（4）对称形与成对的平行线容易成为主体形，并能给人以均衡的稳定感。

我们可以用这种图底关系来分析空间和实体的关系，一般情况下我们习惯将实体作为图，而将建筑周边的空地作为底，这样实体可以呈现出一种明确的关系和秩序。如果将图与底翻转，空间就成为杯图，这样我们就更容易明确地掌握空间的形状和秩序。

（二）空间的抽象

拓扑学即所谓位相几何学，是以研究形态之间关系见长的。它不是研究不变的距离、角度或者面积的问题，而是研究接近、分离、继续、闭合、连续等关系。拓扑学的图示最初得到的秩序是基于接近关系，但这样形成的各个聚合不久就发展到进一步结构化的整体，它有连续性和闭合性构成特征。随着拓扑学的发展，人们对于空间关系要素的认识逐渐深入，在此基础之上，总结出若干种空间的概念因素。

芦原义信在《外部空间设计》中将空间抽象为两种形态：积极空间和消极空间。空间的积极性，或者说有计划性，意味着空间满足人的意图。计划对空间论来说，就是首先确定外围边框并向内侧去整顿秩序的观点。相反，空间的消极性是指空间是自然发生的、无计划性的，所谓无计划性是指从内侧向外围增加扩散性，因而前者具有收敛性，后者具有扩散性。芦原义信所举的西欧油画和东方水墨画的对比是一个很好的例子：西欧的静物油画，经常是背景涂得一点空白不剩，因此可以将其视为积极空间，东方的水墨画，背景未必着色，空白是无限的、扩散的，所以可将其视为消极空间。这两种不同空间的概念不是一成不变的，有时是相互涵盖和相互渗透的。

凯文·林奇则在《城市意象》中将空间形态抽象成为以下三种：

1. 节点与场所

所谓节点就是"观察者可以进入并且作为据点的重要焦点，最典型的为路线的交互点或者是具有某些特征的焦点"。场所的定义一般是基于格式塔心理学的接近性和闭合性原理，接近性是集中各要素统一成多簇状，也就是使体量集中。从埃及金字塔可以看到绝对存在的最强烈的集中性表现，它不是通常意义上的人类活动场所，而是人生旅程的终点。事实上所谓集中性尽管是局部的详细处理，却与整个主形体有关，一般由限定的连续面与对称性来强调，因此球形具有最大限度的集中性，而集中性可因孤立化而提高程度。

2. 路线与轴线

路线"是观察者天天、时时通过，或可能通过的道路"。组织空间的轴线并不带有真正运动的意象。它是体现把多数要素相互统一，而且常把这些要素与更大的整体联系起来的一个象征性方向。路线或轴线的定义基于良好的曲线连续性的格式塔原理和形成构图。

3. 地区与领域

地区是"观察者内心可进入其中，并且有某种共同性与统一性特征，因此可以认知的区域"，决定地区的物理特征是主题连续，由空间、质地、形体、细部、象征、建筑类型、用途、活动、居民、维持程度、地形等许多成分所构成，成为一个特征群。如果要区别场所和领域，那么领域就是比较缺乏结构化的"底"。这个地上场所和路线是作为具有较集中特征的"图"表现出来的，如果把我们的国家或地球作为一个整体来考虑，那么我们首先想到海洋、沙漠、山脉、湖泊构成的一幅连续的镶嵌图。这些自然领域和政治、经济等领域结合，进而构成一幅复合图。古罗马人在城市营建法中就以场所和路线为手段，将环境结构化，并分割成各种区域，中国古代的"匠人营国"也是同一个道理。限定领域的方法是多样的，有时由海岸线、河流、丘陵等被强调的自然因素所限定。凯文·林奇称之为边缘，"所谓边缘就是不能看作路线的线性要素。它不一定是必然的，通常是两种区域之间的分界线"。各要素之间的相互作用，场所、路线、领域是定位的基本图式，即存在空间的构成要素，这些要素组合起来，空间才开始形成可以测出人存在的次元。游牧民族的存在空间主要是承认领域的重要性，其领域内的认定路线的自由度很大，可是他们关于场所的概念不那么发达。农耕文明中，人们是在根据场所定位的向心性封闭区域里过着安静的生活，那里路线具有朝向外界目标的方向功能。

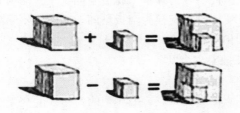

图3-8 实体、空间的加法与减法

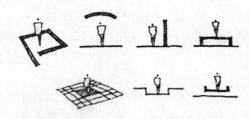

图3-9 空间的限定

三、 实体、空间的限定和操作

（一）实体、空间的加法和减法

减法转换：对基本形体进行切割和划分，由减法转换得到的形可以维持原型的特征，也可以转换成其他形。例如，立方体去掉一部分，但仍然保留作为立方体的特性，也可以逐渐被转化成多面体甚至球体。加法转换：通过增加元素到单个的体积上，从而得到各种规则或不规则的空间形体（图3-8）。

（二）空间的限定

空间是无限的，也是无形的，把空间变成视觉力象，必须对空间进行分割，使无限成为有限，使无形成为有形。限定空间空虚形态最主要的是实体的面，其次是线的排列（包括纵横交错的网格）。空间的构成就是在原空间基础之上的，空间限定就是指使用各种空间造型手段在原空间之中进行划分（图3-9）。单纯线与块的限定，只能被视为吸引注意力的要素，而不能起到分隔空间的作用，但在某些场所可起到心理暗示作用，如导向与标识设计。限定空间主要有两种形式：中心限定和分隔限定。

1. 中心限定构成

单独的线、面、块在空间构形中并不起分隔作用，而被作为具有视觉吸引力的形态所感知，并成为集聚注意力的媒体。而且，由于其本身不具备内部空间，只能从其外部感知。

因此，就其在空间中的作用而言，除被视为图形之外，在其周围又形成了界限不清的物理空间而被知觉为外部空间的"场"。此类空间限定形式即被称为"中心限定"。

"设立"是中心限定的具体形式，与"地载"共同架构起凝聚、挺拔、庄严雄伟的势态，纪念性建筑、雕塑均属此类，若辅以吊顶、围墙，又能产生吸引、收拢之势、大堂吊灯、悬浮雕塑、壁饰等均属此类。

2. 分隔限定构成

利用面材或线材、块材的构形虚面，进行分隔围合空间，组合成具有明确界限或容积的内空间，此类空间界定形式即为分隔限定。面作为界定分隔空间的主要元素之一，在视觉心理方面包括了天覆、地载、围合等，即对空间之气势的围、截、堵、导、升、降等。

（1）天覆构成。

天覆具有庇护遮掩、漂浮压抑的势态，可与地载、围合分别结合构成空间。城市街道的候车亭、售货亭、遮阳伞，商业展示空间的中心台结构均属此类。平顶具有明确的领域感；斜顶具有强烈的方向感，并使人的情感向着高位的一方扩张；穹顶具有向心、内聚的感觉，因此会将人凝聚至中心；下凹顶具有离心、扩散的感觉，人的视线会流向外部；错落顶具有明确的区域界限；反复折曲的顶部能产生阵阵节奏与层层扩展（附图3-8）。

（2）地载构成。

地载是对底界面的限定。人类的一切活动与地载相连，通过地面肌理、材质的应用，可使空间的布局具有领域感与诱导性。其构成形式包括以下几种（附图3-9）：

界定区域：通过材料、肌理、装饰等界定明确的区域范围，使其产生领域性、区域性和诱导性。甬道、地毯等均属于此。

凸起：有凸现、隆起、令人兴奋、诱导视线的态势。北京天坛的圜丘、人民英雄纪念碑的基座等均属于此。

凹陷：有塌落、隐逸的态势，围合限定性强。下沉式广场等均属于此。

架空：若与"设立"相结合，可构成横断的深海之势，并能产生"天覆"的界定效果。挑台建筑即属于此。

竖断：若于大空间中应用竖断，则与面的应用相似。若应用在小空间范围，则具有闸阀板的阻载功效。若与"地载"结合又可产生波动、迂回的态势。

夹持：具有分流和诱导的态势。

合抱：限定性强，具有环抱、驻留之感。城市广场空间，客厅沙发布局，会议室空间等均属于此。

（3）围合构成。

"围合"，是空间构成的主要形式之一，是人们对空间侧界面的另一种限定。围合具有凝聚、界定和私密性，完全围闭的空间使空中的气滞留，从而缺乏自由之气的流动。随着面的围与透的改变，空间中的气势将发生变化。其采用尺度、材料、结构等形式的不同，均能产生不同的空间力象（附图3-10）。

（三）空间的尺度与界面

在对空间限定的手法有所了解之后，我们要将这种抽象的手法和空间形态运用到景观设计中，景观设计中的空间和形态构成中的抽象空间最大的不同在于尺度，也就是说这种抽象的空间如果为人所用，必须以人为尺度单位，考虑人身处其中的感受。尺度是空间具体化的第一步。

一般认为人的眼睛以大约60°顶角的圆锥为视野范围，熟视时为1°的圆锥。根据海吉曼（Werner, Hegemann）与匹兹（Elbert Peets）的《美国维特鲁威城市规划建筑师手册》，如果相距不到建筑高度2倍的距离，就不能看到建筑整体。芦原义信在《外部空间设计》中进一步探讨了在实体围合的空间中实体高度（H）和间距（D）之间的关系，当一个实体孤立时，是属于雕塑性的、纪念碑性的，在其周围存在着扩散性的消极空间，当几个实体并存时，相互之间产生封闭性的相互干涉作用。经过其观察总结的规律，$D/H=1$ 是一个界限，当 $D/H<1$ 时会有明显的紧迫感，$D/H>1$ 或者更大时就会形成远离之感。实体高度和间距之间有某种匀称存在。在设计当中，$D/H=1$、2、3……是较为常用的数值，当 $D/H>4$ 时，实体之间相互影响已经薄弱了，形成了一种空间的离散；当 $D/H<1$ 时其对面界面的材质、肌理、光影关系就成为应当关心的问题。在此基础上，芦原义信提出了"1/10理论"：外部空间可以采用内部空间尺寸8～10倍的尺度。例如，日本式的四张半席室内空间对于两个人来说营造了一种小巧、安静、亲密的空间，那么在室外也要营造这样的一个亲密空间，将间距尺度加大到8～10倍即可。

这种尺度的界限在人的社交空间中也存在，刘滨谊总结了景观的四大规律：

（1）20～25m见方的空间，人们感觉比较亲切，超出这一范围，人们很难辨认对方的面部表情和声音。

（2）距离超出110m的空间，肉眼只能辨别出大致的人形和动作，这一尺度也可成为广场尺度，超出这一尺度，才能形成广阔的感觉。

（3）390m的尺度是创造深远宏伟感觉的界限。

（4）0～0.45m是较为亲昵的距离，0.45～1.3m是个人距离或者私交距离。1.3～3.75m是社会距离，指和邻居、同事之间的一般性谈话距离。3.75～8m为公共距离，大于30m的距离是隔绝距离。熟练掌握和巧妙运用这些尺度对于景观设计相当重要。

另外一个对于空间效果起很大作用的因素是界面的质感和肌理，前文提到，对于材料的质地、划分、质感、肌理等20m之内清晰可见，超过20～25m这些细节逐渐模糊，超过30m时就完全看不到了，距离60m以上与其说质感成问题不如说作为面的存在也开始成问题了。我们景观设计所用到的材料大致分成天然材料和人工材料，材料不同，质感也相差很多。我们常用的材料按其特点可分为以下几种：

砌块：往往是具有一定模数的最小砌筑单位，如砖。

塑性材料：一种不具形的粉状或者颗粒状材料，可以和液体相混合形成塑性很强的材料，可以浇筑成任何形状。如水泥。

板材、面材：如金属板、预制板、木板等。

杆材：如各种木材和型钢。

这些材料有着不同的造型潜能，如木材的天然纹理的亲切感，砖砌体可以用来砌成各种图案，钢铁的光滑和冷漠，玻璃的透明、轻巧以及多变的光线折射反射。不同界面材料纹理的运用可以使空间具有不同的性格。

四、构图与思辨

景观设计是一门综合性极强的学科，在设计中不但要满足社会功能，符合自然规律，遵循生态原则，而且必须满足美学发展规律，符合美学基本原则。古今中外的优秀景观设计，都是功能性、科学性与艺术性高度统一的结晶，三者是相辅相成的，缺一不可。

在景观设计的表现中要实现各因素的相互平衡，既要满足景观造型的主体风格，又要通过艺术构图原理和方法，体现个体与整体的有机联系。个体不能脱离整体，规划总体又能体现个体造型。在对整体与个体的景观构图时，应充分体现形式风格统一的原则。

（一）构图与布局

景观设计构图一般分为对称式和非对称式两种。

1. 对称式构图

对称是指整体的各部分以实际的或假想的对称轴或对称点两侧形成等形等量的对应关系，主体部分位于中轴线上，其他配体从属于主体。功能上较为对称的布局，要求环境设计也要围绕轴线对称。

对称被认为是均衡美的一种基本形式，它源自人对自然界物体特征的归纳和总结。对称的形式本身具有均衡的特性，具有完整统一性，能够给人以庄重、严谨、整齐的心理感受，因此无论是中国早期的宫殿还是欧洲的古典主义园林中，都运用这种形式以展现皇权的至高无上。在现代景观设计中，对称也常常使用在强调轴线、突出中心的设计中，或是用于比较严肃的设计主题当中，如政府办公楼前的景观设计。

景观的复杂性和空间中建筑物功能的多样性使得对称形式的采用具有一定的局限性，如果对一切景观设计机械地套用对称形式，意味着禁锢和僵化丰富多彩的城市内涵与形式。因此，在现代城市景观设计中，非对称的构图越来越多地被采用。

2. 非对称式构图

非对称式构图中，各组成要素之间的设计形式比较自由活泼一些，主要是通过视觉感受来体验的。景观主从结合可以灵活布局，不强调轴线关系，功能分区可划分多个单元，可以使主体环境景观形成视觉中心和趣味中心，而不强调居中。非对称景观设计应结合地形，自由布局，顺其自然，强调功能。

（二）对比与微差

在景观设计中，各个组成要素之间具有大量对比和微差的关系。对比是指各要素之间有比较显著的差异。微差指不显著的差异。对于一个完整的设计而言，两者都是不可或缺的。

1. 对比的手法

在景观设计中，应注重主景与配景的对比，主景为主体，占主导视觉地位；配景为从属，其体量不可过大。对比可引起变化，突出某一景物或景物的某一特征，从而吸引人们的注意，并继而引起观者强烈的感情，使设计变得丰富；但采用过多的对比，会引起设计的混乱，也会使人们过于兴奋、激动、惊奇，造成疲惫的感觉。例如，大园与小园的对比，大园气势开敞、通透、深远，景观内容显繁杂；小园封闭、亲切、曲折，景观内容显精雅。大园强调建筑景观组景，小园强调环境景观多样。

2. 微差的手法

微差是指空间构成要素中不显著的差异，强调的是各个元素之间的协调关系。在设计当中把握好对比与微差的关系，通过对比可达到彼此之间的相互衬托与突出，更凸显各自的特征；通过微差可获得近似的对比与协调。对比与微差共同构成景观形态美，两者缺一不可，只有两者巧妙的组合，才能获得既统一和谐又富有变化的美感。

如果把微差比喻为渐进的变化方式，那么对比就是一种突变，而且突变的程度愈大，对比就愈强烈，在铺地中应用可使铺地增加趣味性。例如，形状的对比与微差，大小的对比与微差，色彩的对比与微差，质感的对比与微差。在设计中只有在对比中求协调，协调中有对比，才能使景观丰富多彩、生动活泼，而又风格协调、突出主题。

（三）统一与格调

1. 形式统一

在建筑景观设计中，屋顶形式是表达风格的主要内容之一，其他如雕花门窗、油漆彩画、绿地环境等均应统一在建筑的主体风格内，以做到整体上把握风格形式，个体上把握细部特征（附图 3 – 11）。

2. 材料统一

景观环境中的内容是多样的，应将这些内容按主景风格进行材料选择的设计，这些主景内容的材料尽可能统一。例如，亭子的顶部材料统一用琉璃，假山叠砌统一采用湖石或黄石，园灯统一采用同一风格形式，桌凳造型统一用仿木桩等（附图 3 – 12）。

3. 线条统一

建筑形态的统一以屋顶形式和体量论之；植物形态的统一以姿态和色彩论之；假山形态的统一，应以材质和大小论之；水体形态的统一，应以水面的收与放论之。因此，要注重景观整体造型上的线条统一，同时还应注重景观对象的细部处理，应与主体景观和谐统一（附图 3 – 13）。

（四）气韵与节奏

在景观设计中，经常采用点、线、面、体、色彩和质感等造型要素来实现气韵和节奏，从而使景观具有秩序感、运动感，在生动活泼的造型中体现整体感。

1. 气韵与景观

中国画十分讲究气韵，有气韵方可出神采，景观设计创意很重要的一条就是对设计中气韵的把握。也就是说，只有把握气韵的设计特点，所设计的成果才能表达出形式和意境美，达到构图宜人、形能达意、态势生动、空间有序等。例如，水的气韵是随着水的流动速度和水的落差高度变化而表现不同，从东方明珠之景到上海中心大厦，其设计均体现了景观与气韵的生动感（附图 3 – 14）。

2. 节奏与景观

节奏的基础是排列。排列的密与疏，犹如中国画中的黑与白。若有良好的排列，就会具有良好的节奏感；有良好的节奏感，就会产生合拍的波动感。这种波动感无论体现在建筑景观或植物景观上，都可使设计对象具有活力和吸引力。例如，建筑群屋顶形式的重复和景廊中柱子的重复，均体现了景观中的节奏和韵律（附图 3 – 15）。

（五）比例与尺度

1. 景观比例

比例是指景物在形体上具有良好的视觉关系，其中既有景物本身各部分之间的体块关系，又有景物之间、个体与整体之间的体量比例关系。这两种关系并不一定用数字表示，而是属于人们感觉上、经验上的审美概念。和谐的比例可以引起美感，促使人的感情抒发。在景观设计中，任何组织要素本身或局部与整体之间，都存在某种确定的数的制约及比例关系。这种比例关系的认定，需要在长时间的景观设计实践中总结和提高。古代遗留下来的许多古镇街道、民居院落都是我们学习和研究的样板，特别是亲情、人情、乡情为我们点明了以人为本的景观创意理念，合理地把握它们之间的比例关系，对景观创意有着直接的指导意义。例如，古代四合院的设计揭示了许多良好的、具有浓厚人情味的比例关系，它表现在院子与院子之间、正房与厢房之间、植物与建筑之间、人与建筑及植物之间等（附图3－16）。

2. 景观尺度

尺度是指人与景物之间所形成的一种空间关系，这种特殊的空间关系必须以人自身的尺度作为基础，环境景观的尺度大小必须与人的尺度相适应，这在景观创意中是非常重要的。这种概念就是以人为本，强调传统文化中具有亲和性的人文尺度。

（六）联系与分隔

1. 景区与景观

景区与景观不是孤立存在的，彼此都有一定的空间关系。一种是有形的联系，如道路、廊、水系等交通上的相通；另一种是无形的联系，如各类景观相互呼应、相互衬托、相互对比、相互补充等，在空间构图上形成一定的艺术效果（附图3－17）。

2. 隔围与景观

"园必隔，水必曲"。首先，园与园之间，"隔"应充分体现自然；水与水之间，"曲"应适应水面变化。其次，通过空间的隔围，可引起大与小、阻与透、开与合、闹与静等对比效果。例如，在景观设计中，常常用院落分隔建筑，粉墙分隔区，水面分隔环境，植物分隔景观，道路分隔区域等。

五、 构思与设计

景观形态创意设计与其他设计一样，有赖于人的形象思维活动，它是相对于抽象思维的另一种思维方式。在形象思维活动中，人们头脑中出现的是一系列有关具体事物的形象，特别是携带"感性"特征的形象画面。这种构思中，"创造的想象"实际上就是这种形象思维的一种表述。同时，构思最重要的是具有创造性。"构思"是一种思维活动，即一种打算、概念、想象。实际"构思"是一种复杂的心理活动过程，是由表及里的分析、综合、比较、概括，是由抽象到具体的形象化过程（图3－10）。

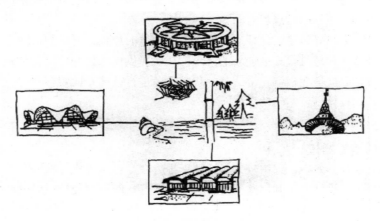

图3－10　景观设计思维示例

　　设计思维是设计师根据设计目标所进行的构思过程，是渗透在观察、分析、想象等实践的过程之中。设计思维的形式主要有抽象思维、灵感思维、形象思维等。抽象思维是运用设计概念，经判断、推理而获取设计成果的构思过程。灵感思维是指在设计过程中的一种突发性构思，来源于顿悟和直接思维。形象思维是借助于对形象的分析、研究而展开的构思过程。

　　景观设计师需要具备良好的素养，一般包括自然素养和专业素养。自然素养通常体现在记忆力、观察力、判断力、爱好等。专业素养主要体现在艺术修养、综合知识面和专业设计能力等。作为景观设计师，应具备综合能力，包括创新思维、形态塑造、表达景观文化内涵的能力等。

　　如今，在城市景观设计中，多数景观作品难以突破旧的设计模式，形式单一，文化寓意不高，可谓东西南北走一圈，似曾相似又相识。为了在景观思维方面开拓更宽广的领域，荀平等提出定向思维设计、逆向思维设计、仿生思维设计、功能思维设计、借鉴思维设计、系统思维设计、象征思维设计七种设计思维方法。

（一）定向思维设计

　　定向思维设计是指有的放矢地进行设计。景观设计创意一方面受环境的影响和约束，受该地区各种人文、地理条件限制，另一方面因设计师的专业知识、社会知识、实践经验、生活习惯等不同，构思思维的方向和结果也不一定相同，因此说，定向思维设计的目标是建立在目标取向、理性思维和思维连续的基础之上的。这种针对性较强的思维设计具有较高的使用价值。在实际运用时，景观创意应选择其恰当的空间场所条件，从空间上表现其独特的个性，其设计目的与原设想相符合。

　　这里可以理解为定向构思—理性思维（目标取向，思维连续）—归纳综合。

（二）逆向思维设计

　　逆向思维设计是一种从事物的反向探求目标设计的构思方式，要求设计师把习惯的构思反过来考虑，通过无意识探索思考，对人们不大关心的领域进行研究，从相反方向进行思维活动。这是一种异乎寻常的思维方式。这种构思方法也可以促使设计师获得一定的想象力而创造出新的构思创意。

　　反向思考的方法导致了设计师通过反向思考、逆向思维，把人们从固定的概念中解脱出来，打破传统的思维模式创造新的概念，从而提供更为优秀的设计创意。值得一提的是，反向思考时应避免极端，应从某一状态反向进行整体系的观察思考，找到问题的关键，从而启发设计师创造新的形象。

　　这里可以理解为反向思考—大胆构想（无意识探索，打破传统思维）—强调创新。

（三）仿生思维设计

　　仿生思维设计是景观设计中较为科学的思维方法。自然界中存在着各种生物，有着不同的结构形态，设计师可利用这些特有的形态进行空间造型设计，将这些造型特征运用到景观设计之中。

　　仅动物而言，从最低等到最高等的整个动物界，均具有形式不同的构筑能力，其中许多动物有着较高的构筑艺术本能，它们能够利用外部的材料或体内产生的物质，创造出许多奇巧的构筑物。人们可以从这些构筑物那里得到启示，创造出新结构、新形态的建筑物。注意，仿生设计只能对其生物形态进行联想创意，这种模拟设计方法进入景观设计之中，就可摆脱生物原形的约束，创造新的形象。

这里可以理解为生物联想—结构仿生（生物形态选择，提炼景观模型）—形态重塑。

（四）功能思维设计

功能思维设计着重于对功能的研究。功能是任何事物的本质，抓住了功能就抓住了目标问题的关键。在景观设计实践中，我们在创意中要根据功能内容的不同，进行综合分析、灵活组合，按主体功能的内容进行中心设计，即可达到创意的目的。在功能思维设计中，应强调协调性、秩序性和方向性。

这里可以理解为功能分析—秩序建立（注重功能需求，功能协调）—有机组合。

（五）借鉴思维设计

借鉴思维设计是将某一领域的成功的科技原理、方法、创造成果等，应用于另一领域而产生新的创意思考，从而产生新的设计方向。由于东西文化相互交流，科技成果相互借鉴，促进了现代社会不同领域间科技文化的交叉渗透，借鉴思维随之产生，并取得突破性技术进步。

这里可以理解为成果借鉴—多元思考（关注最新动态，深入边缘学科）—形态整合。

（六）系统思维设计

系统思维设计是从整体上把握设计方向。按照系统的分析和组合，把需解决的问题分解为各个独立的要素，再将各要素排列组合分析，其中以形态分析为主要内容，获取良好的设计意图，并从中取得最优方案。在景观创意设计中，可利用这种方法，按整体功能要求，列出有关功能关系要素，并将各要素与图表排列，组合成创造性的设想。

这里可以理解为体系分类—系统分析（规划排列，整体功能布局）—突破原型。

（七）象征思维设计

各国、各民族均有其自身的传统设计风格象征。研究传统，引用传统中优良的设计原理、结构、功能及形态等，创造富有民族气息的景观设计是极为重要的。我国是一个有着悠久历史的国家，有着极其丰富的传统文化。仅从我国造型艺术理论分析，就有许多精辟的理论观点。例如，书法中所说的"方中寓圆，圆中寓方"；造园学中的"巧于因借，精在体宜"。

北京天坛祈年殿是景观象征思维设计的典型例子，它的三层檐顶有三种颜色，接近金顶的是蓝色，中间是黄色，最下边是绿色，据说这代表三个等级，蓝色圣尊是天色，黄色是皇帝的代表色，绿色是一般臣庶的代表色。到乾隆十六年（1751）修缮祈年殿时，则全部改为蓝色琉璃瓦了，这就使"天"的感觉加重了。

这里可以理解为文化立意—形态象征（综合传统理念，追求诗情画意）—强化风格。

—— **本章复习思考题** ————————————————————————

一、如何理解景观三元素的含义？

二、简述景观生态学与景观规划设计的关系。

三、简述园林景观美的特征及其在景观规划设计中的应用。

四、简述人类行为与景观规划设计的关系。

五、简述点、线、面、体、空间、色彩、质感等设计要素的个性特征及其在景观设计中的具体应用。

六、在景观设计中，常用的空间形态的限定手法有哪些？

七、简述景观设计中主要的构图方法及其作用。

 本章图片链接

第四章 景观规划设计要素与方法

第一节　景观规划设计个体要素与方法

除了了解生态学、景观生态学、景观美学、行为心理学的基本理论及其与景观规划设计的基本关系，初步掌握空间设计的基础知识外，还须熟知景观规划设计中涉及的各种要素和设计要点，才能更好地掌握景观规划设计的方法。景观规划设计师虽然以图作为传达设计理念和相互交流的媒介，但是头脑中反映的是真实场景中的地形地貌、植被、地面铺装和构筑物所形成的空间，这种思维方式是设计人员和普通人构想环境空间的最大区别，只有熟知景观规划设计中各种要素的特点，才能在规划设计中将各种要素合理配置，从而形成空间布局合理、功能全面、物流与能流交换通畅、"源"与"汇"平衡的健康生态系统和人文环境。规划设计过程是各种自然要素和社会要素合理、综合、科学配置的过程。景观规划设计的要素包括自然要素和人文要素，自然要素包括气候、地形、地貌、植物、水域等，人文要素不仅包括人类的行为心理、文化素质、精神追求等因素，还包括社会文化、经济、道德文明、社会秩序等方面。同时，自然与社会又是相互影响、相互制约的综合体，不同要素间存在复杂的联系，需要我们在景观规划与设计中客观地、全面地分析各要素，处理好各要素之间的矛盾和关系。

一、气候要素

气候是生物生存的基本条件，城市聚居地的形成正是人类选择最佳气候区域和创造适应不同气候环境的过程，选择和创造最适宜的气候环境是景观规划设计的主要任务和目标。

（一）气候的自然和社会特征

1. 自然特征

天体运动，地球的公转和自转使地球产生了四季变化、昼夜变化。太阳辐射的角度、距离不同，热量、光强不同，使地球不同区域有了冷、热、干、湿的气候差异，这些差异导致地球表面的自然景观具有多样性。

气候的自然属性首先表现在同一区域气候的变化性。无论在北极、南极还是在赤道，一年之内温度都在随时发生变化，其差别只在于不同温度持续的时间长短不同，这种变化体现在不同年、季节、月、日，甚至每时、每分、每秒，不同季节，同一区域的同一景观有差异，同一景观在同一天内也有区别。其次，不同区域的气候表现出显著的差异性，进而影响到不同区域的景观特征，如从北极的终年积雪到赤道附近的热带雨林，从非洲的撒哈拉沙漠到疏林草原，从高山针叶林到针茅草原。气候变化又直接影响到地形地貌、河流湖泊、植被景观。海拔、日照、植被、水体、荒漠等因素也会影响气候的特征，即使一个微小的地形差异、一座建筑物或一小片树林也会造成微气候差异，从而产生各异的环境。这也为营造最适气候环境和多样性景观提供了借鉴。

2. 社会特征

第一，气候直接影响人类的生理健康和心理状态。良好的气候环境会给人提供舒适的生活、工作条件，恶劣的气候环境会给人的生理健康造成影响甚至伤害，也会影响人的情绪。从人类祖先开始，寻求安全、舒适的生活环境，创造适宜的居住场所已成为每代人的追求。

第二，不同的气候环境会影响并导致社会特征的差异，形成某一区域特定的行为和生活方式，也反映出不同的饮食习惯、衣着、习俗、娱乐方式及教育和文化追求。生活在青藏高原的藏民族以游牧为生，以帐篷为家，逐水草而居；海边的渔民以船为家，以水为生；因纽特人世代聚居于冰天雪地，以狩猎为生，与雪橇犬和雪橇为伴……尽管随着社会发展，这些生活方式不断改变，但气候的影响仍然存在，文化根源依然存在。

第三，气候决定城市布局、建筑物形式等。北方干旱少雨，城市离不开河流，绿洲、河流是城市立足之本，房屋低矮，屋顶平缓，土墙泥顶；南方多雨潮湿，河流纵横，城市避开低洼洪积之地，房屋地高顶陡，石墙瓦顶。北方多塔，南方多榭。

第四，气候影响下的社会特征会随着社会的发展而变化，当今的藏族牧民已大多开始了定居放牧，蒙古草原的马上牧民已成为摩托、汽车牧民，因纽特人的冰雪居舍已变成了水电暖齐全的现代建筑，狗拉雪橇已被冰上摩托取代。

无论是气候的自然特征还是社会特征，都会直接或间接地影响到景观的规划设计。不同区域气候的自然特征和社会特征是进行景观规划设计之前必须详知的内容。

（二）基于气候条件的景观规划设计指导原则

约翰·O. 西蒙兹在《景观规划设计学：场地规划与设计手册》（2000）中提出了15 条关于基于气候环境的规划设计原则，对于气候因素的合理利用改造很有指导意义：

（1）通过合理地选择场地、规划布局、建筑朝向和创造与气候相适应的空间来消灭酷热、寒冷、潮湿、气流和太阳辐射的极端情况。

（2）提供直接的庇护构筑物以抵抗太阳辐射、降雨、狂风、暴雨和寒冷。

（3）根据不同的季节设计。

（4）根据太阳的运动调整社区、场地和建筑布局。生活区、户内和户外的设计应保证在合适的时间，接受合适的光照。

（5）利用太阳的辐射，通过太阳能集热板为制冷补充热量和能量。风也是一个长期行之有效的能源。

（6）水分蒸发是一个制冷的基本方法：空气经过任何潮湿的表面时，砖砌的、纤维的物质或叶子都可因之而变凉。

（7）充分利用临近水体的有益影响，以这些水体调节较热或较冷的邻近陆地。

（8）引进水体：任何形式的水，从细流到瀑布，在生理上、心理上都有制冷的效果。

（9）保护现存的植被，它以多种方式缓和气候问题：遮蔽地表；存储降水以利制冷；保护土壤和环境不受冷风侵袭；通过蒸腾作用使燥热的空气冷却、清新，提供遮阳、阴凉和树影；有助于防止地表径流快速散失和重新补充土层含水；抑制风速。

（10）在需要的地方引进植被。它们具有气候调节的多种用途。

（11）考虑高度的影响，高度和纬度（在北半球）越高，气候越冷。

（12）降低湿度。一般来说，人体的舒适感觉与湿度有关，过于潮湿使人不适，并加剧其他不适感，如湿冷比干冷更令人感觉寒冷，湿热比热更让人觉得难过。引入空气循环和利用太阳干燥可以降低湿度。

（13）景观规划设计选址应避开空气滞留区和霜区。

（14）景观规划设计选址应避开冬季风、洪水和风暴的通道。

（15）在利用消耗能量的机械装置之前，开发和应用自然界所有的天然致冷和致热形式。

（三）气候与景观规划设计

人类对气候的改造能力非常有限，从一定程度上讲，人类只能适应气候，除安置或迁移到最适的气候区外，更多的情况是人类只能尽量利用所在地区中有利的气候条件或改造局部的环境条件。

将地球广义地划分为四个气候带：寒带、温带、暖湿带（热带亚热带）和干热带。尽管任意一个区域内的气候都有差别，但在一定程度上每一个气候带都有自己显著的特征，这些特征正是我们在景观规划设计时需要参考的重要因素。

1. 寒带

（1）气候特点。

寒带包括分布于南北极圈以内的极地气候带和分布在中高纬度的冷温带。极地气候的显著特点就是终年寒冷。夏季最热月气温在10℃以下。接近极点附近，夏季最热月气温低于0℃。在靠近极圈附近，地表冰雪虽然能够在夏季融化成沼泽，下面的土层却仍然冻结，成为终年不化的永冻土。极地冬季温度更低，最冷月气温在 -40℃ ~ -30℃，如果遇上雪暴发生，风雪交加，更是奇冷异常。极地地面温度低，干燥且降水稀少，大部分地区年降水量少于250mm，到极点附近或大陆内部，降水量更在100mm以下，降水大多是干燥坚硬的雪粒。冷温带大体在纬度45°与极圈之间，终年在西风带的控制之下。冬季寒冷而漫长，夏季温和且短促。植被多以矮灌丛或草甸为主，土壤发育较差，粒径较粗，土层薄。

（2）规划设计要点。

①尽量限制规划区的尺度，减少昂贵的开挖和防冻设施建设，并采用组团式规划方法，使活动区域集中，尽可能减少户外交通时间和提高设施的利用率。

②选择背风、向阳的谷地和阳坡，避免在风力强劲的山脊、高台和山谷建设。

③交通道路、现状土地利用与风向垂直布置。建筑物朝向阳光，尽可能利用日光。

④采用太阳能设施、致密的建筑材料和暖原色，增加通道、出入口、平台等密封性，以达到保暖、抗风、防冻的效果。

⑤保护所有植被，种植绿篱、防护灌丛挡风。

⑥设防风围墙抵御强风，抬高道路和其他设施地基，避开洼地，防止冻融。

青藏高原尽管气候属于亚寒带、高原温带区，但海拔高，是北半球同纬度气温最低的区域，很多区域存在常年冻土层。这一区域的景观规划设计可以参考寒带区域的规划设计要点。

2. 温带

（1）气候特点。

温带气候带一般是指中纬度30°~45°的地区，气候受西风带和副热带高压季节变动的影响。夏季在副热带高压影响下，具有副热带气候特点，冬季在西风带的控制下，又具有冷温带气候的特点。夏季炎热漫长，冬季温和。温带气候的显著特点是四季分明，最冷月平均气温5℃~10℃，最热月平均气温25℃~30℃，年较差为15℃~20℃。大陆西部夏季晴朗，太阳辐射强烈，气候炎热，但湿度小，并不觉得闷热。大陆东部夏季温度高，湿度大，风速微弱，云量多，终日都非常闷热。在冬季，大陆西部白天暖和，夜间在低洼地可出现霜冻。大陆东部气温虽温和，但是常有寒潮侵袭，气温猛降，更令人觉得寒冷。

（2）规划设计要点。

①充分利用四季明显的气候特点，创造春花、秋实、夏雨、冬雪的多样性景观。场地、道路、设施的规划设计应适应四季气候的变化和极端气候，既能阻挡冬季寒冷，又能在夏季通风散热。

②保护自然植被和农田生态系统，充分利用自然景观并使人工景观与自然景观保持和谐。

③合理规划利用土地，保持最大生态价值。

④在开放空间广种植被并建设广阔的公园和绿地。加强居住小区和道路绿化，保持各生态系统的完整性和联系。

⑤所有景观的功能和维护均要考虑四季气候的多变和社区人口的需要。

3. 暖湿带

（1）气候特点。

暖湿带主要包括赤道气候带、热带气候带和亚热带气候带。赤道气候带出现在赤道无风带的范围内，终年高温，闷热，年平均气温25℃~30℃，年较差极小，平均不到5℃，日较差相对比较大，平均达10℃。赤道地区最高温度很少达到35℃，只有短暂的海风，才能使闷热稍减。赤道气候带降水丰沛，是地球上最多雨的地带，年降水量1 000~2 000mm，降水量全年分配均匀，没有明显的干季。热带气候带分布在赤道气候带与回归线之间，常年高温，四季不明显，年平均气温在20℃以上，最冷月气温15℃~18℃，年较差可达12℃。最高温度可达43℃以上。夜间降温迅速，清晨可降至10℃，冬季还可出现霜冻。四季不明显，干湿季却十分显著。雨季时间大致是5月至10月，干季时间为11月至次年4月。热带雨季的气候与赤道带相似，高温、多雨、闷热，但日较差小，常出现短暂的晴朗天气，年降水量为1 000~1 500mm。越靠近赤道，雨季越长，干季越短，雨季以后的干季，在信风控制下，盛行下沉气流，气候干燥，相对湿度60%~70%，雨量极少，植物凋萎，土壤干裂。热带气旋（台风）容易发生。亚热带季风气候主要分布在南北纬22°~35°，它是热带海洋气团和极地大陆气团交替控制和互相角逐交锋的地带，主要分布在中国东部秦岭淮河以南、雷州半岛以北的地带，以及日本南部和朝鲜半岛南部等地。此外，中国海南、台湾有部分属于亚热带季风气候。该气候区域冬季不冷，1月平均气温普遍在0℃以上，夏季较热，7、8月平均气温一般为

25℃~35℃，由于受海洋气流影响，年降水量一般在800~1 000mm，属于湿润区。降水主要集中在夏季，冬季较少。这类气候以中国东南部最为典型。其他地区，由于冬季也有相当数量的降水，冬夏干湿差别不大，因此被称为亚热带季风性湿润气候。

（2）规划设计要点。

①为避免过热、过湿的气候，居住区和各类设施合理分散布局，并与道路合理结合，改造低洼地，营造气流通畅的环境，建筑物朝向避免长时间光照。

②保护植被，减少土壤侵蚀，增加自然系统排水能力。开放空间、道路两侧、居住小区种植阔叶树种作为遮阴树，广植乔、灌木树种和草坪，吸纳热量，减少硬地面积以减轻城市热岛效应，采用立体绿化提高植被覆盖率。

③充分利用地表水资源和人工水景营造清凉环境，集中活动区采用覆盖手法提供遮阴避雨场所。

④堤岸及海岸线周边建筑物、交通设施、景观小品等应具备很强的抗台风、暴雨袭击能力，城市有通畅的排水系统。建筑物避免选址在低洼积水或有遭受洪涝灾害可能的地方。

4．干热带

（1）气候特点。

干热带主要指副热带除大陆东岸和亚洲东南部的其他区域。地面温度高，日照强，少云，大气稳定，气候干燥，沙漠广泛分布。该区域气候的显著特点是气温的年变化和日变化都十分剧烈。在纬度20°的区域，平均年较差只有6.2℃，而在副热带一般可达15℃。日较差更大，可在20℃~30℃；夏季最高温度48℃~55℃，夜间比较凉爽。因为气候干燥，日照强烈，裸露于地面的沙石炎热，可以烤熟鸡蛋。近地层空气受热，密度减小，而上层空气密度较大。受热程度不同的空间层产生了折射，形成海市蜃楼，成为单调沙漠内的奇景。雨量少，温度低，云量少，天气晴朗稳定，沙漠地区年降水量一般不到50mm。

（2）规划设计要点。

①建设完善的防护林体系，居住区、商业区、文化区等重点设施周边有良好的植被保护体系。尽可能保护周围的自然植被，并利用有限的水资源扩大植被覆盖面积。

②建筑物、各种设施采用环形布置方式，通过合理的朝向、荫凉、遮蔽和建筑物投影减少热量和强光。

③通过紧凑的规划布局和种植空间的多用途利用使灌溉需求减至最小。合理规划设计供水、排水系统，限量、分类用水，并采用节水灌溉技术合理利用水资源，采用管道、坎儿井等灌溉方式减少水蒸发量。

④以水为中心规划设计城市布局。

⑤营造抵御强沙尘暴的城市环境，减少土地裸露和侵蚀。

二、 地形地貌要素

（一） 常见的地形地貌

高山、平原、沟壑、河谷等地形地貌既有各自的环境特征，也有不同的美学特征。

地形条件对城际线、林缘线、游者视线、空间透视感和微气候的形成与影响都至关重要。

规划设计所面临的自然地形是复杂多样的，景观规划设计师的职责在于掌握区域内的地形特征，充分挖掘利用地形优势，化不利为有利，并通过改造、遮蔽、借景等手法规划设计最适合的景观空间结构。

与景观规划设计最密切的常见地形主要有以下几类：

1. 平坦地貌

自然界没有绝对的平坦地貌，只是相对而言在一定尺度距离内坡差较小、地形起伏坡度很缓的地形。这种地形交通便利，有助于文化、经济的交流。大区域的平坦地貌如果水源丰富，气候适宜，则往往是人类主要的聚居地，如华北平原、长江三角洲平原、珠江三角洲平原等。这种地形构成比较简单，地形起伏变化小，不足以引起视觉上的刺激效果，平坦地形主要的视觉对象是天空和开放空旷的大地，缺乏安定感和围合感，道路平坦，植被景观单一，视觉比较枯燥乏味。对于平坦地形，景观规划设计主要应该营造多样性的景观，避免视觉单调。同时，通过颜色、空间结构、造型等弥补空间的空旷和单一；通过构筑物或雕塑来增加空间的趣味性，形成空旷地的视觉焦点或通过构筑物强调地平线和天际线的水平走向，形成大尺度的韵律；也可以通过竖向垂直的构筑物形成和水平走向的对比，增加视觉冲击力；还可以通过植物或者沟壑进一步划分空旷的空间，增加围合感和安定感；适当增加道路的弯曲并结合道路两侧景观配置丰富视觉景观，防止视觉疲乏。

2. 凸形地貌

凸起的地貌，如山顶和丘陵缓坡等地形，与平坦性地貌不同，坡差较大，具有动感和变化，在一定区域内容易形成视觉的焦点。有向上和向下两个视觉方向，所以在设计时往往会在高起的地方设置构筑物和建筑，以便人能从高处向四周远眺，高塔、亭台等往往建在山顶等凸形地形处，既便于吸引人的注意，又能使游客登高望远。因此，凸形地貌景观的设计应注意从四周向高处看时地形的起伏和构筑物之间所形成的构图与关系，还要注意构筑物的形态特征，形成有特色的区域地标，如杭州的雷峰塔、北京的北海白塔等。

3. 山脊地貌

山脊地形是连续的线性凸起形地形，有明显的方向性和流线，在自然森林中是阴坡与阳坡的分界线，容易吸引人的视觉焦点，既有上下的视觉方向，又有左右的视觉方向。设计时应关注流线与方向，游览路线的设计要顺应地形所具有的方向性和流线，如果路线和山脊线相抵或垂直，容易使游览过于疲劳，和人们乐于沿着山脊旅行的习惯相违背。

4. 凹形地貌

凹形地貌和凸形地貌相反，两个凸形地貌相连接形成的低洼地形为凹形地貌。凹形地貌周围的坡度限定了一个较为封闭的空间，产生一定的尺度闭合效应，易于被人类识别，而且给人们的心理带来了某种稳定和安全的感觉，所以人类最早的聚居区和活动空间往往就是在这种凹形地貌中。中国"风水"理论中追求的最佳"风水"正是依山傍水的凹形地貌空间，这也是现代聚居地的首选地形。凹形地貌周围的屏障有效地阻挡了外界的干扰和风力侵袭，如果面南还能充分利用太阳保暖，在大自然中形成安全、舒适、易于居住的小环境。除了居住地，凹形地貌的内向性，往往被用作观演空间，如舞台、露天大型观演台等大都塑造为凹形，城市中的下沉广场，就是利用周边的斜坡作为露天的座位，中间的平地作为观演活动的中心。

（二）地形地貌的图示

无论是规划还是设计，最终的成果都以图纸的形式展现，它们所采用的基础图都是地形图，地形图最主要的信息就是地形地貌、海拔高度。地形的表达和记录方法主要有等高线法、高程标注法、线影表现法等。

1. 等高线法

等高线法是最基础、使用最广泛的一种方法，等高线是以某个参照水平面为依据，用一系列等距离假想的水平面切割地形后获得交线的水平正投影图表示地形的方法。两相邻等高线切面之间的垂直距离称为等高距，水平投影图中两相邻等高线的垂直距离称为等高线平距。地形等高线图只有在标比例尺和等高线距后才能揭示地形。一般地形图中有两种等高线，一种是基本等高线，称为首曲线，常用细实线表示；另一种是每隔四根首曲线加粗一根并注上高程的等高线，称为计曲线（图4-1）。一般情况下，原地形等高线用虚线，设计等高线用实线表示。如果要绘制地形剖面，我们可以做出高程的平行线组，然后按照地形等高线做出等高线和剖切位置线的交点，最后将这些交点延伸至高程平行线组，再将交点绘一平滑曲线，这条平滑曲线就是这一剖断位置的地形轮廓线（图4-2）。等高线有两大特点：一是等高线通常是封闭的，例如，地球大陆的海岸线一定会形成封闭曲线；二是等高线从不会相互交叉，除非基地中有非常陡峭的垂直面。

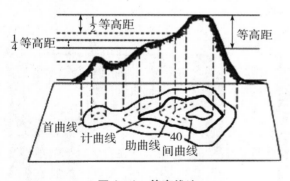

图4-1　等高线法

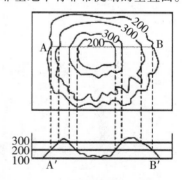

图4-2　地形轮廓线

如何根据等高线地形图判读地表形态：等高线呈封闭状时，高度是外低内高，则表示为凸地形（如山峰、丘顶等）；当等高线高度外高内低时，则表示的是凹地形（如盆地、洼地等）。等高线是曲线状时，等高线向高处弯曲的部分表示为山谷；等高线向低处凸出处为山脊。数条高程不同的等高线相交一处时，则该处的地形部位为陡崖。等高线密集处表示陡坡；等高线稀疏处表示缓坡。

2. 高程标注法

在地形图中有一些比较重要的建筑物等特殊地形点需要特别表示时，可用十字或圆

点标记，并在标记旁注上该点到参照面的高程。这就是高程标注法，通常标到小数点后
1~2 位（图 4－3）。

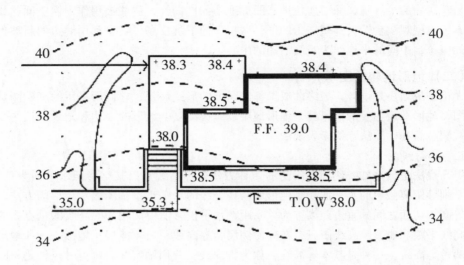

图 4－3　高程标注法

3. 线影表现法

线影是画于等高线之间平行坡面短而不相连的线。线影表现法表示一般先绘制等高
线，在等高线间加上线影。通常线影表现法是用来表达地貌特征或描述基地的地貌外观
（图 4－4）。

另外还有一种利用光影表现强调出基地地貌三维特征的方法——海拔高度表现法
（图 4－5）。

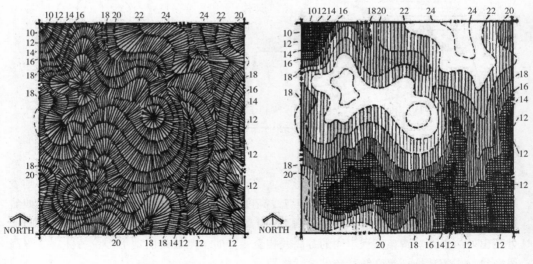

图 4－4　线影表现法　　　　　图 4－5　海拔高度表现法

（三） 地形在景观中的改造和利用

在自然界，特别是山地或丘陵地，几种地形地貌同时存在。因此，在实际规划设计中，景观规划设计师需要进行充分的调查分析，掌握实地的地形地貌特点，利用地理条件的优势规划设计景观，例如，利用地形来营造不同的空间形态，也可以通过坡度来遮挡令人不悦的事物，还可以安排游人在到达开阔地段之前先遇到一些阻挡和视觉障碍，这样可以通过对比强化开阔感，也可通过坡地遮挡一部分景物，引起人的好奇心，或者通过不断上升的坡地营造一种前进的序列。同时，对不利的地形地貌根据景观需要加以改造，如通过挖掘或填充来进一步生成和划分空间，以此作为景观规划设计空间形态的原型。对地形的改造应注意以下五点：

（1）考虑原有地形，借势、借景，合理选址，避免大工程开挖。

（2）关注地形的水平线和轮廓线，还有封闭性坡面的坡度，这些是影响空间限定性和人们空间感受的主要因素。

（3）有利于地面排水，无论是填还是挖，都要设置一定的排水方向。

（4）考虑坡面的稳定性，防止地表径流导致滑坡等灾害发生，坡度5%～10%的地形排水良好，且具有起伏感。

（5）考虑为植物栽培创造条件，保持良好的土质与足够的土层，保持适宜的气候环境，考虑植物的灌溉等管理条件。

三、 植被设计要素

（一） 植物在景观规划设计中的作用

植物在地球物质和能量循环中扮演着非常重要的角色，植物吸收水分，在充分光照下，二氧化碳和水转化成氧气和碳水化合物，这两种产物都是我们赖以生存的必需品。植物的庞大根系和繁茂枝叶储存了大量水分，木质素中水合细胞中的水可以净化空气或渗入地下含水层，因此植被往往是用来保持水土最好的自然资源。另外，植物腐烂以后形成的腐殖质和土壤结合后，增强了土壤养分，保持了土壤源源不断的生产力。

植物是决定景观规划设计是否合理的关键因素之一，景观规划设计中植被的应用成功与否在于能否将植物的非视觉功能和视觉功能统一起来。植物的非视觉功能即生态功能，是指植被改善气候、保持土壤、净化空气、保护物种等功能。视觉功能是指植物在审美上的功能，如植物的色彩、花果、形态等是否让人感到心旷神怡，通过其视觉功能可以装饰基地和构筑物，成为景观构图中不可分割的部分。通过植物的修剪塑形可以强化景观的线性要素和空间界定，还可以装饰美化空间。

概括地讲，植物在景观中的作用主要有建筑功能、环境保护功能、美学功能等。

1. 建筑功能

建筑物与植物是密不可分的，一栋建筑或一个建筑群周围多用植物来界定空间、遮景、提供私密性空间和创造系列景观等，这一类功能其实是空间造型功能。

2. 环境保护功能

（1）调节气候，净化空气。

植被可以改善城市小气候，调节气温，增加空气湿度；植物有效吸收太阳能，降低风速，大片的乔灌草（乔木、灌木、草地）结合的绿地与裸露地比较，可以降低气温4℃，可以增加湿度10.5%。宽10.5m的乔木绿化带可将附近500m内空气中相对湿度增加8%。

植物可以有效地过滤尘埃、吸收有害气体。根据北京地区测定，绿化树木地带对飘尘的减尘率为21%～39%，而南京测得的结果为37%～60%。10 000m² 的阔叶林在生长季节一天能消耗1t 二氧化碳，放出0.73t 氧气。如果成年人每天呼吸需氧气0.75kg，排出二氧化碳0.9kg，则每人需有10m² 的森林面积就可消耗其呼吸排出的二氧化碳，并供给需要的氧气。生长良好的草坪，在进行光合作用时，每平方米每小时可吸收二氧化碳1.5g，所以白天如有25 m² 的草坪，就可以把一个人呼吸排出的二氧化碳全部吸收。侧柏、白皮松、云杉、香柏、臭椿、榆树等近80 种草木对二氧化硫的抗性较强；植物对氯气有一定的吸收和积累能力，在氯气污染区生长的植物，叶中含氯量往往比非污染区高几倍到几十倍，每万平方米植物的吸氯量为：柽柳140kg、皂荚80kg、刺槐42kg、银桦35kg、华山松30kg、构树20kg、垂柳9kg；每克干重叶中的含汞量为：夹竹桃96ng、棕榈84 ng、樱花和桑树均为60 ng、大叶黄杨为52 ng、美人蕉为19.2 ng、广玉兰和月桂均为6.8 ng；植物对氟化氢的最大吸氟量可达1 000ppm 以上。根据不同植物对化学元素的吸收特点设计有针对性的树种，更多地吸收对环境、对人类有害的化学污染物，防治生物污染。

植物还有杀菌作用，在人流少的绿化地带和公园中，空气中的细菌量一般为1 000～5 000 个/m³，但在公共场所或热闹的街道，空气中的细菌量高达20 000～50 000 个/m³。没有绿化的闹市区比行道树枝叶浓密的闹市区空气中的细菌量要增加0.8 倍左右。

不同植物改善环境的能力差别较大，树木吸收二氧化碳的能力远强于草地，1hm² 的森林制造的氧气可供1 000 人呼吸，这也是许多欧洲国家制定城市绿化指标的依据。

（2）保护土壤，降低噪音。

植被可以减少地表风蚀和降雨侵蚀，在裸地上降雨径流率超过60%，而在草地上，降雨径流率不到20%，在相同风速下，草地的风蚀量只有固定沙地的1/5，只有流动沙地的1/2 700。

植物还具有很好的隔音效果，30m 宽的林带可以降低噪声7dB，40m 宽的林带可以降低噪声10～15dB，乔木、灌木、草地结合的绿地可以降低噪声8～12 dB。城市公园中成片林带可把噪声降低到26～43dB。

（3）其他生物的栖息地。

植物还为昆虫、鸟类、小型动物提供一个栖身之所，使景观成为多样性的生态系统，也为我们营造一个鸟语花香、清净自然的休憩环境。

3. 美学功能

丰富多彩的植被还能给人提供美学上的享受。不同形状、不同颜色、不同叶形的植被组成丰富的植被景观，创造类似自然界的多样化景观，使人在色彩、形态上都能领略到植物的美。植物随着季节生长凋落，花朵和叶子的颜色变化，都能使在城市中生活的人感受到大自然的气息，并缓解工作紧张引起的精神压抑。植物是景观构图中必不可少的设计元素，既可以作为主景、框景，还可以作为景观焦点或背景。

（二）植物的生理生态特征

在考虑植物的功能方面，设计者不能只考虑主观的愿望，还必须了解植物的适应性。只有选用最适宜设计地点气候、土壤、管理条件的植物种，才能确保植物功能的实现。因此，植物设计时首先需要了解植物的生理生态特征，考虑所选植物在当地自然环境的适应性。根据当地的生物、气候带、降雨、土壤、管理水平选择物种类型。植物的生理生态特性主要体现在不同植物对光、温、水、土壤等的不同要求。

1. 植物对光的要求

根据植物对光照强度的要求，可将植物分为阳性植物、阴性植物和中性植物。

阳性植物是指在较强的光照条件下才能正常生长的植物。这类植物只有光线充足才能发育正常，也才能更好地体现其观赏价值；而当光线不足时，则会发育不良，不但不能发挥其观赏价值，甚至会死亡。这类植物包括大部分的观花植物，如石榴、月季、紫薇、碧桃、连翘、樱花、丁香、玉兰、梅花等；也包括多数的观果植物，如柑橘、枇杷、桃、杏、葡萄、柿、山楂等；还包括大多数的高大乔木及少数观叶植物，如银杏、毛白杨、悬铃木、白皮松、油松、黑松、垂柳、栾树、女贞、阳木、棕榈树、椰子树等。这类植物需要光照强度大，树体高大，根深叶茂，往往是景观设计的主体树种。

阴性植物是指只有在较弱的光照条件下才能正常生长，不能忍受过强的光照条件的植物。一般需光度为全日照的 5% ~20%，在自然群落中，这类植物常处于森林的中、下层或生长在背阴潮湿的条件下。阴性植物主要是一些观叶植物，如兰花、八仙花、珊瑚树、常春藤、麦冬、沿阶草等。这类植物是建筑物、高大乔木等遮阴处首选的景观植物。

中性植物是指一般需光度在阳性植物和阴性植物之间的植物。这类植物对光照强度适应幅度较宽。在全光照下能良好生长，在庇荫的环境下也能正常生长。大多数植物都属于此类，如罗汉松、珍珠梅、竹类、榕树类等。

此外，很多植物的生长发育对光照强度有不同的需求，根据植物对光照时间的要求将植物分为长、中、短日照植物：

长日照植物是指在生长发育过程中，每天需 12h 以上的光照时间，才能实现从营养生长转向生殖生长，花芽才能顺利进行分化发育的植物。长日照植物起源于高纬度的北方，大多数原产于温带、寒带，在盛夏开花，如荷花、紫茉莉、唐菖蒲等。

中日照植物是指对日照时间长短不敏感，只要温度适合个体发育即可，一年四季都能开花的植物，如月季、扶桑、天竺葵、美人蕉、非洲菊等。

短日照植物是指在生长发育过程中，每天日照时数要求在 8 ~12h，方能实现花芽分化，从而开花的植物。短日照植物都起源于低纬度的南方，一般原产于热带和亚热带，一般在秋季日照短时开花，如一品红、菊花、桂花等。

由于植物对光照的要求不同，在植物造景工程设计时，要做到因地制宜，根据设计区域不同的光照条件进行合理物种选择。在外来物种引进时，一定要了解物种特性和原产地，一般短日照植物由南方引进到北方，易出现营养生长延长，木质化程度差，易受冻害；而长日照植物从北方引进到南方时，虽能正常生长，但不能正常开花，所以在植物配植时应注意植物生长发育对光周期的要求，不能盲目地引种。

2. 植物对温度的要求

温度是植物生命活动所必需的因子，它对植物的生长发育影响极大，也是影响植物分布的限制因子。每种植物的生长都有最低、最适、最高温度，即温度三基点。低于最低温度和高于最高温度，都会引起植物生理活动的停止，从而导致植物的伤害，甚至死亡。

不同植物的生长对温度的要求不同，一般植物生长的温度在4℃～36℃。热带植物在日平均温度18℃以上时才能开花，亚热带植物在15℃时开始生长，暖温带植物要求10℃左右，温带树种在5℃时就开始生长。温度对植物的花、果的生长发育也有重要的影响，对于一些观花、观果植物，景观设计还应考虑栽培地温度是否适宜。在植物造景工程中不能盲目地追求外来树种，特别是南方树种在北方的应用一定要注意，甚至热带植物引入亚热带时也要考虑长期的适应性。2007年年底南方的冰冻雪灾，使原产于非洲的桃花心木、原产于热带的棕榈树等在亚热带的广州遭受灭顶之灾，尽管这些树种已在广州生长了多年，但一旦遭遇特殊低温，不仅使城市景观受到影响，经济上也遭受极大损失。

3. 植物对水分的要求

水分是植物的基本组成部分，植物体内的一切生命活动都是在水分的参与下进行的。水还能维持细胞的膨胀状态，从而使植物的器官保持一定的状态，进而才能使植物充分地发挥其观赏效果和绿化功能。同时，水也是平衡植物体温的不可替代的因子，在高温季节通过蒸腾作用降低植物体温。不同植物对水分的需求不同，一般阴性植物对水分的需求量较大，而阳性植物则较小。根据植物对水分需求量的大小，将植物分为以下几类：

（1）旱生植物：能耐较长时间干旱的植物，如柳、胡颓子、景天、龙舌兰、仙人掌等。这类植物一般具有肥厚的叶茎，能贮存大量的水分；或叶子小，或叶子退化，或叶子角质、革质，可以减少水分蒸腾。最典型的就是生长在沙漠、戈壁的植物。

（2）湿生植物：要求空气湿度大、土壤潮湿的环境，在土壤短期积水时可以生长，在过于干旱时易死亡，如水杉、垂柳、池杉、栾树、枫杨等。

（3）中生植物：介于旱生植物和湿生植物之间，适宜生长在干湿适中的环境下，大多数植物属于此类。

（4）水生植物：植物的全部或一部分必须生长在水中的植物称为水生植物，如荷花、睡莲、水葱等。水生植物在湖、池、溪等水景建造中经常使用。

4. 植物对土壤的要求

土壤是植物生长的基质，它是集水、肥、气、热于一体的植物生长所需生态因子的基质。不同植物对土壤的质地、厚度、酸碱度等要求不同。

土壤质地与厚度对植物生长的影响：大多数植物要求在土质疏松、土层深厚肥沃的土壤中生长，但植物对土壤的适应程度有差异。有的树木较耐贫瘠，如马尾松、油松、火棘等；但有的植物则只有在肥厚的土壤中才能生长好，如梅花、香樟等。大多数高大乔木需要比较厚的土层和比较肥沃的土壤才能发育良好、长势旺盛。

土壤酸碱度对植物生长的影响：不同的植物对土壤酸碱度的要求不同，根据植物对土壤酸碱度要求的高低，将植物分为三类：酸性植物，要求土壤 pH 值在 6.8 以下，植物才能生长良好，如杜鹃、山茶、栀子、兰科植物等。中性植物，要求土壤 pH 值在 6.8~7.2，才能良好生长，大多数的植物属此类，如菊花、雪松、杨柳等。碱性植物，土壤 pH 值在 7.2 以上仍能正常生长，如柏类、紫穗槐、非洲菊、石竹类等。

除以上几种生态因子外，空气、地形、风、大气污染物、水质等因子对植物生长也有一定的影响。我们在植物造景设计时，不但要考虑到植物的观赏特性，而且必须清楚植物对生态条件的要求，同时也必须充分了解和掌握绿地本身的生态因子。在应用植物时应尽量使用本地物种，这样不仅可以降低成本，保证成活率，并且易于形成地方特色。

除考虑植物的适应性外，所涉及的植被景观一定要和环境相适应，既要设计景观与外部环境适应协调，也要使景观内部各功能区之间相互协调统一。

随着景观规划设计的发展，景观的生态功能作用日益突出，如何解决城市环境中出现的一系列生态问题，最大限度地发挥城市景观中植被的生态服务功能是植被景观规划设计的首要前提。第一，要尽可能地增加绿地率和绿视率，提高单位面积的叶面积指数；第二，提高景观的生态服务价值，提高植被的截尘、防沙、减污、集水、保水、防水土侵蚀等功能；第三，增加景观多样性，包括生态系统多样性、动植物物种多样性、景观功能多样性等；第四，要提高景观系统内物质、能量、信息的循环。

（三）植物造景的基本形式

1. 木本植物造景的基本形式

（1）孤植。

孤植是指乔木或灌木等孤立种植类型，是植物造景的常见形式。在植物景观中作为局部或整个绿地的主景，表现植株的个体美，设计合理的孤植树在植物景观中能起到画龙点睛的作用。

在孤植树设计中应注意以下几点：①应选择树形美观、生长旺盛、成荫效果好、寿命长、抗性强的树种。②孤植树种植的地点要求视野开阔，同时要有比较合适的观赏视距和观赏点，以供人们有足够的空间赏景。③孤植树的设计必须考虑其背景的选择，应有强烈的对比，才能突出孤植树的个体美，如可以用天空、水面、草坪等自然景物为背景，也可以用孤植树与背景的色彩形成对比。同时要求孤植树周围尽量避免栽植其他高大的植物，以免影响孤植造景的效果。还可以与地形结合，如将孤植树栽植在凸形地形上，强化其视觉效果。④孤植树的位置还应考虑植物景观的总体构图，如在大草坪中的孤植树，一般在自然式园林中不布置在中央，而应偏于一侧。⑤孤植树造景有时为了构图的需要，同一种树可以栽植 2~3 株，但表现的是单株美。

（2）对植。

对植是指两株或两丛或两行相同或者相似的树，按照一定的轴线关系，对称均衡种植的方式。在景观构图中多做配景应用，通过对照、衬托来强调主景或主题，对植给人一种庄严、整齐、对称、平衡的效果。

在对植设计中应注意以下几点：①对植一般多用于公园、道路、建筑、广场的出入口。②对植树种的选择一般要求整齐、美观，且树种相同、大小一致。在均衡对称的情况下，可选树种相似的两种树，且大小要依轴线关系而变化。③在规则式园林中对植要求几何形的绝对对称，而在自然式园林中则强调均衡式的对称。④对植树种及位置的选择要以不影响交通和行人为基本要求，同时与总体景观风格相一致。⑤对植时还要考虑树体的形状与特性，包括生理特性和文化特性，如松树、柏树常对植于比较严肃的场所，交通道路两侧的植物还要考虑选择吸尘、吸污染物能力强的乔灌木树种。

（3）丛植。

丛植是指由三株到十几株同种或异种树木组合而成的种植类型，丛植是绿地景观中重点布置的一种种植类型，它以反映树木群体的综合形象美为主。

丛植中，每个树体之间既有统一联系，又有各自的变化，分别以主、次、配的地位互相对比、互相衬托，组成既有通相又有殊相的植物群体。

丛植在造景方面的作用：①起分割空间、遮蔽、背景等作用。多用于入口、主要道路的分道、弯道尽端的空间处理，或为了突出雕像、纪念碑等景物的轮廓，可用树丛作为背景和陪衬。运用树丛做背景时，应注意在色彩和亮度方面与主体景物形成对比，树种一般选择常绿的树种。②作为大型公共建筑物的配景和局部空间的主景。如人民大会堂周围布置由油松、元宝枫、玉兰、丁香、珍珠梅、早花锦带和各色花草组成的乔灌木树丛，作为人民大会堂两侧的配景。③利用树丛增加空间的层次和作为夹景及框景。对于比较狭长而空旷的空间，为了增加景深和空间的层次，可利用树丛做适当的分隔，除了整个树丛在位置方面的作用外，树丛内部丰富的层次在增添层次方面也很突出。如果前方有景可观，可将树丛分布在视线两旁形成一个夹景或框景。

丛植配置的基本形式如下：

①三株配合。三株配合最好采用姿态、大小有差异的同一种树，如果是两个不同树种，最好同为常绿树、落叶树，同为乔木或灌木，忌用三个不同树种。三株配植，树木的大小、姿态要有对比和差异；栽植时，三株忌同在一直线上或成等边三角形。三株的距离都不要相等，其中最大的和最小的要靠近一些成为一组，中间大小的远离一些成为一组。若采用两个不同树种，其中大的和中间的为一组，小的为另一组，保持树丛既有变化又有统一（图4-6）。

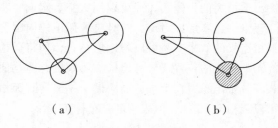

（a）　　　　　　　　（b）

图4-6　三株配合

②四株配合。四株配合仍然选用姿态、大小不同的相同树种，分为两组，成3∶1的组合。最大株和最小株都不能单独成为一组，其基本构图形式为不等边四边形或不等边三角形两种，忌四株呈直线、正方形和成等边三角形，或一大三小、三大一小分组，或双双分组。四株配合最多只能应用两种不同树种，可一种为三株、另一种为一株，如

果按树木由大到小将四株树分为1、2、3、4号，单株的一种最好为3号或2号，居于三株的一组，在整个构图中又属于另一树种的中央，忌一个树种偏于一侧（图4-7）。

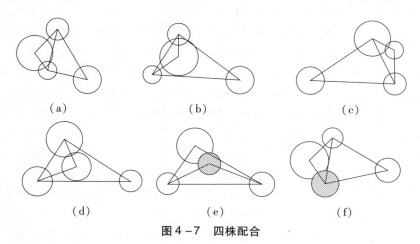

图4-7 四株配合

③五株配合。五株配合可以是一个树种或两个树种，分成3：2或4：1两组。五株同为一个树种，可以同为乔木、灌木、常绿或落叶树，每株树的体形、姿态、动势、大小、栽植距离都要不同。同样将五株树由大到小分为1、2、3、4、5五个号，在3：2组合中，三株的小组应该是1、2、4成组，二株为3、5成组；或是分为1、3、4成组，2、5成组；或1、3、5成组，2、4成组。主体必须在三株一组中，其中三株小组的组合原则与三株配合相同；二株小组的组合原则与二株配合相同，两小组之间必须各有动势，且两组的动势要取得均衡。在4：1组合的单株树木，不能是最大和最小的，两小组之间的距离不能太远（图4-8）。

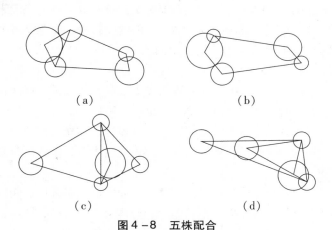

图4-8 五株配合

④六株以上时，可按二、三、四、五株相互组合。

（4）群植。

用数量较多的乔灌木（或加上地被植物）配植在一起，形成一个整体，称为群植。树群的灌木一般在20株以上。树群与树丛不仅在规格、颜色、姿态上有差别，而且在表现的内容方面也有差异。树群表现的是整个植物体的群体美，观赏它的层次、外缘和林冠等，并强调增加生态效益。树群是植物景观的骨干，用以组织空间层次，划分空间区域；也可以以一定的方式组成主景或配景，起隔离、屏障等作用。树群的配植因树种的不同，可以组成单纯树群或混交树群。混交树群是园林中树群的主要形式，所用的树种较多，能够使林缘、林冠形成不同的层次。混交树群的组成一般可分为4层，类似于森林群落的层片结构，最高层是乔木层，是林冠线的主体，要求有起伏变化；第二层是亚乔木层，这一层要求叶形、叶色都有一定的观赏效果，与乔木层在颜色上形成对比；第三层是灌木层，这一层要布置在接近人群视觉的向阳处，以花灌木为主；最下一层是草本地被植物层，作为整个景观的背景。

树群内的植物栽植距离要有疏密变化，要构成不等边三角形的自然布局，避免成排、成行、成带的等距离栽植。常绿、落叶、观叶、观花的树木，因面积不大，不能用带状混交，也不可用片状混交，应该用复合混交、小块混交与点状混交相结合的形式。

在树种的选择方面，应注意组成树群的各类树种的生物学习性，在外缘的树木受环境的影响大，在内部的树木，相互间影响大。树群栽植在郁闭之前，受外界影响占优势。根据这一特点，喜光的阳性树不宜植于树群内，更不宜作下木，阴性树木宜植于树群内。树群的第一层乔木应该是阳性树，第二层亚乔木则应是中性树，第三层分布在东、南、西三面外缘的灌木，可以是阳性树，而分布在乔木下以及北面的灌木则应该是中性树或是阴性树。喜暖的植物应配植在南面或西南面。

树群的外貌，要注意植物的季相变化，使整个树群四季都有变化。

当树群面积、株数都足够大时，它既构成森林景观又发挥特别的防护功能，这样的大树群被称为林植或树林，它是成片成块大量栽植乔木、灌木的一种绿地。树林在绿地面积较大的风景区中应用较多。一般可分为密林、疏林两种。密林的郁闭度可达70%~95%，疏林的郁闭度则在40%~60%。树林又分为纯林和混交林。一般来说，纯林树种单一，生长速度一致，形成的林缘线单调平淡，而混交林树种变化多样，形成的林缘线季相变化复杂，绿化效果也较生动。

（5）带植。

带植是指乔木、灌木按一定的直线或缓弯线成排成行的栽植，行列栽植形成的景观比较单纯、整齐，它是规划式园林以及广场、道路、工厂、矿山、居住区、办公楼等绿化中广泛应用的一种形式。带植可以单行，又可以多行，其株行距的大小决定于树冠的成年冠径，期望在短期内产生绿化效果，株行距可适当小些、密些，待其成年时再间伐来解决过密的问题。

带植的树种，从树冠形态看最好是比较整齐，如圆形、卵圆形、椭圆形、塔形的树冠。在树种的选择上，应尽可能采用生长健壮、耐修剪、树干高、抗病虫害的树种。在种植时要处理好和道路、建筑物、地下及地上各种管线的关系。带植范围加大后，可形成林带。林带是数量众多的乔灌林，树种呈带状种植，是带植的扩展种植，它在园林绿化中用途很广，可以遮阳、分割空间、屏障视线、防风、阻隔噪声等。作为遮阳功能的乔木，应该选用树冠伞状开展的树种。亚乔木和灌木要耐阴，数量不能过多。林带与列植的不同在于林带树木的栽植不能成行、成排、等距，天际线要有起伏变化。林带可由多种乔木、灌木树种结合，在选择树种上要富于变化，以形成不同的季相景观。

（6）篱植。

篱植是指将一些中、小灌木按较高的密度并按照一定的形状、宽度和高度栽植，通过修剪满足隔离视觉、隔音和视觉景观要求的种植形式。篱植有高篱（高度 120 ~ 150cm）、中篱（高度 50 ~ 120cm）和矮篱（高度 50cm 以下）之分，是植被景观规划设计最常用的手法之一。矮篱主要用于花坛、花境、草坪的边缘隔离，主要物种有瓜子黄杨、九里香、福建茶、匍地柏等。中篱多用于绿地边缘划分、围护、绿地空间隔离，主要物种有大叶黄杨、瓜子黄杨、九里香、小叶女贞、海桐等。高篱多用作绿地空间分割和防护，也作为道路两侧的隔噪屏障，常用树种有垂叶榕、女贞、龙柏等。

2. 攀缘植物在景观规划设计中的用途

攀缘植物是茎干柔弱纤细，自己不能直立向上生长，需以某种特殊方式攀附于其他植物或物体之上以伸展其躯干，以利于吸收充足的雨露、阳光，才能正常生长的一类植物。正是由于这一特殊的生物学习性，攀缘植物成为园林绿化中进行垂直绿化的特殊材料。攀缘植物与其他植物一样，有一二年生的草质藤本，也有多年生的木质藤本，有落叶类型，也有常绿类型。若按照攀缘方式的不同可分为自身缠绕、依附攀缘和复式攀缘三大类。配置攀缘植物应充分地考虑到各种植物的生物学特性和观赏特性。

攀缘植物既可形成丰富的立体景观，又能增加空间的绿化面积，充分利用土地和空间，并能在短期内达到绿化的效果。在土地资源紧张、环境恶化的现代城市，屋顶、屋面垂直绿化是增加城市绿地的最好途径。垂直绿化可使植物紧靠建筑物，既丰富了建筑的立面，活泼了生活气氛，同时在遮阳、降温、防尘、隔离等功能方面效果也很显著。攀缘植物广泛应用于装饰街道、林荫道以及挡土墙、围墙、台阶、出入口、灯柱、建筑物墙面、阳台、窗台等，攀缘植物还用于装饰亭子、花架、游廊、树木等。

常用的攀缘植物种有紫藤、常春藤、五叶地锦、三叶地锦、葡萄、猕猴桃、南蛇藤、凌霄、木香、葛藤、五味子、铁线莲、茑萝、丝瓜、观赏南瓜、观赏菜豆等。它们的生物学特性和观赏特性各有不同。在具体种植时，要从各种攀缘植物的生物学特性出发，因地制宜，合理选用攀缘植物，同时也要注意与环境相协调。

3. 花卉植物造景的基本形式

花卉植物种类繁多、花形多样、色彩鲜艳，是园林造景中经常用作重点装饰和色彩构图的植物材料。

（1）花坛。

花坛在具有一定几何形轮廓的植床内，种植各种不同色彩的观赏植物而构成有华丽纹样或鲜艳色彩的装饰图案，在景观构图中常作为主景或陪景。

根据花坛所表现的主题不同可分为花丛式花坛、模纹式花坛、标题式花坛及装饰小品花坛四类。①花丛式花坛亦称盛花花坛，是以观花草本植物花朵盛开时，群体的华丽色彩为表现主题，故花丛式花坛栽植的花卉必须花期一致，开花繁茂。为了维持花丛式花坛花朵盛开时的华丽效果，该类花坛的花卉必须经常更换，通常多应用球根花卉及一年生花卉，如郁金香、风信子、万寿菊、一串红、三色堇、金鱼草、雏菊、鸡冠花等。花丛可以由一种花卉群体组成，也可以由好几种花卉的群体组成。花坛的表现可以是平面的，也可以是中央高、四周低的锥状体或球面（附图4-1）。②模纹式花坛设于广场和道路的中央以及公园、机关单位，是以各种不同色彩的观叶植物或花叶兼美的植物组成的、华丽复杂的图案纹样为表现主题的花坛。有的修剪得十分平整，整个花坛好像一块华丽的地毯；有的纹样模拟由绸带编成的绳结式样；有的装饰纹样一部分凸出表面，另一部分凹陷，好像浮雕一般。模纹花坛要求图案美丽而清晰，有较长的稳定性。最好选株型低矮、分枝密、耐修剪、叶色鲜明的植物，最常用的植物为低矮的观叶植物，不同色彩的五色苋、彩叶草，或花期较长、花朵又小又密的低矮观花植物，如金鱼草、石竹、矮牵牛等，以及常绿小灌木、彩叶小灌木，如小叶黄杨、金叶女贞、红叶小檗等。模纹花坛的色彩设计应服从于图案，用植物色彩突出纹样，使之清晰而精美，用色块来组成不同形状。同一个模纹花坛植物的花色要协调，种类不可过多，设计图样要秀美大方，轮廓鲜明，以展示不同花卉或品种的群体及其相互配合所形成的绚丽色彩与优美外貌（附图4-2）。③标题式花坛在形式上和模纹式花坛没有多大区别。它通过一定的艺术形象来表达一定的思想主题，有时由文字组成，表示庆祝节日、大规模展览会的名称或园林绿地的命名等；有时用具有一定含义的图徽或绘画，或用名人的肖像作为花坛的题材；有时用有一定象征意义的图案组成标题式花坛（附图4-3）。④装饰小品花坛亦称立体花坛，具有一定的实用目的，或作为绿地的装饰物，以提高绿地的观赏艺术效果。像时钟花坛和常在独立花坛中央用黏湿土壤与植物塑成的各种装饰小品（如亭、动物、花瓶、花篮等）所组成的花坛都为装饰小品花坛（附图4-4）。

（2）花境。

花境是园林中从规则式到自然式构图的过渡形式，其平面轮廓与带状花坛相似，种植床的两边是平等的直线或曲线。花境内植物配置是自然式的，主要表现观赏植物本身所特有的自然美以及观赏植物自然组合的群落美。花境两边的边缘线是平行的，并且至少在一边用常绿木本或草本矮生植物（如麦科、葱兰、沿阶草、瓜子黄梅等）镶边。花境内以种植多年生宿根花卉和开花灌木为主，常常三五年不加更换，管理比较方便（附图4-5）。

花境是连续风景构图，可以布置花境的场合很多，应用广泛。例如，在建筑物或围墙的墙基做花境基础栽植，在道路沿线的两侧或中央布置观赏花境，在绿篱、挡土墙或花架和绿廊的建筑台基前都可布置花境。

花境依据构图可分为单面观赏花境和双面观赏花境两种。单面观赏花境植物配置由低到高形成一个面向道路或广场的斜面，花境远离游人一边的背后，有建筑物或绿篱作为背景，使游人不能从另一边去欣赏它。双面观赏花境植物配置中间最高向两边逐渐降低，这种花境多设置在道路、广场和草地的中央，花境的两边游人都可以靠近去欣赏。

花境的镶边和背景植物，要修剪成规则的带形。花境内的植物组合由数种以上的植物自然混交而成。在构图中有主调、基调和配调，要有高低参差，色彩上对比与调和相统一。植物的线形、叶形、姿态及枝叶分布上，也要做到多样统一的组合，还要照顾到季象变化。

（3）花台。

在40~100cm高的空心台座中填土，在其中栽上观赏植物称为花台或花钵。它是以欣赏植物的体形、花色、芳香以及花台造型等综合美为主的。花台的形状各种各样，既有几何体，也有自然体。一般在上面种植小巧玲珑、造型别致的松、竹、梅花、牡丹、山茶、杜鹃、蜡梅、红枫等观赏植物（附图4-6）。花台在中式庭园或古典园林中应用颇多，如同花坛一样可作为主景或配景，现代公园、花园、工厂、机关、学校、医院等庭院中也常见，在大型广场、道路交叉口、建筑物入口的台阶两旁及花架走廊之侧也多有应用。此外，还有用花期长、花色鲜艳的一些攀缘植物如籁杜鹃、蔷薇等做成的花架。

4. 草坪植物造景的基本形式

草坪是指多年生低矮草本植物在天然形成或人工建植后经养护管理而形成的相对均匀、平整的草地植被。而用于建植草坪的植物则称为草坪植物。由于草坪在园林中有着花卉和树木无法替代的作用，因此，其在城市景观塑造方面的应用非常广泛。

根据草坪的用途，可将草坪分为游息草坪、观赏草坪、运动草坪和护坡草坪。

游息草坪：供户外游息的草坪，一般在公园、广场、庭园等应用较多。

观赏草坪：专供观赏而不能践踏的草坪。在公园及办公楼前等以造景为主的草坪多为此类。

运动草坪：专供进行体育运动的草坪，如足球场草坪、高尔夫球场草坪等。

护坡草坪：防止水土流失，保护公路、铁路及其他易侵蚀坡坎的草坪。

草坪主要用作景观主景的背景、休憩场地、运动场地或当地表土层很薄，不宜于栽植乔灌木树种时的栽培植物。

（四）植被对空间的划分与改造

1. 植被对空间的划分方式

用植被划分空间是景观设计的主要手法之一，对于空间的进一步划分可以体现在平面与立体、时间与空间等不同层面上。在平面上，植被可以作为地面材质和铺装结合暗示空间的划分，也可以进行垂直空间的划分，枝叶较密的植被在垂直面上将空间限定得较为私密。而树体高大的遮阴树、小乔木树种、大灌木、小灌木等高度不同的树种又将空间分为不同的层面。植被随着季节变化的形态、颜色的差异也使空间的划分随着时间推移而有所变化，形成多样的景观趣味。利用植物划分空间的手法主要有以下几类（图4-9）：

（1）营造开放空间：利用低矮的灌木和地被植物作为空间界定因素，限制空间低于人的视野，使水平及以上视野不受限制，形成流动的、开放的、外向的空间。

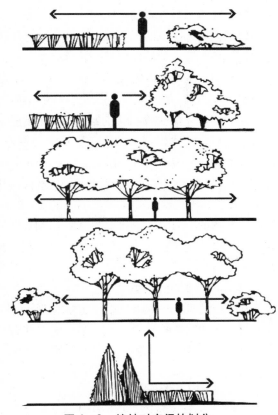

图4-9 植被对空间的划分

（2）营造半开放空间：在开放空间的一侧利用较高的植物遮挡视野，造成单向的封闭，引导视野转向另一侧开放的空间，这种空间有明显的方向性和延伸性，可以突出主要的景观，也可以遮挡不必要的景观。

（3）营造开敞的水平空间：利用成片的高大乔木的树冠形成一片顶面，遮挡顶部视野，但水平视野不受限制，使地面形成四面相对开敞的水平空间，还可以具有良好的遮阴效果。

（4）营造封闭的水平空间：除了顶部遮挡外，在一定区域的水平空间种植相对低矮的灌木（遮蔽人的水平视野）在四周加以限定，形成和周围环境相对隔离的封闭空间。

（5）营造垂直空间：选择不同高度的树种或将树木的树冠修剪成锥形，形成垂直和向上的空间态势。

此外，合理利用植被中各种植物的色彩、形态等不仅可以减缓地面高差给人带来的视觉差异，还可以强化地面的起伏形状，创造令人愉悦的景观。

植物的色彩和质地是植物景观造型中最主要的要素，不同颜色、不同质地的植被有不同的景观特性，如深色会让人有景物向后退的感觉，深绿色能使空间显得安详静谧，浅绿色让人有景物向前突进的感觉，相对来讲给人以明亮轻快、愉悦的感觉。

在景观规划设计中要注意植被色彩的搭配，例如，当绿篱和高大乔木并置时，低矮的绿篱呈深绿色，乔木的树冠应当稍浅，形成稳定和谐的视觉效果；反之，则有动感和不稳定的倾向。深色的树叶可以给鲜艳的花朵和枝叶作背景，强化鲜艳颜色的效果。红色、橘红色、黄色、粉红色都是易形成视觉兴奋的颜色。

植物的质地也是影响植被景观的一大要素。质地主要是指植物个体或群体在视觉上的质感，即粗细、疏密感，这是由各种植物不同枝叶的形态决定的。植物的叶片大致有以下几类：针叶落叶型、阔叶落叶型、针叶常绿型、阔叶常绿型。针叶树木的质地较细致，阔叶树木的质感较为稀疏。粗质地的树木形态较大、开阔，枝叶非常容易吸引视线，生命力充沛，有逼近的感觉，在大区域景观中常用，但在小范围景观中应该有节制地使用，以免过于分散和造成设计尺度失调。中质地的植物枝叶大小适中，大多数植物属于这一类，也是景观规划设计中用得最多的植物种，中质地的植物适合作为粗质地和细质地植物的中介物。细质地的植物大多为针叶植物或者叶子较小的落叶型植物，树形紧凑、致密，叶色较深，这种植物较适合布置小空间，会使空间显得宽敞，多用于比较拥挤的空间。

2. 植被对空间的改造

在一般的景观规划设计中，更多的是利用建筑和植被的组合塑造空间。建筑作为硬性材料暗示和限定空间的存在，而植被作为软性材料来优化和点缀这些空间。植被对空间的改造主要有以下几种手法（图4-10）：

图 4 – 10　植被对空间的改造

（1）包被。将植物栽植在建筑物开敞空间一侧，植被与建筑两者结合共同围合出私密性较强的封闭空间。

（2）连续。利用成片或者成条带的植被轮廓，将一些相对分散缺乏联系的建筑元素联系起来，利用植被完善建筑平面和立面的构图，使分散的建筑元素形成整体。

（3）遮蔽。利用适当高度的植物将人的视野与不良景观隔离，或使用引导游人路线的隔离方法，如公园内的停车场、洗手间、管理房等通过周边的植物隔离，为增加游人的兴趣和营造景深而将游人路线通过遮蔽形成"幽深"和"一隔一景"的效果。

（4）私密性控制。与遮蔽相同，但遮蔽的对象不同，私密性控制是将人的行为空间相对遮蔽，营造一种安全感和私密感，如住宅前面的灌木丛和公园座椅边的灌木丛等。

喷泉、雕塑、花坛等周边也常用植被来塑造空间，突出强化这些主体景观。

植物在景观规划设计中的使用要注意以下几点：成簇成片的植物和独株植物相互结合会使空间变得丰富，植物过于分散会使空间变得较为凌乱，缺乏整体感，使人眼花缭乱。在种植成片成簇的植物时要注意植株之间的空隙，要预留植物生长的空间。一些较高大、树形较特殊和优美的植株可以单株栽植，充分利用其在美学上的价值，为设计增色。在垂直面上，多种植物的组合应形成韵律，运用质地、颜色、高低错落相互协调。尽量在植株下面形成可以供人休息和利用的空间，可以布置座椅和步道，增加植被的使用率，植株的种植和地面造型相吻合。在建筑物之间的关系缺乏统一的情况下，我们可以用植物将建筑联系起来，也可以用植株来突出某些空间，如庭院、建筑入口等。植物也可以作为背景，将和环境混杂在一起的认知主体衬托出来，增强主体景观的效果。当地形和构筑物形成的构图尚不完美时，我们也可以利用植株完善和改进。此外，某些植物具有的文化内涵和特征也是景观设计中需要关注的，例如，梅、兰、竹、菊的"文性"，松、柏的"寿性"等。在特定的景观场所可以用特定的植物来表达景观的文化内涵。

（五）植被图示

植物种类多样，应将植物最主要的典型特征表现在设计图上，增加其直观性。

1. 乔木树种的植被图示

乔木树种在景观中的作用突出，且形态各异，个性差异大。乔木树种的平面表示法一般都是先以树干为圆心，树冠平均半径为半径做出圆，再加以质地、形态表现。常见的乔木树种的平面图示有以下四种类型（图4-11）。

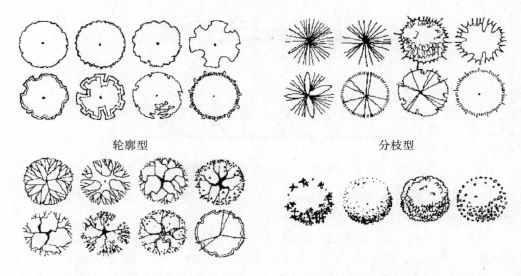

轮廓型　　　　　　　　　　　　分枝型

枝叶型　　　　　　　　　　　　质感型

图4-11　树木的平面表示法

（1）轮廓型：只用线条勾勒出轮廓，线条流畅，这种画法较为简单，而且多用于草图设计当中，可节省时间。

（2）分枝型：在树木的轮廓基础上，用线条组合表示树枝或者枝干的分杈特征。

（3）枝叶型：既表示分枝，又绘以冠叶。这种情况多用在表示大型的落叶乔木。

（4）质感型：在枝叶型的基础上，再将冠叶绘以质感，这种情况一般也是用在大型落叶乔木，并且往往树木是处于重要位置，或者单独放置。

另外，我们在绘制树木的平面图时，为了增强其立体效果，可以在背光地面绘制阴影。绘制树木立面时应当和平面的风格相对应。

树木的立面画法远比平面画法复杂，立面图的画法要高度概括、省略细节、强调轮廓（图4-12）。

图 4 –12　树木的立面表示法

2. 灌木与草坪图示

灌木相对来说体积较小，没有明显主干，所以我们在绘制时要把握其主要特征，常常成片绘制。大致分为自由型和规则型两类（图 4 – 13）。

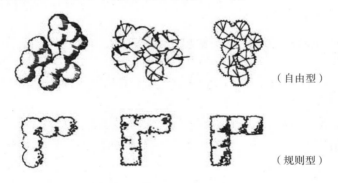

（自由型）

（规则型）

图 4 –13　灌木的平面表示法

草坪经常采用打点或者短线排列来表现其质感，由于草坪在绝大多数景观规划设计中面积较大，因此可以采取简便的退晕效果，使图面有所变化，也可节约绘图时间（图 4 – 14）。

图 4 –14　草坪的平面表示法

四、 地面铺装

（一）地面铺装的作用与分类

地面铺装的作用首先是提高地面的使用寿命和通行效果，防止地面损坏，避免地面积雪积雨和泥泞难行，还能增加地面的荷载。其次，除给使用者提供坚固、耐磨的活动空间外，还可以通过铺装布局和路面铺砌图案给行人以方向感，引导他们到达目的地。地面铺装也有其在美学上的作用，设计得当的地面铺装和建筑及城市良好结合，能增加场所感和与众不同的特色。此外，地面铺装还具有历史及文化意义，如苏州拙政园内石径小路上用白色石子铺装出仙鹤图像（附图 4-7），苏州狮子林主房门前地面的"福寿"（蝙蝠寓意"福"）图案都寓意着主人长寿幸福（附图 4-8）。加拿大多伦多安大略湖岸边大道地面铺装出三文鱼图案（附图 4-9）、澳大利亚布里斯班河岸道路铺装的小丑图案（附图 4-10）等均表达了不同的文化内涵。

地面硬质铺装也有缺点，例如，在阳光下其反射率比草皮高，夏天大面积的硬质铺装地面温度明显高于铺有草皮的地面。另外，以大量抛光石材为主的地面铺装在下雨天容易导致行人滑倒。地面硬质铺装还会增加降雨在地面的径流量，导致积水，甚至城市内涝。这些都是我们在景观规划设计中应该注意的，便于行动是铺装设计的最基本要求。

按铺装材料的强度将地面的硬质铺装分为以下几类：

1. 高级铺装

高级铺装适用于交通量大且多重型车辆通行的道路（大型车辆的每日单向交通量达250 辆以上）。高级铺装常用于公路路面的铺装。

2. 简易铺装

简易铺装适用于交通量小、几乎无大型车辆通过的道路。此类铺装通常用于市内道路路面铺装。

3. 轻型铺装

轻型铺装适用于铺装机动车交通量小的园路、人行道、广场等的地面。此类铺装中除沥青路面外，还有嵌锁形砌块路面、花砖铺面路面。

（二）地面铺装的设计要点

地面铺装可以通过质地、色彩等变化暗示流线方向感，引导人们到达目的地，在这一过程中我们一样要注意流线的比例和韵律。一般情况下，笔直的道路给人以快速通过的暗示，而弯曲的道路则让人感到休闲和舒缓（图 4-15），狭窄的道路总是让人感到直接和紧迫，适当放宽道路则使人感到随意和放松。地面铺装材料质感的变化也会让人领略到不同的韵律和节奏，而不至于使人在游览过程中显得过于乏味。

当硬质铺装的方向性不明显时，场所较为宽敞；空间的流线方向不明确时，这个空间就非常适于人停留驻足，两条路交会之处也经常采用这种铺装（图 4-16）。在这样的驻留空间中，可以通过构筑物和植被增加空间的静态效果，让人心情安静下来。

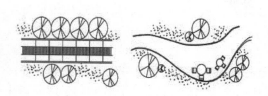 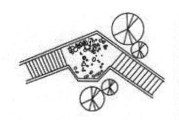

图 4-15　笔直或弯曲的道路　　　　图 4-16　道路交汇处采用方向感不强的铺装

　　另外一个影响铺装效果的因素是铺装的质感，质感可以影响空间的比例效果，例如，水泥砌块和大面的石料适合用在较宽的道路和广场，尺度较小的地砖和卵石比较适合于铺在尺度较小的路或空地上。有时铺地质感的变化可以增加铺地的层次感，比如，在尺度较大的空地上采用单调的水泥铺地，在其中或者道路旁采用局部的卵石铺地或者砖铺地，可以使层次丰富许多（图 4-17）。除此之外，铺装的质感也可以暗示人所处的位置，很多广场上采取放

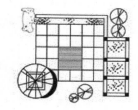

图 4-17　利用铺装材质变化丰富空间层次

射性的弧形地砖，暗示这一区域处于广场中心范围内。设计者要充分了解这些材料的特点，利用它们形成空间的特色：大面的石材让人感觉到庄严肃穆，砖铺地使人感到温馨亲切，石板路给人一种清新自然的感觉，水泥则让人感觉纯净冷漠，卵石铺地使人觉得富于情趣。

　　当景观规划设计中要采用两种以上的铺地材料相衔接时，要注意尽量不要锐角相交，两种大面积的铺地相交时宜采用第三种材料进行过渡和衔接（图 4-18）。位于通行路面的铺装应考虑行人的视觉反应，避免采用过于复杂、零碎的图案，以防人的视觉产生不适。在不同方向的铺装交汇时避免方向感冲突，导致人的视觉发生混乱，产生眩晕。

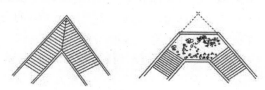

图 4-18　两种铺装相交避免锐角

（三）常用的铺装材料和做法

1. 沥青路面

　　沥青路面的特点是成本低、施工较为简单，弱点是坚固性不够，须经常维护。其常用于车道、人行道、停车场的路面铺装。在城市内许多交通要道的混凝土路面为了减少机动车噪音，在混凝土路面上再铺设一层沥青路面。

2. 混凝土铺装

　　混凝土铺装类路面因其造价低、施工性好，常用于铺装园路、自行车停放场。但在高等级公路等建造中由于混凝土铺装厚度增加，造价很高而较少使用。

3．卵石嵌砌路面

卵石嵌砌路面可用在使用频率不是很高的人行道，如各种公园、街边休闲广场小径等。

4．预制砌块

预制砌块这种铺装因具有防滑、步行舒适、施工简单、修整容易和价格低廉等优点，常被用于人行道、广场、车道等多种场所的路面，而且其色彩花样有助于形成特殊的风格。

5．石材铺装

石材铺装指的是在混凝土垫层上再铺砌15～40mm厚的天然石料形成的路面，利用天然石的不同品质、颜色、石料饰面及铺砌方法组合出多种形式。因其能够营造一种有质感、沉稳的氛围，常用于建筑物入口、广场、大型游廊式购物中心的路面铺装。室外石材铺装路面常用的天然石料首推花岗岩，其次有玄武石等板岩（石板）、石英岩等。石材铺砌路面的铺砌方法有多种，如方形铺砌、不规则铺砌等。这种材料一般造价较高，但坚固耐用。

6．砖砌铺装

砖和石材不同，它是人造的，由黏土或陶土经过烧制而成，常用于人行道、广场、室内空间，比较有人情味，并且可以通过砌筑方法形成各种不同的纹理效果。

五、水环境与水体设计要素

（一）水环境要素与水资源管理

地球上的生物生存繁衍依附于五大生态圈：大气圈、水圈、岩石圈、土壤圈和生物圈。水是生物生存必不可少的物质资源。地球上的沙漠、戈壁区域气候干燥，物种稀少，不适合人类居住，缺少水资源是其中最主要的原因之一。水除了供人饮用维持生存以外，还是水路运输、农业灌溉、水产渔业、工业生产必不可少的物质基础。流经大地的河流、湖泊、小溪以及博大的海洋也形成了世界上最为美妙的景观，水流的汩汩、波涛的澎湃都成为自然界最迷人的音乐。对于水资源物质上和精神上的依赖形成人类与生俱来的"亲水性"。所有的人类聚居地都依水而建。人口的快速增长、城市化飞速发展和工业化使人类对水资源的需求大增，过度利用使地球上很多地方水资源严重匮乏，地下水过度开采、地表下沉，地表水被污染、水生动植物物种减少等。对于水资源保护的不重视也使人类受到了惩罚。意大利的历史名城威尼斯由于水体污染和地表下沉正面临着危机；英国的泰晤士河也曾因工业污染而使城市景观质量急剧下降；上海的苏州河、黄浦江，广州的珠江等每年都要耗巨资加大污染治理力度，以挽回污染所带来的损失。

以水资源为主线的可持续景观规划设计已成为当代景观规划设计的主要内容之一。美国景观规划设计学家西蒙兹（2000）提出了景观设计时关于水资源管理的十项原则：

（1）保护流域、湿地和所有河流水体的堤岸。

（2）将任何形式的污染减至最小，创建一个净化的计划。

（3）土地利用分配和发展容量应与合理的水分供应相适应而不是反其道行之。

（4）返回地下含水层的水的质和量与水利用保持平衡。

（5）限制用水以保持当地淡水储量。

（6）通过自然排水通道引导表面径流，而不是通过人工修建的暴雨排水系统。

（7）利用生态方法设计湿地进行废水处理、消毒和补充地下水。

（8）地下水供应和分配的双重系统，使饮用水和灌溉及工业用水有不同税率。

（9）开拓、恢复和更新被滥用的土地和水域，达到自然、健康状态。

（10）致力于推动水的供给、利用、处理、循环和再补充技术的改进。

在景观规划设计中，除了关注水资源的保护和管理以外，同样应关注水体给我们带来的景观上的享受，泉水、池塘、河流、湖泊往往成为区域内景观精华所在，应给予水环境足够的重视。

（二）水景的分类

水景设计是景观规划设计的难点，但也经常是点睛之笔。充分发挥水的可塑性、形态美、声音美、意境美等特性是水景设计的要点，水的形态多种多样，或平缓或跌宕，或喧闹或静谧，而且淙淙水声也令人心旷神怡，景物在水中产生的倒影色彩斑驳，有极强的欣赏性。水还可以用来调节空气温度和遏制噪声的传播。正因为其柔性和形态多样，景观规划设计时也较难把握，在建成之后也必须经常性地维护，所以在水景设计时必须谨慎进行。

景观规划设计中的水景分为止水和动水两类，其中动水根据运动的特征又分为跌落的瀑布性水景（附图 4-11，加拿大多伦多 CN 塔旁的瀑布式水景）、喷射的喷泉式水景（附图 4-12，澳大利亚墨尔本博物馆前的喷泉）、流淌的溪流性水景（附图 4-13）、静止的湖塘性水景（附图 4-14）。随着近年来技术设备的发展，还出现了很多新颖形式的水景（附图 4-15，悉尼情人港的回旋式水景）。

（三）水景设计的要点

我们在设计水景时要注意以下几点：

第一，要确定水景的功能，是观赏类、嬉水类还是为水生植物和动物提供生存环境？嬉水类的水景一定要注意水不宜太深，以免造成危险，在水深的地方要设计相应的防护措施；水源应为无色、无味、无害、无杂质的清洁水。如果是为水生植物和动物提供生存环境，则需安装过滤装置等保证水质。静止的湖塘性水景多利用莲、荷等丰富景观层次，提高生态功能。

第二，水景设计须和地面排水相结合，有些地面排水可直接排入水塘，水塘内可以使用循环装置进行循环，也可以利用自然的地形地貌和地表径流与外界相通。如果使用循环和过滤装置，则须注意水藻等水生植物对装置的影响。

第三，水景植物要合理配置。例如，水边植物配置，在北方常常在水边种植垂柳，或放几株古藤老树，配以碧桃、樱花，青青碧草，几丛月季、蔷薇、迎春、连翘等。南方在水边栽植水松、蒲桃、榕树类、木麻黄、蒲葵、红花羊蹄甲、棕榈科植物等。驳岸植物配置要结合驳岸地形、道路、岸线布局及人流量等情况设计，如配置垂柳、迎春、连翘等，让柔长纤细的枝条下垂至水面，遮挡、弱化生硬的线条，同时，配以灌木和藤本植物，如鸢尾、菖蒲、美人蕉、风信子、地锦、铺地柏等进行局部遮挡，增加活泼气氛。水面植物的栽植不宜过密和拥挤，留出足够的空间水面展现倒影和游鱼（昌智强等，2006）。

第四，在寒冷的北方，设计时应该考虑冬季水结冰以后的处理，加拿大某些广场冬天会利用冰来做公众娱乐活动。如果为了防止水管冻裂，将水放空，则必须考虑池底显露以后是否会影响景观效果。

第五，对于较大规模的池塘、湖泊水景一定要注意堤岸的生态功能设计，保留水体生物与陆地生态系统的能流、物流交换，避免混凝土或砌石陡岸。湖中小桥应充分考虑安全因素。

第六，注意使用水景照明，尤其是动态水景的照明，往往有较好的效果。

第七，在设计水景时注意将管线和设施妥善安放，最好隐蔽起来。

第八，注意做好防水层和防潮层的设计。

六、 地面构筑物设计

（一）台阶和坡道

台阶和坡道是解决地面高差给人通行带来不便的基本方法。台阶在室外环境设计中使用最多，其主要是为普通人步行设计的，不能满足车辆或者通行不便的人的要求。台阶除具有实用意义外，也可以具有文化意义（附图 4－16，西交利物浦大学地下走廊台阶图案）。相对坡道而言，要达到相同的高度时，台阶所需的水平长度较短。台阶高度和宽度的设计可以遵循诺尔曼关于台阶踏面和升面关系的通用规则：即升面尺寸乘 2，加上踏面等于 26 英寸（$2R + T = 26$；R：台阶高度，T：台阶宽度；单位均为英寸）。这一尺寸范围符合一般人上下踏步的要求。在实际设计中，踏步的高度和宽度需要灵活运用，比如地面高差相对陡峭时，可以适当增加升面高度，减少踏面宽度，但是这种较陡的踏步，应避免在交通量较大的场所使用，以防造成拥挤，且台阶不适宜过长，否则会造成行人过于劳累。在适合的地方要设置休息平台，通过休息平台来调整行人行进的节奏和韵律。相反，在一些休闲地漫步道和缓坡上，踏面可以适当增大，升面适当减小。在一些供人驻足观赏景物的地方，也可以将踏步的尺寸放大，使人可以舒服地坐在踏步上，其高度可增加到 30cm，介于座椅高度和踏步升面高度之间，也可以将二者结合（附图 4－17）。但是，这种非常规尺度的踏步同样不适合在人流量较大的公共区域使用，更不应该设计在有安全疏散功能的地方，以免造成危险。另外需要注意的是，如果高差较小，所需的踏步数较少、踏步升面较低时，应注意通过材质的变化、防滑条设置，或者利用升面的基部凹陷形成阴影来强调高差的存在，以防行人无意跌落，并且一组踏步不应少于三个踏步，否则行人不易发觉。室外踏步设计时还需注意相关的配套设计。当高差大于 50cm 时需设计护墙或者扶手。

坡道是供行人在地面高差不同的平面上行走的第二种主要方式。坡道对行人行走的限制要少些，行人可以自由自在地在坡道上行走，不必受踏步的限制，而且坡道适合车辆和残疾人用轮椅行走。现代景观规划设计非常重视无障碍通道设计，要全方位考虑残疾人的通道，包括盲道设计和坡道设计。坡道的坡度设计不合理会使行人感到疲惫，坡道的材质选择不理想也会令人在雪天或者雨天感到非常不便，因此在设计坡道时一定要注意增加纹路质感。一般来讲，步行坡道的坡度为 1：12 较为适宜，并且当坡道长度超过 10m 时最好增加休息平台。

（二）公共设施及公共艺术品

公共设施和公共艺术品在景观中的作用非常重要，设计是否成功，主要从两方面进行评价：一方面，设施是否全面，使用是否方便合理；另一方面，美观和实用是否结合到位。因此，公共设施和公共艺术品的设计要充分体现功能性和艺术性，二者要高度结合。功能性是指大多数公共设施都有实际使用功能，例如，休息座椅、照明灯、垃圾桶和指示标牌等。艺术性是指这些设施的设计造型要求比较高，要展现现代城市的美，并和总体景观协调。好的公共设施设计往往起到画龙点睛的作用，使人印象深刻。

公共座椅和垃圾桶的设置要注意其距离和密度的合理性，要让使用者感到方便，还要让清洁工管理便利，同时也要相对隐蔽。其造型应该很好地与城市景观风格相结合，还应该尽量选用耐久的材料，另外要经常性地维修和保养，并且要人性化、细致化（附图 4－18，澳大利亚某公园内的垃圾桶，有专为宠物狗准备的垃圾袋）。

1. 城市灯光环境的设计注意事项

（1）高位照明和低位照明的互相补充，路灯、草坪灯和庭院灯相互结合。

（2）充分开发地面照明，但地灯不能妨碍行人和车辆通行。

（3）防止眩光和光污染，灯具设计应当注意光线照射角度，防止直接射入人眼；居住区的外部光环境设计应当防止过亮而影响居民夜间休息。

（4）提倡内光外透，充分利用建筑内部的光源。

（5）提倡功能性的照明和艺术造型的灯具设计相结合。

2. 指示标牌的设计注意事项

（1）充分和周边建筑以及城市景观协调，不能千篇一律。

（2）指示内容清晰明了，尽量采用图示方法表示，说明文字应该考虑到通用的国际语言和地方语言的双语传达。

（3）交通指示系列，应当慎重选取色系，做到任何天气环境下都醒目和易于识别。设置位置应当注意不被建筑物或者绿化遮挡。

第二节　城市景观生态系统与综合规划设计要素

城市是景观规划设计的主要区域，城市作为政治、经济、文化的中心，有着特殊的生态系统特点，了解其组成、特点和设计要素对于城市景观规划设计至关重要。

一、城市景观生态系统的组成与特点

（一）城市景观生态系统的组成

城市作为人类强干扰系统，人工生态系统起主导位置，但同时，城市中也保留了部分自然生态系统，在人类有意识的保护和改造下，也存在一些半人工半自然的生态系统，还有社会经济生态系统，每一部分都包含了生物与非生物系统。因此，城市景观生态系统的组成远比自然生态系统复杂（表 4－1）。

表 4 - 1　城市景观生态系统的组成

城市生态系统	生物系统		城市居民
			家养动植物
			野生动物
			微生物
	非生物系统	人工物质系统	住宅与公共建筑
			道路交通设施
			工厂、矿山
			市政设施及管网
			通信设施
		环境资源系统	气域、水域
			土地、矿产
		能源系统	生物能（食物营养能）
			自然能（太阳能）
			化石燃料
社会经济生态系统	生物系统		城市人群
	非生物系统		工业技术：技术构筑物（工矿、企业、路桥）
			建筑物：住宅、公共建筑、公用市政设施
			人类影响：各种类型的污染物与资源破坏
自然生态系统	生物系统	陆地生物群落	植物群落
			动物群落
			微生物
		水生生物群落	植物群落（水生植物群体）
			细菌群落（水生细菌群体）
	非生物系统		能源：光、热、燃料
			资源：岩石、矿产、土地、水源

（二）城市景观生态系统的特点

杨小波等将城市生态系统的特点归纳为以下几点：

（1）同自然生态系统与农村生态系统相比，城市生态系统的生命系统主体是人类，而不是各种植物、动物和微生物，次级生产者和消费者都是人。因此，城市生态系统最突出的特点是人口的发展代替或限制了其他生物的发展。

（2）城市生态系统的环境主要为人工的环境，城市居民为了生产、生活等的需要，在自然环境的基础上，建造了大量的建筑物、交通、通信、给排水、医疗、文教、体育等城市设施。以人为主体的城市生态系统除具有阳光、空气、水、土地、地形地貌、气候等自然环境要素外，还大量加入了人工环境的成分，使城市各种环境条件都不同程度地受到了人工环境和人的活动的影响，城市生态系统的变化因此变得更加复杂和多样化。

（3）城市生态系统是一个不完全的生态系统。城市生态系统大大改变了原有的自然生态系统，使城市生态系统的功能与自然生态系统的功能有很大的差别。

（4）城市生态系统在能量流动方面具有明显的特点。在自然生态系统，能量流动主要集中在系统内各生物物种间，反映在生物的新陈代谢过程中；而城市由于技术发展，大部分的能量在非生物之间变换和流转，反映在人力制造的各种机械设备的运行过程之中，造成了资源在空间中不合理的利用和能量分配，也形成了环境的污染。

二、 城市景观综合规划设计要素

城市是自然的、社会的、经济的综合体，具有多重的、复杂的特点，对城市的景观进行规划设计，除考虑单一的自然、人工要素外，还要从整体出发，以满足城市人口生活、经济发展、环境健康、资源永续的目标，建设一个稳定、健康、可持续的城市生态系统。

（一）自然生态系统保护

景观规划设计学将保护自然生态系统放在规划设计的首位，自然优先是景观规划设计的最基本原则。在现代社会，自然生态系统已成为最珍贵、最稀缺的自然资源，保护自然生态系统不仅是保护生物、保护多样性，也是在保护人类自己、保护地球、保护城市。城市的建设发展不可避免地要影响自然生态系统，但前提是最大限度地保护，将对自然生态系统的影响程度降到最小。我们可以通过划定自然保护区、立法等多途径保护自然生态系统。

（二）人工生态系统的合理建设

人工生态系统在城市中占很重要的地位，生产、居住、商业、交通、文化、教育、娱乐等都需要依靠人工生态系统来维持正常运转。尽管人类利用自己的智慧和科学技术的进步使生产、生活水平不断提高，使人类抵御自然灾害的能力不断增强，但事实表明，人类永远不能战胜自然，人类在不合理地开发自然、利用自然矿物制造各种为人类服务的化合物时，满足了人类的需求，但也影响、伤害了自然，破坏了自然平衡，导致了温室效应、大气污染、水污染、农产品污染等后果，最终伤害了人类自己，恶化了人类的生存环境。自然科学进步的最大成果在于使人类清醒地认识到自己在大自然中的地位，认识到人类与自然和谐共存的重要性，也给我们指明了城市发展的方向——保护自然，营造自然，与自然和谐共存。这也是城市人工生态系统建设的基本原则。所有人工生态系统的规划建设要基于生态平衡理论、循环经济理论和清洁生产理论，充分考虑物质、能量的流动，和生物的新陈代谢一样，建立合理循环的生物链。将人工生态系统产生的物质和能量（废水、废气、废物和热量等）净化消除和循环利用，建设城市人工生态系统的平衡体系。

（三）绿地建设

绿地是吸纳人与其他动物呼出的二氧化碳、供应新鲜氧气的生命库，也是吸收城市人工生态系统能量与废气的基地。要完全吸收一个城市居民呼出的全部二氧化碳，需要 $10m^2$ 的森林绿地面积，这是保证城市环境健康的基本绿化指标。因此，绿地是衡量一个城市环境健康与否的重要标志，城市规划中往往采用绿地比例作为城市景观状况指标，如城市人均公共绿地指标、城市绿化覆盖率和城市绿地率。

我国 2008 年全国人均公共绿地面积为 9.7 m^2，北京、上海和广州 2008 年人均公共绿地面积分别为 12.6 m^2、12.5 m^2 和 10 m^2。2018 年，全国人均公共绿地面积达 14.1m^2（《2018 年中国国土绿化状况公报》），北京、上海和广州的城市人均公共绿地面积分别为 16.3 m^2、8.2 m^2 和 17.06 m^2。除了上海由于人口激增造成人均公共绿地面积减少外，虽然其他城市的全国人均公共绿地面积有明显增加，但与欧美发达国家比较，这一数据仍有明显的差距。此外，大多数城市人均公共绿地面积是按户籍人口统计的，忽略了暂住人口和流动人口。同时，公共绿地结构多为草坪、花灌木，其生态效益远不能与森林相比。因此，城市绿地建设不仅要保证面积比例，还要考虑绿地结构、绿地质量。城市土地资源稀缺，绿地面积有限，增加单位面积的绿地生态效益至关重要，在绿地景观的规划设计中，生态效益排在第一位，乔灌木结合、屋顶绿化、立体绿化都是增加绿地效益很好的途径。

（四）环境保护与污染控制

环境保护体现在城市建设发展过程中对原有自然生态系统的保护、减少对自然生态系统的干扰和建设最合理的人工生态系统三方面。环境保护体现在城市规划、设计和管理的全过程。环境保护指标、措施、法律和政策保障是城市规划设计的重点。污染控制是人工生态系统建设的主要任务和目标，体现在整个规划、设计、建设、管理环节，如交通道路占地控制、交通车辆排放控制、交通道路两侧绿地建设等每个环节，工厂生产线中生产材料、工艺、包装材料、运输各环节中的节约、无害化、资源循环利用等，要严格执行"以保护生态系统的理念来建设城市"的原则。

（五）资源可持续利用规划设计

可持续发展是景观规划设计的最终目标，可持续发展的规划设计首先体现在城市的合理承载力规划，基于资源的、环境的合理人口承载量是城市规划的基础。其次是资源的合理布局，包括土地类型的合理分配，解决建设用地、生态用地的矛盾，保护耕地，解决生活用水、工业用水和生态用水的矛盾，保护水资源。最后，在城市人工生态系统的规划、设计和管理中遵循循环经济、生态经济理念，建立局部的或整体的生态平衡系统，如城市雨水的收集利用、生活污水的利用、房屋设计的可持续技术、废物循环利用等诸多系统。当然，培养城市居民可持续的生活方式同样非常重要。

本章复习思考题

一、简述主要气候区划分和各区域气候对景观规划设计的影响。

二、简述主要地形、地貌的环境效应及其与景观规划设计的关系。

三、简述植被在景观规划设计中环境保护、空间划分、美学等方面的主要功能。

四、简述地面铺装的作用、类型及注意要点。

五、简述水资源对于景观规划设计的影响及不同水景设计的要点和作用。

六、简述城市生态系统的特点和城市综合要素与景观规划设计的关系。

 本章图片链接

第五章

景观规划设计实际操作规程与新技术应用

第一节　景观规划设计的工作框架

刘滨谊提出了景观规划设计工程的整体框架可分为宏观、中观、微观三个层次（图5－1）。宏观景观规划设计包括国土规划、自然与人文景观资源统筹等；中观景观规划设计包括场地规划、城市设计、特殊景观规划设计等；微观景观规划设计主要为场地详细设计，包括街头小游园、街头绿地、花园、庭院、景观小品等。

王学斌认为不同层次的景观规划设计蕴含着三个层面的追求以及与之相对应的理论研究：

（1）人类行为以及与之相关的文化历史与艺术层面，包括潜在于景观环境中的历史文化、风情、风俗习惯等与人们精神生活息息相关的东西，直接决定着一个地区、城市、街道的风貌，影响着人们的精神文明，即人文景观。

（2）环境、生态、资源层面，包括土地利用、地形、水体、动植物、气候、光照等人文与自然资源在内的调查、分析、评估、规划和保护，即大地景观。

（3）景观感受层面，基于视觉的所有自然与人工形体及其感受的设计，即狭义景观。

如同传统的风景园林设计，景观规划设计的这三个层次，其共同的追求仍然是以艺术与实用为目的。

大地景观作为景观的物质基础决定着人类的生存与发展，影响着人类的精神与文化，正是自然景观的多样性促生了人类历史和现实中多样性的文化与感受，人类的主观能动性与改造自然的能力又影响了自然生态系统的结构与功能，只有二者形成和谐的生态系统关系才能营造可持续发展的景观。

第二节　景观规划设计操作规程

景观规划设计是一项系统工程，根据景观规划设计内容的不同、设计程序的不同，一般较简单的景观如居住小区绿地景观、某一街道局部景观等的规划设计，设计程序相对简单一些，可能一两个步骤可以完成，但复杂的景观如城市规划中公园、广场、大型道路等的规划设计，程序一般要分几个阶段：招投标阶段，承担规划设计任务阶段，调查研究阶段，总体规划设计阶段，技术设计阶段，公示、听证与论证阶段，实施阶段，管理维护阶段。

一、招投标阶段

按照国家及地方政府对重大项目的管理规范相关要求，一些较大的政府项目都要通过招投标公司公开招标、竞标等流程，招投标公司根据业主要求通过网络等公众媒体发布招标公告，并在一定时间内组织标书的审查、唱标、评标、预公告、签订合同等一系列工作。

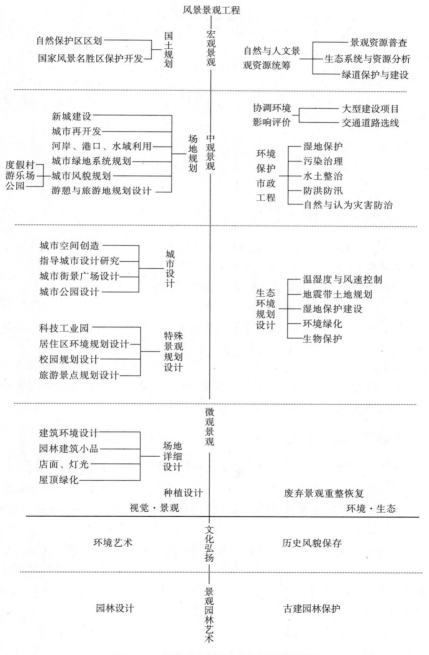

图 5-1　景观规划设计工程的整体框架

（一）标书编写

从事规划设计工作的单位在看到投标公告后，对照业主的要求，查看自己的资质、业绩等是否符合投标公告中的相关要求，若满足相关要求并有一定竞争力，确定参加投标后立即组织相关人员编写标书。标书的核心内容包括项目经费预算、技术方案、人员组成和工作基础。技术方案要切实可行，经费预算要合理，技术力量要雄厚，工作基础要扎实。标书中还要有相关的证明材料，如企业或事业单位的营业执照、组织机构代码、法人证明、资质证书、相关业绩证明、技术人员相关证明材料等。

（二）投标与评标

标书制作完成后，按投标公告时间要求，及时将标书交到指定的地点，接受招投标公司的审查，符合要求的标书公开唱标，公开投标报价，之后由招投标公司在评标专家库中抽取相关专家按照相关标准开展评标。

（三）签订合同

经评标后确定的最终中标单位在预公告期结束后与业主单位签订项目合同，而后才能正式开展工作。

二、承担规划设计任务阶段

这一工作在招投标阶段就已开始。合同签订后，规划设计单位必须在进行总体规划构思之前，完成设计任务书的编写。

设计任务书要说明建设的要求和目的、建设的内容和项目、设计期限等。设计任务书是确定建设项目和编制设计文件的重要依据。设计任务书具体应说明的项目有：①设计项目系统中各类景观的地位、作用及其服务半径、使用效率、服务对象；②景观的位置、方向、自然环境、地貌、植被及原有设施的状况；③景观面积与容量；④景观的性质、政治、文化、娱乐体育活动的大项目；⑤建筑物的面积、朝向、材料及造型要求；⑥景观规划布局及在风格上的特点；⑦施工和卫生条件要求；⑧景观建设近期、远期的投资估算；⑨地貌处理和种植规划要求；⑩分期实施的程序。

三、调查研究阶段

规划设计方接受设计任务后，首先要了解整个项目的概况，包括建设规模、投资规模、可持续发展等方面，特别要深入了解业主（甲方）对这个项目的总体框架方向和基本实施内容的要求。总体框架方向要确定项目的性质，基本实施内容要确定项目的服务对象。

设计人员和甲方相关人员共同赴规划设计区现场踏勘、调研，收集规划设计前必须掌握的原始资料，从甲方获取已有的技术资料。最后还要对所有资料进行整理分析，得到规划设计需要的数据结果。

（一）搜集调查资料

1. 自然条件资料搜集与调查

自然条件资料主要包括规划设计区的气象、地质、地形地貌、土壤、植被、水文、水质等。

气象资料：包括每月最高、最低及平均气温，每月降水量，无霜期、结冰期和化冰期，冻土厚度，风力、风向及风向玫瑰图。

地质资料：包括地质构造、岩石类型、地质灾害等。

地形地貌资料：包括地表形状、设计区面积、位置、山坡走向、坡度、海拔高度及土石情况，平地、沼泽地状况。

土壤资料：包括土壤的物理、化学性质，坚实度，通气性，透水性，有机质，氮、磷、钾的含量，土壤的 pH 值，土层深度、剖面结构等。

植被资料：现有植被类型，面积，结构，植物种类，古树、大树的种类、数量、分布、高度、覆盖范围、生长情况、姿态及观赏价值的评定等。

水文、水质资料：区域内相关流域、湖泊等水文资料，现有水面及水系的范围，水底标高，河床情况，常水位，最低及最高水位，水流方向，水质及岸线情况，地下水状况。

2. 社会条件调查

社会条件资料包括交通、人口、文化教育、基础设施、工农业生产、产业结构、城市历史等（风俗民情、遗址调查包含在城市历史调查内容中）。

交通情况：调查设计地所处地理位置与城市交通的关系，游人来向、数量，以便确定景观点及绿地的服务半径及各类设施的内容。包括交通线路、交通工具、停车场、码头、桥梁等状况的调查。

人口情况：调查区域内户籍人口、暂住人口、流动人口、人口比例、自然增长率、生产人口比例等。

文化教育情况：调查区域内的人口教育水平、学校、学生情况等。

基础设施情况：调查给排水设施、能源、电源、电信设施的情况；用房调查，原有建筑物的位置、面积、用途；城市文化娱乐体育设施的调查。

工农业生产情况：主要调查对景观绿地发生影响的工业或农业，如绿地周围的工厂、工厂的污染情况或农业种植模式、规模等。

产业结构：调查第一、第二、第三产业产值、比例，第二产业主要构成等。

城市历史情况：包括区域内的历史文物，如文化古迹种类、历史文献中的遗址等及文化底蕴和居民风俗习惯等。

3. 已有城市规划设计资料的调研

包括上一级和上一规划期的城市总体规划、土地规划、控制性规划、详细规划、各部门的专项规划等。

4. 规划设计条件调查

为满足规划设计需求，需要收集各类现状图、地形图。

（1）城市规划资料图纸。包括比例为 1∶5 000 ~ 1∶10 000 的城市现状图和城市土地利用图。参照城市总体规划和绿地系统规划，明确城市规划对建设用地的要求和控制性指标，以及详细的控制说明文本。

（2）地形及现状图。包括各种规划测量图和设计、施工测量图。如果没有现成的符合需求的测量图，则要进行现场测量。

进行总体规划所需的测量图：图上显示出规划设计区域原有地形、水系、道路、建筑物、植被等。不同规划设计范围对测量图的要求不同（表5-1）。

表5-1 规划设计范围与测量图要求

景观规划设计范围（hm²）	测量图比例	地形	坡度（%）	等高距（m）
≤8	1：500	平坦 丘陵	≤10 ≥10 ≤25 ≥25	0.25 0.50 0.50 1~2
8~100	1：1 000~1：2 000	平坦或丘陵	≤10 10~25 ≥25	0.50 1 2
≥100	1：2 000~1：5 000	平坦或丘陵	≤10 10~25 ≥25	1 2~3 3~5

技术设计所需的测量图：比例为1：200~1：500，最好进行方格测量，方格距离为20~50m，等高距离为0.25~0.5m，并标出道路、广场、水系等水平面、建筑物地面的标高。画出各种建筑物、公用设备网、岩石、道路、地形、水面、乔木、灌木群的位置。

施工平面所需测量图：比例为1：100~1：200，按20~50m设立方格木桩。平坦地段方格网间距可大些，复杂地形方格间距可小些，等高距为0.25m，必要的地点等高距为0.1m。绘出原有乔木的个体位置及树冠大小，成群及独立的灌木、花卉植物群的轮廓和面积。图内还应包括各种地下管线及井位等，对于地下管线，除地下图外还需要有剖面图，并需注明管径的大小、管底、管顶的标高、坡度等。

规划与设计对现状图的要求不同，规划需要地形图、土地利用现状图和其他专项规划图，而某一景观的设计则需要较详细的现场测量图，便于设计与施工。

（二）现场勘察

无论规划设计区面积大还是小，设计项目难还是易，设计者都必须亲临现场进行详细勘察。一方面，要核对、补充所收集的图纸资料，如现状的地类、水文、地质、地形、建筑物、交通道路、植被等自然条件；同时，设计者应与周边居民等交流，了解历史、习俗、传统等情况；此外，设计者在考察过程中，可以增加对现场区域的感性认识，并根据周围环境条件，进入艺术构思阶段。特别对区域内那些可利用、可借景的景物和不利于或影响景观的物体，在规划过程中分别加以适当处理。根据情况，如面积较大、情况较复杂、有必要的时候，要多次进行勘察工作。勘察内容也因项目不同而不同，规划的范围越大，调查的内容越多，可采用抽样调查的方法。现场勘察的同时，拍摄一定的环境现状照片，将实地现状的情况带回去，以供进行总体设计时参考。

（三）调查资料的分析整理

资料的选择、分析、判断是设计的基础。把搜集到的上述资料加以整理，从而在规划方针指导下，进行分析判断，选择有价值的内容，进而对场地进行系统分析，在综合优、劣势的基础上，改掉缺点，因地制宜地勾画出大体的设计骨架，作为规划设计的重要参考。

四、总体规划设计阶段

根据项目任务书，规划项目进入第一阶段即规划大纲的编制阶段，而设计项目则开始进行景观的总体规划设计工作，即初步设计。规划与设计工作均包括有文本说明和图纸。

（一）规划大纲与设计说明书

1．规划项目的规划大纲包括的内容

（1）规划依据与背景。

（2）规划范围与时间尺度。

（3）规划理念、原则和思路。

（4）规划目标与定位。

（5）规划区现状分析与主要指标确定。

（6）规划区功能区划分。

（7）其他专项规划。

规划分为总体规划、控制性规划、详细性规划和其他专项规划等，每一种内容要求的层次各有不同，因此，应按照规划种类和要求编写不同的大纲、图纸及说明。

2．设计项目的说明书

设计项目说明书要说明建设方案的规划设计理念及意图，具体内容包括如下：

（1）景观的位置、范围、规模、现状及设计依据。

（2）景观的性质、设计原则及目的。

（3）功能分区及各分区的内容、面积比例（土地使用平衡表）。

（4）设计内容（出入口、道路系统、竖向设计、山石水体等）。

（5）绿化种植安排与理由。

（6）电气等各种管线说明。

（7）分期建设计划。

（8）其他。

（二）图纸

1．位置图

原有地形图或测量图，标出景观在此区域内的位置，可由城市总体规划图中获得。位置图比例尺为 1：5 000～1：10 000。

2．现状图

根据已掌握的全部材料，经分析、整理、归纳后，分成若干个空间。可用圆形图或抽象图形将其概括地表现出来。现状图比例尺为 1：500～1：2 000。

3. 功能分区图

功能分区图是根据大纲要求和总体设计的原则、现状条件，分析城市空间布局与功能分区，对景观设计项目要调查分析区域内人群的活动规律及各种生活、文化、娱乐、休闲需要，确定不同的功能分区，各分区应满足不同的功能要求，用示意说明的方法，使其功能、形式、相互关系得到体现。

4. 总体规划设计图

总体规划设计图综合表示边界线、保护界限；大门出入口、道路广场、停车场、导游线的组织；功能分区活动内容；种植类型分布；建筑分布；地形、水系、水底标高、水面、工程构筑物、铺装、山石、栏杆、景墙等。设计图比例尺为1：500、1：1 000～1：2 000。规划图表示出行政界限、交通、功能分区、土地利用等，比例尺为1：10 000～1：50 000。

5. 道路系统图

规划项目的道路规划图应标明城市主干道、次干道、城市支路及以下道路，规划道路，规划范围等。设计项目的道路系统图要确定主要出入口、主要道路、广场位置和消防通道，同时确定次干道、游憩小路等的位置、宽度和铺装材料等。在图纸上用细线标出等高线，再用不同粗细的线表示不同级别的道路，并标出主要道路的高程控制点。

6. 地形设计图

地形设计图全面反映景观的地形结构，进行空间组织，根据造景需要确定山地形体、制高点、山峰、山脉走向，岗、湖、池、涧、溪、滩等的造型、位置、标高等。地形设计图比例尺为1：800、1：500～1：1 000。

7. 种植设计图

种植设计图根据设计原则、现状条件及苗木来源等，确定全园及各区的基调树种、骨干树种，确定不同功能区的植物种植方式。确定景点的位置，开辟透景线，确定景观轴。各个树种在图纸上用不同图例表示。

8. 给水、排水、用电管线布置图及其他图面材料

如主要建筑物的平、立、剖面图，透视图，管线布置图，全园鸟瞰图，局部透视图等。

（三）建设概算

景观设计项目还要对建设项目的投资进行概算。建设概算是对景观中绿地和附属设施建筑造价的初步估算。它是根据总体设计所包括的建设项目、有关定额和甲方投资的控制数字等，估算出所需要的费用。

概算有两种方式：一种是根据总体设计的内容，按总面积（hm² 或 m²）的大小，凭经验粗估。另一种是按工程项目和工程量分项概算，最后汇总。

现以工程项目概算为例说明概算的方法。

1. 土建工程项目

土建工程项目包括：①景观附属建筑及服务设施，如门房、动植物展览馆、别墅、塔、亭、榭、楼、阁、舫及附属建筑等。②娱乐及体育设施，如娱乐场、射击场，跑马场、旱冰场、游船码头等。③道路交通，如路、桥等。④水、电、通信设施，如给水、排水管线、电力、电信设施等。⑤水景、山景工程，如山景、水塘、水体改造、喷泉、

水下彩色灯等。⑥附属设施，如椅、灯、垃圾桶、栏杆、指示牌等。⑦其他，如征地拆迁、挡土墙、管理区改造等。

2. 绿化工程项目

绿化工程项目包括营造、改造风景林；重点景区、景点绿化；观赏植物引种栽培；观赏经济林工程等。子项目有树木、花灌木、花卉、草地、地被等。

概算要求列表计算出每个项目的数量、单价和总价。单价由人工费、材料费、机械设施费用和运输费用等项目组成。对于规模不大的园林绿地，可以只用一种概算表，算出各子项目数量、单价，合计费用。对于规模较大的园林绿地，概算可用工程概算表和苗木概算表两种表格。苗木单价包括苗木费、起苗费和包装费。苗木具体价格依所在地的情况而定。

施工费按苗木数量计算，包括工时费、材料费、机械设施费和运输费。施工费的计算应根据各地植树工程定额进行计算。工程概算费与苗木概算费合计，即为总工程造价的概算直接费用。

建设概算除上述合计费用之外，尚包括间接费、不可预见费（按直接费的百分数取值）和设计费等。

总体设计完成后，由建设单位报有关部门审核批准。

五、技术设计阶段

技术设计是根据已批准的规划大纲或初步设计编制的。技术设计所需研究和决定的问题与规划大纲或初步设计相同，不过它是更深入，更精确的设计。

（一）平面图

规划项目的平面图包括区位图、规划结构图、土地利用规划图、规划功能分区图、交通道路规划图、绿地系统规划图、公共服务与市政设施规划图、景观结构规划图、给排水、电力、通信、燃气规划图等。

设计项目平面图主要包括分区图和详细设计平面图。首先，根据景观的不同分区，划分若干局部，每个局部根据总体设计的要求，进行局部详细设计。一般比例尺为1∶500，等高线距离为0.5m，用不同等级粗细的线条，画出等高线、园路、广场、建筑、水池、湖面、驳岸、树林、草地、灌木丛、花坛、花卉，山石、雕塑等。详细设计平面图要求标明建筑平面、标高及与周围环境的关系；道路的宽度、形式、标高；主要广场、地坪的形式、标高；花坛、水池面积大小、标高；驳岸的形式、宽度、标高。同时平面上标明雕塑、园林小品的造型。

（二）横纵剖面图

为更好地表达设计意图，在局部艺术布局最重要部分，或局部地形变化部分，画出断面图，一般比例尺为1∶200～1∶500。

（三）局部种植设计图

在总体设计方案确定后，开始着手进行局部景区、景点的详细设计，同时，要进行1∶500的种植设计工作。一般比例尺为1∶500的图纸上能较准确地反映乔木的种植点、栽植数量和树种。树种主要包括密林、疏林、树群、树丛、园路树、湖岸树的种类。其他种植类型，如花坛、花境、水生植物、灌木丛、草坪等的种植设计图可选用1∶300或1∶200比例尺。

（四）施工设计阶段

1. 施工设计图纸规范

在完成局部详细设计的基础上，才能着手进行施工设计。施工设计图纸要求如下。

（1）图纸规范。图纸要尽量符合国家住房和城乡建设部的《建筑制图标准》的规定。图纸尺寸如下：0号图841mm×1189mm，1号图594mm×841mm，2号图420mm×594mm，3号图297mm×420mm，4号图297mm×210mm。4号图不得加长，如果要加长图纸，只允许加长图纸的长边，特殊情况下，允许加长1～3号图纸的长度、宽度，0号图纸只能加长长边，加长部分的尺寸应为边长的1/8及其倍数。

（2）施工设计平面的坐标网及基点、基线。一般图纸均应明确画出设计项目范围，画出坐标网及基点、基线的位置，以便作为施工放线的依据。基点、基线的确定应以地形图上的坐标线或现状图上工地的坐标原点，或现状建筑屋角、墙面，或构筑物、道路等为依据，必须纵横垂直，一般坐标网依图面大小每10m、20m或59m的距离，从基点、基线向上下、左右延伸，形成坐标网，并标明纵横标的字母，一般用A、B、C、D…和对应的A′、B′、C′、D′…英文字母和阿拉伯十位数字1、2、3、4…和对应的1′、2′、3′、4′…，从基点0、0′坐标点开始，以确定每个方格网交点的纵横数字所确定的坐标，作为施工放线的依据。

（3）施工图纸要求的内容。图纸要注明图头、图例、指北针、比例尺、标题栏及简要的图纸设计内容的说明。图纸要求字迹清楚、整齐，不得潦草；图面清晰、整洁，图线要求分清粗实线、中实线、细实线、点划线、折断线等线型，并准确表达对象。图纸上文字、阿拉伯数字最好用打印字体。

2. 施工设计图纸类型

（1）施工放线总图。主要标明各设计因素之间具体的平面关系和准确位置。图纸内容保留利用的建筑物、构筑物、树木、地下管线等。应包括设计的地形等高线、标高、水体、驳岸、山石、建筑物、构筑物的位置、道路、广场、桥梁、涵洞、树种设计的种植点、灯、椅、雕塑等设计内容。

（2）地形设计总图。地形设计主要内容：平面图上应确定制高点、山峰、台地、丘陵、缓坡、平地、微地形、丘阜、坞、岛及湖、池、溪流等岸边、池底等的具体高程，以及入水口、出水口的标高。此外，还应确定各区的排水方向，雨水汇集点及各景区园林建筑、广场的具体高程。一般草地最小坡度为1%，最大不得超过33%，最适坡度在1.5%～10%，人工剪草机修剪的草坪坡度应不大于25%，一般绿地缓坡坡度在8%～12%。

地形设计平面图还应包括地形改造过程中的挖方、填方内容。在图纸上应写出全部工程的挖方、填方数量，说明应进土方或运出土方的数量及挖、填土之间土方调配的运送方向和数量。一般力求在全部挖、填土方之间取得平衡。

除了平面图，还要求画出剖面图：主要部位山形、丘陵、坡地的轮廓线及高度、平面距离等。要注明剖面的起讫点、编号，以便与平面图配套。

（3）水系设计。除了陆地上的地形设计，水系设计也是十分重要的组成部分。

平面图应表明水体的平面位置、形状、大小、类型、深浅以及工程设计要求。首先，应完成进水口、溢水口或泄水口的大样图。然后，从项目的总体设计对水系的要求考虑，画出主、次湖面，堤、岛、驳岸造型，溪流、泉水等及水体附属物的平面位置，以及水池循环管道的平面图。

纵剖面图要表示出水体驳岸、池底、山石、汀步、堤、岛等工程做法。

（4）道路、广场设计。平面图要根据道路系统的总体设计，在施工总图的基础上，画出各种道路、广场、地坪、台阶、盘山道、山路、汀步、道桥等的位置，并注明每段的高程、纵坡、横坡的数字。一般园路分主路、支路和小路三级。园路主路一般为5m，支路为2～3.5m，最低宽度为0.9m。国际康复协会规定残疾人使用的坡道最大纵坡度为8.33%，所以，主路纵度上限为8%。山地公园主路纵坡应小于12%。《公园设计规范》规定，支路和小路纵坡宜小于18%，超过18%的纵坡，宜设台阶、梯道。并且规定，通行机动车的园路宽度应大于4m，转弯半径不得小于12m。一般室外台阶比较舒适的高度为12cm，宽度为30cm，纵坡为40%。

根据实践经验：一般混凝土路面纵坡在0.3%～5%、横坡在1.5%～2.5%，圆石或卵石路面纵坡在0.5%～9%、横坡在3%～4%，天然土路纵坡在0.5%～8%、横坡在3%～4%。

除了平面图，还要求用1：20的比例尺绘出剖面图，主要表示各种路面、山路、台阶的宽度及其材料、道路的结构层（面层、垫层、基层等）厚度做法。注意每个剖面都要编号，并与平面图配套。

（5）景观附属建筑物设计。要求包括建筑的平面设计（反映建筑的平面位置、朝向、周围环境的关系）、建筑底层平面、建筑各方向的剖面、屋顶平面、必要的大样图、建筑结构图等。

（6）植物配置。

①植物种植平面图。根据树木种植设计，在施工总平面图的基础上，用设计图例绘出常绿阔叶乔木、落叶阔叶乔木、落叶针叶乔木、常绿针叶乔木、落叶灌木、常绿灌木、整形绿篱、自然形绿篱、花卉、草地等具体位置和种类、数量、种植方式、株行距等，同一幅图中树冠的表示不宜变化太多，花卉、绿篱的图示也应简明统一，针叶树可重点突出，保留的现状树与新栽的树应加以区别。复层绿化时，用细线画大乔木树冠，用粗一些线画冠下的花卉、树丛、花台等。树冠的尺寸大小应以成年树为标准，如大乔木5～6m，孤植树7～8m，小乔木3～5m，花灌木1～2m，绿篱宽0.5～1m。种名、数量可在树冠上注明，如果图纸比例小，不易注字，可用编号的形式，在图纸上要标明编号树种名、数量对照表。成行树要注上每两株树的距离。②大样图。对于重点树群、树丛、林缘、绿篱、花坛、花卉及专类园等，可附种植大样图，采用1：100的比例尺。要将群植和丛植的各种树木位置画准，注明种类数量，用细实线画出坐标网，注明树木间距。并绘出立面图，以便施工参考。

植物配置图的比例尺，一般采用1：500、1：300、1：200，根据具体情况而定。大样图可用1：100的比例尺，以便准确地表示出重点景点的设计内容。

（7）假山及景观小品。假山及景观小品（如雕塑）等也是景观造景中的重要因素。一般最好做成山石施工模型或雕塑小样，便于在施工过程中较理想地体现设计意图。在景观规划设计中，主要提出设计意图、高度、体量、造型构思、色彩等内容，以便与其他行业相配合。

（8）管线及电气设计。在管线规划图的基础上，表现出上水（造景、绿化、生活、卫生、消防）、下水（雨水、污水）、暖气、煤气等，应按市政设计部门的具体规定和要求正规出图。主要注明每段管线的长度、管径、高程及如何接头，同时注明管线及各种井的具体位置、坐标。

同样，在电气规划图上将各种绿化相关的电气设备、灯具位置、变电室及电缆走向位置等具体标明。

（五）编制预算

在施工设计中要编制预算。它是实行工程总承包的依据，是控制造价、签订合同、拨付工程款项、购买材料的依据，同时也是检查工程进度、分析工程成本的依据。

预算包括直接费用和间接费用。直接费用包括人工、材料、机械、运输等费用，计算方法与概算相同。间接费用按直接费用的百分比计算，其中包括设计费用和管理费。

（六）施工设计说明书

施工设计说明书的内容是初步设计说明书的进一步深化。说明书应写明设计的依据、设计对象的地理位置及自然条件，绿地设计的基本情况，各种附属工程的论证叙述，景观建成后的效果分析等。

六、 公示、 听证与论证阶段

城市规划、土地规划、小区规划、大型公园、广场等规划设计完成后要在公共媒体公示，并召集相关部门、相关人员召开听证会，听取各部门和相关人员的意见，反馈至设计单位作出相应答复和修改。之后，召开由政府部门、专家学者组成的论证会，对项目作出全方位的评价，设计单位根据论证意见修改或重新规划设计。通过论证并修改的最终成果交上级部门审查。

七、 实施阶段

经过批准的规划设计项目就可以进入实施阶段，规划项目由政府部门实施，规划中的重大项目也可以通过招投标或引资方式实施。设计项目通过招投标方式实施。

八、 管理维护阶段

建成后的景观项目还要有专业的管理部门管理维护。这一工作直接关系到景观的价值体现与持续时间。

第三节 新技术在城市景观设计上的应用

一、GIS 技术

城市景观规划设计是以协调人地关系和可持续发展为根本目标而进行的空间规划、设计及管理。近年来，越来越多的新技术应用于城市景观设计领域来解决实际的规划问题。地理信息系统（Geographic Information System，GIS）是一种管理与分析空间数据的计算机应用系统，拥有管理与决策的话语权。GIS 以其强大的空间分析功能为城市景观设计提供了新的方法，加强了景观设计师对设计成果的视觉感受，从而使其能够更加准确地了解和把握自然景观的空间状态，还可以在景观规划及景观设计中提供一些新的思路，优化了设计师的设计过程。

运用 GIS 技术，能够准确和全面地把握城市及其周边的空间环境特征，可以对景观设计中的复杂空间问题进行辅助决策，从而使设计方案更加合理。

（一）一般性应用

1. 规划数据的管理

城市景观设计是一个以地理空间数据为基础的复杂的系统工程，既有城市的基础地理数据、规划控制性数据，也有规划的现状数据与属性数据。而 GIS 具有强大的数据管理与分析功能，能够动态地存储和管理城市空间信息以及各种规划专题信息，为城市景观设计提供综合性的信息服务。因此，GIS 已成为城市景观设计日常管理的一项基本功能。

2. 地图制图与输出

城市景观设计的日常业务几乎离不开地图应用，随着计算机的出现，特别是 GIS 技术的发展，传统制图发生了很大变化。城市景观设计师可以利用 GIS 技术灵活地制作出各种规划图件。例如，以数字化地图作为底图，对其属性数据做进一步处理，制作出自己的专题地图；可以选择不同规划方案图层，设置其符号与样式，快速生成与输出各种不同的规划方案；利用 WebGIS 平台，可以在网上发布规划方案，让公众参与到城市景观设计当中去。

3. 分析与决策

分析与决策是城市景观设计中的重要一环，而借助 GIS 可以实现对空间景观要素的合理分析，对规划方案的确定起到辅助决策的作用，从而使规划方案更加合理。例如，通过 GIS 对距离、环境、人口密度等相关数据进行叠加分析或缓冲区分析，可以解决学校、工厂、车站等基础设施的选址问题；借助 GIS 对河水流速、河宽、流量等因素做简单分析，来解决滨水景观的选址问题。

（二）针对性应用

1. 廊道分析

廊道是指水体、地形、坡度、植被分布等不同于周围景观基质的线状或带状景观要素。应用 GIS 进行廊道分析，可将这些要素分别绘制在不同图层，通过叠加分析或缓冲区分析划分出"生态廊道"，辅助景观规划设计。例如，利用 GIS 软件建立水体层，结合缓冲区分析功能建立环境廊道，生成距离河流 100m 的缓冲区，该缓冲区范围作为规划控制区，以控制建筑项目、保持水土、保护植被；将水体、植被、土壤等专题图层叠加到一起，重叠部分可构成特征多样并且鲜明的现状生态廊道，可利用这个生态廊道制作专题图来规划优先保护地区。

2. 地形分析

地形分析是景观规划中的一个重要环节，只有掌握规划范围及其周边的地形特点才能够在规划时针对不同的地形特征进行合理的安排和布局，使规划更满足实际需求。地形分析需要对规划地段进行大量的高程数据采集，而 GIS 具有强大的空间数据采集与分析功能，可对采集的数据建立数字高程模型（DEM），再通过三维可视化，直观地显示出规划区的地形状况，针对不同的地形做相应的规划设计。

地形分析中另外一个重要的应用是坡度、坡向分析。规划区内的坡度大小直接影响到其在景观规划中的利用方式及施工时需要考虑的工程量，坡向则影响着其上建筑的通风和采光以及植物的选择和布置。因此，在景观规划中，坡度、坡向分析也是一项重要的工作。GIS 中的三维分析功能可以利用高程数据生成坡度图和坡向图，将其与 DEM 结合，可为规划人员对于场区的建筑布置及植物选择提供参考。

3. 景观视线、视域分析

视线指的是从一个观察点看另一观察点，两个观察点之间的假想直线；视域是从一个观察点或多个观察点可视的地面范围。景观的视线、视域对于规划设计来说十分重要，不同的视觉范围会带来不同的景观感。GIS 中对视线、视域的分析可通过三维分析模块完成，将不规则三角网（TIN）与一个观察点或观察路径图层叠加，实现从某一观察点查看到另一点的可视情况。通过景观视域分析，可得到景观对象在视域范围内的视觉感知适宜度，为最佳观赏点的设置提供数据支持。

4. 服务区分析

利用 GIS 的缓冲区分析功能和网络分析功能，可生成某一服务设施的服务半径，分析其影响的范围，进行居民可达性分析。例如，利用 GIS 生成某公园、绿地、广场的 500m 的缓冲区，计算此范围的服务半径；或利用 GIS 网络分析中的服务区分析功能，按照道路的通行时间或通行距离，生成某服务设施的服务范围，为景观要素的选择提供科学准确的数据支持。

GIS 为城市景观设计带来了一种新的方法与技术手段，GIS 作为一种定量化的分析工具，能够为城市景观设计提供数据支持和设计依据，使规划方案更具科学性。随着 GIS 技术的升级改进，以及城市景观设计的更加规范，GIS 必将在景观规划设计中发挥更为广泛的作用。

二、 计算机制图

景观设计方案在经过场地调研、现状分析、草图绘制、修改调整之后，需要以更加完整规范的方式表现出来。传统的手绘表现方式有一定的局限性，图纸的表达精确度和逼真度不足，而通过不同类型的计算机辅助设计类软件的组合使用，可以使图纸更加精准、方式更加多样、效果更加出众。

近年来随着计算机技术的发展，计算机辅助设计由于具有精度高，效率高，设计方案存储、修改方便，效果直观、精美、逼真，可实现网络协同工作等强大优势，使景观设计从最初的手工绘图表现逐步发展到了计算机软件辅助表达。而在实际应用中，Auto CAD、Photoshop、SketchUp 软件是目前最常用的，这些软件在不同的设计阶段和在绘制不同种类的图纸过程中都起到至关重要的作用，成为许多景观设计师的主要设计工具。其中，Auto CAD 是最基本的图形绘制软件，在方案设计前期平面图、立面图、剖面图的绘制中使用，并为下一步的彩色平面图等的绘制打好基础，且在后续施工图纸的绘制中发挥重要的作用；Photoshop 是目前最常用的图像处理软件，可以绘制园林景观设计的彩色平面效果图、彩色透视图、鸟瞰图，还可以进行效果图的后期处理、设计文本图册的排版制作等工作；而 SketchUp 则是侧重建模和三维效果图各种场景的表现，特别是其三维动画的表现功能，能更加真实地表现景观建成后的效果，具有强大的说服力和感染力。

三、案例：别墅花园景观设计

（一）别墅花园 CAD 总平面图的绘制

1. 设置图层

用 Auto CAD 打开别墅花园底图（附图 5-1），绘图前先在图层特性管理器中分别建立建筑、道路、草地、铺装、植被、水体、标注等图层，并设置好相应的图层样式。

2. 绘制建筑

首先绘制木花架，先用 Pline（多段线命令）绘制木花架的外轮廓，然后用偏移命令填充花架顶面图案（附图 5-2）。用同样的方法绘制木平台与凉亭（附图 5-3）。

在花园西南侧绘制石凳和石桌，并在石凳外围绘制一个圆，用偏移命令生成 4 个圆环，在圆环之间填充相应的图案作为石凳周边的铺装（附图 5-4）。

3. 绘制水体

使用样条曲线命令，在花园南北两侧分别绘制两个水池，并在其中一个水池上添加一个木桥（附图 5-5）。

4. 绘制园路

用样条曲线命令先绘制道路的一侧，然后用偏移命令绘制道路的另一侧，可结合修剪命令删除多余的线条（附图 5-6）。

5. 绘制景观石

在花园南侧水池周边绘制景观石，形状大小可不一致（附图 5-7）。

6. 绘制植被

将准备好的植被素材创建为块，通过插入块的命令将不同的植被放置在相应的地方，最后标注出植被的名称，最终效果如附图 5-8 所示。

（二）别墅花园彩色平面效果图的绘制

1. 导出底图

先在 Auto CAD 中关闭植被图层和标注图层，然后通过虚拟打印的方法，将图形以 eps 格式导出。再在 Photoshop 中打开该 eps 文件（附图 5 - 9）。

2. 绘制草地

使用魔棒工具，在图上点击草地所在的区域建立草地选区，然后将前景色 RGB 值设置为 196，216，84，新建"草地"图层，选中该图层，用油漆桶工具将草地选区填充前景色（附图 5 - 10）。

3. 绘制水池

用魔棒工具将南侧和北侧水池建立选区，新建"水池"图层，选中该图层，然后用油漆桶工具将选区填充为蓝色。再双击该图层，在弹出的图层样式窗口中分别设置描边和内阴影特效（附图 5 - 11）。

4. 绘制建筑

先绘制凉亭，用矩形选框工具以亭的范围创建选区，将前景色 RGB 值设置为 235，153，71，新建"凉亭"图层，选中该图层，然后用油漆桶工具将选区填充前景色，设置图层特效为投影、图层透明度为 80%。用同样的方法绘制木平台、花架和桥，效果如附图 5 - 12 所示。

5. 绘制景观石

用魔棒工具将花园内的景观石建立选区，新建"景观石"图层，选中该图层，然后用油漆桶工具将选区填充为白色。再双击该图层，在弹出的图层样式窗口中分别设置描边和投影特效（附图 5 - 13）。

6. 绘制石凳

用魔棒工具将石凳建立选区，新建"石凳"图层，选中该图层，然后用油漆桶工具将选区填充为灰色。再双击该图层，在弹出的图层样式窗口中分别设置描边和投影特效，最后在石凳周围的铺地填充不同的颜色（附图 5 - 14）。

7. 绘制植被

用魔棒工具将准备好的植被素材复制到花园内，具体放置位置可参考 CAD 总平面图，相同类型的植被可在移动的过程中按住键盘［Alt］键进行复制，并设置投影特效，最终效果如附图 5 - 15 所示。

（三）别墅花园三维效果图的绘制

在 Auto CAD 中关闭"植被"图层和"标注"图层，并另存为一个新的 dwg 文件，然后在 SketchUp 软件中导入该 dwg 文件，用直线工具创建面并填充默认的材质，效果如附图 5 - 16 所示。

1. 绘制草地

在材质面板中选择草地材质，用材质工具将草地所在的平面填充草地材质，效果如附图 5 - 17 所示。

2. 绘制水池

用偏移工具将水池平面向里面偏移 15cm，然后用推/拉工具将里面的平面向下推

10cm，并用材质工具将该平面填充水池材质，效果如附图 5 – 18 所示。

3. 绘制建筑

用移动工具将准备好的凉亭、花架、桥和石桌椅素材插入到相应的地方，并用缩放工具设置合适的大小（附图 5 – 19）。

4. 渲染出图

将 SketchUp 文件导入 Twinmotion 渲染器中，添加内置的乔木、灌木、景观石等素材，并设置水面、墙、铺地材质，最后设置太阳光、阴影的强度（附图 5 – 20 至附图 5 – 22）。

—— 本章复习思考题 ——

一、景观规划设计的主要操作规程及其各环节的主要工作内容有哪些？

二、GIS 在城市景观设计中的应用主要有哪些？

三、论述 Auto CAD、PhotoShop、SketchUp 这三个软件在景观制图中所起的作用。

 本章图片链接

下编 | 不同城市景观类型的设计与范例

第六章 城市绿地系统规划设计

城市绿地是城市中以植被为主要形态，并对生态、游憩、景观、防护具有积极作用的各类绿地的总称（《城市绿地规划标准》GB/T51346 – 2019）。它包含两个层次的内容：一是城市建设用地范围内用于绿化的土地；二是城市建设用地之外，对城市生态、景观和居民休闲生活具有积极作用、绿化环境较好的区域。城市中的绿化是整个城市生态环境中重要的组成部分，城市绿化与城市景观、城市生态环境、居民生活质量等密切相关，而城市绿地是城市绿化中最为核心的建设内容。城市绿地系统也是城市景观构成和建设的主要内容，城市绿地系统建设的合理性直接决定了城市景观生态系统的稳定与健康，是城市生态环境质量、资源可持续发展的主要判定依据。

第一节 城市绿地系统的类型、规划层次与重点及规划内容

一、城市绿地系统的类型

住房与城乡建设部颁布的《城市绿地分类标准》（CJJ/T 85 – 2017）自 2018 年 6 月 1 日起实施。该标准将城市绿地分为公园绿地、防护绿地、广场用地、附属绿地和区域绿地 5 个大类、15 个中类和 11 个小类（表 6 – 1）。

表 6 – 1 城市绿地分类表（《城市绿地分类标准》）

类别代码			类别名称	内容与范围	备注
大类	中类	小类			
G1			公园绿地	向公众开放，以游憩为主要功能，兼具生态、景观、文教和应急避险等功能，有一定游憩和服务设施的绿地	
	G11		综合公园	内容丰富，适合开展各类户外活动，具有完善的游憩和配套设施的绿地	规模宜大于 10hm²
	G12		社区公园	用地独立，具有基本的游憩和服务设施，主要为一定社区范围内居民就近开展日常休闲活动服务的绿地	规模宜大于 1hm²

（续上表）

类别代码			类别名称	内容与范围	备注
大类	中类	小类			
G1	G13		专类公园	具有特定内容或形式，有相应的游憩设施和服务设施的绿地	
		G131	动物园	在人工饲养条件下，移地保护野生动物，进行动物饲养、繁殖等科学研究，并供科普、观赏、游憩等活动，具有良好设施和解说标识系统的绿地	
		G132	植物园	进行植物科学研究、引种驯化、植物保护，并供观赏、游憩及科普等活动，具有良好设施和解说标识系统的绿地	
		G133	历史名园	体现一定历史时期代表性的造园艺术，需要特别保护的园林	
		G134	遗址公园	以重要遗址及其背景环境为主形成的，在遗址保护和展示等方面具有示范意义，并具有文化、游憩等功能的绿地	
		G135	游乐公园	单独设置，具有大型游乐设施，生态环境较好的绿地	绿化占地比例应大于或等于65%
		G139	其他专类公园	除以上各种专类公园外，具有特定主题内容的绿地。主要包括儿童公园、体育健身公园、滨水公园、纪念性公园、雕塑公园以及位于城市建设用地内的风景名胜公园、城市湿地公园和森林公园等	绿化占地比例应大于或等于65%
	G14		游园	除以上各种公园绿地外，用地独立，规模较小或形状多样，方便居民就近进入，具有一定游憩功能的绿地	带状游园的宽度宜大于12m；绿化占地比例应大于或等于65%
G2			防护绿地	用地独立，具有卫生、隔离、安全、生态防护功能，游人不宜进入的绿地。主要包括卫生隔离防护绿地、道路及铁路防护绿地、高压走廊防护绿地、公用设施防护绿地等	

（续上表）

类别代码			类别名称	内容与范围	备注
大类	中类	小类			
G3			广场用地	以游憩、纪念、集会和避险等功能为主的城市公共活动场地	绿化占地比例宜大于或等于35%；绿化占地比例大于或等于65%的广场用地计入公园绿地
XG			附属绿地	附属于各类城市建设用地（除"绿地与广场用地"）的绿化用地。包括居住用地、公共管理与公共服务设施用地、商业服务业设施用地、工业用地、物流仓储用地、道路与交通设施用地、公用设施用地等用地中的绿地	不再重复参与城市建设用地平衡
		RG	居住用地附属绿地	居住用地内的配建绿地	
		AG	公共管理与公共服务设施用地附属绿地	公共管理与公共服务设施用地内的绿地	
		BG	商业服务业设施用地附属绿地	商业服务业设施用地内的绿地	
		MG	工业用地附属绿地	工业用地内的绿地	
		WG	物流仓储用地附属绿地	物流仓储用地内的绿地	
		SG	道路与交通设施用地附属绿地	道路与交通设施用地内的绿地	
		UG	公用设施用地附属绿地	公用设施用地内的绿地	

（续上表）

类别代码			类别名称	内容与范围	备注
大类	中类	小类			
EG			区域绿地	位于城市建设用地之外，具有城乡生态环境及自然资源和文化资源保护、游憩健身、安全防护隔离、物种保护、园林苗木生产等功能的绿地	不参与健身用地汇总，不包括耕地
	EG1		风景游憩绿地	自然环境良好，向公众开发，以休闲游憩、旅游观光、娱乐健身、科学考察等为主要功能，具备游憩和服务设施的绿地	
		EG11	风景名胜区	经相关主管部门批准设立，具有观赏、文化或者科学价值，自然景观、人文景观比较集中，环境优美，可供人们游览或者进行科学、文化活动的区域	
		EG12	森林公园	具有一定规模，且自然风景优美的森林地域，可供人们进行游憩或科学、文化、教育活动的绿地	
		EG13	湿地公园	以良好的湿地生态环境和多样化的湿地景观资源为基础，具有生态保护、科普教育、湿地研究、生态休闲等多种功能，具备游憩和服务设施的绿地	
		EG14	郊野公园	位于城区边缘，有一定规模、以郊野自然景观为主，具有亲近自然、游憩休闲、科普教育等功能，具备必要服务设施的绿地	
		EG19	其他风景游憩绿地	除上述外的风景游憩绿地，主要包括野生植物园、遗址公园、地质公园等	

（续上表）

类别代码			类别名称	内容与范围	备注
大类	中类	小类			
EG		EG2	生态保育绿地	为保障城乡生态安全，改善景观质量而进行保护、恢复和资源培育的绿色空间。主要包括自然保护区、水源保护区、湿地保护区、公益林、水体防护林、生态修复地、生物物种栖息地等各类以生态保育功能为主的绿地	
		EG3	区域设施防护绿地	区域交通设施、区域公用设施等周边具有安全、防护、卫生、隔离作用的绿地。主要包括各级公路、铁路、输变电设施、环卫设施等周边的防护隔离绿化用地	区域设施指建设用地外的设施
		EG4	生产绿地	为城乡绿化美化生产、培育、引种试验各类苗木、花草、种子的苗圃、花圃、草圃等圃地	

二、 城市绿地系统的规划层次与重点

1．规划层次

城市绿地系统规划一般包括城市绿地系统规划、城市绿地系统分区规划、城市绿地系统控制性规划、城市绿地系统详细规划和绿地设计共五个层次规划设计。城市规模不同，规划设计层次不同。特大城市的绿地规划应覆盖五个规划层次，大型城市可以经过三或四个规划层次，减少控制规划或分区规划与控制规划层次。中、小城市一般应经过系统规划、详细规划和设计三个层次。

2．规划重点

（1）城市绿地系统规划。

属于城市总体规划的专项规划，是对全市（地区）绿地系统的总体规划，在此规划中要确定全市绿地规划的原则、目标、指标、布局、各类绿地规划、种植规划、规划措施等内容。规划制定中一定要和城市总体规划、旅游规划、土地利用总体规划、生态环境保护规划等协调一致。

（2）城市绿地系统分区规划。

基于城市绿地系统规划之上，制定各区的绿地规划原则、目标、指标、布局，并与城市分区规划协调一致。

（3）城市绿地系统控制性规划。

在全市绿地系统规划及分区规划指导下，在全市或市内一定用地分区范围内，重点

确定规划范围内各地块的绿地类型、指标、性质、位置、规模等控制性要求。

（4）城市绿地系统详细规划。

在特定的区域，如公园、居住区、工业区、商业区、经济开发区、旅游度假区等，按照上述规划要求，确定用地内的绿地总体布局、类型、指标、景观小品、建筑、植物配置、竖向规划等。

（5）绿地设计。

在各种规划确定的绿地范围内，如公园、游园、风景林等，完成用地范围内的总体设计方案、初步设计和施工设计。

三、城市绿地系统的规划内容

城市绿地系统规划主要包括以下内容：

（1）城市概况与现状分析。

了解自然、社会、人文、用地等情况，并对各种自然条件和社会经济条件进行分析，确定城市生态环境现状与问题。

（2）规划依据、期限、范围与规模、规划原则、指导思想、目标、指标、布局与结构。

（3）各类绿地规划。包括公共绿地、居住绿地、单位附属绿地、道路绿地、生产和防护绿地、风景林等规划。

（4）城市景观规划思路与要点。

（5）城市生态环境保护规划的要求。

（6）对相关规划的调整要求。

（7）树种规划。

（8）分期建设规划。

（9）实施规划的措施、建议及保障条件。

（10）城市主要绿地栽培植物名录等附录。

第二节 城市绿地系统的规划原则、指标与布局

一、城市绿地系统的规划原则

在城市绿地系统规划中需要遵循以下原则：

1. 统一与整体性的原则

将城市中的绿地系统作为一个整体，按照城市自然和社会、环境特点均衡安排和布局大型绿地、防护林带、公园绿地、生产绿地、自然风景区等各种绿地，形成功能完善、结构合理、布局科学的绿地系统，最大限度地提高生态防护功能。

2. 多样性原则

多样性的景观一方面有助于城市生态系统的稳定和提高其抵抗自然灾害能力，另一

方面可以满足城市居民多样化的物质、文化需求。此外，多样性又是保护各种自然遗迹和人类历史文化的必要途径。城市绿地中的多样性体现在生物种的多样性，绿地种类、结构、景观的多样性，生态系统的多样性等方面。在规划过程中应充分体现多样性原则，尽可能增加绿地系统的多样性。

3. 因地制宜的原则

生物的区域性分布是物种驯化的基础。植物栽植时大力挖掘地方植物资源，不仅可以减少风险，降低成本，也可以形成与本地自然条件相适应的区域特色。在此基础上，适当引进外来物种，丰富物种资源；利用不同的植物物候通过合理搭配，建设有地方特色的城市景观。但外来物种的引种与栽培一定要科学合理，且经过长期的栽培试验和观察。

4. 环境保护为主，生态性和景观性相结合的原则

绿地规划首先要体现生物对环境的保护功能，将生态效益放在首位。在优化城市生态环境的基础上，注重城市景观的营造和休憩空间的规划设计。

5. 生态廊道和节点统筹考虑的原则

在绿地系统规划中，重点考虑生态廊道（生物通道）和节点（生物栖息地）的设置，尽量做到不破坏原有的廊道和节点，并且使其更为丰富和多样。

6. 布局灵活多样相互结合的原则

城市绿地不仅指标要达到要求，而且布局要合理，否则很难满足城市整体生态和居民的休闲娱乐要求。合理的绿地布局首先要满足城市生态环境健康要求、满足全市居民工作生活休闲要求、满足工农业生产防护卫生要求、满足城市景观形象塑造要求等，并根据城市规划整体布局，山体、水系、道路、建筑等要素灵活布局，点、线、面结合，形成结构合理、功能完善、生态价值最高的绿地系统。

二、 绿地指标的确定与计算

城市绿地指标是指能体现城市绿色环境数量及质量的量化标准。

1. 国外城市绿地系统指标的规定

不同的国家有不同的绿地指标，联合国生物圈生态与环境组织提出城市的最佳居住环境标准是每人拥有 $60m^2$ 的公园绿地；美国的公园绿地建设标准是人均 $40 \sim 60m^2$；英国旧城建设标准是人均 $20m^2$ 公园绿地，新城建设标准为人均 $40m^2$ 公园绿地；德国的公园绿地建设标准为人均 $40m^2$ 以上，新建城镇公园绿地建设标准提高到人均 $68m^2$。不同国家、不同城市制定有相应的绿地指标，这些绿地指标确保了这些城市较高的绿地面积。

2. 我国的城市绿地指标规定

我国的绿化最早是以由建设部根据国务院《城市绿化条例》制定的《城市绿化规划建设指标的规定》为标准，规定主要指标如表 6-2 所示。

表6-2　建设部城市绿地规划建设主要指标

指标类型	依据指标		2000年建设指标	2010年建设指标
人均公共绿地面积 （m²/人）	人均建设用地指标 （m²/人）	<75	>5	>6
		75～105	>6	>7
		>105	>7	>8
城市绿化覆盖率 （%）	城市绿化覆盖面积占城市总面积的比例		>30	>35
城市绿地率 （%）	城市中所有绿地面积的总和占城市总面积的比例		>25	>30

　　在2010年新修订的《国家园林城市标准》中，重新提高了绿化标准（表6-3）。但与国外的标准相比，仍然有很大差距。同时，各地区、各城市间差距较大。除一些东南沿海城市、风景旅游城市绿化水平较高外，大部分城市的绿化水平偏低，而且，随着城市化进程加快，建设用地占用绿地的现象和比例都在增加。

表6-3　国家园林城市绿化指标体系（2010）

指标类型		国家园林城市标准	
		基本型	提升项
人均公园 绿地面积 （m²/人）	人均建设用地小于80m²的城市	≥7.50	≥9.50
	人均建设用地80～100m²的城市	≥8.00	≥10.00
	人均建设用地大于100m²的城市	≥9.00	≥11.00
建成区绿化覆盖率（%）		≥36	≥40
建成区绿地率（%）		≥31	≥35
公众对城市园林绿化的满意率（%）		≥80	≥90

　　近年来，各地对城市绿化工作非常重视，城市绿地面积逐年增加，至2019年末，我国城市建成区绿化覆盖率为41.11%，建成区绿地率为37.34%。城市拥有公园绿地面积33.3万hm²、人均公园绿地14.11m²。

　　3．城市绿地指标的计算

　　（1）人均公共（园）绿地面积。

　　人均公共（园）绿地面积是指城市中每个居民平均占有公共（园）绿地的面积。计算公式为：

　　人均公共（园）绿地面积（m²/人）＝城市公共（园）绿地面积（m²）/城市非农人口

城市公共（园）绿地面积指城市中各类公共（园）绿地面积之和。包括市、区、镇、小区公园、小游园、街道广场绿地及专类公园、特色公园等。

（2）城市绿化覆盖率。

植物枝叶所覆盖的面积称为投影盖度，运用植物群落概念，对城市覆盖面积的统计，称之为城市绿化覆盖面积，它与城市用地面积之比，称为绿化覆盖率。计算公式为：

城市绿化覆盖率（%）＝城市内全部绿化种植垂直投影面积/城市总面积×100%

城市绿化覆盖面积包括各类绿地（公园绿地、生产绿地、防护绿地、居住区绿地、道路绿地、单位附属绿地、风景区绿地）的实际绿化种植覆盖面积，即树冠的垂直投影面积（含被绿化种植包围的水面）及屋顶绿化覆盖面积和零散的树木覆盖面积，但不能将树冠覆盖下的灌木、草地等重复计算。

（3）城市绿地率。

城市绿地率是指城市中各类绿地总面积占城市总面积的比率。计算公式为：

城市绿地率（%）＝城市各类绿地面积之和/城市总面积×100%

城市各类绿地，包括公园绿地、生产绿地、防护绿地、居住区绿地、道路绿地、单位附属绿地、风景游览区绿地。

三、 城市绿地系统的布局

各类绿地在城市空间中的分布、联系、组成构成绿地系统整体，合理的布局是绿地生态功能发挥的基础。公园绿地布局首先应满足居民的休憩需求，各类公园布局应考虑人口的分布均衡布局；城市防护绿地应考虑环境污染防护、生态保护、交通绿地、城市主要功能区防护的要求；区域绿地应将农田、防护林和城市环境保护有机结合。常见的绿地布局形式有星座状、环状、网状、放射状、带状、楔状等。可根据城市形态、人口分布、资源等灵活采用各种组合方式安排城市绿地。

第三节　城市绿地系统规划案例分析

以《佛山市城市绿地系统规划（2010—2020）》及《佛山市绿地系统规划修编（2016—2020 年）》为例。

一、 城市概况

佛山市，全国文明城市，国家级历史文化名城，国家森林城市，位于广东省中南部，地处珠三角腹地，东倚广州，毗邻港澳。佛山气候温和，雨量充沛，四季如春，属亚热带季风性湿润气候，年平均气温23.2℃，自古就是富饶的鱼米之乡。珠江水系中的西江、北江及其支流贯穿佛山全境，属典型的三角洲河网地区。2016年，佛山市城市建成区面积158.05平方千米，至2017年建成区绿地率达40.4%，建成区绿化覆盖率达42.83%，城市人均公园绿地面积达16.55平方米。

二、 规划背景

为加强生态文明建设，提高城市治理能力，在系统评估上轮绿地系统规划的基础上，对佛山市绿地进行新一轮的空间规划，确定绿化建设发展蓝图及行动计划，形成指导城市绿化建设管理的纲领性文件。本次规划修编重点解决以下问题：

1. 支撑佛山市各类规划的开展

应衔接的内容主要包括国家层面的生态保护红线、城市双修、《城市绿地分类标准》等的指导精神和规范要求，省级层面的《珠江三角洲地区生态安全体系一体化规划（2014—2020 年）》《广东省生态控制线管理条例》等管理要求，为佛山市正开展部署的空间规划、三规合一、控规改革创新、城市开发边界划定等规划提供依据。

2. 构建城乡绿地一张图

以《佛山市城市总体规划（2011—2020 年）》（中心城区部分）、《佛山市绿地绿线整合规划（2015—2020）》、《佛山市城市生态控制线划定规划》、各区分区规划和控规为基础，按照国家相关标准、要求对各项规划进行综合统筹，形成城乡绿地一张图；梳理佛山市城乡绿地管理体系，更新调整绿地的分类、分级要求。

3. 构建绿色生态格局

基于蓝绿资源的本底现状，确定全市绿地生态安全格局，在整合绿地规划的基础上提出优化建议，严格保护对于本市有生态安全意义的重点廊道、斑块，强化"底线思维"。

4. 动态维护绿地成果

以加强规划实施性为目的，在按上级要求调整绿地控制指标的同时，也在控规体制创新的框架下，动态维护现有绿地成果，明确在控规编制中需落实的绿地内容，加强上位规划的传导。

三、 规划依据与规模

1. 规划依据

（1）相关法律、法规和规范性文件。

《中华人民共和国城乡规划法》、《中华人民共和国土地管理法》、《中华人民共和国环境保护法》、《中华人民共和国森林法》、《中华人民共和国野生动物保护法（修订草案）》、《城市绿线管理办法》、《城市绿线划定技术规范》、《城市绿地分类标准》2014年征求意见稿、《广东省城乡规划条例》、《广东省城市绿化条例》、《佛山市城市绿线管理办法》、《佛山市城市规划管理技术规定（2015 年修订版）》、《佛山市古树名木保护管理办法》、《海绵城市建设技术指南——低影响开发雨水系统构建（试行）》等。

（2）相关规划。

《佛山市城市总体规划（2011—2020 年）》（下文简称"总规"）、《佛山市绿地绿线整合规划（2015—2020）》、《佛山市城市生态控制线划定规划》、《佛山市公园绿地和古树名木信息管理系统》、《佛山市"绿城飞花"主题绿化景观建设规划指引（2015—2017 年）》、《佛山市城市绿化应用植物规划（2011—2020 年）》、《佛山市森林城市建设总体规划（2015—2020 年）》、《佛山市野生动植物本底调查报告》、《佛山市古树名木管理信息系统》、《佛山市海绵城市专项规划》、市域范围内已批控规、在编控规、各区分区规划等①。

（3）基础数据。

第一次全国地理国情普查数据、全国主要站的年雨量和年 R 值（1996 年）、第二次全国土地调查的 1∶100 万土壤数据、中国海拔高度（DEM）空间分布数据（2012 年）、佛山市气象数据（2000—2015 年）、佛山市 DOM 影像（2015 年）、佛山市 1∶5000 地形（2015 年）。

2. 规划范围与期限

（1）规划范围：规划对象为佛山市内的各类绿地，包括区域绿地和城市绿地。

（2）规划期限：2016—2020 年，其中近期为 2016—2018 年，远期为 2019—2020 年。

四、 规划目标与策略

1. 规划目标

通过规划实施，将佛山市建设成为城乡共融的岭南生态绿城，绿网交织的低碳休闲绿都，水绿掩映的历史文化名城。

开展城市生态修复，让青山再现、碧水重流、绿带成网，塑造"林水相依、林城相融"的岭南水乡特色风貌；建设以各等级公园为主体的休闲游憩网络；打造绿树成荫的国家级历史文化名城，水绿掩映的品质之都、鲜花盛开的花园城市，实现"四季花城、时时有花、处处是景"的美好目标，建设成宜居、宜业、宜创新的国际化大城市。

2. 规划策略

以"森林围城"与"公园化战略"两大策略为主，具体包括四个方面的内容：

（1）生态修复。

划定生态控制线，明确重要生态廊道、节点的保护与修复，连山通水，提高生态承载力，构建佛山市的生态安全格局；构建"生态公园"体系，以公园建设促进绿地保护性利用。

（2）宜居生活。

加快大型城市公园建设，提升公园覆盖密度；大力推动社区公园建设，提升街头绿地、广场绿地等与居民生活密切相关的微型绿地的服务质量；制定老社区微绿地改造建设计划，指引老旧社区微绿地改造试点工作。

（3）层网优化。

构建多层次的绿地网络体系，宏观层面形成"区域绿地—大型城市绿廊＋蓝绿生态景观通廊—大型城市绿地"网络结构；中观层面结合绿道建设，构建串联生态绿地、城市绿地及其他公共开放空间的、可达性强的网络联系。

（4）特色强化。

强化公园特色化建设，实现各级公园"一园一特色"；构建道路绿地景观体系，实现"一路一特色"；提出特色景观片区、节点区域的城市绿化建设指引，提升区域的整体环境品质和景观效果。

---

① 内容来源于《佛山市绿地系统规划修编（2016—2020 年）》。

五、城乡绿地系统布局与结构

1. 市域绿地系统结构

构建"三屏、六楔、两脉、两环、两网"多层次生命协同的自然生态格局（图6-1）。

"三屏"是指市域三处生态屏障，包括三水区内北江干流西侧连绵林地、高明区西江支流南部的连绵林地和顺德区南部河网密集地区等重要生态板块。

"六楔"是指六处重要的生态楔形廊道，包括三水区塘西大道两侧、芦苞涌两侧、高明区凌云山沿广明高速两侧、高明区皂幕山至南海区西岸之间、顺德区乐龙路和顺番公路两侧、一环南延线两侧形成的生态廊道。

"两脉"是指沿北江、西江干流和东平水道、顺德水道形成的两条滨水生态廊道，滨水生态廊道按常水位后退300~500米进行控制。

"两环"是指沿西南涌、佛一环北线、北江、顺德水道形成城郊万亩郊野森林环，滨水两侧绿地宽度不小于300米；沿佛山水道、东平水道和潭州水道形成城区千亩城市公园环，滨水两侧绿地宽度不小于100米。

"两网"是指都市蓝绿网，包括沿城市内部的河流水系两侧规划滨水绿地，形成城市蓝网；沿重要的交通干道规划防护绿地，形成城市绿网。

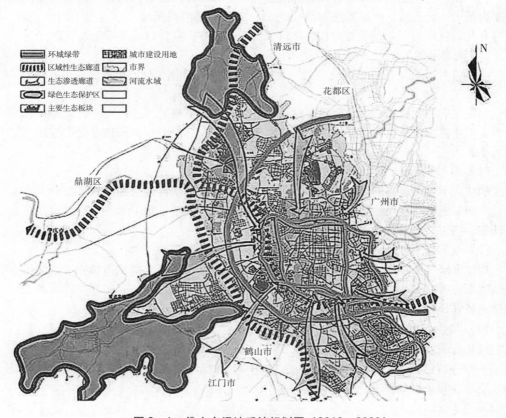

图6-1 佛山市绿地系统规划图（2010—2020）

2. 中心城区绿地规划结构

打造"三环、多点"的都市绿环，加强绿色空间渗透。

三环：以大型水道和绿地围合形成的三个闭合的都市绿环。包括由佛山水道、东平水道围合的禅桂都市绿环；东平水道、北江、吉利涌围合的南庄北都市绿环；吉利涌、顺德水道、南庄与乐从交界楔形绿地围合的南庄南都市绿环。

多点：位于重要生态廊道或廊道渗透入城内的生态节点，主要由城市公园构成，包括千灯湖公园、绿岛湖公园、佛山公园等。

六、 城市绿地分类规划

1. 公园绿地规划

根据《城市绿地分类标准2017》，公园分类规划主要分为以下几种类型：综合公园、社区公园、专类公园。公园绿地的分级规划主要针对综合公园和社区公园，分为四个等级：全市性公园、区域性公园、居住区公园和小区游园。

（1）综合公园规划

①全市性公园规划。

全市性公园规划主要考虑公园的规模45公顷以上并能容纳全市居民在节假日的集中游览需求，能够提供较为齐全的游览和活动设施，公园的选址满足交通的便捷性以使城市各片区居民都能够乘公共交通到达。共规划全市性公园28个，总面积2 820公顷。

②区域性公园规划。

区域性公园的服务对象主要是本区域内的居民，满足居民周末或日常游憩需求，城区每个组团生活性建设用地内分成若干个10～30平方千米的区域，每个区域可以设两个至多个区域性公园。本次规划将区域性公园的服务半径定为1 600米，面积为5～44公顷。每个城市片区的区域性公园数量和布局根据这一半径和用地布局等要素来综合确定，原则上不应存在服务盲区。本次共规划区域性公园177个，面积2 838公顷。

（2）社区公园规划。

为一定居住用地范围内的居民服务，具有一定活动内容和设施，与居住区和居住小区相对应。社区公园分为服务于一个居住区居民的居住区级公园和服务于一个居住小区的小区游园，不包括居住组团绿地。城区各组团内每个区域分成若干个500～1 000公顷的居住区，每个居住区再分成17～35公顷的居住小区。居住区公园的服务半径为500～700米，面积为1.5～3公顷，小区游园的服务半径为300～450米，面积为0.5～1公顷。本次共规划社区公园1 668个，面积2 160公顷。其中，居住区公园492个，面积984公顷；小区游园1 176个，面积1 176公顷。

（3）专类公园规划。

为满足佛山市市民的不同需求，保护佛山市的自然和文化特色，结合现有的绿地资源，应规划一系列主题突出的、内容特殊的专类公园，如雕塑园、盆景园、植物园、历史名园、风景名胜公园、体育公园、老年公园等，以增强岭南风貌特色，丰富市民的闲暇活动。专类公园的用地规模不限，应结合具体绿地资源和周边用地综合确定。本次共规划专类公园48个，面积396公顷。

（4）带状公园规划。

充分利用在住区、公共活动区域内的河流水系进行带状公园的规划，提升滨河景观，保护和增强岭南水乡特色，作为连接公园等游憩点的绿色廊道，宽度宜在12米以上。本次共规划带状公园113个，面积2 569公顷。

（5）街旁绿地规划。

街旁绿地分为景观型绿地和游憩型绿地。景观型街旁绿地指对城市意向和特色起重要作用的城市广场和绿地，一般与商业建筑、公共建筑等结合在一起共同塑造该地段的风貌特色。游憩型街旁绿地是在住区周边为居民设置一些休闲设施的绿地。本次共规划街旁绿地343个，面积525公顷。

2．生产绿地规划

按建设部《城市绿化规划建设指标的规定》（城建〔1993〕784号文件），城市生产绿地面积应占建成区面积的2%以上，共规划生产绿地1 737公顷。

3．防护绿地规划

防护绿地包括沿道路、高压走廊、河道等地设置的防护绿地，在主要工业区与城市居住区之间设置的卫生隔离绿地，为改善佛山城市夏季闷热的气候环境而设置的许多沿城市夏季主导风向南北向的引风林防护绿地。防护绿地主要设置有铁路、高速公路、城市快速路、城市主干道、500kV高压走廊、220kV高压走廊等设施的防护绿地和滨水防护绿地、卫生隔离绿地等类型，总计面积8 828公顷。

4．附属绿地规划

城区各类城市建设用地绿地率应符合绿地指标规定，本次共规划附属绿地17 446公顷。

5．其他绿地

根据生态完整性和连续性对绿地做进一步补充和完善，将对城市生态环境、城市人文环境、居民休闲、城市景观和植物多样性保护有直接影响并位于建设用地之外的绿地（如风景名胜区、自然保护区、郊野公园、森林公园、水源保护区、绿色廊道、基本农田保护区、湿地等）纳入其他绿地规划中，本次共规划其他绿地40 852公顷。

七、 城市绿地指标规划

1．城市绿地规模指标

城市绿地规模指标如表6-4所示：

表6-4　佛山市城市绿地规模指标

绿地指标名称	规划期限	规划指标
绿地率（%）	近期	35
	远期	44
人均公园绿地面积（m²/人）	近期	12
	远期	13.80

（续上表）

绿地指标名称	规划期限	规划指标
绿化覆盖率（%）	近期	43
	远期	48

2. 城市分区绿地率指标

城市分区绿地率指标如表 6-5 所示：

表 6-5　佛山市城市分区绿地率指标

行政辖区	公园绿地（公顷）	防护绿地（公顷）	广场用地（公顷）	区域绿地（公顷）	总计（公顷）	绿地总计占行政辖区比例（%）
禅城区	2 036.07	354.37	5.67	3 229.95	4 537.93	29.45
南海区	5 365.97	3 490.54	38.02	39 244.45	44 398.44	41.43
顺德区	4 090.29	2 602.70	45.93	32 308.97	37 224.98	46.15
三水区	2 250.36	991.28	2.10	50 003.74	51 463.31	62.18
高明区	925.31	1 340.79	9.58	70 365.15	71 931.62	76.70
总计	14 668.00	8 779.68	101.30	195 152.26	209 556.28	55.18

3. 佛山市公园绿地控制规模

佛山市公园绿地控制规模如表 6-6 所示：

表 6-6　佛山市公园绿地控制规模指标

行政辖区	2020 年规划人口（万人）	人均公园绿地指标（平方米/人）（约束性）	公园绿地控制总量（公顷、下限）（约束性）	城市公园（公顷、下限）（指引性）	社区公园及街头绿地（公顷、下限）（指引性）
禅城区	135	14.50	1 957.50	1 080	877.50
南海区	382	—	5 956.00	3 056	2 900
顺德区	310	—	4 906.00	2 480	2 426
三水区	72	16	1 152.00	576	576
高明区	51	16	816.00	408	408
市域总计	950	15.60（平均指标）	14 787.50	7 600	7 187.50

八、树种规划

1. 树种规划总体目标

通过规划的实施，佛山城镇绿化形成本地特色，实现"树常青、花常开"的目标，并在以下几个方面得到较大的提升：

（1）树种选择更加科学。

（2）植物配置更加合理。

（3）城镇绿地中应用植物种类显著增加，乡土树种应用比例大幅提高，物种多样性指数大幅上升。

（4）城市绿化景观得到较大提升，特色得以彰显。

（5）通过规划引导，生产绿地产品种类更加丰富，城市绿化所需苗木得到更好的满足。

（6）通过规划引导以及耐粗放管理植物种类的大量应用，城市绿地的后期养护费用得以降低。

2. 树种规划经济技术指标

至 2020 年，应用植物的种类达到 1 600 种，达到世界先进城市应用植物种类水平。其中，经常应用于城市绿化中的植物由原来的 50 种左右增加到 200 种以上。

3. 基调树种规划

城市绿化基调树种，是指能充分表现当地植被特色、反映城市风格、能作为城市景观重要标志的应用树种。规划选用细叶榕、白兰花、秋枫、木棉、红花羊蹄甲、尖叶杜英、大花紫薇、扁桃、人面子、大王椰子共 10 种乔木作为全市基调树种加以推广应用。

4. 骨干树种规划

城市绿化骨干树种，是指在各类绿地中出现频率较高、使用数量大、具有较大发展潜力的树种。本规划选择了高山榕、大叶榕、樟树、乌墨、宫粉紫荆、蒲桃、杧果、大叶山棣、海南红豆、麻楝、仪花、黄金钟木、水翁等 70 种树种作为骨干树种。

5. 一般树种规划

（1）公园绿地和附属绿地树种规划。

①常用树种规划。规划 360 种乔木供选择。其中，常绿树种（包括竹类）283 种，落叶和半落叶树种 77 种。

②推广应用的新树种规划。为进一步丰富绿地树种的种类，在今后的城市绿化中积极稳妥地推广应用新树种，以提高植物多样性水平。本规划共推广应用新树种 298 种。

（2）防护绿地绿化应用植物规划。

按照佛山的实际情况，各类防护绿地的规划树种共 113 种，其中常绿树种 78 种，落叶或半落叶树种 35 种。

（3）其他绿地绿化树种规划。

规划除可选择应用前述的基调树种、骨干树种及一般树种外，还应不断引入新树种，以丰富树种的种类，实现稳定的人工植物群落和多样性的植物景观并举。规划共选择区域绿地绿化应用树种 365 种。

6. 道路附属绿地应用树种规划

（1）行道树种规划。规划选取细叶榕、非洲桃花心木、秋枫等 101 种行道树种。为进一步丰富城市道路行道树的种类，逐步推广应用香榄、竹节树、短萼仪花等 83 种新树种。

（2）路侧绿带树种规划。规划推荐大叶山楝、非洲桃花心木、大叶桃花心木等路侧绿带绿化树种。

（3）交通广场和停车场绿地应用树种规划。规划推荐阴香、香樟、黄樟等 33 种常见可选择的乔木，以及木莲、白花含笑、石碌含笑等 25 种潜在可选择的新树种。

7. 特殊用地应用植物规划

特殊用地主要是指湿地和滨水绿地，规划推荐落羽杉、池杉、水蒲桃等 195 种应用植物。

九、 古树名木保护规划

1. 古树名木保护对象

（1）古树指树龄在 100 年以上的树木。古树分为 3 级：一级为树龄 500 年以上的树木；二级为树龄在 300~499 年的树木；三级为树龄在 100~299 年的树木。

（2）名木指具有重要历史、文化、景观和科学价值与具有重要纪念意义的树木。名木不受树龄限制，不分级。如国家领袖人物亲植树木；外国元首或著名政治人物所植树木；国内外著名历史文化名人、知名科学家所植或咏题的树木；分布在历代皇家园林、庙宇、道观等场所，与著名历史文化名人或重大历史事件有关，并具有历史记载的树木；分布在名人故居具有重要纪念意义的树木；分布在风景名胜区，并列入世界自然遗产或世界文化遗产保护内涵的标志性树木；树木分类中作为模式标本来源的具有重要科学价值的树木；其他具有重要历史、文化、景观和科学价值和具有重要纪念意义的树木。

2. 古树名木的数量及种类

本次规划的古树名木共有 2 128 株。其中，禅城区 394 株，南海区 187 株，顺德区 696 株，三水区 600 株，高明区 251 株。树种主要包括五种，分别为榕树、龙眼、黄葛榕、细叶榕和木棉。

3. 保护建议

（1）已在册古树名木保护规划。

①在科学研究的基础上，总结经验，制定出古树名木养护管理的技术规范，使古树名木的养护管理工作科学化、规范化。

②由城市园林绿化主管部门牵头，成立由相关专业人员组成的古树名木保护技术小组，全面负责对古树名木的管理。

③对古树名木，尽量做到既保护古树，又发挥其价值，只要其周围地形和环境条件适宜，尽量在古树名木分布较为集中的地区或树龄古老、树形巨大或景观奇特的古树所在区，由城市园林管理部门与有关部门（如街道办事处、居民会、社区委员会等）共同建设社区公园，供居民休息、游览。

④有计划、有条理地抢救长势衰弱的古树。调查分析其长势衰弱的原因，采取相应的复壮措施。

⑤持续开展白蚁的预防与治理工作。

⑥拆除古树周围违章建筑。

⑦封补树洞及树枝截面。对出现树洞的古树名木，应及时由专业人员按照一定方法进行封补。

⑧设置古树名木保护围栏与标牌。

⑨针对古树名木保护工作存在的其他问题，如偏冠等，可采取建立支撑、引气根落地、适当施肥等综合技术措施来解决。

（2）未入册古树名木的保护规划。

①园林绿化部门应尽快对辖区内的大树进行一次彻底普查（一般为胸径80cm以上或树态苍老的大树；对于生长较慢的树种，则调查胸径40cm以上的大树），并将调查结果上报园林绿化部门，依据调查结果由园林绿化部门组织专家进行树龄鉴定后申报。

②对未入册古树名木进行科学的树龄鉴定，符合古树名木入册标准的，按古树名木申报程序进行上报评定。

十、分期建设规划

1. 近期自然生态文明建设规划

佛山市进行自然生态文明的工作部署，全面推进自然生态文明建设：

（1）筑牢"三屏"，严守城市发展底线。

筑牢绿色生态屏障。计划3~5年内完成约40平方千米的造林绿化工程；约47平方千米的限桉提质工程；开展山体生态化改造行动；确保完成市域高标农田和防护林建设工程，提升自然生态系统功能质量。

严守市域1 953平方千米的生态控制线和市域397平方千米的永久基本农田控制线；尽快划定城市开发边界线和产业发展保护区范围线。

（2）对标先进，建一流生态森林公园群。

推进森林围城。建设西南涌至佛一环北线、北江、顺德水道沿岸长约103千米的滨水绿带，串联城郊新建扩建的16个万亩公园，总规模约181平方千米，打造市域生态地标。

推进绿色进城。建设佛山水道、东平水道、潭州水道沿岸长约84千米的滨水绿带，串联城区新建扩建的18个千亩公园，总规模约38平方千米，打造城区生态绿心。

（3）重塑水乡，水系连通成网。

成片开展水系生态修复计划，3年内建成5个以上水体活化示范区、6处水系岸线生态化改造项目以及48个河心岛的生态修复项目，构建健康、完整、稳定的河流生态系统。

推动水系连通成网。计划3年内完成47条河涌的整治工作和5个以上河网联通示范区项目建设，营造水系成网、基塘成片的水乡环境。

河岸绿化和景观提升。计划3年内完成11.6平方千米的滨水景观示范段建设，美化城市滨水空间。

（4）提质增绿，建设绿色共享宜居家园。

提升主要交通干道沿线的景观绿化。高水平建设"一环生态圈"；沿已建、在建国铁、城际轨道两侧建设 30 米宽的绿带；在主要交通节点实施绿化景观提升工程。

新建一批镇级公园和村居公园。优化村镇居住环境；推进社区公园建设，打造中心城区 500 米绿色生活圈。

3 年内预计新建和提升慢行道约 382 千米，串点成线、连线成面，形成"绿道＋绿网"的慢行漫游体系。

2．公园绿地分期建设计划

①近期（2016—2018 年）。

全市近期建设城市公园 198 个，共 1 273 公顷；社区公园及街头绿地 764 公顷。中心城区近期建设城市公园 108 个，共 673 公顷；社区公园及街头绿地 244 公顷。

②远期（2019—2020 年）。

全市远期建设城市公园总规模为 4 302 公顷；社区公园及街头绿地为 3 350 公顷。

十一、 规划实施措施

明确各部门的职责分工。包括市发改部门、国土规划部门、住建部门、农业部门、环保部门、水务水利部门、财务部门、各区政府等，各部门应联合工作，落实舆论宣传、法制保证、资金筹集、奖励机制、组织管理、苗木供应、人才培育等具体措施和带状花园绿地建设、旧城区建设与改建中的园林绿地建设具体措施。

─ 本章复习思考题 ────────────────────────────

一、简述城市绿地系统规划的重要性及其内容。

二、简述城市绿地系统规划的原则。

三、简述绿地指标制定的依据及对我国现行绿地指标的合理性进行分析。

四、简述绿地系统规划体系与城市规划体系的关系。

第七章 城市交通及滨水带带状景观规划设计

城市带状景观常常沿水流或道路分布，有滨水型、道路型、综合型三种类型，在空间结构上均表现为线性关系，具有连续性、单一方向性、边缘性特征。城市带状景观的连续性很好地表现了线性特征，景观的边缘长度比相同面积的点状或块状的绿地长很多，这样，一方面极大地增加了人与自然基础的邻接面，使更多的市民能够平等地享受景观资源，体现了城市景观本源中的开放性和大众平等性特征，最大化地增加人与自然融合的机会；另一方面，由于延续了一定的长度，不同的地段有着不同的"场所精神"，也就蕴含着更多的文化内涵。

第一节 概念原理与方法要点

一、概念原理

城市带状空间场所包括街道、机动车交通道路、滨水带、视觉走廊及生态走廊。街道可细分为步行街与人车混行街，机动车交通道路可细分为高速公路、国道和一般性道路，滨水带可细分为江岸与河岸。城市带状空间景观规划设计所要考虑的要素包括功能活动类型、景观形态及环境生态组成三大方面（表7-1）。

表7-1 城市带状景观类型及其构成

类型	功能活动类型	景观形态	环境生态组成
街道：步行街、人车混行街	购物、娱乐、休闲、观演、通行、交通、办公	带状狭长空间、围合性强、视域有限，景观人工因素变化丰富多彩	人、建筑店面、人行道、绿化、道路
机动车交通道路：高速公路、国道、一般性道路	交通、景观	带状空间、围合性弱、视域宽广，动态景观特征显著	道路及沿路两侧绿化、田野或城镇
滨水带：江岸、河岸	娱乐、休闲、观演、购物、通行、旅游	带状空间、围合性弱、视域宽广，兼具人工因素与自然因素	水体、堤岸、植物、人行道、车道、建筑
视觉走廊	风景观赏	带状空间、围合性有强有弱、视域或宽广或有限、有明显的景观标志	湖泊河流/田野/林带
生态走廊	旅游观光、环境保护	带状空间、围合性弱、视域宽广	森林/湿地/水域/山地/动植物

二、方法要点

城市带状空间场所的规划设计包括范围的确定、现状分析、定位定性、构思、设计原则、空间形态布局、空间结构分析、道路交通分析、绿化景观分析等内容。

1. 范围的确定

这个范围不仅指基地本身的范围，还包括从空间、景观、视线分析得到的景观范围，不能仅仅是表皮，还要有一定的厚度，如做街道规划设计，要了解、分析街道两侧的实体建筑及周边道路分支的情况等。要跳出基地范围，研究景观范围的事物。景观范围则视具体情况划分。

2. 现状分析

现状资料可分为三类：①景观文化类，包括传统、历史、文化、现状景观照片、录像、遥感图像等。②功能类，包括土地利用现状、交通、建筑、空间活动等。③环境生态类，包括绿化、气候、水质、大气等。

3. 定位定性

定位定性应考虑的因素包括发达程度、现代化程度、发展潜力及在城市中的地位。目标的确定首先要有科学性，其次要根据发展潜力，最后还要尊重大众的意向和领导决策层的意见。目标应具体化，特别是人与建筑的容量、资金周转、回报、景观特色的创造等问题。根据具体的目标，才能确定规划的原则。

4. 构思

城市带状空间场所的规划设计包括景观、功能、生态环境、空间布局等的构思，可以用草图的形式画出来。

5. 设计原则

（1）因地制宜。在带状景观设计的过程中应该适应城市中的自然线性景观要素，如道路、河流、废弃铁路等，特别注重对现有地形地貌的保护和利用，将不利的自然环境按照新景观规划加以改造利用，对已有人工设施进行最大程度的转化利用，如广东中山岐江公园对原有造船厂残留龙门架、铁轨等构件的创造性再利用，既体现了场所的文化含义，也构造了具有生态特征的城市景观。

（2）绿化量应具有一定规模。这就要求尽可能地保留已有的植被，决不能为了表面的"美化""靓化"工程而大兴土木，创造所谓的"景观"而对已有植被进行破坏。在植物配置时，不仅仅从传统的植被形态、质感和色彩的角度去考虑，还应该考虑到植物在整个生态系统中的多种作用，研究植物与植物、植物与动物、植物与人的相互关系以及多种植物形态如乔木、灌木、草坪的相互关系。例如，在高大乔木的配置方面就要既充分体现带状绿地景观的线性特征，又满足人们的生理心理需求。因此，植物的种植原则应是高大乔木和灌木组合布置在边缘，这样不仅有利于形成鲜明的轮廓线，还有利于阻隔来自外界的噪声、污浊空气和视线，使身处其中的活动人群获得安静、清洁的环境。同时，城市带状景观应具有一定宽度，过窄则不易达到生态学上的"廊道效应"，且易造成视线穿透，给游人带来不舒适、不安全的感觉。

（3）体现对人的关爱和尊重，创造适合人类活动的城市景观。在城市带状景观设计中从人的心理、行为出发，考虑不同年龄、不同身体状况的人群需要。

从空间组织来看，城市带状景观的单一方向性易造成景观的单调。因此，应间隔一定的距离设计节点空间（如广场）等异质性景观元素作为人们活动的集中场地，并结合实体景观元素体现场所的含义，同时还有"地标"的作用，加深人对这一景观的印象。另外，单一方向性易造成不同方向上人流的冲突，需要设计师对人的不同行为活动做出细致的调研分析并合理组织流线给予解决。

从景观尺度来看，城市带状景观的设计宜采取两种尺度。带状景观外围高大乔木的配置应具有城市设计的大尺度，而带状景观内部应该以人的行为小尺度来进行设计，无论是铺装、植被还是小品建筑等配置都应以人的尺度为基准，给使用者营造亲切舒适的活动场所。

从景观使用来看，随着城市夜生活的不断丰富，夜景观的设计也日益重要。在城市带状景观中，注意突出景观特色，选择恰当的灯具和照明方式，避免不恰当夜景观所产生的光污染等一系列问题。最终目的是构建使人感到安全舒适、功能全面的活动场所。

从景观安全来看，安全问题是不容忽视的。滨水河岸设置不当易使人落水；可及处植物带毒、带刺会给人带来伤害等；过于隐蔽的环境可能提供犯罪场所，并给使用者以恐惧感等。

第二节　城市街道景观规划设计与实例

城市街道景观规划设计与建设是一个经济环境、社会环境、文化环境、物质环境等多种因素共存互动、相互交错的复杂过程。在这一过程中，参与建设开发的部门和机构包括各级政府、金融、规划、设计、交通、城管、市政、园林、电信、电力、给排水、管道气、建设开发、公众社区机构等很多部门。同时，在这一过程中还需相关的引导政策、鼓励政策和控制法规的保障。只有全面系统地将上述要素整合在城市街道景观规划设计之中，才能取得较好的综合效应。由于中国大多数的城市具有一定的历史发展过程，城市街道景观的规划往往是在不断改造旧街道景观的过程中进行，所以，城市街道景观的规划设计多是街道景观的整治规划设计。

一、街道景观整治规划设计的内容

一般来说，街道景观整治规划设计的内容包括用地功能的调整、基础设施的改造、沿街建筑的修复与改建、道路空间的环境改善等。具体来讲，包括以下内容：

1. 整治道路的功能结构布局

根据道路的特色调整道路两侧的土地使用功能及更新沿街的建筑功能，增加节点空间，设置休息空间，营造生动的城市生活。

2. 整治交通环境

调整人、车的关系，增加无障碍人行设施，天桥、地道及出入口更新；适当规划停车设施，当人行动线与车行动线交叉时，应确保行人的安全性和舒适性。

3. 公共设施管线铺设

各种市政设施管线综合协调使规划设计具有长久性，避免更新后重新挖掘。

4. 街具设施设计

各项街具更新及景观处理，包括照明街具更新及广告招牌处理、沿线公共候车亭设计更新等。

5. 栽植绿化

加强道路栽植景观设计，从形态、物种、功能等多样性配置植物。

6. 公共艺术

改善道路景观，在保障快捷通行的前提下适当增设小品与景点，在强调视觉艺术的同时增强道路景观的文化性。

二、 街道景观整治规划设计的分类

城市街道景观的整治，从改造程度来看具有以下几个不同的层次：

1. 清理整顿

主要工作是治理脏、乱、差，拆除沿街违章建筑，维修、更换公共设施；注重道路空间界面的清洁、整修，对视觉形象要素进行美化、改观。

2. 扩大空间

主要以环境整治、道路改造和扩大空间为主，包括路面拓宽、交通整治、景观美化、生态优化等。

3. 综合整治

以改造调整为主，在原有空间的基础上提高档次，配齐公共服务设施和市政基础设施，沿路创设舒适宜人的休息活动空间，使道路景观更加规范化、秩序化，并具有文化品位和美学内涵。

三、 实例分析

以绍兴市五横三纵城市主街街景规划设计（刘滨谊，2005）（表7-2）为例来说明如何进行中小城市街道景观整治规划设计①。该规划设计范围包括贯穿于绍兴中心城区的五条东西向街道和三条南北向街道，即胜利路、人民路、府山横街—东街、鲁迅路、延安路与解放路、新建路、中兴路。规划设计街道全长约23 000m，规划范围平均宽度约100m，总面积约230hm²。绍兴市中心城区商业繁荣、经济发达。解放路与人民路为主要的商业金融街，延安路与胜利路为市、县行政机构所在地，四条街道的人工构筑物、街道格局等已基本成型，属现代城市景观。中兴路打通工程于1997年完成，当时尚没有形成成熟的街道景观，除几处节点有一些新建筑外，其余地段均为旧住宅，有待改造。新建路现状较窄，两边是低矮、高密度的民房，是鲁迅笔下中下层市民生活的地方，并有土谷祠、骑楼等特色构筑物。东街拓宽改造为有地方特色的商业街。鲁迅路为传统的一河一路一房格局，以居住为主，并集中了较多的历史文化古迹。总的来说，经

---

① 资料来源：刘滨谊. 现代景观规划设计 ［M］. 南京：东南大学出版社，2005.

过几十年的城市建设，中心城区的古城风貌已很不完整，现代国际式建筑与传统老建筑共存。高度超过 70m 的高层已有五六幢，而高度超过 50m 的高层已达 10 多幢。

五横三纵城市主街街景整治规划与建设目标的制定，一方面遵循绍兴市城市总体规划对本规划区的职能、性质、规模的定位；同时面向 21 世纪的社会经济发展战略与目标，创造与社会、经济发展相适应，能满足人们日益增长的物质与文化需要，具有鲜明的地方特色的城市空间和生态环境，以促使绍兴建成以历史文化和山水风光为特色的国际旅游城市。

表 7-2 主要街道景观整治规划设计概况

| 序号 | 道路名称 | 起讫点 | 长度（m） | 道路断面宽度（m） | | | | | 面积（m²） | 断面形式 |
				机动车道	非机动车道	人行道	分隔带	总宽		
1	人民路	环城南路—环城东路	2 600	12.0	4.0×2	5.0×2		30	78 000	一块板
2	解放路	火车站—越南路	5 000	11.0	4.5×2	6.0×2		32	160 000	一块板
3	中兴路	越北路—越南路	6 400	16.0	6.0×2	5.5×2	1.5	42	268 800	三块板
4	延安路	解放路—环城东路	1 550	12.0	4.0×2	5.0×2		30	46 500	一块板
5	胜利东路	环城东路—解放路	1 150	12.0	4.0×2	4.0×2		28	32 200	一块板
6	胜利西路	解放路—环城南路		8.0	3.5×2	4.5×2		24		一块板

1. 整治规划设计的原则

（1）现代与传统相结合的原则。

（2）社会效益、经济效益、生态效益相结合的原则。

（3）现代与未来相结合的原则。

（4）"以人为本"的原则。

2. 整治规划设计构思

（1）沿街地块开发。

根据现状建筑质量、城市发展方向及城市规划要求，将八条街的所有地块分为保留地块与改造地块两大类。保留地块约占规划总面积的 30%，约合 69hm²；改造地块约占规划总面积的 70%，约合 161 hm²。改造地块可分为全面开发改造地块、正在建设地块、局部改造地块三类。对其中的建筑立面进行局部装饰调整，从而增强街景的统一性与艺术性。

（2）城市景观控制。

结合城区现状，绍兴市中心城区宜发展新旧两元相互辉映的景观格局，即以三山（府山、蕺山、塔山）及越都城作为古城区历史文化与自然环境大背景（一元），以中兴路与人民路交会区为现代都市景观中心，向四周逐级跌落扩展（二元）。背景区结合历史街区改造，严格控制高层建筑的出现，遵循历史文化脉络，布置能充分体现绍兴吴越古城、水乡特色的人工建筑物，并在府山、蕺山、塔山及大善塔四者之间保留出视线走廊，使之相互呼应，形成一定规模的历史文化景观网络区域，在现代城市景观群中保留历史文化景观应有的位置。现代景观区不宜采用对待大都市的处理手法来处理绍兴水乡城镇的空间，同时考虑到房地产开发的经济效益及景观要求，此后开发的建筑高度均不宜超过 70m，且不宜遍地开花。高层相对集中，高度逐级跌落形成投石于水的涟漪景观，并使中心突出。

（3）街廊设计。

①街道空间分为滞留空间与穿越空间两类。大型商业金融、文教体育娱乐附近为滞留空间，应为行人的停留安排休闲、宜人且安全的环境，布置座椅、花坛、饮水器等设施。而行政办公、居住用地及道路交叉口为穿越空间，不为行人设置可供停留的设施，界面简洁扼要，以防人流聚集滞留而妨碍交通。②空间界面分为硬质界面与软质界面两类，为了创造亲切宜人的都市景观，除了与胜利路、人民路及延安路的交叉口根据使用功能要求布置硬质界面以外，其余均为由绿化等构成的软质界面。③变异点，以长度 1 039m 为最大景观单元，长度 25～28m 为基本景观单元，在中兴路两侧布置景观变异点，适时地创造兴奋点，以防止单调冗长的街廊形象（附图 7-1 至附图 7-5，张鑫雨摄）。

第三节 交通道路景观规划设计方法与范例

交通道路除了交通功能外，也是城市社会生活和文化生活的主要发生地，是人类生活与生产活动不可缺少的最基本的公共设施，它既是连接两地的通道，又是人们公共生活的舞台，还是表现城市文化生活和城市面貌的"廊道"。交通道路的景观设计是指从美学观点出发，在满足交通功能的同时，充分考虑道路空间的美观、道路使用者的舒适性，以及与周围景观的协调性，让使用者（驾驶员、乘客以及行人）感觉安全、舒适、和谐所进行的设计。它是涉及城市规划、环境设计、建筑及空间设计、道路美学、园林学、环境心理学等知识的综合性学科。

一、 道路空间景观的构成要素

1. 道路

道路是城市形象的第一要素，也是形成道路空间、景观的本体性要素。道路的特征、方向性、连续性、韵律与节奏、道路线型的配合及断面形式特点构成了这一要素的基本内涵。

2. 道路的边界

边界是指一个空间得以界定、区别于另一空间的视觉形态要素，也可以理解为两个空间之间的形态连接要素。道路两侧的边界可以是水面（河川、海岸线等）、山体、建筑、广场、公园、植物或以上若干要素的组合体。

3. 道路的区域

道路的区域性特征可以由地形、建筑、路面特征、边界要素特征等形成，并主要表现在色彩、质感、规模、建筑物的风格、植物、边界轮廓线的连续性等具体方面。

4. 道路的结点

道路的结点主要指道路的交叉口、交通路线上的变化点、空间特征的视觉焦点（如公园、广场、雕塑等），它构成了道路的特征性标志，同时也形成了区域的分界点。

二、 道路景观功能与规划设计要点

1. 道路景观功能

交通道路景观具备交通、环境生态、景观形象三方面的功能。交通功能是最基本、最主要的功能。道路两侧及其周边地带的环境绿化是降低车辆噪声、废气污染，保障道路区域环境健康的基础，同时，在满足交通、环境生态前提下，通过道路节点、廊道、基质结合，乔灌木合理配置，色彩搭配，季相配合等多种设计创造良好的道路景观形象。道路中的"景观"不是狭义的视觉景观，而是包括交通、环保、周边土地开发、经济发展、历史文脉、旅游、资源等诸多因素的广义的景观。特别需要考虑交通规划区域的自然与人文环境特点，不应盲目照搬其他区域甚至国外的道路景观规划模式。

2. 道路景观规划设计要点

（1）主干道的景观设计。

城市主干道的作用是联系城市中的主要工矿企业、主要交通枢纽和全市性公共活动场所等，为城市主要客货运输路线，一般红线宽度为 30～100m 不等，以交通功能为主，车速快、车道宽，可绿化面积相对较大，绿化要求较高，路面多为三块板式。主干道景观一般由人行道绿化、分车带绿化、基础绿带绿化、公共建筑前的绿化等部分组成。

（2）次干道的景观设计。

次干道是联系城市中各主要道路之间的辅助交通路线，其路面多为一块板式，红线宽度为 25～40m，为生活服务性干道，两侧可布置公共建筑（如影院、公园等）和停车场，须满足居民日常上下班的机动车、自行车等车辆行驶功能，两侧主要种植行道树。可在便道较宽的地方设置街头小游园，供附近居民休息，还可在便道上加设条形种植池种植乔灌木，也可结合树阵形式以加大绿化量。

（3）支路的景观设计。

支路路面、便道很窄，通常只可栽植行道树。支路在居民区内为主干路，可结合楼间绿地和街心花园栽植具有小区特色的行道树，并把小区的绿地结合起来形成良好的小环境。

（4）平交口的景观设计。

平交口景观设计以绿化为主，大致可分为两类：普通十字交叉口绿化和交通岛路口绿化。平交口景观设计主要应从以下三方面考虑：①视距三角形。根据两条相交道路的两个最短的安全视距而在交叉口绘出的平面三角形,成为视距三角形。根据行车要求,在此三角形内不能有任何的建筑物和树木等遮挡司机视线的地面物。此区域的植物高度不能高于0.7m。②设计构思。在交通岛路口进行景观设计时要考虑确定主题,并采取一定的形式突出主题。③植物配置。交叉口的植物应以耐修剪的低矮灌木、鲜花、草坪为主,视距三角区内植物高度不能超过0.7m,以免影响行车视线。

(5)立交桥的景观设计。

立交桥的景观设计应注意以下两方面内容:①绿化景观。在立体交叉范围内,由匝道与正线或匝道与匝道所围成的封闭区域,一般采用植物栽植来美化环境。但立交桥的绿化要特别注意其交通安全要求,为司机留出足够的视距空间,并注重对行车的引导性,同时从司机驾车心理出发配置相应的植物品种进行规划布局。②桥型景观。桥梁在道路中不仅以其显著的交通功能备受关注,现代化城市桥梁同样应以其或宏伟或精巧的优美造型、合理完美的结构、艺术的桥面装饰、多变的色彩及栏杆造型成为道路环境景观的焦点(附图7-6,张鑫雨摄)。

(6)人行道布设的景观设计。

人行道铺装设计原则:①要充分考虑道路的功能和环境景观两方面的因素,根据实地需要,选择合适的铺装材料,如古建筑周边的道路宜采用古朴的天然石材,园林小径则宜选择自然气息浓厚的卵石铺砌,而道路两侧的人行道、商业街道路宜采用人工化的地砖铺砌。②不同材料、尺度、质感、色彩进行合理的搭配,形成简洁统一和突出重点的铺地图案(附图7-7)。③硬质铺砌同软质景观的协调统一,如铺地与绿化的巧妙结合、相互穿插,应符合整体环境特征。树篦作为人行道铺装的一部分,对铺砌景观起着画龙点睛的作用。

(7)夜景照明及灯光设计。

灯光能丰富景观,烘托气氛,在道路的景观设计中,灯不再是单纯的照明工具,而是集照明、装饰功能为一体,并成为创造、点缀、丰富城市环境空间的重要元素。道路照明主要包括路灯照明、道路沿线建筑形体照明、霓虹灯广告照明三部分内容,具体情况如下:①路灯照明。路灯,为夜间交通提供照明,占据相当的空间高度,是城市道路景观中重要的分划、引导因素,是道路景观设计的主要内容。根据其布置的位置和作用不同,可分为装饰性路灯、高杆路灯、高柱灯和庭院灯四种。②道路沿线建筑形体照明。建筑形体照明要充分利用建筑物的线条、形状特征及周边环境特点,营造出良好的艺术氛围。灯具布置要找出建筑物的有利特征及理想的画面角度,在夜幕降临的时候形成一幕幕动人的画面。③霓虹灯广告照明。霓虹灯因其五光十色、造型多变而被广泛地应用于广告、指示照明以及艺术造型照明。灯光闪烁,会营造出生动活泼的氛围。照明设施的设计值得注意的是,它的功能并不仅限于夜晚照明,良好的设计与配置还必须注意白天的效果(附图7-8,张鑫雨摄)。

(8)城市道路景观设计的其他构成要素。

城市道路景观设计还包括以下各要素:①广告景观。在城市道路范围内,不可避免地要涉及广告牌匾,其除了自身的宣传功能以外,也是道路景观的构成要素之一。广告的设置要起到促进道路景观建设的作用,与周边建筑关系协调,不破坏影响建筑形象,更不能阻挡行车视线，影响行车安全，可与绿化、照明、雕塑、小品相结合，合理布设，形成完整的道路景观（附图7-9，张鑫雨摄）。②建筑、雕塑、小品景观。建筑小品是道路景观的载体，街头绿地中的景观性建筑和小品的布置能对道路景观起到画龙点睛的作用，其形式是多样化的，如亭、廊、花架、水池、雕塑、假山等。同一条道路建筑小品的造型、色彩、材料、位置等要做到统一、连续，与周边环境协调，反映城市和地域特点，同时要有自己的特色。

三、 道路景观规划设计实例分析

以上我们已经系统介绍了道路景观规划设计的基本方法和不同层次道路的景观设计要点，为使大家能够从道路景观规划设计的整体性方面对不同层次的设计项目有所了解和掌握，我们选取了山东省青岛市黄岛区西外环路道路绿地景观规划设计作为实例学习。

（一） 规划设计目标

通过西外环道路两侧绿地规划，将其建设成为一条绿色生态大道，创造出一幅人与自然、科技相融合的协调画面。整条道路以"运用多种乡土树种创造不同生态景观"为宗旨，改变传统道路绿地单一的"线"的处理，变"线"为带，统一规划、区分细部，形成"花叶相映、层次丰富、尺度适宜、景观有序"的现代"绿色生态大道"。

（二） 规划原则

（1）风格统一：设计从整体着眼，宏观上确定基本架构及格调，选定基调树种，同时着力丰富细部景观，讲求变化有序、变而不乱，通过道路节点间的有机联系，达到整体和谐，各个标段自成特色又相互衔接的效果。

（2）特色分明：绿地形式以弧线为主，简洁流畅，富有韵律，植物成片配置，色彩对比明显，各标段以基调树种为背景，细部特色分明，景观丰富而有序，体现出现代景观的细致之美。

（3）生态多样：充分考虑到该地域气候及地理条件，因地制宜，科学选取其本土树种，大力丰富花灌木品种，配置上乔、灌、花、地被相结合，常绿与落叶相穿插，色相和季相巧妙搭配，形成复层结构植物群落，构成一个和谐、稳定、健康的具有生态效益的植被系统，创造出健康生动的绿色生态景观。

（4）层次丰富：通过植物的高低、色彩及不同特性的配置组合，同时充分利用原有地形的错落变化（山丘、河道），层次清晰，重点突出，从而在视觉空间上创造丰富多变的绿色景观。

（三） 规划设计总体构思

1. 道路主题

结合西外环路的地理位置以及"绿色生态大道"的定位目标，确定道路主题为"林海·绿韵"，以成片种植林形成"绿色海洋"景观。植物栽植错落有致，形式变化富有韵律，既体现了对于生态绿化的重视，又表现出对景观艺术美感的追求。

2. 总体思路

道路分段及节点：整条生态大道共分为四个标准段，六个节点广场。

四个标准段以基调树种为背景，以道路中段的"绿波广场"为中心，由两端入口向中央逐渐过渡，形式上由松散到紧密，反映出一种由舒缓到强烈变化的节奏美感。

六个节点广场由道路北入口至南入口，结合原有地形特征，依次表现"林海""绿情""绿波""绿洲""绿屏""绿韵"六个小主题，以"林海"始，以"绿韵"终，再次强调突出道路主题，同时也体现了自然与人文相互交融的创作思想。

绿化说明：道路两侧30m绿化带以雪松、毛白杨为背景树种，中下层以花灌木和地被为基调，采用规则弧线型，复层配植模式，总体层次清晰，色相分明，可识别性强，力求"处处有景，时时有景"。

整体氛围：绿色生态大道强调"绿"为主题，以行道树和背景树统一使用的基调树种作为全路景观的联系纽带，保持了整体形象的统一性和完整性。同时，各标段中下层植物品种多样，色彩丰富，形成了变而不乱的有序景观，使整条道路成为一个有机整体，营造了"简明、大气"的现代绿色生态道路的氛围。

3. 分段设计

标准段A：此段采用流线与矩阵结合布局的手法，圆弧处由毛白杨、樱花、紫丁香、丰花月季形成竖直向上的丰富层次感；两圆弧之间种植大面积色叶树种红枫，并点缀几株规格较大的栾树，以雪松为背景，带来强烈的视觉冲击（图7-1、附图7-10）。

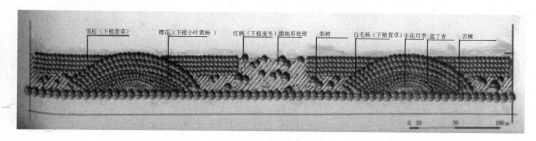

图7-1　西外环路标准段A绿化平面图

标准段B：此段周边为工业用地，布局上采用大流线的形式，大规模的路侧林带种植突出宏伟壮观的气势。紫薇、毛白杨、雪松、栾树、石榴交替组成竖直向上的大流线，下层满铺紫薇、铺地柏、东陵八仙花，以丰富景观层次（图7-2、附图7-11）。

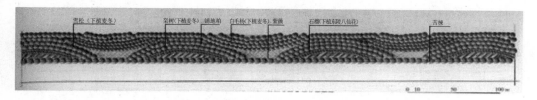

图7-2　西外环路标准段B绿化平面图

标准段 C：此段延续流线型布局，以雪松形成大片背景，紫玉兰、黄连木交替组成大流线，下层由紫荆、小叶锦鸡儿、北方茶藨子形成花带，气势壮观，层次丰富（图 7 – 3、附图 7 – 12）。

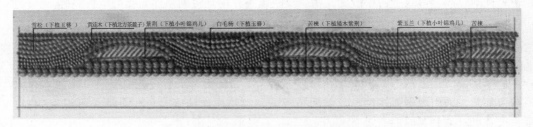

图 7 – 3　西外环路标准段 C 绿化平面图

标准段 D：此段可借远景，布局上疏密结合，平面形势呼应 A 段，通过树种来体现变化。圆弧处由雪松、毛白杨、红枫形成密林，通透处满铺丁香，形成花的海洋（图 7 – 4、附图 7 – 13）。

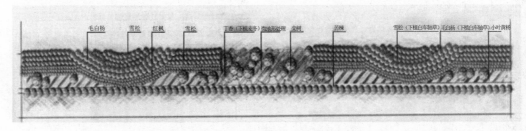

图 7 – 4　西外环路标准段 D 绿化平面图

4. 节点广场分析

绿韵：此节点位于西外环路的南入口处，用绿色植物构图显现一种韵律之美，与北入口的"林海"节点相呼应，突出"林海·绿韵"的生态大道主题。以水杉为背景，紫玉兰、元宝枫、雪松点缀其中，地下层选用小叶黄杨、丰花月季、矮本紫薇（图 7 – 5、图 7 – 6）。

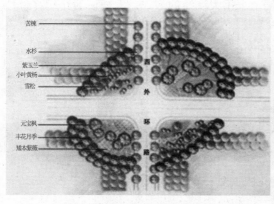

图 7 – 5　"绿韵"节点平面图　　　　图 7 – 6　"绿韵"节点效果图

　　绿屏：此节点的表现非常自然，微地形的处理、植物自然式的种植，形成一道绿色的屏障，与远处的山景相互辉映。水杉和毛白杨作为背景林，黑松、栾树、樱花点缀其中，地下层采用矮本紫薇、小叶黄杨、小叶锦鸡儿构成流线模纹（图7-7、图7-8）。

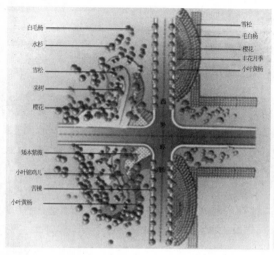

图7-7　"绿屏"节点平面图　　　　　　　　图7-8　"绿屏"节点效果图

　　绿洲：此节点位于世纪大道和西外环路的交会处，体现绿色的海洋之意。局部地面利用碎石铺成流水纹样。在背景水杉林的衬托下，黑松、鹅掌楸、石榴自然式布置，林下地被选用铺地柏、矮本紫薇、红瑞木、小叶黄杨、麦冬（图7-9、图7-10）。

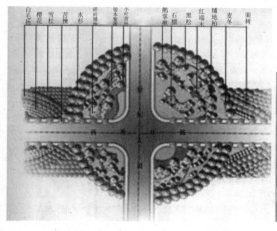

图7-9　"绿洲"节点平面图　　　　　　　　图7-10　"绿洲"节点效果图

　　绿波：此节点位于西外环路和凤河的交汇处。水与绿相融合，汇成"绿波"景观。大片的水杉林和雪松为背景，河岸处成群栽植垂柳和碧桃，丰富沿河景观。色叶的黄连木丰富了色彩变化，地被选用麦冬、矮本紫薇和小叶黄杨（图7-11、图7-12）。

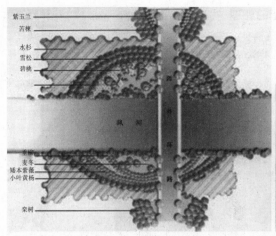

图7-11 "绿波"节点平面图　　　　图7-12 "绿波"节点效果图

绿情：用植物树阵组成几何形的构图，意在表现现代工业文明的环境中创造出来的一种绿色情致。配置上，以水杉作为背景树，常绿的麦冬和小叶黄杨作为地被满铺，观花的樱花树和常绿的黑松作为乔木穿插种植，形成几何形的图案美（图7-13、图7-14）。

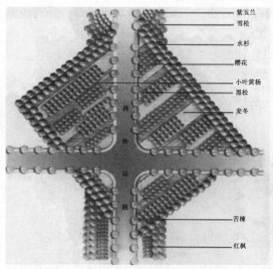

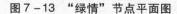

图7-13 "绿情"节点平面图　　　　图7-14 "绿情"节点效果图

林海：此节点位于西外环路的北入口处，意在用植物形成森林海洋的气氛，呼应本条道路的绿色生态特性；乔木采用水杉、银杏、樱花、黑松，中下层植物为丁香、矮本紫薇、小叶黄杨、麦冬，色彩变化丰富（图7-15、图7-16）。

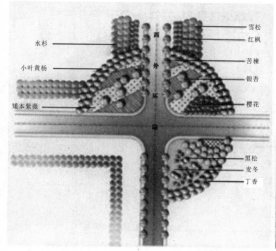

图7－15 "林海"节点平面图　　　图7－16 "林海"节点效果图

第四节　滨水区规划设计

滨水区是城市中一个特定的空间地段，是指"与河流、湖泊、海洋毗邻的土地或建筑，亦即城镇邻近水体的部分"，空间范围包括200～300m的水域空间及与之相邻的城市陆域空间。

滨水区的规划设计在整个景观规划设计中比较复杂，因为它既涉及陆地，也涉及水域，还涉及水陆交接地带，所以，滨水区的规划设计包含了场地规划和景观生态两大方面。

一、 滨水区的景观意义

1. 城市滨水区的类型

滨水区根据毗邻水体的不同可以分为滨江、滨湖、滨海等。城市滨水区笼统地说就是"城市中陆域与水域相连的一定区域的总称"，一般由水域、水际线、陆域三部分组成。

美国学者安妮·布里恩（Ann Breen）和迪克·里贝（Dick Rigby）根据用地性质的不同，将城市滨水区划分为商贸、娱乐休闲、文化教育和环境、居住、历史、工业港口设施六大类。

另外，按其在城市中的功能及其与城市关系来分，有旧工业区改建的滨水区、与居住区相连的滨水区、与市中心区相连的多功能滨水区、旅游休憩的滨水区、新开发的滨水区、生态保护区的滨水区等（图7－17）。

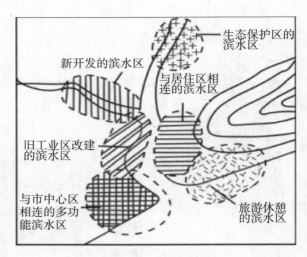

图 7 –17　滨水区类型

2. 城市滨水区的景观意义

滨水区是城市发展的起点，从城市的发展史来看，都市聚落的形成往往与河流、海洋、湖泊有着密切的关系。当今世界超过 100 万人口的城市，60% 分布于沿海地带，全世界 70% 的人口居住在滨水城市。从城市的构成来看，城市滨水区是构成城市公共开放空间的重要部分，在提高城市环境质量、丰富城市景观和促进城市社会经济发展等方面具有极为重要的价值。美国著名设计师查尔斯·摩尔认为：滨水区是一个城市非常珍贵的资源，也是城市富有挑战性的一个发展机会，它是人们远离拥挤的压力锅式的城市生活的机会，也是人们在城市生活中获得呼吸清新空气的机会。城市滨水区的景观意义表现在以下几个方面：

（1）城市滨水区是构成城市公共开放空间的重要部分。

城市滨水区自身的开放性和吸引力等使之成为城市公共开放空间中极富特色的一部分。

（2）城市滨水区对于一个城市的整体感知意义重大。

城市滨水区的方向感、边缘性、开放性等特征增强了城市的可识别性。城市滨水区往往是城市历史与文化积淀最深的地方，也是最能体现当地地域特色和风土人情的区域。

（3）滨水地带是典型的生态交错带，具有生态净化功能。

河流是最重要的生态廊道之一，滨水区是水域和陆域交界的地带，具有丰富的动植物资源；同时，滨水区还是人工和自然融合的区域，是城市生态中非常敏感的部分，也是最具生态价值的一部分。滨水区不仅承载着水体循环、水土保持、贮水调洪、水质涵养、维护大气成分稳定等功能，而且能调节气温和湿度、净化空气、吸尘减噪、改善城市小气候，有效调节城市的生态环境，增加自然环境容重，促使城市持续健康地发展。

（4）城市滨水区提高了城市的可居住性。

城市中的水体以其活跃性和穿透力而成为景观组织中最富有生气的元素。由于江、河、湖、海的冲蚀作用，滨水区常常形成沱、坝、滩、沮、洲、矶、沽等特殊形态的场地而成为城市中重要的景区、景点。这些天然的地形、地貌在水体的声、光、影、色的作用下，与城市灿烂的历史文化精粹相结合，形成了动人的空间景观。

滨水区域能够欣赏到水体和陆地上不同风格、不同变化角度的景观，其具有在城市内部其他地域所没有的特殊景观效果。同时滨水区域具有更加开阔的视野，有着更多变幻万千的自然景象，有着更多的动植物景观，因而滨水区域具有更为纷繁、更为自然、更为深远的景观效果，往往成为旅游者和当地居民喜好的居住、休闲区域。附图 7－14 是澳大利亚布里斯班的黄金海岸，这里不仅有大海、沙滩，更有四季如夏的适宜温度，因而全年游客不断。我国可以与它媲美的是海南三亚的亚龙湾。这些地方是人类向往的聚居地。附图 7－15 是新西兰的自然水体，像染过色似的。一方面是保护得好；另一方面是由于其地质形成时期，山里的矿物质比较多，湖水中硫酸铜的含量高，因此呈天蓝色。又因为湖水都是冰山雪水，水温很低，所以水中几乎没有鱼类。

二、滨水区的景观构成、特征与类型

1．城市滨水区的景观构成

城市滨水区主要由自然要素和人工要素两部分组成。其中，自然要素包括水面（江、河、湖、海等大型水体）、地貌（堤岸、港湾、岛屿、山岩、沙滩）、植被（天然植被、城市人工绿地、花木等）、动物（海洋生物、海鸟；微生物等）；人工要素包括建筑（现代化金融商贸中心、游乐区、住宅区、滨水路等）和港口设施（船、码头、船坞、塔吊、桅杆、救生设施等）。

2．城市滨水区的景观特征

（1）自然环境特征。

微气候环境：滨水区微气候环境与城市"内陆"地区有着较大差异，绿地与水面对微气候的调节起着巨大作用。由于地面、水面蓄热散热系数不一致，滨水地区在昼夜因水陆升降温速度不一，形成海陆风。滨水区地势开阔，流动的空气使滨水区空气能够保持清新，大自然风霜雨雪的脉动，在这里表现得十分明显，它给人从视觉到触觉的全息感受。开阔的地势、充足的阳光，没有高楼阴影遮挡的困扰，想必会给整天在日光灯下工作的人们带来一片明朗的温情。

声环境：滨水区的声环境是独特的，这里有流水声、波涛声，偶尔还会传来几声低沉的轮船汽笛或海鸟的鸣叫，这种声音资源就像颜料一样，为滨水区涂上了浪漫的色彩，这些声响在终日车鸣马啸的都市噪声环境下，无疑会令人心旷神怡。

生态环境：城市滨水区是城市中最复杂的生态地段，同时也是最为敏感和脆弱的生态区域之一（附图 7－16）。近年来，一些城市通过大面积围湖造地或利用河、海岸线范围内的滩涂、填河造地或填海造陆等掠夺性方式获取新的滨水建设用地，致使滨水生态环境产生不良影响。云南滇池就是最典型的实例。

滨水的自然条件对填河（海、湖）造地的工程建设可行性常常起控制作用。过度索取必然导致水文、滨水边缘地形构造、岸线的稳定及沿岸植被和海洋生物的栖息环境发生改变，以致降低水体的自净能力。另外，泥沙长期淤积影响航行，严重时会因为洪水、滑坡、飓风、海啸等自然生态的破坏而威胁城市安全。

（2）社会环境特征。

人文历史环境：人类居住地首选河岸带，而四大文明古国也发源于相应的水系。城市的人文历史环境在很大程度上表现在现存的文物古迹中，这也是城市发展过程中最直接和最重要的历史见证。城市滨水区保留的文物古迹（古炮台、古代水城门）、场所（渔村、渔港）、文化遗址（城堡废墟）、历史性建筑物（海关、教堂、银行、古坊）和构筑物（灯塔、古桥、码头栏杆、河道驳岸）、邻水的街区、地段和特定历史条件下的整个水上古城镇（威尼斯、周庄、苏州）在沧桑的印迹中饱含着更有价值的文化感和美感。

多元化的社会活动：城市滨水区形态丰富的场地、水文条件，为各种特性的活动提供多种环境条件。在同一水域环境里，既有"茫茫九派流中国，沉沉一线穿南北"的恢宏地势，又有"明月松间照，清泉石上流"的静谧内省的处所。对应于人们的活动形式，既包括有组织的大型文化活动，又有以个人、家庭为核心的自发活动，几乎所有不同的活动都能在滨水区城市空间中找到适当的场地。这使不同年龄、性格、背景、教育程度的人走到一起，体现出滨水区开放空间的环境价值。

城市滨水区环境的二重性：城市滨水区生态系统以自然生态系统为主，一般具有丰富的生物多样性。另外，由于城市滨水地带在城市中具有独特的魅力，其往往又成为市民休闲集会的场所。所以，城市滨水区的自然生态系统又属于受人类活动强烈干扰的自然生态系统。滨水区在城市中具有自然山水的景观情趣和公共活动空间集中、历史文化因素丰富的特点，导向明确、渗透性强的空间特质，是自然生态系统与人工建设系统交融的城市公共开敞空间。

城市滨水空间为久居闹市的人们提供了宽阔的水面、绿地和明净的天空，使人们能够摆脱都市的喧嚣，感受大自然的气息，获得人工环境难以给予的空灵与宁静。滨水区的城市性与自然性之间存在着微妙的平衡。二者相互冲突而又相互依存，城市化过度，会使自然属性遭到破坏，而丧失地理资源优势；片面的自然保护又会使城市功能与水岸环境相互剥离，使水岸环境丧失活力，可见二重性如果失衡，会降低滨水区户外活动的环境质量。

滨水区的魅力就在于具有这种"人工—天然"的二重性。这个二重性就是荷兰心理学家德克·德·琼治所说的"边界效应"，即在人工环境与自然环境的交汇处，人们在户外活动过程中，同时得到两方面的感受：既能感受到人工设施的便利，又能感受大自然的清新；既能体察人工环境的精巧亲切，又能感到大自然的雄浑广博。

3. 城市滨水区的景观类型

城市滨水区的景观类型主要分自然物质景观、人工景观和人文景观三类。

（1）自然物质景观。

地形地貌景观：城市滨水区的陆地可以分成平原型、丘陵型及结合型。大部分的城市滨水区均为平原型，地形开阔，建设方便。丘陵型的城市滨水区，如重庆、旧金山等，由于地形复杂，给城市建设带来困难，但同时由于特殊的地理环境，往往会形成独特的景观效果。如旧金山，整个城市建在沿江的一座小山上。规划充分利用俯瞰水体的有利条件，设置了垂直等高线的道路，形成了向上直对山顶、向下俯视江海的景观效果。结合型是指城市建在沿江的平原上，而远处却有山岳分布。这是一种较常见的滨水地形。在景观规划时应充分地利用山岳景观，将其结合到城市的滨水区中来。例如，杭州形成了"三面围山一面城"的布局结构；加拿大的温哥华，美丽的落基山脉成为城市的骄傲。

水体景观：水体是滨水区景观的关键所在，它可以是微波荡漾，也可以是波涛起伏，不同的运动状态给人不同的心理感受，形成不同的景观效果。静态的水面给人以安静、稳定感，是适合独处思考和亲密交往的场所（附图7-17、附图7-18）；对于动态的水体，水的表情常与流速有关，低速时，流动意识并不明显，速度增加时，水流受到形状的影响，形成了旋涡、激流、飞溅，使人感情受到激荡。当水流流经峡谷时，激流奔腾，使人的感情也处于跌宕起伏的变化之中。同时，随着昼夜、四季和岁月的更迭，水体也会呈现多种多样的形态。不同的季节也会有不同的滨水景观，风霜雨雪的韵味各不相同。

植物景观：植物是滨水区设计中有生命的题材。植物包括乔木、灌木、草坪地被、花卉、水生植物等。植物的四季景观、本身的形态、色彩、芳香、习性等都是滨水区造景的题材。种类植物与地形、水体、建筑、山石、雕塑等有机配置，将形成优美的环境和艺术效果。

（2）人工景观。

滨水道路景观：城市滨水区的路径可以分成平行岸线道路和垂直岸线道路。平行岸线道路视野开阔，是展示滨水景观的主要场所，是滨水景观序列组织的主要视廊。特别是对于曲线型的滨水岸线，这类道路的走向显得尤为重要，可以得到独特的景观效果。而垂直岸线道路往往成为滨水景观和城市景观之间的联系通道，是将滨水景观引入城市的重要通道。如上海的南京路，其走向正对浦东的东方明珠塔，形成了很好的景观效果。垂直岸线道路常会成为城市的景观轴线，如杭州的西湖大道及上海浦东的世纪大道。跨水大桥是垂直岸线道路的特例，在滨水区的景观组织中具有举足轻重的作用，往往会成为滨水景观的焦点。

岸线边界与节点景观：边界是指城市滨水区中不作道路或非路的线性要素，有岸线、建筑物界面及绿化界面。岸线和建筑物界面的相互关系可以分成重合、平行、穿插这三类。重合是指建筑沿岸线建造，这种方式主要使用在传统城市沿河建筑的处理上，形成一种"小桥、流水、人家"的水城景象（附图7-19）。建筑物界面和岸线相互平行或基本平行，是滨水区最常见的处理方式。通过建筑群体布局和岸线的一致来展示岸线的形态，同时也可以通过建筑群体的适当后退，使滨水岸线形成开阔、舒缓的空间形态。但是建筑物界面和岸线平行的形式，形成的景观比较平淡，因此往往需要加入穿插式的处理，即通过某些节点区建筑物逼近岸线，形成标志性的节点，如上海东方明珠电视塔的处理方式。节点是城市滨水区中的战略要地，人们感觉和识别城市的主要参照物，道路交叉口或人流聚集的核心。例如，水域与陆域，河道与街道，车行、舟行与步行的交会点形成的场或公共建筑群，是城市最活跃的场所。对于城市滨水区来说，广场是人流集散和举行各种活动的中心，因此不仅需要有城市广场的特性，还需考虑与滨水景观的关系，考虑视觉的引导性和丰富性，考虑两岸景观的融合。

标志性景观：标志是城市滨水区中的点状要素。例如，古代的牌坊、古塔、古桥，现代的电视塔、桥梁等构筑物或个性独特的单体建筑。标志通常作为参考点，使观者在某一距离之外即可察觉，并可借以辨明方向。标志具有明显的层次性，有局部区域的标志，也有更大范围的标志，因此，应特别注意标志设置的系统性。而其中最重要的是整个滨水区的标志的设计，它往往也会成为城市的象征，如上海的东方明珠电视塔、多伦多的 CN 塔等。

（3）人文景观。

活动景观：活动包括休闲活动、节庆活动、交通活动、商业活动、教育活动、观光活动等。休闲活动，如晨练、散步、打太极拳、逛街、饮茶、棋艺、野餐、郊游、放风筝、钓鱼、戏水、观察鸟类、放烟火等，这些活动具有一定的规律性且被广大市民认同，而且对相对陌生的外来游客而言，很多休闲活动是令人兴趣盎然的。赛龙舟等文化节日是滨水区最具代表性的活动景观。城市滨水区两岸车水马龙，水面上船只来来往往，形成了繁忙的景象。而更重要的是车站、码头等市际交通的枢纽，有大量的车流、人流的集散活动，在功能上应保持人行与车行交通的搭配衔接，而又互不干扰。这些市际交通枢纽往往是进入城市的门户，是城市景观设计的重点所在。城市滨水区也是最繁忙的商业活动区和旅游观光区。

历史人文景观：城市往往是沿河、沿江发展起来的，因此城市滨水区往往是城市中历史化比较丰富的地区，城市滨水区的开发和建设也越来越注重这种文化的挖掘和继承，最终建设成富有文化内涵的景观，成为一个具有"记忆"的地区。

三、 滨水区的景观保护与规划设计

1. 城市滨水区景观规划设计的原则

借鉴总结国内外滨水区景观规划与设计的理论和实践，城市滨水区景观生态规划与设计应包括以下八个原则：

（1）整体优化原则。

从滨水区自身来看，滨水区的设计在整体上应具有和谐感和整体感。虽然因各地块属性、自然环境不同，滨水区内各部分在使用性质上会有所差异，但是从整体来看，各地块之间的设计风格、绿化形式应该统一。

从滨水区和城市的关系来看，应加强滨水自然景观资源与城市的融合性，依托现有的城市结构，明确滨水区的地位。各种形式的滨水空间都是城市公共开放空间的有机组成部分。考虑滨水空间的形态，不仅看水体、水陆交界面和邻近陆域，还应该把这个空间和城市形象结合起来考虑，从城市总体布局入手，从城市的角度来考虑主次与取舍，让这个空间成为城市空间结构的完善和延伸。因此，城市的滨水区与市区之间要加强联系，防止将滨水区孤立地规划成一个独立体。

（2）景观异质性和多样性原则。

景观异质性是指景观内各要素之间或景观要素内的差异性，是景观复杂性的表现形式。景观多样性是描述景观中嵌块体复杂性的指标。它包括斑块多样性、类型多样性和格局多样性。异质性和多样性对于景观的生存与发展具有重要意义，它既是景观规划与设计的准则，又是景观管理的结果。

（3）因地制宜原则。

每一景观都有与其他景观不同的个体特征，这些个体特征的差异又反映在景观的结构与功能上。不论从生态还是地理、历史、气候、文化差异等角度看，每个城市的滨水空间都具有不同于其他城市的特点，这些地域差别形成了纷繁多彩的风格与特色。城市滨水区景观设计应该强调利用城市所在地域的区域环境特征，保持和维护特定区域环境及生态位的独特性，因势利导，选用地方材料，造就各具特色的城市滨水空间环境。

（4）遗留地保护原则。

即对原始自然保留的和宝贵的历史文化遗迹要实行绝对的保护。基于景观生态学原理的景观规划设计，要求人类对自然的介入应约束在环境容量以内，不破坏生态系统的物流、能流的基本通道，创造既服务于人，又与自然环境相融洽的最佳场所。

（5）人性化原则。

在城市滨水区景观设计中，设计师要注意一切设计都联系人的生活与尺度。只有建立在对现代人的心理、行为分析的基础上，才会使滨水景观设计的内涵得到更大的延伸，遗失了这一点，滨水空间景观设计就失去了它的灵魂，成为与城市环境良性循环相抵触的消极因素，成为"为设计而设计"、与现代人需要相抵触的东西。在城市滨水空间的营造上，一定要考虑人的多层面、多方位的不同需要，以达到空间环境与人行为活动的有机统一。

（6）安全性原则。

确保城市堤防的稳固，防止因绿化植被或其他景观设施破坏大堤结构，防止堤防在洪水来临时发生管涌、溃堤等事故，确保城市居民的生命和物质财产不受水灾的侵扰是城市堤岸的首要职责，是综合开发城市堤岸、提高城市土地利用率、美化城市环境、创造多重经济效益的前提和基础。

（7）亲水性原则。

所谓亲水性是指人观赏、接近和触摸水的一种自然行为或者说是一种很容易就能达到的物理现象，也可以说是手能触及的心理现象。滨水区设计重要的一点就是要能够满足人们亲水的愿望，亲水性几乎是滨水区规划建设能否成功的关键。

（8）综合性原则。

城市滨水区的景观规划与设计是一项综合性的工作。对滨水区的分析不是某单一学科所能解决的，也不是某一专业人员所能完全理解并作出合理决策的。城市滨水区的景观规划与设计需要多学科人员合作，包括景观规划者、土地和水资源规划者、景观建筑师、景观设计师、生态学家、地理学家等。

2. 滨水区景观规划设计要点

（1）对现状条件的合理分析评价。

区位条件分析：区位条件分析是从各种尺度上找寻场地的位置，明确场地与城市的关系，场地与更大尺度领域的关系，解析其区域位置的战略意义。

自然环境分析：自然环境分析主要包括对场地及其所在城市的地形与地质、气候、水文、生态进行分析。对水文状况的分析是城市滨水区景观规划设计有别于其他区域景观规划设计的基础分析项，也是直接影响城市滨水区景观形态的因素。水文状况是指水系的变化情况，由一些特殊指标组成，如年平均流量、洪峰期流量、枯水期流量、常年水位、十年一遇洪水位、五十年一遇洪水位等。对生态状况的分析包括了解该地区、该城市的动植物群落、动植物景观特色以及怎样利用这些特色来设计。

人文环境分析：人文环境分析包括对城市及场地的历史沿革、传统民间文化、历史文化遗产、人口等的分析。其目的是深入挖掘场地的历史文化、人文精神，为设计提供非物质文化元素。历史沿革分析，可以通过查阅该区域的县志或市志、年鉴以及探访当地历史研究专家，对该区域的历史发展脉络和原因有一个清晰的认识。历史沿革分析有助于我们在设计中体现历史以及将现代与历史有机结合起来。传统民间文化也可以叫作非物质文化，是指来自这一区域文化社区的全部创作，这些创作以传统为依据，由某一群体或一些个体表达，并被认为是符合社区期望，作为其文化和社会特性的表达形式、准则与价值。传统民间文化通过模仿或其他方式相传，神话、舞蹈、生活方式与生活习惯、礼仪习俗等都是它的表达形式。传统民间文化是这片土地的灵魂，将其融入设计中，才会设计出富有地方特色的滨水区景观。历史文化遗产是指历史上遗留并保存下来的文化遗迹，它是历史的足迹。研究它可以使景观规划设计师更直观地感受场地的历史气息。人口分析是对场地及其所在城市人口的数量、发展状况、人口结构等方面进行分析。只有通过人口分析，我们才能够准确地根据人们的需要，设计出适宜本地区形形色色的人们活动的滨水空间。

交通运输系统分析：主要包括区间交通分析和区内交通分析。区间交通分析是定义场地的大的交通走向，找出人流来向、车流交通对场地的影响。区内交通分析是指区内人流互动关系对场地的影响，分析的目的是找出问题所在。

城市绿地系统分析：城市绿地系统是指城市各绿地在城市中的位置、功能、性质以及它们之间的关系。通过对更大尺度、更大区域范围内的城市绿地系统进行分析，找出场地在系统中的位置，以及场地在整个城市绿地系统中的作用。

水系统分析：水系统分析是指对城市的水系分布、流向、流量和水文变化进行分析，从更大尺度入手，明确场地中的水系在整个城市或更大区域范围内的位置和作用。

区域功能分析：区域功能分析是指对现状规划用地性质进行分析。用地性质也叫用地功能，城市用地功能包括金融、居住、行政、教育、科技等。明确城市的发展战略，对整个城市的区域功能、场地周边环境的用地性质以及对场地内部区域功能进行分析。其分析结果将直接影响场地的规划设计布局。

城市设计功能分析：从建筑的空间形态和分布来分析周边建筑对场地的影响，可以用阴影法来做建筑空间分析图，从建筑的形式、尺度、视线等方面进行分析。

岸边相关设施及污染处理工程分析：城市滨水区岸边的相关设施有许多，如防洪设施、码头、桥梁、高压电等，分析其位置、规模、作用并在设计时给予充分考虑。污染处理工程在城市滨水区景观规划设计中的重要性是显而易见的。寻找污染的来源、分析水质现况、制订污染处理整治计划都属于污染处理工程的内容。

（2）基于现状分析评价的景观规划设计定位。

根据现状分析结论、经济发展指标、环境保护指标、城市定位等要素，对滨水区域在用地性质、意义及设计原则上进行明确的定位。

（3）科学规划设计。

在前面各项分析的基础上进行规划方案的制订，明确滨水区交通、建筑、开放空间、绿地系统、水系统等格局，并以图面形式呈现出来。

（4）科学评价与改进。

方案实施后，对规划项目从社会、生态、经济三方面进行综合评价，评价社会效益、生态效益与经济效益。调查人们对项目的满意程度及存在的问题，并提出合理的改进方案。

四、 滨水区的景观保护与规划设计范例

（一）国外典型范例

1. 范例一：芝加哥的滨水绿带处理

芝加哥的滨水绿带处理偏重于自然形态：国际景观建筑学的创始人奥姆斯特德与美国规划师之父丹纽·伯曼，在1872年芝加哥大火之后，规划了平均宽度1 000m左右的芝加哥滨水绿带，并于1900至1910年之间建造，绿带里除了芝加哥自然博物馆等几个公共建筑之外绝对禁止任何房地产开发（附图7－20）。

芝加哥滨水绿带翻过一座小山岗就是密歇根湖（附图7－21），滨水带规划也需要造地形，特别是这么长的一段滨水带，全部沿湖走未免太单调，有的地方需要有山遮一遮（附图7－22），有的地方需要有大片的湖面，附图7－23为规划过的自然驳岸。

2. 范例二：悉尼歌剧院滨水岸立体处理

城市中的滨水带还有一类人工痕迹比较多的，如悉尼，连建筑都往滨水地带凑，硬质景观比较多。大家会问，为什么不做绿化？也许是因为海水是咸的，树木难以成活。这跟上海外滩不一样，外滩旁边是江水，可以长树。另外，在这一片硬质景观以外还有堆山和树木。紧临悉尼歌剧院的海堤做得外面高、里面低，主要是为了防海潮；上海外滩也是这样，主要是为了满足千年一遇的防洪标准。但是，同样的目的，有不同的做法，外滩是将堤岸紧靠江水；而悉尼则是用二重平台的立体结构解决了这一问题（附图7－24）。

（二）国内典型范例

1. 范例一：西湖景观治理

杭州市因西湖而闻名海内外，西湖因其秀丽景色而名扬天下。西湖位于杭州市内，面积5.65平方千米，景色十分秀丽，滨水景观比比皆是。南宋时期业已形成的西湖十景，至今仍是西湖景观的主要景点。

在20世纪五六十年代，由于工业的膨胀发展，西湖周边被许多工厂围占，西湖受到工厂污水的污染和人为的破坏。西湖水发黑发臭，周边自然树林被砍伐，人文古迹被破坏或摧毁，西湖滨水景观面临严重的威胁。在20世纪80年代初，杭州市媒体还联名发出了"救救西湖"的呼声。1985年，杭州市政府认识到西湖对杭州市发展的重要意义，开始了西湖景观的拯救工程：关闭、搬迁了西湖周边的工厂，搬迁了周边的居民，植树造林，修饰了原有的雷峰夕照（附图7－25）、曲院风荷（附图7－26）、三潭印月（附图7－27）等滨水景观，新修或扩建了40余处景观。著名的新建景观有新西湖十景：

云栖竹径、满陇桂雨、虎跑梦泉、龙井问茶、九溪烟树、吴山天风、阮墩环碧、黄龙吐翠、玉皇飞云、宝石流霞。

西湖中鼎足而立的湖中三岛——小瀛洲、湖心亭、阮墩环碧，就像三颗绿色的宝石，巧妙地镶嵌在这碧玉似的镜面上，而苏堤、白堤则像两条飘逸在这镜面上的缎带。小瀛洲又称三潭印月，是西湖三座小岛中最大的。岛上柳岸荷池、曲桥鸟鸣。"三潭印月"碑石为康熙皇帝所题。岛前有三座石塔，即所谓"三潭"。中秋之夜，皓月当空，时人在塔内点上蜡烛，圆孔蒙上薄纸，月夜烛光外透，此时烛光、月光、湖光，交相辉映，这就是湖上名景"天上月一轮，湖中影成三"。

断桥位于西湖白堤东端，断桥之名始于唐，宋称宝祐桥，元称段家桥，是一座独孔环洞桥（附图7-28）。桥的东北有"断桥残雪"御碑亭，亭旁有"云水光中"水榭。每当雪后初晴，桥的阳面冰雪消融，阴面却是铺琼砌玉，远处眺望，"断桥不断"展现出"断桥残雪"的意境。民间神话《白蛇传》里的白娘子和许仙相传即在此相会。

九溪十八涧以"小径屈曲，峰峦夹崎，涧泉淙淙，篁楠交翠"著称，为西湖西部又一胜境。九溪十八涧位于西湖西边鸡冠陇下，向南流入钱塘江。九溪穿林绕麓，汇合了许多细流，故又有"十八涧"之名。1986年又修建了人工瀑布。水映山色，使山色更加秀媚；山衬水态，使水态愈显柔情，这山与水美妙和谐的结合，使游人有置身图画中的感受。

西湖不仅有如画的自然风光可供游赏，更有数不清的古迹名胜足供寻访。湖畔名城杭州，唐时已称"东南名郡"，五代的吴越国和南宋王朝均在此建都，其紫禁城就在西湖南岸凤凰山麓。沿湖数不清的宝塔古刹、优美园林、楼台轩榭、碑刻摩崖，如灵隐寺、飞来峰、六和塔、岳王庙、杭州革命烈士纪念馆、苏东坡纪念馆、秋瑾墓、文澜阁等，更为秀丽的西湖增添了脍炙人口的人文景观，也使神化丹青的西湖更得世人的羡慕和敬仰。

2002年，为承载杭州历史文化脉络，充分挖掘西湖的文化景观资源，杭州市政府开始了南线整合工程，从南山路湖滨公园起至长桥公园，重新恢复人文历史景观：设置旧西湖10座城门与主要街坊的示意图，再现澄庐风貌，复建钱王祠，恢复南宋皇帝游西湖的御码头，建聚首堂、清照堂和刘松年书画廊等，修建学士桥，清理学士港，恢复水南半隐景观。各条文化细流，汇聚成一个个闪光的历史文化景观，一度被历史淹没和人为毁坏的历史古迹，重新焕发绚丽的色彩。整合后的西湖南线景观，一座桥、一座亭，都被赋予了文化的内涵，辉映着历史的光芒。

西湖自然和人文滨水景观的新修，提高了杭州市的品位和形象，增强了杭州市的对外竞争力，促进了城市经济的发展，同时丰富了市民的生活文化方式和内容，增强了城市的发展潜力。

2. 范例二：大连市的沿海景观

大连市位于中国辽宁省最南端，濒临黄海、渤海，依山临海，景色优美，是中国北方地区著名的旅游城市。大连市的旅游风景元素由两方面组成：依山滨海自然景观；城市风景风貌和近代建筑等人文景观。

大连市的城市滨水区主要由南部滨海带状区域构成，这条带状区域有平坦开阔的沙滩浴场、奇形怪状的礁石、鬼斧神工的壁岸、星罗棋布的小岛、连绵起伏的青山，自然风光优美，还恰如其分地布置了一条人工景观带，将自然景观与人工景观有机地连接在一起，实现自然和人文的结合，打造了大连市整体的滨海景观。

在弃置的濒临海岸线工厂的基础上，大连市建设了滨海路的"海之韵"广场（附图7－29），为滨海路东段景观增添了瑰丽的色彩。星海湾景区的建设，整合了具有国际规模水平的星海国际会展中心（附图7－30），给滨海区带来了多种多样的活动内容，带动了高质量的城市文化与滨水区开发，成为大连市亮丽的风景线。自然博物馆景区临海而立（附图7－31），扩充了滨海游憩风光带，改善了城市旧区面貌。这些景区相互连接呼应，恰似渤海海岸线上一颗颗璀璨明亮的珍珠，共同构成了大连市滨海游憩区，形成了具有规模性、完整性、连续性的滨海景观。

3. 范例三：佛山新城滨河景观带

佛山新城滨河景观带是佛山市"三年城市升级计划"的重点项目。项目以"水绿香"为理念，以"升档次、加层次、增色彩、添文化"为手段，力争把滨河片区建成"文化主题鲜明、岭南特色突出"的城市公园，全力打造滨河景观带夜景，突出表现"日可赏景，夜能赏灯"昼夜不同的景观环境，使之成为广大市民享受"高效率、慢生活"的体验区（图7－18）。主要特色如下：

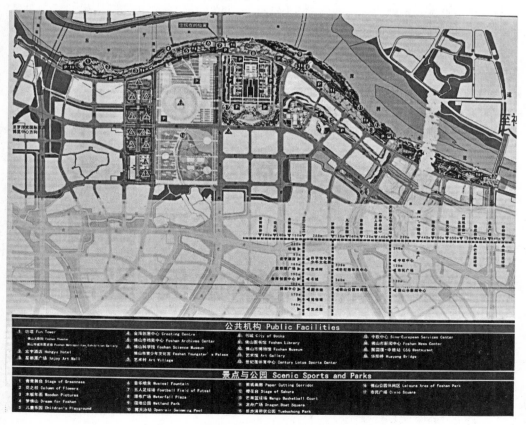

图7－18　佛山新城滨河景观带平面图

（1）功能配套以人为本。公园功能设置注重其通达性、参与性、互动性，绿道建设贯穿至整个滨河景观带，配套有露天泳场、儿童乐园（附图7-32）、篮球场、滑板场（附图7-33）、龙舟广场（附图7-34）等功能区。其中露天泳场占地约4万平方米，水域面积1.2万平方米，沙滩7500平方米，水深约1.6米，可同时容纳2000人畅泳。开放两年来，办卡市民已超15万人，累计接待泳客近70万人次，是目前省内最大的城市免费"露天泳场"。

（2）保留自然生态原貌。充分保护东平河原有河滩的生态环境，通过恢复河岸缓冲带，修复沿河浅滩，打造成浅滩、河漫滩等多样的生态水体形态（附图7-35），建成全市最大的城市中心湿地公园。其植物配置强调乡土性与特色性结合，在全市范围内率先引种淡水红树林，在重要节点上试种名优樱花，并推广种植珍稀茶花，较好地营造出"慢生活"的生态环境。

（3）统筹河涌、桥梁、商业景观。以"现代水乡印象"为主题，对河涌、桥梁、商业景观等三大专项进行统筹，同步设计和施工。同时通过叠山理水，修建大型塑山瀑布、山林小涧、望江平台等形式多样的亲水设施，营造出"水在城中，城在绿中，人绿相随"的新型城市内河涌景观。

（4）文化与景观有机融合。注重把文化元素融入滨河景观带中。建设有展示国家非物质文化遗产木版年画的"木版画廊"（附图7-36）、有展示佛山人文历史的"剪纸画廊"（附图7-37）、有国际龙舟赛最佳观赛点的"五彩梯田"（附图7-38）和"龙舟广场"。还通过举办"佛山国际城市雕塑大赛"，引入部分获奖参展作品，并围绕这些雕塑精品建设"微景观"，增强公园的文化内涵（附图7-39）。

（5）人车分流，步移景异。将滨河景观带的配套市政道路改造提升，通过增设中央绿化带，配植大规格乔木，营造强烈的道路景观中轴线，并把市政人行道纳入公园慢行系统中，统筹建设。

（6）缤纷夜景，慢行生活。选用绿色节能的LED灯具，重视游人的视觉感受，以游人的心理感受为主线对整个景观带划分主次节点，重点以五彩梯田＋剪纸画廊、山水瀑布、儿童乐园以及青青舞台为核心的四大片区的夜间形象穿梭其中，能充分体验景观照明带来的趣味性和视觉感受。此外，对眩光进行严格控制，确保游人在游园时的最佳视觉舒适度。

本章复习思考题

一、城市道路景观的特征有哪些？在规划设计的过程中怎样协调它们之间的关系？
二、城市道路景观整治的措施主要有哪些？
三、简述滨水区景观的规划设计要点。

本章图片链接

第八章 城市广场的景观规划设计

第一节 城市广场的类型与空间形式

一、城市广场的概念和类型

（一）广场的起源与概念

"广场"源自古希腊，是城市国家政体的产物，最初用于议政和市场，是人们进行户外活动和社交的场所，其特点、位置是松散和不固定的。从古罗马时代开始，广场的使用功能逐步由集会、市场进一步扩大到宗教、礼仪、纪念和娱乐等方面，广场也开始固定为某些公共建筑前附属的外部场地。中世纪的意大利城市广场在西方城市建设发展史中占有重要地位。它是意大利城市的"心脏"，与城市整体互为依存，广场的功能和空间形态进一步拓展，在高度密集的城市中心区创造出具有视觉、空间和尺度连续性的开放空间，形成城市公共中心广场的雏形。15世纪文艺复兴时期的城市广场，力求在广场的改造中弘扬人文主义思想，追求人为的视觉秩序和庄严雄伟的艺术效果。巴洛克时期，城市广场空间与城市道路紧密结合，不再单独依附于某一建筑物，进一步成为整个道路网和城市动态空间序列的一部分。

城市广场发展到今天，已发展为城市开放空间的重要组成部分。城市广场的概念可以概括为：为满足城市社会生活需要，面向公众开放、面积广阔的场地，一般以建筑、道路、山水、地形等围合，由多种软、硬质景观构成，活动以步行方式为主，是具有一定的主题思想和规模的节点型城市户外公共活动空间。现代城市广场运用雕塑、小品、铺装、路灯等元素来凸显主题，使广场更富有特定的含义，运用设计元素来表达城市文化、限定空间。广场的城市社会生活包括政治、文化、体育、商业、休憩等多种活动，各种活动是按照广场的功能定位有主题地开展的，主要表现城市的风貌和文化内涵以及城市景观环境等多重目的。广场一般位于城市重要的功能节点处，在城市空间中属于核心型的空间形态。

美国城市规划专家凯文·林奇（Kevin Lynch）认为，广场位于一些高度城市化区域的中心部位，被有意识地作为活动焦点。通常情况下，广场经过铺装，被高密度的构筑物围合，有街道环绕或与其相通。它应具有可以吸引人群和便于聚会的要素。

广义的城市广场的概念，大到形成一个城市的中心或一个公园，小到一块空地或一片绿地，除街道外，是城市公共空间的另一种重要空间形式。城市广场突出地反映了城市文化的特征，为市民提供了室外活动和公共社交的场所，是城市空间环境中最具公共性、最富有艺术魅力、最能反映城市文化特征的开放空间，有着城市"客厅"的美誉。

硬质场地面积占主导地位是广场的特征之一，如果花草和绿地化区域超过硬质场地的总量，我们将这样的空间称为公园，而不是广场。

　　根据现代城市广场的功能以及规划，可对广场作出以下定义：广场是为了提供各种城市需求，以园林景观设计要素为基础，通过一定的场地围合，采用以步行为主要的交通手段，具有特定主题和功能的城市公共空间节点。

（二）广场的类型

　　从广场的发展历程来看，古今中外对广场的分类方法有很多，国外学者大多按照空间形态的不同进行分类；我国的《城市道路设计规范》中明确将广场按照使用功能进行分类。由于现代城市的规划与设计均是按照综合发展方向进行的，因此很难界定广场的统一性分类。根据不同的分类方法，可将广场进行以下分类。

　　（1）按使用功能分类。

　　①市政广场：市政广场一般设置在城市行政区域附近，主要用于市民集会、游行、节日庆祝等活动，通常设置在政府及其他行政办公建筑附近，也可设置在展览馆、博物馆等体现城市文化内涵的建筑周围。市政广场周边一般有主干道连通，能及时集中和疏散交通，广场场地多以硬质铺装为主，艺术雕塑与绿化景观作为适当点缀。如天安门广场，位于北京市中心，可容纳100万人举行盛大集会，是世界上最大的城市广场。天安门广场是展示中国现代革命史，见证中国从衰落到崛起的展台。华盛顿国家广场由数片绿地组成，一直从林肯纪念堂延伸到国会大厦，这里是美国举行国家庆典和仪式的首选场地，同时也是美国历史上示威游行、民权演说的重要场地（附图8-1，魏翊摄）；希腊雅典国会大厦前的宪法广场，这个广场是方形的，广场中央有圆形喷泉，是为纪念1843年奥托国王在起义后批准并颁布了希腊王国第一部宪法而设立的，王国的第一届议会也在这一年召开（附图8-2至附图8-4，魏翊摄）。

　　②纪念广场：纪念广场主要是为了纪念和缅怀历史人物和历史事件，建有具有重要纪念意义的建筑物，如人物塑像、纪念碑、纪念堂等，供民众瞻仰、纪念或进行主题教育活动，广场四周通常布置园林绿化。纪念广场往往具有特定的主题，以主题建筑为主，其他景观要素与之相统一，营造庄严肃穆的环境氛围。英雄广场是匈牙利首都布达佩斯的中心广场，是一个融合了历史、艺术和政治的胜迹。整个建筑群壮丽宏伟，象征着几经战争浩劫的匈牙利人民对历史英雄的怀念和对美好前途的向往。具有历史纪念意义的英雄广场，现在已成为各国游人参观游览的胜地。每当重大节日或外国元首到访时，都要在英雄广场举行盛大的仪式（附图8-5，魏翊摄）。

　　③交通广场：交通广场地处交通要道，是重要的城市交通枢纽，是集散人流、车流的城市公共空间。规划设计交通广场应体现组织交通的合理性和有效性，保证车流和人流能够安全；畅通合理布置出入口、分配人流是做好交通广场的首要条件。交通广场主要分为两类：一类是城市道路的汇集处，形成交叉口，疏导多条车流与人流，如环岛广场；另一类是交通集散场地，通过空间布局，合理规划人流和车流的问题，比如火（汽）车站，这类的广场由于人流、车流较多，广场场地面积要保证，同时要规划好区域，协调好出入口，有效解决人车交叉问题，避免出现交通堵塞现象（附图8-6，魏翊摄）。

　　④商业广场：商业广场位于城市商业繁华集中地段，是集商场、餐饮、酒店、文化娱乐于一身的场所，这一区域常常是人流密集的地方，建筑设计与交通布局要体现便捷

性，建筑内外空间相辅相成、相互延伸。商业广场的布局和结构体现了城市现代化发展水平和城市民众的经济水平，根据商业运营的特点，合理布置空间结构，在满足一定使用功能的基础上，可布置艺术雕塑、植物、小品等景观、娱乐设施，增加广场空间的互动性。城市或城镇中的集市广场也是商业广场的一种形式。例如，美国纽约的时代广场坐落于百老汇大街与第七街交会处，东西向从西42街至西47街，以每年新年前夜的"降球"活动而闻名。这是一座极其繁华缤纷的商业大广场：各色的电视式宣传板、耀眼的霓虹光管广告、五花八门的彩色光束充斥着广场大街的各个角落，它也是一个适合家庭出游的主题公园，这里饭店、剧院、酒店遍布，俨然一个繁荣发展中的商业区（附图8-7，魏翊摄）。

⑤宗教广场：宗教广场大多规划在教堂、寺庙、祠堂等地，用于举行宗教庆典、召开集会、组织游行。广场上常常设有宗教礼仪、祭祀、布道用的平台、台阶或长廊。广场内布置的其他景观要素体现了宗教特点，小品、公共设施的选用和设计均与宗教风格相一致，体现出其整体性和完整性。如布拉格的旧城广场，位于温塞斯拉斯和查尔斯桥之间。旧城广场以多样化的建筑风格为特征，包括哥特大教堂、巴洛克风格的圣尼古拉斯教堂等。在教堂之间有个天文钟，精致独特的装饰，不同的颜色、造型、纹理决定了该场所的不同用途（附图8-8，魏翊摄）。圣彼得广场可容纳50万人，广场正面是圣彼得大教堂，广场是罗马教廷举行大型宗教活动的地方（附图8-9，魏翊摄）。

⑥休闲广场：休闲广场为人们提供了一个娱乐、活动、休憩、散步的公共空间，在其中能够让人们放松身心、释放压力，通过景观营造陶冶情操，体现地区景观品质和空间素质。休闲广场设置区域相对灵活，可设置在城市中心、居住区，也可设置在校园等地。广场中心布置一定数量的台阶、座椅供人们休息，通过设置花坛、树荫、雕塑、水体等景观元素丰富广场，增加广场的观赏性和游玩性。如韩国首尔清溪川，清溪川复原工程是首尔建设"生态城市"的重要步骤，其景观设计在直观上给人以生态和谐的感受。河道设计为复式断面，一般设2~3个台阶，人行道贴近水面，以达到亲水的目的。高程是河道设计最高水位，中间台阶一般为河岸，最上面一个台阶即为永久车道路面。隧道喷泉从断面直接跃入水中，行走在堤底，如同置身水帘洞中，头上霓虹幻彩，脚下水声淙淙，清澈见底的溪水触手可及（附图8-10、附图8-11，魏翊摄）。

休闲广场的布局也较为灵活，既可划分为多个主题区域，又可整齐划一体现同一主题，景观设计要符合人们休憩、游玩的要求，满足人们的户外行为习惯和心理需求。

（2）按园林风格分类。

①自然式广场：自然式广场的布局多给人以清新、自然的感觉，在城市空间中即可体会大自然带来的美感。自然式广场景观要素相互交错，融为一体，具有中国园林的艺术美，景致优美，移步异景，耐人寻味。广场中没有过多规则线条，造景手法大多借鉴中国传统园林，体现出师法自然的特点。这类广场在一定程度上难以与城市规划相协调，因此自然式广场多体现在道路周边、城市水域周围或城市郊区，成为人们度假的首选场地（附图8-12）。

②规则式广场：规则式广场的布局已经成为城市广场规划多数采用的形式，符合城市建设的规律，能够体现城市整齐、有序的特点。规则式广场按照其组织形式可分为对

称式和非对称式广场。对称式广场中突出中轴线，两侧景观对称式布局，如奥地利维也纳美泉宫，园林采用了严格的中轴线对称形式，以几何形花坛切割着宽广的地面，两侧则是经过修剪的树木形成的树墙，并在树墙下开出纵横交错的马路。花坛和草坪格局优雅、精雕细琢，能够根据季节不同组合成各种优美的图案，可媲美凡尔赛宫的皇家园林（附图8－13，魏翊摄）。非对称式广场中轴线感不强，景观元素的表现具有整齐的特点，各部分设置力求均衡，广场中无明显对称布局，但是景观元素整齐、规则，是规则式广场的另一种表现形式（附图8－14、附图8－15）。

③混合式广场：混合式广场在城市中体现较多，布局手法将自然式和规则式相结合，既体现了整齐、有序，又不失活泼、自由，现代广场采取这种设计形式的情况相对较多。樟宜珠宝广场是一个以自然为主题的娱乐和零售综合性广场，位于新加坡樟宜机场的地面上，与三个客运码头相连的中心是世界上最高的室内瀑布。约尼特浴室格栅用于增加公共卫生间的美感，同时防滑、防污、易于维护；既是一个商业广场也是一个交通广场（附图8－16）。

二、 城市广场的空间形式

早期的广场，如欧洲中世纪的城市广场，因为当时的城市规模小，人口不多，并处于马车时代，人以步行为主，广场四周的建筑也不甚高，所以广场多建于平地，由建筑围合成简单的空旷场所（附图8－17，魏翊摄）。然而在流动交往高速化的今天，人流、交通、建筑都发生了根本变化，因此，单一的平面展开型，在履行广场的职能上受到制约，广场已开始向复合型、立体化方向发展（附图8－18）。

（一）平面型广场

平面型广场通常最为多见。历史上已建成的绝大多数城市广场都是平面型广场。

近些年来，由于处理不同交通方式的需要和科学技术的进步，上升式广场和下沉式广场已越来越多。

（二）上升式广场

上升式广场一般将机动车安排在广场下层平面，而把人行和非机动车安排在地面，也有适当抬高广场平面的做法，以此实现人车分流。土耳其伊斯坦布尔 Sancaklar 清真寺广场就是上升式广场的一个范例（附图8－19）。

（三）下沉式广场

下沉式广场是一个围合式的开敞式公共空间，它整体下沉于周围环境，它与地面广场的区别主要表现在空间的围合感、平面形态、地面设计等方面，是作为高密度中心城市打造开放空间的常用手法，在当代密集的城市中应用最多。相较于上升式广场，下沉式广场不仅能解决交通的分流问题，还能在现代城市喧嚣嘈杂的外部环境中，营造一个安静、安全、围合有致且具有较强归属感的广场空间。下沉式广场还可以结合地下街、地铁乃至公交车站使用，如葡萄牙里斯本贝伦文化中心贝拉多收藏博物馆前的小广场（附图8－20，魏翊摄），下沉式广场不仅有人车分流的作用，也丰富了城市景观体系的建立，同时也增加了商业空间。

第二节 广场规划设计的要点

一、广场规划设计的原则

广场规划设计应符合城市总体规划要求，创造地域文化特色，一般应遵循以下几项原则：

（一）尊重自然和人文历史因素，贴近生活、融合城市

1. 尊重自然，以城市生态环境可持续发展为立足点

遵循生态系统原则，尽可能维系原有地形和植物，保留自然生态系统，这不仅可以降低建设成本，又使广场轮廓、地形等与周围环境相融合。既为市民提供各种活动空间，又可以创造景观优美、绿化充分、环境宜人、健全高效的生态空间。

2. 尊重本土文化，体现城市的风貌特点

城市广场应充分考虑当地的地形地貌、气候、历史文化、风俗习惯等自然、人文特点。突出地方自然、文化特色，借鉴古今文化，使城市广场除追求景观优美外，更富有文化底蕴。尽量采用富有地方特色的建筑艺术手法和建筑材料，体现地方园林景观特色，形成地域美，同时体现当地风土人情和特色景观。

3. 尊重市民合理需求，体现"以人为本"

美国心理学家亚伯拉罕·马斯洛在1943年《人类激励理论》中把人的需求层次分为五个层面，第一层面是生理需求，第二层面是安全需求，第三层面是归属和爱的需求，第四层面是尊重需求，第五层面是自我实现的需求（图3-1）。这种需求层面同样适用于人们在室外公共空间中的状态。广场的使用者是市民，广场景观设计首先要听取他们的意见，理解他们的感受，研究他们的生理和心理的需求，使广场在各方面都能满足市民的要求。

4. 尊重城市、有机协调

城市是复杂的综合体，广场犹如棋盘上的一颗棋子，在空间上、功能上都要统一。例如，交通上，连接城市干道，增加可达性；空间上，依附建筑物，使广场具有围合感、安全感；位置上，靠近城市功能中心，使广场具有亲和力。

5. 系统性原则

城市广场设计应根据周边环境特征、城市区域现状和总体规划的要求，确定城市广场的主要性质和规模，统一规划、统一布局，使城市中的广场与广场、广场与公园、广场与建筑、广场与道路等融合，共同形成城市开放空间体系。

6. 完整性原则

在进行城市广场设计时要体现功能和环境的整体性。将自然形态的溪流、丛林和绿地融入其中，充分体现广场的自然生态内涵，创造具有自然特色的室外活动空间。明确广场的主要使用功能，并贯穿次要功能，主次分明，以确保其功能上的完整性。广场应该充分考虑它的环境历史背景、城市文化内涵、周边建筑风格等方面，以保证其设计的完整性。

（二）注重广场防灾功能

城市不断扩张，建筑物、人口越来越密集，自然灾害的危害性更加严峻，广场逐渐成为城市中过度密集场所的有效缓解空间，在灾害发生时可以起到隔离、疏散、避难、救援等作用。因此，广场设计还应充分考虑满足防灾救灾的需要，设置大片空地安置灾害发生时大量由建筑物疏散出来的人员及伤者，设置必要的防灾救灾与庇护救护设施，如取水点、消防水池、广播、夜间照明与简易救护所、生活物资储备等。同时，要考虑广场自身的防灾功能，如选择常绿、阔叶的耐火树种，并在广场周边留出防火隔离带等。

（三）注重交通组织

广场要尽可能与周边交通配套，包括电车、地铁、步行道系统等，同时做好各种交通方式路线的配套、站点的设置和换乘系统的接驳。同时，充分考虑城市停车难的问题，在广场地下、地面适当设置停车场。

（四）注重风格的把握，塑造多样性

不同文化、地域、时代会赋予广场不同的风格特征，分析、把握广场的历史特征及动态，设计符合时代特征、尊重历史文化的广场才能使广场具有更强的生命力。

不同类型的广场有不同的主体功能，多元文化、多样需求使现代城市广场的功能向综合性和多样性发展，以满足不同类型的人群、不同方面的行为、心理需求，现代广场需要将艺术性、娱乐性、休闲性和纪念性统一考虑，为人们提供能满足不同需求的多样化的空间环境。

（五）注重综合利益最大化

现代城市中广场已成为居民最重要的社交场所之一，不仅吸引了越来越多的市民迈出家门，在广场休闲、散步、跳舞、纳凉、聊天、下棋；也带动周边服务业的发展，促进了旅游、商业、房地产、交通、能源、消费等，社会效益、经济效益凸显。

广场中的绿地、树林可以产生氧气，吸收二氧化硫、二氧化碳，又可以滞尘、蓄水、调温，产生良好的绿化和生态效益，为市民提供洁净的活动空间。

广场的社会、经济、环境三大效益相互促进、相辅相成，因此，广场设计时一定要考虑不同功能的结合，务求综合效益的最大化。

二、广场景观设计的规划要点

（一）广场的定位、定性、规模、容量

广场设计首先要考虑定位，定位主要指我们设计的广场在城市或区域中所处的位置、服务对象，是面向全市，还是面向一个区、居住区、居民小区。其次是功能，主要从使用者的角度和城市规划的角度考虑，广场应具有的服务功能。再次是位置与规模，广场的位置不同、大小不同、规模不同，规划设计方法也不一样。最后是容量，容量是指广场设计的使用人群的密度，同样占地 $10hm^2$ 的广场，通过我们的设计可以容纳 2 万人，也可以容纳 5 万人，具体容量取决于我们所设计的广场容纳目标。

准确的定位、科学的预测是确定广场合理规模的前提，过大则空而无物、浪费资源，过小则满足不了需求，带来环境和社会管理问题，应根据其在城市中广场和城市开放空间的地位和作用、固定和流动人群的吸引量确定广场的相应指标。

在公共空间交往中，人与人之间的距离代表着人际关系的远近。关系越亲密，距离越近；反之距离越远。公共空间的设计要满足各种人际关系的交流与沟通，使人们在其中正确开展人际交往。一般情况下，代表各种不同人际关系的距离如下。

（1）密切距离：两人的距离为 0～45cm，这种距离的接触仅限于最亲密的人之间，适合两人之间说悄悄话、安慰和抚触，如情侣、夫妻和亲人之间的接触。

（2）个人距离：两人距离为 76～122cm，与个人空间范畴基本吻合，人与人之间处于该距离范围内，谈话声音适中，既可以看到对方脸上的表情，也可以避免相互之间不必要的身体接触，多见于熟人之间的谈话，如朋友、师生等。

（3）社交距离：两人距离为 122～214cm，在这个距离范围内，可以观察到对方全身及周围的环境。据观察发现，在广场上人比较多的情况下，人们在广场的座椅休息，相互之间至少保持这一距离，若小于这个距离，人们宁愿站立，以免个人空间受到干扰。这一距离被认为是正常工作和社交的范围。

（4）公共距离：指 366～762cm 或更远的距离，这一距离被认为是公众人物（如演员、政治家等）在舞台上与台下观众之间的交流范围，观赏人群可以随意逗留，也方便离去。

（二）广场的空间围合

边界条件是广场气氛构成的重要元素，超过一半以上的围合封闭感较好，有较强的领域感。围合广场常见的要素有建筑、树木、柱廊和有高差的特定地形等，其中以建筑围合较好。一些广场用道路围合，或只在广场的一侧或两侧布置建筑，虽然开放性好，但容易使游人在行为及心理上产生不安定的感觉，致使游人在广场内停留的时间缩短，降低了广场的内聚力及吸引力。

广场周围建筑布置手法有以下三种：

1. 向心式布局

单中心式，建筑物围绕广场中心布局，这种布局方式强化了广场的围合感及整体性。

2. 轴线式布局

建筑物围绕广场轴线对称式布局，这种布局方式多用于矩形广场，能获得一种特殊的肃穆气氛，尤其适合于政治性、集合性广场，如美国国会中心广场（附图 8 - 21，魏翊摄）。

3. 自由式布局

在广场平面不规则的情况下，新建筑采用与旧建筑在布局上的共性特征为媒介，借助这种"特征"与旧建筑布局"对话"的手法，使广场在不对称中建立起一种内在的秩序，达到统一协调的效果，如平面成梯形的意大利威尼斯圣马可广场（附图 8 - 22，魏翊摄）。

广场周围的建筑群亦相当重要，与广场主题相互结合的功能建筑、景观小品等，可为广场画龙点睛；广场规划与周边建筑相结合，可加强广场的辐射力，并将整个广场与建筑群的吸引力与影响力延伸出去。有的广场周边的围合建筑物在立面造型及体量上缺乏统一，破坏了广场的整体性，其原因就是在设计时没有统一规划或是新建筑没有与旧建筑相统一，上述情况应予避免。

（三）广场的文化内涵

作为城市客厅和名片，广场应结合城市特点与文化内涵进行规划与设计。不同地方的广场应具备不同人文特色，让使用者能感受到广场内在的文化精神。广场的主题和个性塑造非常重要，表现丰厚的历史沉积，使人在闲暇徜徉中了解城市的历史文脉，如深圳莲花山的邓小平雕像纪念广场（附图 8－23），通过改革开放奠基者的邓小平雕像，深刻反映了深圳改革开放示范区的背景历史。

在广场设计阶段应因地制宜、强化地方独有特色，形成具有强烈标志性的景观，如天安门是北京的标志，布达拉宫是拉萨的标志一样，顺应地方历史文脉，反映地方特色。

（四）广场各构成要素的设计要点

1. 广场绿化

植物绿化作为广场的一种元素要追溯到欧洲古典园林，植物大面积种植，但是植物与人们的互动性较少，单一作为观赏之用，人们的活动受到局限，这样的植物景观只适合观赏广场或市政广场等。在现代广场设计中，植物作为一种重要的设计元素被充分利用，广场绿地面积逐渐增加，成为城市广场重要空间设计元素。

广场植物景观能够改善小气候，形成健康宜人的生态气候，使人在城市中亲近自然，植物本身的色彩和四季变化给广场景观增加了艺术效果。通过修剪和组织植物，与广场其他要素形成统一整体，可提升广场的人文气息和功能含义。

植物作为广场中的软质元素，能够降低周边高大建筑物带来的压迫感，与广场中雕塑、喷泉、铺装等硬质元素均衡协调，同时植物组团的边际线和林冠线能够柔化硬质元素生硬的线条，使景观效果更加随意、自由。

植物还可以营造空间，能够把握广场的尺度和空间，利用植物可以进行空间划分、引导和遮阴。可利用高大乔木对广场边界进行围合；还可利用小乔木、花灌木对广场内空间进行划分，根据植物配置的高矮大小，形成各式各样的封闭空间和开放空间（附图 8－24，魏兴琥摄）。在组团景观中，利用植物层次和种类形成高矮错落的组合景观。竹子、花卉和树木形成了浓郁的人文气息，达到步移景异的艺术效果，让人们在行走间领略中式造景的精华。同时，根据各地区的气候条件合理配置植物，比如北方地区的广场适宜种植高大落叶乔木，夏季形成树荫可以起到遮阳的效果，冬季叶片脱落，阳光透过枝条，使人们在冬季感受到阳光的温度，乔木、灌木、花草搭配适宜、错落有致，又展现出年代感。

2. 广场水体

水被人们誉为"生命之源"，广场中的植物和水体构成了广场的生命力，使广场在空间和时间上更具有变化。人们需要水，就像人们需要食物、阳光一样，所以在公共空间中设置水体也是十分必要的。人类从古至今就对水有强烈的偏好，只要一有机会就会亲水、近水、戏水，在广场中可将水体设置得与人们有更多的亲和性，产生互动，比如浅水池或喷泉。

人们具有亲水性，成功的广场水体设计都十分重视人与水的互动性。水的状态又给人不同的心理感受：静态的水给人宁静、安详、轻松、温暖的感觉；动态的水给人欢快、兴奋、激昂的感觉。在广场中常常可以见到不同形态的水体带给人们不同的心理感受和行为习惯：在静态的水旁人们喜欢低声交谈、看书、思考；动态的水体与人们的互动性强，气氛也比较热烈，给空间带来勃勃生机。可以看出，水体形式的体现可以影响广场的氛围，因此，不同功能的广场要根据实际情况合理配置水体的形式（附图8－25，魏翊摄）。

同样，城市广场的水元素不但可以活跃广场的气氛，还可以丰富广场的空间层次，通过水体的营造，在竖向空间上使景观层次更加丰富，同时还可以起到划分空间的作用；在平面布局上，除了一定面积的水体，还可在广场中设置"小溪流"，合理规划"小溪流"硬质边界，具有引导空间、增加游玩趣味性的效果。

水体是城市广场设计元素中最具吸引力的一种，它极具可塑性，并有可静止、可活动、可发音、可映射周围景物的特性。水体通过落差可制造响声，形成响声景观；还可以利用静水映射周围建筑和公共设置，别有一番景致。合理运用水体可使广场空间更加生动，具有韵律。

3. 广场铺装

铺装是城市广场设计中的一个重点，广场铺装的样式变换多样，对道路起到规划和布置的作用，同时能够组织人群的行为。广场铺地具有功能性和装饰性的双重意义，一个好的广场铺装能够指导布局，起到引导的作用，同时又能使广场更具艺术美感，观赏性更强。

首先，在功能上可以为人们提供舒适耐用的广场路面，充分考虑人在步行过程中脚底的舒适度和耐受度，必要的话在局部地面可铺设带有一定弹力的塑胶铺装；同时要考虑铺装的承载力，分析广场地面是否有机动车停留或通过，铺装的承载力要根据交通种类进行合理研究；铺装的材质要符合气候环境，一是保证铺装的使用周期，二是要保证人们在铺装上的安全性，比如在北方广场铺设大理石是不合适的，因为冬季雨雪期道路湿滑，容易造成人们摔跤；要充分利用铺装材质的图案和色彩组合，通过不同的铺设方式，界定空间的范围，为人们提供休息、观赏、活动等多种空间环境，并起到方向暗示与引导的作用。

其次，是装饰性，利用不同色彩、纹理和质地的材料巧妙组合，可以表现出不同的风格和意义，利用二维构成的基本原理，调节视觉效果，增加广场空间的整体感和节奏感（附图8－26）。通过调节铺装的质地营造空间效果，比如铺装表面越细腻，广场空间显得越宽阔，反之就显得狭小。

广场铺装的布局要具有统一性，即风格统一、样式统一。广场铺装图案常见的有规则式和自由式。规则式有同心圆和方格网等组织形式，给人以稳定感，常见的铺装地砖形状有矩形、方形、六边形、圆形、多边形等，广场铺装往往通过不同形式的铺设方式来强调特色。

4. 广场小品

小品被誉为"城市家具"，是广场设计中的活跃元素，它除了起到活跃广场空间的作用外，更主要的是，它是城市广场设计中的有机组成部分。虽然小品不是广场中的必要组成部分，但一旦成为广场的构成部分，尤其是功能性的小品往往对广场的空间景观起着主导作用，所以广场小品设计的好坏显得尤为重要。城市广场的小品应在满足人们使用功能的前提下满足人们的审美需求，首先小品设计应与整体空间相协调，它的造型、位置、尺度、色彩等方面要与广场整体设计相一致；同时要有醒目的外观，能够在广场中凸显，但不要突兀；小品要多体现生活的趣味性，应亲切、耐观赏；小品的数量不宜过多，体量要适中（附图 8 – 27、附图 8 – 28，意大利庞贝古城，魏翊摄）。广场小品往往散布在空间内或边界，能够起到组织空间的作用，将空间划分成不同区域，调节空间尺度；小品能赋予广场特殊的象征意义，建立自身的特点，如广场中的雕塑，代表着地域文化和政治风气，艺术品呈现出多元化的特征。

小品大体可以分为两大类，一种是以功能为主的小品，如座椅、凉亭、时钟、电话亭、公厕、售货亭、垃圾箱、路灯等；另一种是以观赏为主的小品，如雕塑、花坛、花架、喷泉、瀑布等。可以利用广场小品的色彩、质感、肌理、尺度、造型的特点，结合成功的布局，创作出空间层次分明、色彩丰富、具有吸引力的广场空间（附图 8 – 29、附图 8 – 30、附图 8 – 31）。

第三节　广场设计范例

一、美国达拉斯喷泉广场

美国达拉斯喷泉广场是美国现代主义园林大师丹尼尔·凯利为达拉斯市联合银行大楼所设计的。银行大楼由建筑师贝聿铭设计，是平面为棱形的 2 幢 60 层镜面玻璃幕墙建筑。设计方案包括中心广场和北面塔楼周围的环境。

凯利的设计建立在两套网格体系上，一个为边长 5 米的树坛网格，格点上共有 200 只圆形或半圆形种植坛。另一个 5 米网格格点正好落在树坛网格的中央，全部由泡泡泉组成。园中的铺地尺寸也与树坛网格相一致。除了铺地与步道以及少量的地被植物外，其余均为规整的水池，水面约占总面积的 70%。树坛基本上位于水池之中或边缘，泡泡泉全部在水中。园中地形有高差，东南角比西北角约低 4 米。利用地形起伏，设计中将园中西北部大部分水池按网格线边缘做成跌落的水池，最大落差为 2 米左右，一般为 0.6 米，因此西北部的跌水池分层跌落，像一层层小瀑布一样，颇有气势。中心广场的地面铺装图案仍以基本网格为单位，呈九宫格状。广场中央一格设置了一组正方形旱喷泉，有 200 多只喷头。旱喷泉的喷射高度与造型由计算机编程控制，可以喷出立方体、四棱锥体、十字形等不同造型，喷头下的彩灯使夜晚的旱喷泉更加迷人。旱喷泉还配备了风敏器，当风速较大时，通过计算机可以有效地减少喷水柱的高度，以防喷泉影响到广场的使用。

从总体上看，凯利的设计仍然是传统的、理性的，他希望在严格的几何关系和秩序之中创造优美的景观。水面、种植坛、喷泉灯光、层层小瀑布、步道以及中心广场都受到网格的严格限制，但是整个喷泉水景园展现在人们眼前的是一幅清新别致的景象：林木浓郁、山泉欢腾、跌水倾泻，好似一处"城市山林"。凯利的喷泉广场的设计完美地解决了形式、功能与使用之间的矛盾（附图 8 – 32、附图 8 – 33）。

二、佛山市禅城区石湾文化广场

石湾文化广场位于佛山市禅城区石湾三友岗南侧，西临城市主干道镇中路，北靠三友南路，与石湾医院为邻，南隔陶瓷机械总厂分厂与绿景路相接，东面与佛山市第十四中学、星光模具厂家属区紧靠，规划总用地为9.94公顷。广场的地面标高情况不一，大致走势为北低南高，西低东高。石湾文化广场于2001年进行规划设计，2002年建成投入使用，成为佛山市禅城区石湾片区的一个集集会、文化、休闲、娱乐、商业、体育等多种功能于一体的广场。

（一）广场定位

充分利用有限的土地资源和现有的体育设施，重视与周围环境的相互协调，规划建设一个功能齐全、城市空间环境良好、适应石湾城市发展需要，体现石湾"陶"文化，集休闲、集会、娱乐、商业、体育运动于一体的区级文化广场。

（二）功能分区与布局

广场按照功能分为两大部分，一部分是沿镇中路的休闲、集会广场区，其构成包括休闲、集会广场，电影院，商业中心；另一部分是体育中心区，其内容包括400米标准运动场、体育馆、游泳池等。两部分通过区内道路、绿化有机地组织在一起，构成一个完整的文化广场。

1. 休闲、集会广场区

休闲、集会广场区内主要布置一个可以容纳2 000～3 000人集会的休闲广场，在广场的北面，沿三友南路安排一幢商业中心及一座可容纳500～600人的电影院。

石湾作为全国有名的陶都，需有一个用于展示本地文化和物质文明、精神文明建设成就的窗口。为了让石湾市民有一个室外休闲、集会的好去处，加强城市的内在功能，提高城市的活力和凝聚力，建设一个面向广大市民的文化广场很有必要。

广场的规划设计立足环境，以提供开阔的室外空间为主，以轴线组织广场的各种空间环境，力求创造富有文化内涵的现代化城市的开敞空间，建设一个集休闲、集会、文化、娱乐、休憩功能于一体的广场，使其成为石湾市民集会庆典、娱乐休闲的好去处和城市形象的重要标志（附图8-34，辛晓梅摄）。

广场的设计以垂直镇中路的轴线为中轴线，对称布局，强调广场的气势和整体感，由西向东依次布置了入口绿化区、集会区、中心舞台、中央彩旗、陶瓷景壁对景区、绿化停车区等，广场两侧是以休闲为主的绿化景区，其中有植物造景区、主题雕塑区等。高大的乔木和低矮的花卉灌木、草坪相结合，并在其中布置供人休息的亭子、座椅等环境小品，充分体现对人的关心。

广场强调轴线结构，形成一个内聚的开阔的城市空间。以中部的集会区为广场的核心，集会区的前方正对入口标志，集会区后方为小型检阅台兼中心舞台，舞台后侧是彩旗杆对景区，中心对景区西侧是商业中心的骑楼步行空间，东侧是主题雕塑区，雕塑区后面是高大的乔木和多姿多彩的灌木。

广场小品以陶瓷为主要材料，造型大方简洁、抽象，并与灯饰等结合，既具有功能性，又具有装饰性。地面铺装结合广场主题以暖色为基础，材料以石湾本土生产的广场地砖为主，辅以花岗石，图案具有韵律和文化内涵。

位于广场北部的商业中心和电影院以弧线外形与广场设计相呼应，成为广场的一个重要组成部分。商业中心、电影院的骑楼直接与广场相连，使商业、文娱活动与广场休闲活动紧密结合起来。商业中心面向广场，采用退台的处理手法，加强广场的围合感。休闲、集会广场的南部沿镇中路设置一个体育中心小广场。小广场与休闲、集会广场自然连接，形成一个连贯、有序、密不可分的城市广场序列空间。

2. 体育中心区

体育中心区的建设项目包括体育场、体育馆、游泳池、室外篮球场及必要的辅助用房。

体育中心区基本上保持原有规划的内容项目，在广场区的东部建设。规划保留现有的一个游泳池和三座游泳池用房及办公用房，在游泳池的东侧布置两个室外篮球场和一个体育馆。游泳池、体育馆的南面是一个400米的标准运动场，其西侧为已建成的看台综合用房，体育场的东侧紧靠佛山市第十四中学，长远规划考虑石湾文化广场与学校共同使用体育场。

体育中心与广场之间以12米宽道路相隔，两者有机结合在一起，为石湾市民提供集会、休憩、文娱、体育运动的场地（附图8－35，辛晓梅摄）。

（三）停车与集散

广场主要采用室外停车，停车场集中布置在休闲、集会广场区与体育中心区之间，可同时为两区提供足够的停车位。停车场划分机动车停车场与摩托车、自行车停放场，便于车辆的分类停放。停车场采用嵌草砖并植大树，既解决了停车问题，又为广场增添了绿色空间（附图8－36，辛晓梅摄）。

在集散问题上，充分利用现有的有利条件，广场主要以镇中路为出入口，体育中心则沿镇中路、三友南路各安排了两个出入口，共四个疏散口，满足集散要求。

─── **本章复习思考题** ───

一、人们通常把广场比喻成城市中的"客厅"，应如何理解？

二、现代广场包括哪些基本的类型？它们的主要特点各是什么？

三、广场设计的基本原则是什么？

四、广场在具体设计中应注意哪些问题？

五、选择一处设计比较成功的广场，试利用绘图的方式来分析一下它的空间尺度。

六、在你的城市中选择一处比较熟悉并具有一定典型性的文化建筑，进行一次文化活动广场空间的景观设计练习。

 本章图片链接

第九章 公园景观规划设计

第一节 公园的产生、分类及特点

一、 公园的历史演变

最早的城市公园出现在英国。18 世纪末，英国首先开始了工业革命，随着生产力的发展以及社会结构的调整，城市人口不断增加，城市规模也不断扩大，由此带来了城市拥挤、卫生条件恶化、城市周围的环境遭到破坏等一系列问题。为了美化城市环境、提高城市的生活质量、增强城市影响力，1811 年，伦敦建设了第一座对公众开放的城市花园绿地——伦敦摄政公园。1847 年，利物浦又建立了伯肯海德公园，这两大公园的建立为以后城市公园思想的形成和城市公园的建设起到了很大的推动作用。

城市公园的大发展是在 19 世纪中叶的美国。美国的第一座城市公园是 1854 年建立于纽约的中央公园，是由有"风景园林设计师之父"称号的著名造园师弗雷德里克·劳·奥姆斯特德与合作者卡尔弗特·鲍耶·沃克斯共同设计的。中央公园位于纽约市中心，占地约 344hm²，用地为一个规则的长方形，整个公园按当时盛行的绘画式筑造，并用围墙与周围隔开，内部景色十分优美。这种自然优美的景色与周围恶劣的城市环境形成鲜明的对比，游憩于其中，使市民从令他们疲惫不堪的生活中解脱出来，满足了他们寻求欢乐和慰藉的愿望。中央公园以及之后由奥姆斯特德设计的波士顿公园系统的大获成功，推动了城市公园的发展和城市公园绿地的形成，并对此后的城市绿地系统理论及实践产生了意义深远的影响。20 世纪以后，西方的现代主义设计思潮渐渐兴起，也出现了许多优秀的作品，如高迪的巴塞罗那的奎尔公园、劳伦斯·哈普林的美国曼哈顿广场公园、彼德·沃克的美国伯奈特公园、伯纳德·屈米的法国拉·维莱特公园等。中国在 1840 年鸦片战争后，特别是辛亥革命以后，其城市景观建设的发展迈入了一个新的历史阶段。其中，公园的出现就是这一时期的主要标志。在国外列强入侵中国的同时，西方的造园艺术也传入中国。此时，使景观园林能够为公众服务的思想，也得到了清政府的逐渐认可。若以公园在中国建设的时间顺序来排列，公园的发展在中国经历了由租界公园到早期自建公园，再到现代公园的三个历史发展过程。20 世纪 90 年代以来，中国的公园建设在注重公园整体规划与布局合理性的同时，逐步引入了生态概念和大环境的意识，进一步吸收了国外先进的规划理论和思想，并将城市公园建设的艺术性、城市公共环境规划及城市文化定位等都紧密地联系在一起。

迈入 21 世纪后，随着中国经济的快速发展和城市化进程加速，中国的公园不仅在数量、规模上进入飞速增长期，而且公园的建设、规划、设计理念也与时俱进，自然保护、生态平衡、以人为本等公园设计的初衷逐步在中国公园景观规划设计中得到体现，在城市总体规划中得到重视。公园类型，尤其是专类公园、主题公园得到丰富和发展。

城市公园的功能更加全面，结构更加合理，开放度进一步提高，专类公园、主题公园的自然、人文、商业特色更加明显。公园不仅成为城市生态环境、公众活动不可或缺的组成部分，也是城市经济发展、文化体现、居民活动不可或缺的成分。

二、公园的定义与内涵

公园是城市中向公众开放的，以游憩、生态为主要功能，有一定的游憩设施和服务设施，同时兼有健全环境、美化景观、防灾减灾、文化教育等综合作用的绿化用地或历史文化遗址保护用地。

公园首先是开放的，为城市居民休憩服务的；其次，它是城市公共绿地的重要组成部分，也是城市园林绿化的重要标志；再次，公园是城市的名片，反映了城市的自然与文化，更是居民享受自然、陶冶情操、提升涵养、避灾救难的公共空间；最后，公园还承载着文化传承、历史遗址保护、科普教育的功能。

三、公园的功能

（一）休憩娱乐

公园建立的初衷是为居民提供一个休闲娱乐的室外空间，使人们可以充分接触大自然、亲近大自然，脱离喧嚣的城市空间，放松身心、缓解工作的劳累。公园是城市的客厅，是居民的公共活动空间，是人与自然交融的场所。在公园里，可以晒太阳、运动、学习、交流，也可以认识大自然，欣赏大自然的花草树木、鱼鸟水石。

（二）自然保护与生态环境改善

奥姆斯特德在设计纽约中央公园之初就将区域内的自然保护作为设计的主要目标，尽可能保护原有的地形、水体、树木，减少道路等设施对自然生态的干扰。保护城市自然生态系统是公园的目标之一，特别是在城市化、工业化快速发展过程中，建设用地大肆扩张，森林、草地、水域、湿地日渐萎缩，自然生态环境功能萎缩，加之环境污染等导致城市生态恶化，因此，保护自然、提高公园绿地的环境保护功能显得更加重要。公园的规模、数量、结构、布局直接关系到城市的生态环境。

（三）城市景观塑造

公园是城市景观的主体，是城市的名片。多样化的公园不仅能够改善城市景观、丰富居民生活、提高生活质量，而且能够提高居民的认同感和归属感，增加城市的意象。

（四）历史文化保护与传承

城市的历史与文化奠定了城市的发展过程与趋势，保护历史、延续历史、传承文化对城市的可持续发展至关重要。公园是人类集聚的场所，也是文化传播和了解城市历史的课堂，一座有历史沉淀、文化内涵的公园更具有生命力。公园设计者一定要了解城市历史、挖掘历史遗产、认识城市风情，设计公园时，要始终将历史文化遗产的保护、传承贯穿于公园各个功能区，赋予公园文化生命力。

（五）科普教育

公园是人类集聚地，是文化传播地。借助公园的公共活动空间，设立科普教育区，政策、文化宣传普及区，通过各种形式的展览、海报、宣传栏、雕塑小品、文化表演及各种多媒体方式展示中华优秀文化、历史、先进人物，普及各类科普知识、政策法规等。

（六）防灾减灾

即使在科技高度发达的今天，人类仍然无法摆脱自然灾害的威胁，地震、火山、洪涝等依然时刻威胁着人类的生存，特别在人口集聚的城市中，公园是最好的避难所。公园设计时对应急通道、避难设施、救济物资储存、救火设施、饮水设施、集聚空间、应急标志等均应充分地考虑。

（七）商业发展

中国经济的快速发展带动了公园的建设，而公园的功能也在逐渐提升，特别是专题公园的快速兴起，如游乐园、各种展览园等也带动了城市经济的发展。以迪士尼为代表的游乐园开启了商业公园的崛起，在中国，野生动物园、海洋公园、各种主题公园如雨后春笋般出现，吸引了大量消费者，带来了可观的收入。上海迪士尼乐园开园首年（2016 年 6 月 16 日至 2017 年 6 月 15 日）游客接待数超过 1 100 万人次。按门票均价 500 元计，第一年收入就高达 55 亿元，还不算由此带来的其他旅游收入。广州长隆野生动物世界年均接待游客超过 3 000 万人，收入超 30 亿元。由此可见，公园的商业价值潜力无限。

四、公园的分类及特点

公园是由国家、政府以及公共团体出资来进行建设和经营的，在满足公众游览、休憩、观赏、娱乐需求的同时，也是人们进行体育锻炼、科普教育的户外活动场地。公园景观具有改善城市生态、防灾减灾、美化城市等多重功效。根据公园的性质和功能的不同，我国将公园分为城市公园、自然公园两大类，城市公园大致可分为综合型公园、专类公园、主题公园，自然公园可分为国家公园、森林公园、风景名胜保护区（表 9 - 1）。

表 9 - 1　公园类型及功能

一类	二类	功能与范围	三类	功能与范围	规模（hm^2）
城市公园	综合型公园	规模较大，自然环境条件良好，休憩、活动及服务设施完备，是为全市或区域范围内居民服务、处于城市重要生态节点、发挥主要生态功能的大型绿地	地市级综合公园	为全市范围内的居民服务的功能综合全面的大型公园	>10
			区县级综合公园	为区县范围内的居民服务的功能综合全面的大型公园	>10
			社区或居住区公园	为一定居住用地范围内的居民服务，具有一定活动内容和设施的集中绿地	5～10

（续上表）

一类	二类	功能与范围	三类	功能与范围	规模（hm²）
城市公园	专类公园	针对不同服务群体或特定对象，具有特定内容和形式的公园绿地	儿童公园	以服务儿童游乐、教育为主，兼具生态、文化、防灾等功能的公园	>2
			动物园	以保护、展示动物为主，兼具生态、科普教育等功能的公园	>20
			植物园	以保护、展示、研究植物为主，兼具生态、科普教育等功能的公园	>40
			体育公园	以健身、娱乐为主题的公园	>2
			湿地公园	以保护湿地为主，兼具生态、休憩、科普教育等功能的公园	>10
			纪念性公园	以纪念有重要历史意义的人或事件为主题的公园	>2
	主题公园	以某个自然、历史文化或功能为核心展示内容，强化主题功能的同时兼备生态、休憩、历史文化保护传承、娱乐、教育等多功能的公园	自然主题公园	以展示、保护自然界某个主要生物或自然遗址，如恐龙遗址公园，以大熊猫、各种观花植物、海洋动物等为主要内容的公园	>2
			历史文化主题公园	以保护国家或城市的重要历史遗址、现代工农业和商业遗址、文物古迹、展现重要历史、传承悠久文化和现代文化为主要内容的公园。包括文化公园、文化遗址公园、工农商业现代遗址公园等	>2
			游乐主题公园	具有鲜明商业特征，以游乐、观赏、购物、休闲为主要内容的公园	>2
自然公园	国家公园	由国家设立的，具有一定规模的，具有重要自然生态系统价值或文化价值的，具有自然环境原真性、完整性的保护公园。目前，第一批国家公园有10个，涵盖了三江源、东北虎豹、大熊猫、神农架、钱江、南山、武夷山、长城、普达措、祁连山各类自然或文化保护公园		
	森林公园	具有重要资源环境意义和生态保护价值的森林，兼具科学研究、旅游、科普教育功能，包括国家级森林公园、地市级森林公园和县级森林公园		

（续上表）

一类	二类	功能与范围	三类	功能与范围	规模（hm²）
自然公园	风景名胜保护区	具有观赏、历史、文化或自然科学保护价值，环境优美，自然及人文景观集中，供人们游览或开展科研、文化活动的区域。包括国家级风景名胜区和省级风景名胜区。涵盖了山岳、湖泊、河川、瀑布、海岛、森林等各类形式的风景名胜区			

注：目前关于国家公园等的面积要求没有确切的数据。

第二节　公园的设计要点

公园景观中的基本名词是植物、地形、水、动物和人工构筑物。它们的形态、颜色、线条和质地是形容词和状语，这些元素在空间上的不同组合便构成了句子、文章和充满意味的书，成为一本关于自然、文化的书，关于这个地方的书，以及关于景观中的人的书。

由于建筑外部空间、建筑内部空间、室外空间、自然环境空间、园林环境等的相互融汇渗透，城市公园成为人们室内活动的室外延伸空间，设计师逐步探索将原来常用于建筑效果、室内效果的材料与技术用于公园外部环境。现代设计师运用光影、色彩、声音、质感等形式要素与地形、水体、植物、建筑、小品等形体要素来创造新时代的城市公园。特别是飞速发展的科技带来的新成果、新技术不断用于公园规划设计和建设中，如多媒体、网络、新能源等技术。

一、公园的设计原则

根据人力资源和社会保障部教材办公室编写的《园林规划设计》，公园设计应遵循以下原则：

（1）根据国家、地方的政策与法规，以城市总体规划为基础，进行科学设计，合理分布。

（2）因地制宜，充分利用自然地形和现有人文条件，有机组合，合理布局。

（3）充分体现以人为本的思想，为不同年龄的人创造优美、舒适，便于健身、娱乐、交往的公共绿地环境，设置人们喜爱的活动内容。

（4）充分挖掘地方风俗民情，借鉴国内外优秀造园经验，创造出有特色、有品位、具有时代特征的新园林。

（5）正确处理好近期规划与远期规划的关系，考虑园林的健康、可持续发展。

此外，应充分利用现代科技发展的新成果、新理念、新技术，用可持续发展理论指导公园规划设计，将新技术、新材料成果及时用于公园建设中。

二、公园的布局形式

虽然公园的种类很多，其设置内容及表现形式也不尽相同，但从公园的整体布局形式来看，公园景观的布局形式可归纳为规整式布局、自然式布局以及混合式布局这三种基本的表现形式。

（一）规整式布局

规整式布局是在全园的构图形式下强调轴线对称，多用几何形体，比较整齐、庄严、雄伟、开朗。

（二）自然式布局

自然式布局是完全结合自然地形、建筑、树木的现状、环境条件和美观与功能的需要灵活布置。可有主题与重点，无一定的几何图形。

（三）混合式布局

混合式布局是根据公园不同地段的情况，分别采用规则式或自然式布局形式得到不同的景园效果，也可以采用在自然式布局中加入局部规则式布局，或在规则式布局中加入局部自然式布局的方式。

三、公园的功能分区

公园的功能分区必须根据公园的现有地理条件、区域位置、使用性质、植被状况、功能要求以及使用人群特点等，来进行景观设计方面的总体规划。应做到动静分区、主次鲜明，并以加强公园布局的趣味性和空间环境的过渡层次为基本表现方式。同时，还要结合本地区的地方特色和区域文化特点，来进行景观环境设计方面的多方面尝试。公园的功能分区还取决于公园的类型，如城市公园、自然公园等。主题公园一定要紧扣主题，突出特色，如城市公园以休憩为主，自然公园以保护为主。城市公园，特别是综合型公园大致包括以下功能区：

（一）文化娱乐区

这是公园中的"闹"区，包括科普教育、各种展览、文体活动等区域，是人流较为集中的地方，公园中建筑多集中于此。设计时应避免区内各项活动相互干扰，可利用树木、山石、土丘、建筑等加以隔离。文化娱乐设施应有良好的绿化条件，与自然景观融为一体，尽可能利用地形地貌特点创造出景观优美、环境舒适、投资少、效果好的景区景点。

（二）安静休息区

这是公园中占地面积最大的一部分，是生态主体区。可根据地形分散设置，选择有大片的风景林地、较为复杂的地形和丰富的自然景观（如山、谷、河、湖、泉等）。区内景观建筑和小品的布局宜分散，密度要合理，体量不宜过大，应亲切宜人，色彩宜淡雅不宜华丽。还应充分考虑人群活动必需的休息、避雨、交流等场所。该区也可以融入科普教育功能，如悬挂植物物种标牌、介绍某一植物景观或自然地理特征等。

（三）儿童活动区

这是公园中专供儿童游戏娱乐的区域，相对独立，不可与成人活动区混在一起，位置应尽量远离城市干道，避免汽车尾气和噪声的污染。区内建筑、设施的造型和色彩应符合儿童的心理，色彩艳丽、形象逼真。区内应以广场、草坪、缓坡为主，不宜有容易产生危险的假山、铁丝网等伤害性景观。活动设施应充分考虑不同年龄儿童的需要，满足童趣，满足儿童爱动、喜水、爱沙等需要，确保水池、沙土、滑梯、攀爬等场地设施齐全。

（四）动物饲养区

在城市公园动物饲养区域的功能分区中，必须要有效利用园区内的地形与地势，并模仿各种动物的自然生存环境来布置笼舍。应创造出适合各种动物生活的绿色空间环境和植物景观。在公园动物饲养区域的安全防范方面，必须达到能够防止动物逃逸，有利于进行卫生防护，以及安全隔离等管理要求。从未来公园的发展趋势看，综合型公园的动物饲养区将向大型的野生动物园转变，这将更有利于动物生存空间的改善和保护，也有助于自然生态系统的和谐。

（五）管理办公区

在这一区域中，一般设有公园事务的管理办公用房，并设置了一定的园区隔离设施，以使公园的行政管理办公区与公园活动区之间形成交通阻断。

（六）其他服务区域

其他服务区域是指为了方便和完善公园的服务功能而设立的一些辅助区域。一般可包括售票区、休息亭廊、植物花架、厕所、停车场、餐厅、售货亭、接待室、办公室、招待所等，其布局形式均应同公园的整体布局风格相协调。售票区既要考虑游人方便，还要充分考虑交通，根据游人数量合理布局售票口位置与数量，及时售票，疏导人流，避免拥堵和影响出入口通行。

公园功能分区不能生硬划分，要根据公园的性质、等级、服务对象等实际情况进行区域划分。尤其是面积较小的公园，可将不同性质的各种活动进行整体的合理安排。面积较大的公园在分区时应按照自然环境和现状特点布置分区，要因地制宜。

专类公园、主题公园根据主题对象设置主体功能区、辅助功能区。自然公园突出、强化保护功能，围绕保护功能设置必要的管理区、科普教育区、旅游观光区，并且将辅助功能区布局于核心保护区外。

四、公园的构成要素

公园构成要素包括出入口、道路、景点、建筑小品等，它们的处理是否得当，决定着公园结构合理与否，以及能否理想地发挥各自的作用。

（一）出入口

出入口位置的选择涉及游人能否方便地进出公园，影响到城市道路的交通组织和街景，同时还关系到公园内部的规划结构分区和活动设计的布置。

公园应有一个主要的出入口，一个或若干个次要出入口及专用出入口。主要出入口应设在城市主要道路和有公共交通的位置，但也要注意避免受到对外过境交通的干扰，还要与园内道路紧密联系，符合游览流线。次要入口是辅助性的，可为附近局部地区的居民服务，位置设在人流来往的次要方向，或设在公园内有大量人流集散的设施附近。主要出入口和次要出入口内外都要设置人流集散广场，其中外部广场要大一些。当附近没有停车场时，还要在出入口附近设置汽车停车场及自行车停车场。以佛山市中山公园为例，中山公园位于城市中心区的北部，根据公园的布局结构和人流量的多少设置了三个出入口，其中主要出入口设置在南部，而在北侧、东侧分别设置次要出入口，以满足附近居民的需要。

各个出入口尤其是主要出入口附近都应考虑停车，并设置一定面积的集散广场。在一些人流量很大的公园，如上海迪士尼乐园，主入口扩大集散广场区域，停车场与主入口之间设置通道、隔离栏（附图9-1）、广场、安检区等。

（二）道路

道路除了交通功能外，更主要的作用是作为公园的结构导引脉络，为决定城市公园的结构而存在。公园的观赏要组织导游线路，引导游人按观赏顺序游览，景色的变化要结合导游线来布置，使游人在游览观赏时候，产生一幅幅连续有节奏的风景画面。导游线应按照游人游览曲线的高潮起伏来组织，如入口处引景，逐渐引人入胜，到达高潮，在结束时用余景使游人流连忘返、留下深刻的印象。深圳莲花山公园的导游图（附图9-2，辛晓梅提供）就清楚地标示了公园中的道路系统，方便游人参观游览。除了方便行走和到达各功能区及景点，按照游人需要，在道路一定的距离设置椅、凳、走廊、洗手间等必需的设施，如西安曲江池遗址公园在这方面的设计就非常合理（附图9-3、图9-1）。园路的设计形式很多，依景观布置及游览需要而定，从某种意义上说，园路的设计就是一种艺术，好的园路设计能给人艺术的享受，符合人的行为心理需求。园路的色彩、肌理、质感、舒适性以及人在行进过程中的行为和景物都会牵涉到园路的设计形式。深圳东部华侨城湿地公园中的园路设计（附图9-4，辛晓梅提供）就紧密地与景观设计相结合，既方便游人选择游览的目标，又依从设计的意图，使游人行走在其中感受公园的艺术魅力，心情无比舒畅。此外，公园道路材料的选择非常重要，要考虑舒适、防滑、防积水等。西安曲江池遗址公园道路采用细石粒加适度比例沥青，略显粗糙的路面行走极为舒适，还不易积水。此外，公园道路设计还要结合游人健身，如石子路面健足；体现文化和公园主题，如西安寒窑遗址公园路面铸有"同甘共苦""永结同心""海誓山盟""比翼双飞"等体现爱情的成语，吻合王宝钏和薛平贵的爱情故事。

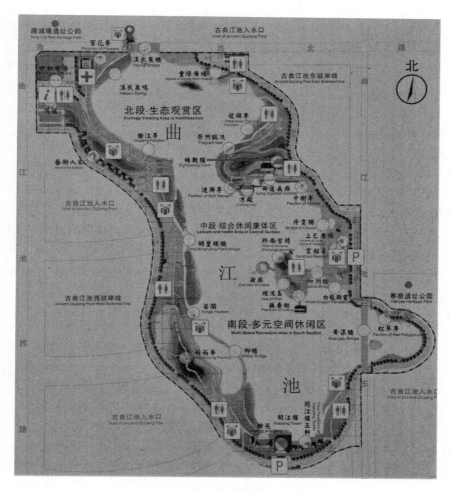

图9-1　西安曲江池遗址公园平面图

（三）景点

公园的景点和活动设施的布置，要有机地联系起来，在公园中要有构图中心。在平面布局上起游览高潮作用的主景常为平面构图中心，在立体轮廓上起景观视线焦点作用的制高点常为立面构图中心。平面构图中心和立面构图中心可分为两处也可为一个。平面构图中心的位置，一般设在适中的地段，较常见的是由建筑群、中心广场、雕塑、岛屿、园中园等突出的景点组成。当公园面积较大时，各景区可有次一级的平面构图中心，以衬托补充全园的构图中心，两者既有呼应和联系，又有主从的区别。立面构图中心常见的是由雄峙的建筑和雕塑、耸立的山石、高大的古树及标高较高的景点组成。例如，佛山市顺德区容桂镇文塔公园的主要景点之一——文塔（附图9-5，甘沛摄），该景点位于公园的文塔历史广场的中心，是正对历史文化轴的历史节点，是公园中的四大景点之一，也是公园的四轴四点的主要组成部分；西安具有悠久历史的大雁塔不仅是盛唐佛教的标志性建筑物，也是西安的旅游标志性景点，现在更是大雁塔广场的核心景点（附图9-6）；云南民族村内的景点之一——水族寨的允雁塔（附图9-7）。

（四） 建筑小品

建筑小品指公园中体量小巧、功能简明、造型别致、富有情趣、选址恰当的精美建筑物和构筑物。建筑小品在园中既美化环境、丰富园趣，附有一定的功能性，能为游人提供文化休息和公共活动的方便，又能使游人从中获得美的感受和良好的教益。建筑小品包括服务小品、装饰小品、展示小品和照明小品四类。

服务小品指座椅、廊架、垃圾箱等供游人休息、遮阳、避雨、观赏等的设施。座椅、垃圾桶应将实用和美观结合，从游人方便的角度合理进行密度、位置布局，座椅还要考虑私密性、安全性、耐用性，垃圾桶要考虑环保性。廊架和藤本植物、道路结合，既能作为景点观赏又具有遮阳、避雨、通行功能。

装饰小品指各类雕塑、铺装、门、窗、栏杆等具有鲜明装饰特征，有重要点缀和文化、景观、通行等功能的小品。雕塑小品在公园设计中起画龙点睛的作用，可以展现文化、风情、人物等主题，赋予景观空间以生气、文化内涵和精神品质，丰富空间及意境。雕塑类型多样、材料丰富、性质多种，是公园设计中不可或缺的要素。铺装、门、窗、墙等小品也是丰富景点、划分引导空间、装饰美化环境、体现文化等的设计手法。附图 9-8 展现了不同时期的窗户文化，具有鲜明的时代特征。

展示小品指公园里对游人有指示、宣传、科普教育功能的信息标识、地图、路标、指示牌、宣传栏等。展示小品设计既要考虑特色，又要符合公园的主体特征，在位置、大小、色彩、内容各方面符合游人需要，应方便、清晰、明了、醒目，还要考虑夜间可读性和雨雪天及光线影响。此外，关键的指示标牌最好配有英文、日文等外文。附图 9-9 是云南民族村内的民族介绍指示牌，立于湖边的摩梭人指示牌暗示他们生活于湖边。

照明小品指公园中具有照明、装饰功能的各类灯及配套设施，包括草坪灯、广场灯、景观灯、庭院灯、射灯、标牌灯、路灯及灯座、灯柱、灯具等。照明小品设计首先考虑照明功能，位置、密度、功率大小以游人视觉清晰、舒适为主。其次，考虑景观美化和夜景。最后，要考虑节俭和实用，不宜过度装饰和造成光污染。附图 9-10 是西安大唐不夜城多彩变化的地面感应灯与路灯、景观灯组成的夜景，既将夜景立体化，又吸引了游人参与。

六、 各类城市公园的景观设计要点

（一） 综合型公园

综合型公园一般是指规模较大，自然环境条件良好，休憩、活动及服务设施完备，为全市或区域范围内的居民服务的大型绿地。在公园出现之初，综合型公园是城市公园的主要类型。它是城市绿地的重要组成部分，而人均公园绿地面积是衡量城市绿化程度的主要指标。20 世纪 90 年代前，我国城市公园基本以综合型公园为主。

1. 综合型公园的位置与面积指标

综合型公园位置的选择一般应与城市中的河湖系统、道路系统及生活居住用地的规划进行综合考虑。一般全市性综合型公园面积为 10~100hm²，大城市或特大城市设置 5 处或更多，服务半径为 4~5km；中小城市设置 1~2 处，服务半径 3~4km；纽约中央公园、北京北海公园、陶然亭公园、上海长风公园、广州越秀公园等都属于全市性综合型公园。区域性综合型公园主要为市区内某个区域的居民服务，面积视服务区域的人口规模的15%~20%而定，设计面积指标可按人均15~60m²而定，服务半径为1~1.5km。社区或居住区公园是为附近居民或某个居住小区内的居民服务的公园或游园，社区公园的服务半径通常小于1km，设计面积指标可按社区人口人均0.5~1m²而定。居住区公园或游园大小视小区人口而定，按照小区建筑布局灵活设计，大的活动空间如广场、体育活动区可集中布局，休闲散步、交流空间可分散布局。

2．综合型公园的功能分区与项目

综合型公园是城市绿地系统的重要组成部分，是全市居民共享的户外绿色空间，通常要求功能分区齐全，项目安排丰富，以满足区域性居民的多种活动需求。

（1）观赏游览区。主要内容为园内的花草树木、山石水体、名胜古迹、建筑小品等景观。

（2）安静活动区。内容包括散步、晨练、小坐、垂钓、品茗、棋艺等。

（3）儿童活动区。内容有儿童的器械活动、游戏活动、体育运动、集会以及一些科普知识的普及和教育的场所。

（4）文化娱乐活动。主要包括满足人们娱乐需求的露天剧场、电影场、游艺室、俱乐部、游戏、戏水、浴场及群众表演的场所等。

（5）文化和科普宣传区。内容包括展览、陈列、演说、座谈、植物园、动物园、盆景园等。

（6）服务设施区。内容有餐厅、茶室、小卖部、公用电话、问询、指示、厕所、垃圾箱等。

（7）园务管理区。内容有办公区、职工宿舍、食堂、仓库、变电站、苗圃、温室等。

3．综合型公园的植物配置与景观构成

植物是公园最主要的组成部分，也是公园景观构成的最基本元素。在公园的植物配置中除了要遵循公园绿地植物配置的基本原则以外，在构成公园景观方面，还应注意以下两点：

（1）选择基调树，形成公园植物景观基调。

为了使公园的植物构景风格统一，在植物配置中，一般应选择几种适合公园气氛和主题的植物作为基调树。基调树要考虑本地树种，还要考虑落叶与常绿、乔木与灌木、观叶与观花、观赏季节等配合。

（2）配合各功能区及景区选择不同植物，突出各区特色。

在定出基调树，统一全园植物景观的前提下，还应结合各功能区及景区的不同特征，选择适合表达这些特征的植物进行配置，使各区特色更为突出。如公园入口区应选择色彩明快、树形活泼的植物。观赏游览区则适合配置一些姿态优美的高大乔木和草坪。儿童活动区配置的花草树木应品种丰富、颜色鲜艳，同时不能有毒、有刺及有恶臭。文化娱乐活动区应着重考虑植物配置与建筑、铺地等人工元素间的协调、互补和软化的关系。园务管理区一般选择一些枝叶茂密的常绿高灌木和乔木，使整个区域掩映在一片绿荫当中。此外，充分选择观赏特点鲜明的植物种构成特色观赏区，如黄花风铃木3月形成金黄色花海景观，郁金香花海是春季主要观赏景点；4月的樱花园形成樱花花海景观；5月的荷花、牡丹、芍药、玫瑰；8—10月，北方的桃、杏、李、苹果、梨，南方的杧果、柚、橙、菠萝蜜等果实累累的景观，枫叶大道在秋季形成多彩色叶景观；12月的广州，紫荆花带来恍如在春天般感觉的景观。带状、片状栽植特色观花、观果植物形成特色、新奇、规模化景观已成为公园一大趋势。

综合型公园是20世纪50至90年代的主要公园类型，几乎每个城市都有综合型公园，但大多需要购买门票才能入内参观。21世纪以来，随着我国经济的飞速发展、人民生活水平的提高、国家对生态环境的重视，公园的建设迈入快车道，综合型公园逐渐向专类公园、主题公园发展。原有的综合型公园也在不断被改造，使之更加符合居民的需要。

社区或居住区公园与地、县、区综合公园不同，其面积小而点状分布，主要满足周边居民的休憩、娱乐、健身、交流需求，功能区设置也与这些实际目标吻合。在强化生态功能基础上，以体育活动、健身、交流为主要内容设计功能区，适度增加宣传、科普教育栏，主要功能区有体育活动场地、老人活动区、儿童活动区。

（二）专类公园

专类公园针对不同服务群体或特定对象，具有特定内容和形式，包括动物园、植物园、儿童公园、体育公园、湿地公园、纪念性公园等。

1．动物园

（1）动物园的定义与类型。

动物园是集中饲养多种野生动物及少数品种优良的家禽家畜，供市民参观、游览、休憩，对市民进行科普教育，同时可供科研的公园绿地。

按规模大小，动物园可分为全国综合性动物园、地区综合性动物园和省会动物园。另外按动物展出的方式，动物园可分为一般城市动物园和野生动物园两种。例如，广州长隆野生动物世界就是一个以大规模野生动物种群放养和自驾车观赏为特色，集动植物的保护、研究、养殖、旅游观赏、科普教育为一体的野生动物园。该园被誉为中国最具国际水准的国家级野生动物园，是亚洲最大的野生动物主题公园。园内拥有华南地区亚热带雨林大面积原始生态；拥有澳大利亚树熊（考拉）、中国大熊猫、洪都拉斯食蚁兽等世界各国国宝在内的460余种20 000余只珍奇动物；拥有全国首创的自驾车看动物模式；拥有全世界表演阵容最强大的白虎表演等五大动物表演秀。2007年被评为全国首批、广州唯一国家5A级旅游景区。

（2）动物园的功能区。

①动物展示区。这是动物园的核心部分，包括室内展馆和室外不同栖息环境动物的展示区。按照各种动物的栖息环境设置适宜动物生存和游人参观的展区，可将相似栖息环境、相互无威胁的动物放在一个展区，大型捕食动物、攀爬性能强动物、飞行动物则单独建园。

②动物繁育区。对于珍稀动物如大熊猫、考拉等要设置繁育室，配备相应设施及人员，也要设置动物救急区域，负责受伤、失育动物的救治和哺育，这一区域应减少游人

干扰，提供建筑物和植物隔离。

③饲料基地区。专门负责各类动物食物的供给，包括食草动物饲料的栽培基地、食肉动物食物的养殖基地、食物加工配置基地等。这一区域也要相对隔离，远离游人，并保持环境卫生。

④办公服务区。包括办公区、售票区、游客服务中心、停车场、游览设施、餐饮服务区等。除了游览设施、餐饮服务区与各展览区匹配设置外，售票区、游客服务中心、停车场通常布置在主、次入口外。

（3）动物园的规划要点。

①有明确的功能分区。各区互不干扰，既有利于动物的饲养、繁殖、研究和管理，同时又能保证动物的展出，便于游客的参观休息。

②有清晰的游线组织。形成分级分类的各种道路系统，便于游人进行全面及重点的参观，使园务管理与游客流线不交叉干扰。

③结合动物的生活及活动习惯，选择适当的展出方式，并进行合理的植物配置，创造适合动物生活的空间以及景色宜人的公园环境。要基于保护动物的角度去安排动物的活动区与观赏区。尽可能为不同动物提供最佳的动物原地环境和最大的活动区，尽可能满足动物原有的生活方式，提供捕猎、隐藏、繁育的环境。此外，不同动物之间要保持足够的隔离区域，特别是大型食肉动物与草食性动物之间。水生动物如河马等，应有足够面积、足够深度的水域。

④动物园四周应采取有效的安全防护措施，以防动物逃跑伤人，同时保护游人能迅速安全地疏散。

⑤动物园的规划能保证分期实施的可能。

（4）动物园的展馆、笼舍建筑设计。

动物展出是动物园最主要的功能，动物展出效果的好坏与动物展馆、笼舍建筑的设计直接相关。现在常用的动物笼舍的形式主要有：

①自然式笼舍：利用动物园用地范围内的地形地势，模仿动物各种生存的自然环境，在其中布置各类动物的笼舍，是较为理想的方式。例如，广州长隆野生动物世界利用地形地势布置动物笼舍，模拟创造出各种自然景观的意境，如雨林仙踪景区中的各类猴与鸟、金蛇秘境景区中的各类蛇等。

②建筑式布局：在用地范围内，用一系列笼舍建筑组成动物展览区，自然绿化面积少。这种布局形势一般在小城市，动物品种数量不多的情况下采用。也可以对一些重点、稀有动物设置专门的展馆，用玻璃隔离动物与游人，如海洋动物展馆、熊猫馆、考拉馆等。

③混合式布局：根据动物园不同地段的情况，分别采用自然式或建筑式布局形式，如北京动物园。

（5）动物园的绿化设计。

动物园的绿化设计从总体上要以创造适合动物生活的环境为主要目的，仿造各种动物的自然生活环境，解决异地动物生态环境的创造与模拟。例如，可在狮虎山园内多植松树，熊猫展区多栽竹子等。同时动物园的动物展览区绿化设计应符合以下规定：

①创造适合动物生活的绿色环境和植物景观。适合动物生活的环境包括遮阴、防风沙、隔离不同动物间的视线等；创造动物野生环境的植物景观以增加展出的真实感和科学性。例如，广州长隆野生动物世界的植物配置景观就很好地结合了各种动物的生存环境进行设计。

②不能造成动物逃逸。攀缘能力较强的动物如猴子、花豹等，其活动场地内植树要防止动物沿树木攀爬逃逸。

③应注意卫生防护隔离。隔离一些动物的噪声和异味，避免相互影响和影响外部环境。

④植物品种的选择。应有利于展现、模拟动物原产区的自然景观。如考拉、袋鼠园区栽植桉树，熊猫园区栽植竹子，长颈鹿园区栽植合欢等高大树木。

⑤动物运动范围内植物品种的选择。应种植无毒、无刺、生长力强、少病虫害的慢生树种。虽然野生动物具有识别有毒植物的能力，但也要注意植物的配置。北京动物园就曾发生过熊猫误食国槐种子而引起腹泻的事故。

⑥在动物笼舍、动物运动场地内种植的植物还应考虑保护植物的措施。既要满足动物采食的需要，也要保护植被的生长环境和生态功能。

动物园的绿化设计除满足以上要求外，还是改善城市环境、调节城市气候的手段之一。广州长隆野生动物世界的绿化环境设计就做得相当不错。这里虽与广州市区仅一河之隔，却是植物的海洋，大面积郁郁葱葱的绿色植物不但使这里成为最具华南地区亚热带雨林特色的地区，还使这里的空气格外清新，含氧特别丰富。同时，长隆野生动物世界大面积的水体如天鹅湖、鸳鸯湖等，与植物相互作用，对温度起到了极好的调节作用，这里的温度比广州市区同一时间的温度要低3℃~5℃，每到炎炎夏日，长隆野生动物世界便成为众多市民的避暑胜地。

2. 植物园

（1）植物园的定义与类型。

植物园是搜集、繁育和栽培国内外植物种，形成多样性的植物集聚展示地及各具特色的丰富的植物景观，供游人观赏游憩，也是进行科普教育、珍稀植物种收集保护繁育、科学研究、专业人才培养，兼具城市生态环境保护功能的园地。

植物园按其性质可分为综合性植物园、专业性植物园。

①综合性植物园：指兼备多种职能，即科研、游览、科普及生产的规模较大的植物园。目前，我国这类植物园有划归科学系统，以科研为主，结合其他功能的，如北京植物园（南园）、南京中山植物园、庐山植物园、武汉植物园、华南植物园、贵州植物园、昆明植物园、西双版纳热带植物园等。有划归园林系统，以观光游览为主，结合科研、科普和生产的，如北京植物园（北园）、上海植物园、青岛植物园、杭州植物园、厦门植物园、深圳仙湖植物园等。

②专业性植物园：指根据一定的学科、专业内容布置的植物标本园、树木园、药圃等。如浙江农业大学植物园、武汉大学树木园、广州中山大学标本园、南京药用植物园（属中国药科大学中药学院）、广西药用植物园等。这类植物园大都属于某高等院校、科研单位，所以又可称为附属植物园。

（2）植物园的功能分区。

通常情况下，植物园可分为植物展览区、珍稀植物保护栽培研究区、苗圃繁育与试验区、办公服务区四大功能区。

（3）植物园的景观规划设计要点。

①首先应明确建园的目的、性质、目标、任务。

②根据植物园类型和任务合理规划植物园功能区及各功能区分布、面积、用地比例及相互之间的联系，综合性植物园以科普展览和繁育为主，用地面积可占全园面积的60%～80%，保障办公、生活、科研用地及配套设施。

③展览区类型与位置：展览区有室内展览区和室外展览区，大部分植物在室外展览区，但对本气候带之外的植物，如南方植物在北方展示、热带植物在非热带区域展示就需要温室等设施，干旱沙漠植物在湿润地区展示也需要相应的设施保障干燥、高温的环境；展览区应位于交通便利、易到达、视野开阔的核心区域，室外展示植物要充分考虑植物的特性，如喜阳、耐阴、喜湿、耐旱，根据植物特性布局不同植物展示区位置。

④珍稀植物保护栽培研究区：和展览区保持一定的距离，防止或减少游人对珍稀植物生长环境的影响和破坏，可以靠近科研办公区，方便科研人员研究与管理。

⑤苗圃繁育与试验区：是进行科研和生产的场所，不向游人开放，应与展览区隔离。应设有专用出入口，同样要配套建设繁育、科研所需的设施，如温室、灌溉、遮阳、气象站、组培室、实验室等，要保证与城市交通的联系，确保运输通畅等条件。

⑥确定建筑的位置和面积：植物园建筑有展览性建筑、科学研究用建筑及服务性建筑三类。

展览性建筑包括展览温室、大型植物博物馆、展览棚、科普宣传廊等。展览温室、植物博物馆是植物园的主要建筑，游人比较集中，应位于重要的展览区内，靠近主要入口或次要入口，常作为全园的构图中心。科普宣传廊根据需要，分散布置在各区内。

科学研究用建筑包括图书资料室、标本室、实验室、工作间、气象站等。苗圃的附属建筑还有繁殖温室、繁殖荫棚、车库等，布置在苗圃试验区内。

服务性建筑包括植物园办公室、招待所、接待室、茶室、小卖部、食堂、休息亭廊架、厕所、停车场等，这类建筑的布局根据功能集中布局于主出入口附近，而休息亭廊架、厕所、零售亭等根据游人需要按一定密度布局。

⑦道路系统：植物园道路系统的布局一般可分为三级：一是主路：4～6m宽，是园中的主要交通路线，应便于交通运输，引导游人进入各主要展览区及主要建筑物，并可作为整个展览区与苗圃试验区，或几个主要展览区之间的分界线和联系纽带，与主、次入口相连。二是次路：2～4m宽，是各展览区内的主要道路，一般不通行大型汽车，必要时可通行小型车辆。它将各区中的小区或专类园联系起来，多数又是这些小区或专类园的界线，与主路相连。三是小路：1.5～2m宽，是深入各展览小区内的游览路线，一般不通车辆，以步行为主，为方便游人近距离观赏植物及日常养护管理工作的需要而设，有时也起分界线作用，与次路相通。目前，我国大型综合性植物园入园后的主路多采用林荫道，形成绿意盎然的气氛，其他道路多采用自然式的布置。主路对坡度有一定限制，其他两级道路都应充分利用原有地形，形成婉转曲折的游览路线。道路的铺装材

料与道路功能匹配，相应地采用混凝土、沥青、石子、大理石等。道路的铺装图案设计应与环境相协调，并采用多样化的材料与图案结合，增加行人的趣味感。纵横坡度一般要求不严，但应保证平整舒适和不积水。同时要注意道路系统对植物园各区的联系、分隔、引导及在景观构图中的作用。道路应设计成环状，避免游人走回头路，各路口设置导游标识牌。

⑧植物园的排灌工程：植物园的植物既有展览功能又兼具科研功能，要求品种丰富，生长健壮，养护条件要求较高，因此，排灌系统的规划是一项十分重要的工作。一般利用地势的自然起伏，采用明排水或设暗沟，使地面水排入园内水体中，如距水体较远或排水不顺的地段，需铺设雨水管，辅助排出。一切灌溉系统均以埋设暗管为宜，避免明沟破坏园林景观。充分利用地势高差，合理利用洼地，形成水面景观。草坪、花坛等设置喷灌、滴灌、渗灌设施，既要满足植物生长所需水分，又要不影响景观。

3. 儿童公园

（1）儿童公园的定义与类型。

儿童公园是专为儿童设置，供儿童进行游戏、娱乐、科普教育、体育活动等的城市专类公园。按照规模大致分为以下类型：

①综合性儿童公园：有市属和区属两种。综合性儿童公园内容比较全面，能满足多种活动的要求，可设有各种球场、游戏场、小游泳池、电动游戏、露天剧场、少年科技站、障碍活动场、戏水池、阅览室、小卖部等。我国市属儿童公园如杭州少年儿童公园、湛江市儿童公园；区属儿童公园如西安建国儿童公园等。

②特色性儿童公园：以突出某一活动内容为特色，并有着较为完整的系统。如1925年建设、1956年被命名的哈尔滨儿童公园，总面积17hm²，布置了2km长的儿童小火车，每次绕公园运行一周。此公园建成后深受儿童喜爱，可使儿童了解城市交通设施及规则，培养儿童的组织管理能力，并寓教于乐，使儿童在游戏中学到知识。同样，交通性儿童公园也可达到上述目的。

③小型儿童乐园：通常设在城市综合型公园、专类公园、主题公园内，作用与儿童公园相似，特点是占地较小，设施简单，规模较小。

（2）儿童公园的功能分区。

为保证儿童活动的安全性，应对儿童公园进行功能分区。针对儿童在不同年龄阶段所表现的不同生理、心理特点，活动要求、活动能力和兴趣爱好，儿童公园一般可分为：

①幼儿活动区：属学龄前儿童活动的场地。其设施有供游戏使用的小房子、休息亭廊、凉亭及供室外活动的草坪、沙坑、铺装场地和游戏用的设备玩具、学步用的栏杆、攀登用的梯架、跳跃用的跳台等。这些活动设施的尺寸要符合这个年龄段的儿童使用。

②学龄儿童活动区：为学龄儿童游戏活动的场地。设有供集体活动的场地及水上活动的设施及嬉水池、障碍活动场地、大型攀登架、秋千等。同时也可设有室内活动的少年之家、科普游戏室、电动游艺室、图书阅览室等。有条件的地方可设小型动物角、植物角（区）等。

③体育活动区：是进行体育活动的场地，可设有障碍活动区、自行车、轮滑及小型

足球草坪区、篮球场等。

④娱乐及少年科学活动区：设有各种娱乐活动项目和科普教育设施等。如旋转木马、碰碰车、小型表演厅、电影厅等。

⑤管理办公区：设有管理办公用房，与各活动区之间应设置一定的隔离设施。

（3）儿童公园的设施。

儿童公园应有为家长和儿童服务的场地及设施。主要有：为丰富景观和照顾儿童的家长设置的休息亭廊、座椅等景观建筑和小品；满足儿童跑、跳、转、爬、滑、摇、荡、钻、飞等动作要求的设施；满足儿童戏水、堆沙、捉迷藏需要的戏水池、沙坑、迷宫等和相应的管理服务设施（附图 9 – 11）。

（4）儿童公园的绿化。

儿童公园与城市综合公园一样，担负着城市绿化、美化的功能，但儿童好动、好奇的特性和薄弱的防护能力决定了儿童公园植物栽植的特殊性。首先，儿童公园或儿童游乐活动区需要相对独立的空间，减少外界干扰影响，隔离周边潜在的威胁，周围需栽培浓密的乔灌木作为屏障。园内各区或大的游乐设施之间也应有绿化适当分隔，尤其幼儿活动区要保证安全，少种占用儿童活动空间的花灌木。其次，注意园内夏季遮阴和冬季阳光的需要，种植高大乔木作为行道树和庭荫树并不影响设施的使用。另外，儿童公园或儿童游乐区忌用以下绿化植物：

有毒植物：花、果、叶等有毒植物均不宜选用，如凌霄、夹竹桃、圣诞花、水仙、滴水观音、曼陀罗等。

有刺植物：易刺伤儿童皮肤或刺破儿童衣服的植物不宜选用，如异木棉、枸骨、刺槐、蔷薇、仙人掌、仙人球等。

易生病虫害及结浆果的植物：如柿树、桑树等。

有刺激性和奇臭气味的植物及会引起儿童过敏反应的植物：如漆树等。

易飞花絮或多落果植物：如柳树、盆架子、高山榕、桑树等。

4. 体育公园

（1）体育公园的定义。

体育公园是指以体育运动为主题，有较完备的体育运动及健身设施，供各类比赛、训练及市民的日常休闲健身及运动之用，兼具生态功能的专类公园。体育公园按服务范围可分为社区级和市级体育公园，按主题可分为综合性体育公园、森林探险体育公园、水上娱乐体育公园、沙漠体育公园、海滩体育公园等。

体育运动场地、体育设施、停车场、附属建筑、隔离绿地构成了体育公园的主要要素。城市居民锻炼身体和进行各种体育比赛是体育公园的内容，同时兼具休闲游憩、生态环境功能，属社会体育设施与城市公园两者的融合。体育公园是一种特殊的城市公园，既有符合一定技术标准的体育运动设施，又有较充分的绿化布置，主要是进行各类体育运动比赛和群众体育活动、娱乐用，同时可供运动员及群众休息游憩。体育公园用地比较大，一般不小于 $10hm^2$，建设投资大、管理养护费高。大部分体育公园的场地如篮球场、足球场、网球场等需要收取一定的费用以作为维护费用。

（2）体育公园的主要功能及功能分区。

①社会服务功能。经济的发展引发了全面健身活动的兴起，体育公园为全面健身提供了空间，良好的环境、功能齐全的场地和设施又进一步吸引了群众的运动兴趣，激发了全民健身热潮，带动了良好的社会健康风气。体育公园又是城市文化的主要载体，对于宣传优秀中华文化、提高全民文化素养、保持身心健康、实现人地和谐起到促进作用。

②商业经济功能。体育公园满足了现代人的健身所需，吸引了众多居民参与体育健身，有效地利用了体育场地和体育设施，各类体育活动的兴起又促进了体育产业的发展，挖掘了体育文化的潜力。球、球拍、运动服等已成为大多数人必不可少的装备，球场、球馆、健身室、公园、广场成为城市里最有热度的地方，体育产业已成为城市经济发展的主要潜力。

③生态环境功能。体育公园和其他公园一样，是城市主要的绿地。在满足各项活动前提下，体育公园也承担着城市生态环境保护的功能，保证足够比例和面积的绿地是体育公园设计的基本前提，只有这样，体育公园才能给活动区域内外的居民创造优质的生态环境。

体育公园大致分为体育场地区、绿化区、办公服务区三大功能区。体育场地区包括室内外各种比赛和练习场地或场馆，绿化区包括场地周边及场地内的树木、草坪、花坛等。办公服务区包括场地管理办公区、售票处、停车场、餐饮、小卖部等。

（3）体育公园景观设计的要点。

①满足功能。首先要确定体育公园类型、目标和任务，在此基础上确定活动场地的划分和体育设施的布置。各区之间设置隔离栏，避免相互影响，篮球、足球、网球、排球场设置一定高度和密度的围栏，避免球的飞离和影响观众。比赛场和练习场之间也要适当隔离。

②满足不同人群的需要。年龄不同、性别不同、兴趣爱好不同、体能不同和水平不同的人群，所需要的场地、设施均有差异。各类活动场地按需要设计，以满足不同年龄、不同兴趣、不同水平人群的需要。比赛、练习、休闲各取所需。除了运动场地和设施，还应在周边配置休憩的长廊、座椅等，便于练球青少年的家长休息、观看。

③植物配置合理。场地周边的植物配置首先不能影响到体育比赛和体育设施的使用，比如，球场周边不宜栽培有飞絮、落果的植物；观众区域可以栽植高大的遮阴树，但不能阻挡观众的视线；要考虑四季景观，特别是人们使用室外活动场地较长的季节；树种体量的选择应同运动场地的尺度相协调；落叶树种尽可能落叶期集中，便于清扫；运动场草坪应耐践踏、易管理。

5. 湿地公园

（1）湿地公园的定义。

湿地公园指在自然湿地或人工湿地基础上，通过合理规划设计、建设和管理的以湿地景观为主体，以开展湿地科研、科普教育、湿地景观保护、生态游憩为主的公园绿地。它具有城市公园绿地的一般属性特征，同时又以生态旅游、生态教育及兼具物种与栖息地保护功能为特色。

（2）湿地公园的主要功能。

①生态保护功能。湿地是地球的肺，在生态系统中扮演着极其重要的角色，它是连接陆地与水域的纽带，是水—陆生态系统物质、能量流动交换的平台，也是两栖动物生存的基础。只有足够面积的湿地，才能吸纳、消化、转化、净化来自陆地的携带污染物的水，使之安全进入河流、湖泊、海洋中。然而，城市化的快速发展导致了人类领域的无限扩张，城市土地的紧张造成填湖、填海、填河程度加剧，湿地成为城市扩张的牺牲品，其结果就是水陆生态系统的破坏、湿地缓冲地带的消失使城市污水、携带污染物的雨水无任何阻挡地进入河流、湖泊、海洋，加剧了水资源的污染。湿地公园的建设可以很好地恢复湿地、保护湿地、发挥湿地的净化功能，确保水资源的安全，确保生态系统的良性循环。

②科普教育功能。湿地兼具水、陆两种生态系统特性，具有多样性的水生、陆生、两栖动物和植物种，还吸引了众多的迁徙动物如天鹅、大雁等；是展示、认识生物多样性的最佳区域；也是开展认识物种、了解生态系统、保护动植物科普教育的良好平台。在湿地公园，我们不仅可以见到多样性的植物和动物，也能够认识湿地生态系统的重要性和对水环境保护的作用，唤醒人类保护自然环境的自觉性。

③休闲旅游功能。湿地公园具有多样性的景观和优质的环境条件，为城市居民提供了休闲度假的场所，大型的湿地公园还能成为城市旅游的名片，吸引来自海内外的游客参观旅游，如杭州的西溪湿地公园等。

（3）湿地公园的功能分区。

湿地公园根据自然地形地貌、流域、功能目标和主要任务分为以下四个主要功能区：

①湿地保护区。其为湿地公园的核心区，有着完整的湿地生态系统、丰富的湿地植物和动物。应采取相对隔离的保护措施，尽可能减少人类的干扰，确保生态系统的健康，保护动植物的栖息地完整。这一区域也是湿地观测、科学研究的区域。

②湿地生态系统展示区。在湿地保护区外围区域设置展示区，也是核心区的缓冲区，提供架设观景平台、栈道或桥梁，使游人近距离观察湿地植物、水生动物及湿地生态系统。通过展示牌、景点介绍等起到科普教育作用。

③湿地游览区。除了展示区，还可以在展示区外设置符合湿地公园主题的游览区，如观花、观果、观鸟、观鱼及安静休息区等。

④管理服务区。包括管理办公区、售票口、停车场、小卖部等。

（4）湿地公园的规划设计要点。

①湿地公园应纳入城市总体规划中。鉴于湿地生态系统在环境中的重要性，城市总规划中应对所有河流、湖泊、海滩湿地设定重点保护区或限制开发区；对于重要的湿地都要保护或建设湿地公园；对于已开发、破坏的重要的湿地区域应恢复原有湿地并保护。

②合理划分、设置各功能区。按照各功能区的目标任务合理规划各功能区并确定相互之间的关系和连接或分隔。

③水系规划。明确水流的方向、大小，地表水和地下水的关系，污染水的来源和程

度，确保地下水的补给、污染水流动过程中的净化体系，如沉淀区域、砂石过滤区域、不同植物净化区域。此外，处理好静水与流水、陆岸与水域、污水与净水、溪流与池塘、水面与桥梁的关系，使生态系统与视觉景观最佳。

④道路规划。和其他公园一样，湿地公园道路同样分主干道、次干道和步道三种，只是因湿地限制，各种桥梁、栈道、观景台在湿地公园最为普遍。各种道路之间相互连接，便于游人到达，也要和园外交通保持良好的连通性。为保护公园环境，道路材料尽可能用自然的木料、砂石或仿生材料，不用或少用混凝土等不透水材料，避免增加径流，破坏水生态系统。

⑤植物种植规划。湿地植物是构成湿地生态系统的核心要素，也是湿地公园建设、保护、展示的主体。湿地公园植物分为湿地植物和非湿地植物两大类，湿地植物是指生活在湿地环境中的植物，包括水生植物、湿生植物和沼生植物。水生植物指生活在水中不同部位的植物，如水下的金鱼藻、苦草类植物；根生长于水底，叶片漂浮于水面的王莲、睡莲、凤眼莲等；基部在水下，茎叶大部分在水面以上的荷花、水葱、菖蒲等；湿生植物指能耐短期水淹的陆生植物，如水杉、落羽杉、水柳、枫杨、榉树、乌桕等。沼生植物指耐湿不耐旱的植物，可以耐受季节性水淹或局部水淹环境，如水莎草、水麦冬、马蹄莲、美人蕉、梭鱼草等。湿地植物是净化水质、营造湿地景观的主要元素。湿地公园植物栽植重点在于构建系统、稳定、健康的湿地植物群落。各种湿地植物的适地性栽培和合理搭配是决定湿地生态系统完整的关键，应按照不同湿地植物的自然特性和多样性法则规划栽培各种植物。充分利用水体的垂直空间和平面空间布局植物，在保证生态系统合理的基础上，兼顾视觉景观、季节景观、特色景观等休闲游览需要，形成立体的、多样化的景观系统。在湿地外围，充分利用乡土树种绿化、美化公园和隔离各功能区。形成乔灌木配合、水—陆结合的植物体系。

6. 纪念性公园

（1）纪念性公园的定义与分类。

纪念性公园指以纪念历史上或当代有重要社会价值的人物或事件为主题而设立的公园。除了纪念性和公共性，游憩性和生态功能性也是纪念性公园的典型特征。

纪念性公园按照纪念对象可以分为人物型纪念公园和事件型纪念公园。人物型纪念公园如南京中山陵、张大千纪念公园、陈铁军纪念公园、黄花岗七十二烈士墓园和各地的烈士陵园等。事件型纪念公园如唐山地震遗址纪念公园、东河口地震遗址纪念公园、南京雨花台、美国越战纪念园等。

（2）纪念性公园的主要功能。

①社会功能。纪念性公园的主题人物或事件都在历史上或在当代社会中具有重要的历史价值、文化价值、精神价值、思想价值或纪念意义。对于当代和未来的历史文化传承、思想价值观教育有重要的宣传、学习作用。同时，一座城市的历史人物、当代英雄、重大事件可以形成城市景观特有的名片，形成城市的人文特色，是无形的文化价值资产。

②经济功能。纪念性公园通过历史人物、事件等名人轶事吸引市民和游客参观，并通过良好的生态环境和特色资源形成聚集效应，逐渐发展为旅游品牌，促进当地的旅游产业，也带动其他第三产业发展，推动经济发展。

③生态功能。纪念性公园是城市绿地的构成部分，在突出纪念主题基础上，配套建设服务设施和绿地，营造绿地环抱的公园景观，一定规模、立体结构的绿地对于隔离空间、优化、保护城市生态意义重大。

（3）纪念性公园的主要功能区。

①主题展示区。包括室外纪念碑、雕塑小品、宣传栏和室内展馆，集中表现要纪念的人或物，系统介绍人物事迹及事件的来龙去脉。展馆内通过文字、图片、实物展示和讲解员介绍、新媒体演示等将人物事迹和事件清晰地公示于游人。室外的雕塑小品、纪念碑等构成主要景点，加深游人对人物或事件的印象。

②生态绿化区。展示区内、外道路行道树、片林、草坪、花坛、水体等。既是绿地，又是隔离各功能区的材料。

③办公服务区。包括管理办公区、服务中心、餐饮区、小卖部、停车场等。

（4）纪念性公园的规划设计要点。

①合理选址。纪念性公园是开展公众纪念活动的场所，需要营造庄重、肃穆的气氛，既要和市民接近，又要确保纪念氛围不受干扰，还要强化人物与事件的场景感。通常以人物的出生地、故居、墓地为核心选址或以事件的发生地、现址或遗址为核心选址。

②展馆。是纪念性公园的核心建筑，是集中、系统、详细介绍人物事迹或事件过程的场所。展馆多位于公园中心区，通常采用几何对称构图，体现庄严肃穆，按照人物和事件的发生次序从入口的前言开始至出口的结束语结束，完整系统地叙述、展示名人轶事。展示内容应全面、方式多样，尽可能展示实物或复原原有场景，也可以通过现代媒体技术再现过去。

③纪念性构筑物。纪念碑、人物雕塑（附图9-12）、大型浮雕（附图9-13）是纪念公园常见的构筑物，多位于公园中心、中轴线上，或位于最高点上。还可以通过系列雕塑小品、地面等展现人物、风情（附图9-14）或事件场景，如美国越战纪念园雕塑展现了越南战场疲惫的美国大兵形象，表现了越战的失败（附图9-15），星光大道上的明星手印等也是一种纪念方式（附图9-16）。碑、雕塑等手法还可以结合应用（附图9-17）。

④道路。为体现纪念公园的庄严肃穆，公园多采用对称式构图，主干道位于中轴线上，展馆前、主题人物雕塑前设计广场，集中人流，周边设计次干道以及时分流人群。地形起伏较大的纪念公园，可以应势造型，设计坡道、台阶引导人群。中轴线两侧根据地势合理安排休憩场地，通过绿地、走廊、亭等提供休闲场地。主、次入口、主干道与城市干道的联系要紧密，提高通达性。

⑤植物。与其他公园不同，纪念性公园的特殊性在于它是庄严肃穆的场所，尤其在陵园、墓地、纪念碑等地，多采用松、柏类常绿植物体现肃穆和表达松柏常青、永垂不朽之意。用深绿色的龙柏、塔柏、侧柏等作为汉白玉人物雕塑的背景能够更好地衬托出雕塑人物的伟大。同样，草坪、花坛等也是雕塑、纪念碑等最好的背景。

（三）主题公园

按照我国《城市绿地分类标准》（CJJ/T 85-2002），主题公园属于专类公园的一种。

从主题公园表达的主题内容和构成形式来讲，主题公园也属于专类公园，但随着社会发展和人类生活水平的提高，人类对自然环境、精神、文化、娱乐的追求越来越多样化和精细化，公园的类型也愈来愈多样化、专业化，将主题公园从专类公园中独立出来，有助于更深入地研究、规划、建设符合人类时代需求的各类公园，满足人类多方面的需求。

按照中国"主题公园之父"马志民的定义，"主题公园是作为某些地域旅游资源相对缺乏，同时也是为了适应游客多种需要与选择的一种补充"。董观志认为："旅游主题公园是为了满足旅游者多样化休闲娱乐需求和选择而建造的一种具有创意性游园线索和策划性活动方式的现代旅游目的地心态。"

主题公园指以某个自然、历史文化为主题表达内容或某个特定的功能为核心展示内容，强化主题、功能的同时兼备生态、休憩、历史文化保护传承、娱乐、教育等多功能的公园。按照主题内容大致可以分为以自然为主题、以历史文化为主题、以游乐为主题的三大类主题公园。按照规模可以分为大型主题公园、中型主题公园和小型主题公园。大型主题公园投资在1亿元以上，占地面积超过0.8km²；中型主题公园投资在2 500万元至1亿元，占地面积0.4～0.8km²；小型主题公园投资在1 000万元以下，面积小于0.4km²。

主题公园的特征主要体现在展示、表达内容的主题鲜明性、文化内涵承载性、商业性、游乐性四大方面。景点、景区、展馆、游乐设施、游人、生态、构筑物等是主题公园的主要规划设计要素。满足游人的多样性需要、体现文化内涵、吸引游客并产生良好经济效益是主题公园的主要目标。

1. 自然主题公园

（1）自然主题公园的定义与类型。

自然主题公园指以展示、保护自然界某个主要生物或自然遗址，如恐龙遗址公园、以大熊猫、各种动植物、海洋生物等为主要内容的公园。最常见的有各种地质公园、自然遗址公园、花卉园、珍稀动物保护公园、海洋动物公园等。

（2）自然主题公园的主要功能。

与综合型公园、专类公园一样，自然主题公园通过挖掘自然界中有鲜明特色或历史意义的自然景观，通过展示特色景观主题起到科普教育、社会交流、休憩娱乐、自然生态保护、生态功能强化、促进商业经济等作用。只是不同类型主题所体现的功能有所差异，如地质公园强调某一类特色自然地质景观的保护、科普教育和商业功能，如丹霞地貌、雅丹地貌、火山地貌、温泉地热、海洋地质等不同自然地质景观公园。珍稀动物主题公园强调珍稀动物的保护与科普教育，如四川大熊猫公园强调大熊猫保护、繁育、驯化、野外放归科学研究、科普教育、生态环境保护等功能；花卉植物公园强调展示千姿百态、百花争艳的植物景观和实现植物生态功能、休憩、娱乐功能和商业功能。

（3）自然主题公园的主要功能区。

自然主题公园的主要功能区包括主题展示区、生态缓冲区、科普教育区、办公服务区等。主题展示区是核心功能区，包括自然展示区和室内展示区，自然地貌、地质、植物等景观通过野外自然展示。为保护这些野外珍贵景观资源，通过游览道路、不同方位的观景平台等设置，可以适当减少游人的影响又能让游人观赏到最佳景观；一些自然遗址、挖掘出土遗迹、地质过程等通过室内展馆展示，海洋动物可以模拟建造海洋世界在室内展示。生态缓冲区位于核心区外围，可以开展考察、游览活动，通过植物栽植、构筑物建设等，与核心区保持联系又隔离的关系。科普教育区既可以位于生态缓冲区，也可以置于室内展示区，还可以位于办公服务区，形式多样、位置灵活。办公服务区包括办公区、餐饮区、售票窗口、小卖部、停车场等，除办公区通常设置在景区入口外，其他根据游人需要灵活设置，既以人为本，又不影响景点保护。

（4）自然主题公园的规划设计要点。

①处理好保护与游览的关系。一方面，要深入挖掘自然景观，给游人欣赏大自然之美，领略自然风光；另一方面，自然景观是大自然赐予人类的珍贵礼物，具有不可再生性、不可复制性，这种独特的、难以再生的自然资源需要人类的呵护。因此，保护与开发关系的处理是自然主题类公园的规划设计重点。展示区选址、游览路线开辟首先要遵循保护原则，减少游人的干扰，特别是道路、观景平台、服务设施、展馆等建筑物的布局要尽可能避免对自然景点、珍稀动物、植物的影响，设置缓冲区，如通过设置观景平台、栈道等减少游人的影响。

②充分利用展馆、新媒体技术展示复原地质时代、自然遗迹、遗址场景。用展馆展示海洋动物、珍稀动物，用模型、图片、多媒体等再现地质时期景观，使游人了解过去、掌握自然科学知识、提高爱护自然的自觉性。

③充分利用自然植物多样性营造多样性景观。地球上生长着30多万种植物，而动物种类有1 000多万种，多样性的动植物构成了丰富多彩的地球世界和稳定的生态功能系统，其不仅为人类提供了良好的生存环境，也是人类生活不可或缺的生产、生活、娱乐资源。人类要构建和谐的地球生态系统就必须尊重自然、爱护自然、保护自然，充分利用自然资源特征营造特色景观，供人类观赏、促进人类社会的文明交流、构建和谐社会。水生植物花园、沙漠植物园、牡丹园、荷花世界、薰衣草公园、郁金香园、茶花园……营造这些景观首先要了解植物特性、了解植物生态系统，创造最佳的植物生存条件，还要和生态功能建设结合，避免单一的观赏功能和单一的景观。生态系统多样性、植物景观多样性、公园功能多样性相结合是使公园的生态功能最大化、景观价值最大化、商业功能最大化的前提。

2. 历史文化主题公园

（1）历史文化主题公园定义与类型。

历史文化主题公园指以保护国家或城市的重要历史遗址、现代工农业和商业遗址、文物古迹，展现重要历史、传承悠久文化和现代文化为主要内容的公园。包括各种文化公园（如长城、大运河、长征国家文化公园、地方文化公园）、文化遗址公园（如广富林古文化遗址、西安大明宫古都城遗址、帝王陵园、古城墙、古窑址、石窟寺等）、工商业遗址、旧址公园（近代和现代对民族工商业发展有重要纪念意义的遗址和旧址，如厂房、煤矿、商业街、码头等）、现代革命旧址公园等（如井冈山、延安、长征旧址、抗日战争重要战场旧址等）。

（2）历史文化主题公园主要功能。

历史文化主题公园无论是展示历史遗址，还是当代旧址；无论是展示历史文化，还是当代革命文化、商业文化，都承载着历史遗址保护、文化教育传承、商业旅游和生态四大功能。通过挖掘古代、近代、现代各种遗址和旧址，展示不同时代文化、生活、生产场景，再现过去的场景。通过合理规划建设，使这些对中华文明、民族发展、人类物质与精神文化有重要意义和保护价值的遗址、遗迹、旧址等得以保护，历史遗产和优秀中华文化得以传承，革命教育得以普及。在此基础上，通过深层次挖掘旅游文化、开发文旅产品等提升商业功能。生态环境建设也是历史文化主题公园必须重视的要素之一。

（3）历史文化主题公园主要功能区与设计要点。

历史文化主题公园功能区有主题展示区、科普教育区、商业旅游区、生态功能区、办公及配套设施区。

主题展示区有野外景点、景区、室内展馆等形式。不同主题展示方式不同，大的文化公园，如长城、大运河、长征国家文化公园均以原有景点和景区为主，必要时设置室内展馆反映不同时期的景象；遗址、遗迹、旧址等在挖掘、就地保护的基础上，通过复原、更新，再现原有古城、古建筑、古村落、旧居、旧街道、旧厂房等，再配以展馆、展厅等进一步解释说明文化价值。历史文化主题的选择首先要充分考虑园区建设所在城市的地位和性质，这决定了它的历史、文化、政治地位、经济基础等，也决定了它的吸引力和潜在游客群体。例如，北京是中国的政治文化中心，上海是商业文化中心，而深圳是改革中心等，主题要符合城市的地位和性质。其次，历史文化主题的选择要充分研究公园所在城市的历史、人文风情、社会经济、文化特色等反映城市特征的要素，如西安的大唐文化、北京的明清文化、内蒙古的游牧文化、广州的岭南文化等，只有深入挖掘这些文化的精粹，才能确立最能展示历史文化的主题。

科普教育区结合展示区、商业区建设，灵活安排，形式多样，可以用展馆、展厅展示，也可以用宣传栏、指示牌，还可以用新媒体如微信等展示。

商业旅游区包括文旅产品销售、餐饮服务区、小卖部。销售区多位于景区、景点的出入口；餐饮服务区、小卖部按景区规模、游人密度设置在景区各处。文旅产品的深度开发对于历史文化主题公园的可持续发展至关重要。结合公园主题挖掘有艺术、生活、生产功能的产品，无论对于历史文化保护，还是对于当代人的教育和经济都有重要意义。如佛山的南风古灶，基于著名的南国陶都主题，围绕着南风灶、高灶、高庙、林家厅等重点文物保护单位，汇聚了山公微雕、古作车拉坯、拍大缸、打草鞋等传统工艺精华，又集合了舞狮、武术、粤剧、剪纸等民间艺术精粹，将旅游、观光、生产、习艺、研讨、活动、购物集于一体，每天都吸引了大批来自世界各地的人们，在这个世界陶文化圣地寻陶根，找陶魂，体验博大精深的中国文化。

生态功能区是现代公园必须考虑的设计要素，无论哪一类公园，无论公园规模大小，都应该将生态功能区设计放在重要位置，生态功能区结合道路、建筑物、休憩区灵活安排，点、线、面结合，乔、灌、草搭配，最大限度增加生态功能和为游人提供乘凉、观赏的绿色景观。此外，历史文化主题公园也应纳入城市生态总规划中，在旧村、旧建筑、旧厂房、旧街道等改造规划中都要设置合理的绿地指标，确保城市总体绿地率。

办公及配套设施区包括办公区、停车场、卫生间、构筑物等。办公区、停车场与出入口、城市干道相连，方便交通和疏散。卫生间按游人密度设置于景点、景区中。构筑物包括各种雕塑小品、指示牌、宣传栏、垃圾桶等。雕塑小品是历史文化主题公园的主要展示方式，可以集中反映历史人物、历史风俗、历史事件、历史场景等，起到画龙点睛的作用，也具有重要的纪念意义。指示牌、宣传栏、垃圾桶等的设计和其他公园一样，清晰、明了、方便、实用。

3. 游乐主题公园

（1）游乐主题公园的定义与类型。

游乐主题公园指具有鲜明商业特征，以游乐、观赏、购物、休闲为主要内容的公园。

游乐主题公园最早源于 1955 年建成开放的美国洛杉矶迪士尼乐园，迪士尼乐园由华特·迪士尼一手创办，迪士尼乐园把严肃的教育内容寓于娱乐形式之中，丰富而有趣，园内有许多迪士尼人物（如米奇）及迪士尼电影场景。近年来，游乐主题公园在世界各地迅速普及，类型繁多、游乐设施日新月异、游乐主题也愈来愈专。

游乐主题公园按功能和服务对象可分为综合游乐园和专题游乐园；按规模可分为大型游乐园和小型游乐场。综合游乐园通常有较大规模、设施齐全、服务对象全面，具有游乐、观光、购物、休闲等多个功能，如迪士尼乐园、深圳欢乐谷等。专题游乐园指主要为某一类对象（如儿童）或某一类游乐设施为主的游乐公园（如各种儿童游乐园、海洋欢乐世界、"奇乐儿"软体游乐场等）。

（2）游乐主题公园的主要功能。

①商业功能。从迪士尼乐园诞生之日起，这种寓教于乐、集文化、旅游、购物于一体的公园就是一种商业化运作模式，通过主题卡通人物、主题园、观演、游乐设施等吸引世界各地的游客，通过不菲的门票和住宿、餐饮、纪念品等收入实现营业收入。当 1965 年洛杉矶迪士尼乐园 10 岁生日时，它的游客总数达到了 5 000 万人，建成之初 10 年的收入高达 1.95 亿美元。近 40 多年来，乐园已接待游客达 10 多亿人次，按门票价格 100 美元计，已累计收入超过 1 000 多亿美元。香港迪士尼乐园 2018 年营收超过 60 亿港元，上海迪士尼乐园 2018 年仅门票收入就超过 50 亿元人民币。正是这种成功的商业模式才吸引了众多的商业人士去投资建设、开发各种各样的游乐园。但各种游乐园高昂的价格对于游乐主题公园的可持续发展还是有影响的。

②社会文化功能。游乐主题公园主题的展示离不开文化内涵，只有满足游客精神生活需求，丰富游人文化体验的主题才具有生命力和持久性。背离大多数游人的文化背景、缺少精神内涵或功能单一没有民族文化内涵的主题很难得到游客的青睐或很难持久繁荣，正如迪士尼乐园兵败法国巴黎，文化的水土不服就是罪魁祸首；迪士尼乐园在香港黯然失色，也与美国文化的傲慢有关，上海迪士尼乐园借鉴了香港迪士尼乐园的教训，在美国文化融入中华文化方面有了进步。

③娱乐功能。游乐主题公园通过内在的精神文化展示、表演，通过外在的游乐设施、景点、构筑物和良好的生态环境满足不同年龄、不同文化、不同职业的人群在精神与物质方面的需要，使他们通过休憩、娱乐、购物等多种形式体验得到精神、物质、文化、健康等方面的满足；通过参与户外活动丰富了社会活动，促进了社会、家庭和谐，促进了社会文明的进步与交流。尤其对青少年的健康成长很有帮助。

④生态功能。游乐主题公园与其他公园一样，生态功能是其基本功能，草坪、树木、花坛、绿篱等多种形式的绿地既是各功能区、景点、景区的隔离材料，又是净化园区环境、美化景区视觉景观的主要材料。

（3）游乐主题公园的主要功能区。

游乐主题公园的主要功能区有主题展示区、游乐活动区、生态功能区、办公服务区。主题展示区可能有多个景点或景区，如最早的国内主题公园——深圳世界之窗就分世界广场、亚洲区、美洲区、非洲区、大洋洲区、欧洲区、雕塑园和国际街 8 个主题区；上海迪士尼乐园有七大主题园区：米奇大街、奇想花园、梦幻世界、探险岛、宝藏湾、明日世界、玩具总动员。长隆欢乐世界分为以儿童游乐项目为主的适合全家游玩的哈比王国，以大型惊险刺激设施为主的尖叫地带，以中古欧洲风格为主的旋风岛，以水为主题的欢乐水世界，以表演为主的中心演艺广场，以休闲为主的白虎大街六大主题园区。游乐活动区既可以集中设置，也可以分散布局于各主题园区中。生态功能区分散布局于全园，以带状绿地、面状绿地、花坛、花境等多种形式存在，满足游人纳凉、观赏、环境保护的需要。办公服务区包括办公区、餐饮服务区、停车场、小卖部等，按照游人需要合理配置服务设施。

（4）游乐主题公园的规划设计要点。

①游乐主题的确定。游乐主题的确定取决于多个因素，投资规模、建设用地规模、建设目标、服务对象、预期服务规模、文化背景、城市历史等。除了必要的游乐设施投入，赋予游乐园文化内涵至关重要，其决定了游乐园的可持续发展，寓教于娱乐之中，使游人在娱乐中体验文化、重温历史。一个有文化内涵的设施才是有生命力的。游乐园应学会讲故事，用历史背景来传递文化，用文化氛围来感染游人，让游人在文化活动中体验快乐。

另外，游乐园的特色营造也很重要，应避免千篇一律，到处是过山车、海盗船、旋转木马等。例如，由美国教师、儿童心理学家和工程师根据幼儿身心发育特征，运用现代科技，发挥活力和想象力发明的"奇乐儿"软体游乐场，为幼儿准备了充满刺激、挑战，又让家长放心的健身环境。在开心玩耍的同时，幼儿的身体也得到了有氧代谢锻炼，被世界儿童组织誉为最具健康性、安全性的儿童娱乐健身项目。

②园址的选择。游乐园通常是最热闹的游人集聚的场所，为了方便市民，早期的游乐园大多建在市中心。如深圳欢乐谷等，但随着城市快速发展，交通问题日趋严重，土地资源日渐匮乏，各种主题公园的位置逐渐向城外扩展，不仅减缓了城市中心区交通的压力，也对促进城市外围的开发和经济作用明显。上海迪士尼乐园、上海欢乐世界、深圳东部华侨城等都选址在城市外围区域，但要有便利的交通配套建设，如地铁、轻轨等。此外，选址还应该充分考虑旅游市场、土地价格、潜在消费人群规模、周边城市交通等，人口因素、自然环境因素、同类游乐园的区域分布情况等都是选址必须仔细斟酌的要素。

③主要构成要素的设计。包括水体、地形、道路、广场、建筑、游乐设施、小品、植物等。与其他主题公园不同，游乐设施是游乐园的核心区，其他要素都要围绕游乐区设计布局。和公园景区、景点一样，游乐设施也可以布局于不同景区中，形成不同景区

的景点。长隆欢乐世界哈比王国主题园是以儿童游乐项目为主的适合全家游玩的游乐设施，尖叫地带是以大型惊险刺激游乐设施为主的主题园，而欢乐水世界则集聚了大量的水上游乐设施。不同的游乐区之间应该通过道路、绿地、广场、建筑物等合理的隔离，避免相互影响。植物应根据不同主题合理配置，特别在儿童活动区，不能栽植有毒、有刺、易落果、有飞絮等植物。

第三节　公园的设计范例

一、综合型公园——北京奥林匹克森林公园

北京奥林匹克森林公园位于奥林匹克公园的北部、城市中轴线的北端，占地 680 公顷，是奥林匹克公园中心区的重要景观背景，是北京市最大的公园（图 9 - 2）。从严格意义上讲，北京奥林匹克森林公园不属于综合型公园，它更像是专类公园或自然公园，但从未来城市公园的发展趋势看，它符合未来城市公园的发展趋势——在满足城市居民多样化需求基础上，将城市公园建成城市生态环境的主体，是城市绿地的主要组成和城市环境保护的主体。

北京奥林匹克森林公园的景观规划与景观设计单位为北京清华城市规划设计研究院景观园林设计所，扩初设计及施工图设计由北京中国风景园林规划设计研究中心、北京创新景观园林设计有限责任公司、北京北林地景园林规划设计院有限责任公司及北京市园林古建设计研究院有限公司四家单位共同承担。

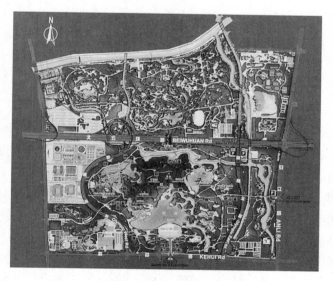

图 9 - 2　北京奥林匹克森林公园总平面图

（一）规划设计理念

北京奥林匹克森林公园总体规划在满足奥运会场馆功能基础上，给予北京城中轴线新的延伸——北部森林公园，使这条举世无双的城市轴线完美地消融在自然山林之中。

　　延续总体规划的理念，该设计方案名为"通往自然的轴线"——磅礴大气的森林自然生态系统使代表城市历史、承载古老文明的中轴线完美地消融在自然山林之中，以丰富的生态系统、壮丽的自然景观终结这条城市轴线（图9–3）。

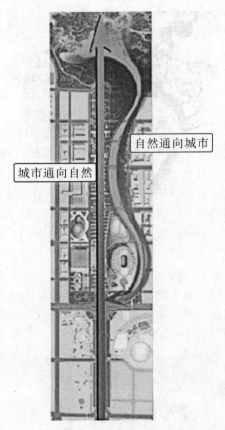

图9–3　北京奥林匹克公园轴线示意图

　　奥林匹克森林公园是奥林匹克公园的有机组成部分，是奥运中心区重要的景观背景。其规划设计既要满足奥运赛时活动的需求，又要符合建设一个多功能生态区域长期目标的需要。奥运会期间，这里成为北京市献给各国代表团、运动员、奥委会官员的一份礼物—— 一座充满中国情调的山水休闲花园。奥运会后，这片公园向公众开放，成为市民百姓的休闲乐土，为北京留下一份珍贵的奥运遗产——公园对改善北京生态环境、完善北部城市功能、提升城市品质并加快北京向国际化大都市迈进的步伐起到重要作用，是现代意义上的自然与文化遗产。

　　森林公园的功能定位为"城市的绿肺和生态屏障、奥运会的中国山水休闲后花园、市民的健康大森林和休憩大自然"。

　　将"绿色、科技、人文"三大理念在规划中真正贯彻落实是所有奥运会项目的基本原则。规划设计伊始，森林公园就将所有的工作纳入这三大理念的体系中来，将规划设计落实为人文规划、绿色规划、科技规划。

绿色规划是全园规划的主要基调。作为"通往自然的轴线"整体理念的重要组成部分，作为北京市中轴线北向的终结，作为一处城市森林公园，奥林匹克森林公园的设计理念以建设美轮美奂的自然生态系统为终极目标，切实体现可持续发展战略，体现"绿色奥运"的宗旨。因此，将生态与绿色的理念作为基本原则全面贯彻于森林公园规划设计的方方面面，对包括竖向、水系、堤岸、种植、灌溉、道路断面、声环境、照明、生态建筑、绿色能源、景观湿地、高效生态水处理系统、绿色垃圾处理系统、厕所污水处理系统、市政工程系统等方方面面与营造自然生态系统有关的内容进行了系统综合的规划设计，并为保障五环南北两侧的生物系统联系、提供物种传播路径、维护生物多样性而设计了中国第一座城市内上跨高速公路的大型生态廊道（图9-4）。

图9-4　生态廊道鸟瞰图

在如此规模的项目里全面应用各种最新的生态高科技技术，在中国目前的城市公园建设案例中是绝无仅有的，具有巨大的科技示范意义。本着"充分合理应用各种先进技术，因地制宜，节约投资"的原则，对生态廊道、全园雨洪综合利用、固体废物资源化——绿色垃圾循环处理、消防、生物多样性对北京市环境影响、全园水质模拟及维护、人工湖湖底防渗漏处理、水处理、温室建造、生态建筑、绿色能源综合利用、智能化管理、数字交通、照明、声环境、厕所污水处理、智能化雷电预警、智能灌溉等各个专项进行了深入细致的研究。为该地区生态系统完善、功能使用、景观与文化主题的确立制定出一系列指导性原则，科学地制订了施工与管理计划，因地制宜，节约投资，体现"科技奥运"的宗旨。

（二）功能分区与生态体系结构

公园内现状主要有林地（405公顷）、湖泊（12公顷）、碧玉公园别墅区（7.83公顷）以及河道（渠）、农田、村庄、仓库、工厂、历史遗存等。用地内的村庄、仓库和工厂做拆迁预备，碧玉公园别墅区少量保留，历史遗存及已有的林地和水面尽量保留。奥林匹克森林公园内共有文物古迹14处，其中包括石刻2块、龙王庙1座。规划将这些文物全部保留。

种群源地为物种"持久"生存的源地。森林公园位于温榆河的支流清河南侧,地处北京第一道绿化隔离带中,有条件成为种群源地,通过河道、绿化带与温榆河种群源地联系,使城市北部第一、二道绿化隔离带形成良好的景观生态体系结构。

森林公园由于现状五环路的存在而自然地形成了南区与北区两个部分。因此,根据这两个部分与城市的关系及周边用地性质、建设时间的不同,将二者分别规划成以生态保护与恢复功能为主的北部生态种源地以及以休闲娱乐功能为主的南部公园区(图9-5)。

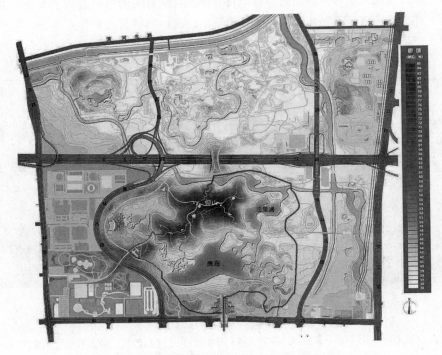

图9-5 奥林匹克森林公园竖向规划设计图

以自然密林为主的北部公园将成为生态种源地,以生态保护和生态恢复功能为主,尽量保留现状自然地貌、植被,形成微地形起伏及小型溪涧景观。公园减少设施,限制游人数量,为动植物的生长、繁育创造良好环境。

南部定位为生态森林公园,以大型自然山水景观的构建为主,山环水抱,创造自然、诗意、大气的空间意境,兼顾群众休闲娱乐功能,可设置各种服务设施和景观景点,为市民百姓提供良好的生态休闲环境(图9-6)。重要景观区有入口门区、主山景区、主湖景区、现状森林区(原洼里公园、碧玉公园)、景观湿地区等(图9-7)。构筑完善的功能结构体系,充实各项为人们服务的内容。

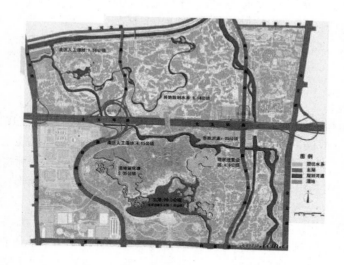

图9-6 奥林匹克森林公园水系规划图

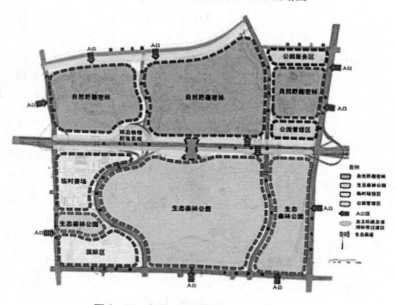

图9-7 奥林匹克森林公园功能分区图

（三）主要景观景点规划

1. 主山

主山景区力求创造出极富自然情趣的生态山水环境，为中心区营造出优美如画的背景，使北京中轴线渐渐消融在自然山水之中。龙湖与中心区曲线形的水系与几何直线的城市格局对比映衬，在自然的形态中，勾画出了一条"奥运中国龙"，"曲水架构主轴，游龙若隐，气韵生动；环山主脉蜿蜒，风水流转，气象万千"。森林公园的山水形胜又为森林生物的多样性营造了良好的生境条件。

奥林匹克森林公园龙形水系的龙头部位即为森林公园的主湖景区（附图9-18）。此景区位于森林公园南半部中间的位置，与主山景区共同构筑森林公园中最为壮美的自然山水景观画卷。规划以中国传统园林文化中对仙境的追求模式为蓝本，营造蓬瀛仙山灵岛的氛围。

2. 主湖

主湖作为奥林匹克森林公园最大的集中汇水面，面积达24公顷，是森林公园灵动之所在。对于开阔的主湖湖面，经过综合现状分析和统筹考虑，确定主山主峰高度为48米（相对于湖区常水位），海拔86.5米。这个高度使得自龙湖南岸北望主山可以保持约1:12的视高比，同时主山向西南延伸形成诸多次级山脉，并且根据渐次视域规律在中轴线两侧设置诸多岛山飞屿，布置一些散落的小岛，丰富景观，从而形成均衡而丰富的山水格局（附图9-19）。

中国风水文化中通常北以山体作为屏镇，南为水系，负阴抱阳，形成理想人居景观格局，人造山体中以明清景山最具代表性，可以认为以山体作为中轴线北端点是最为简明和有效的中轴线端点的终结模式。主山水框架布局的建构更是备受各方专家瞩目。整个设计团队认真地听取了各方面的意见，对若干古典园林，如北海公园琼华岛、颐和园万寿山、景山公园的山体形态、体积、比例进行了比较研究，邀请有关专家进行了一系列深入细致的研讨。经过反复推敲，根据孟兆祯院士的建议，最终得到调整后的山水设计方案——山体设计绵延磅礴，以势取胜；水体设计绰约大气，以形动人。

在整个主山主湖区尽可能避免设置大型醒目的建筑物或构筑物，主要以绿化植被为主。主要景点有"天境"——山顶观景平台（附图9-20、附图9-21）、"林泉高致"叠瀑、景观湿地等。

3. 山顶观景平台

山顶观景平台是森林公园最重要的节点，设计为自然状态，游人可以停留回望主湖及中轴线赏景，也可以驻足游玩休憩。

最高峰下东西两侧山体顶部各设一处平地，这两处也有良好的景观视线，可以鸟瞰主湖区和中心区景观。

在主轴线上的湖心岛设一滨水平台，平台伸入水中，是中轴线在进入主山高潮的一个前奏，也是主湖与主山在景观序列上的一个过渡区域，同时为游人提供活动、观景的场所。这一景点与主山景区的"天境"景点同处中轴线位置，两者遥相呼应。该平台上承"天境"的雄阔及天人合一的理念，形成一处以圆形为基本造型的汇聚广场，延伸至水边。同时辅以夜间光表演，其主题为"完满"的圆形广场中，光照形成的弧线变化象征月相变化，既有简练、浑厚、终极的造型，又含悠远、缥缈、轻灵的意境（附图9-22）。

从主轴画面上看，北侧是高耸的主山，得高远之"势"；南侧是开阔的主湖水面，得深远之"意"；圆形平台四周波光潋滟，人声悠远，空气中弥漫着温和的水汽，游人站在平台上犹如置身于一幅山水画卷的中心，得平远之"景"。

4. 林泉高致

"林泉高致"叠瀑位于主山的西南余脉，该景区环境相对封闭，是以山体自然形成的谷地设计而成的一条溪涧瀑布，从西向东汇入人工湖中，构成山水相依的空间格局。山顶设飞瀑，蜿蜒而下，直汇主湖，林荫小径在溪流上穿行，林泉相映成趣。围绕小溪设计一系列自然景观，林荫小径在溪流上穿行，形成空间趣味点。从生态方面考虑，山体雨水自然汇成小溪，最后蓄积在湖中。植物配置从山体的混交风景林向草甸、滨水水生植物逐渐过渡，形成自然的植物群落（图9-8）。

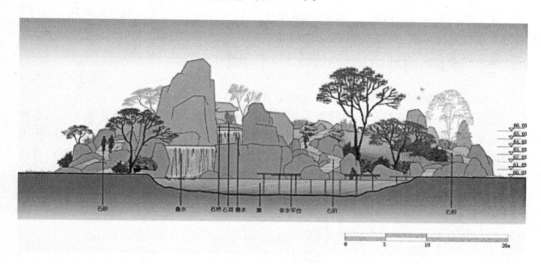

图9-8 "林泉高致"效果图

5. 景观湿地

景观湿地也是公园的重要景观之一。通过在景观湿地内种植各类湿地植物，一方面营造一个舒适、优美而又生态的自然环境，同时使人们在游览过程中实地接触各类湿地植物，了解其生长特性及生态功能，以达到教育展示作用。功能上可分为三大区域：温室教育示范区、湿地生物展示区及游览区，其中湿地生物展示区根据湿地植物的自身属性分为沼泽区、浅水植物区、沉水植物区和混合种植区（附图9-23、附图9-24）。

原公园区拥有较好的植被、地形和水体基础。在设计的过程中充分利用这些条件，保留尽可能多的树木，同时设置相应的各类服务设施。

对森林公园的林地、草地、湿地、水域等系统进行规划，恢复其动植物群落，最终实现生物多样性，提高生态服务价值，改善周边居民的生活环境。

对北区严格控制内部的房屋建设，使其成为较为完整的几片种群源地，将人对自然的干扰降到最低。通过在公园的各个区域规划设计不同的林地、灌木丛、草地（附图9-25）以及各种各样的湿地，使得每个区域都有其特定的自然风貌，对应不同的动植物群落。通过培育具有遗传学优势的种群，强调本地物种，由这些物种组成林地、草地、溪流小湖区、湿地以及水域中的主要生境结构。植物的自然生境结构形成后，许多昆虫和其他动物将会自然地迁入，同时还将由生态学家引进其他物种，以便加快生态功能的形成。例如，设置吸引鸟和蝴蝶的设施，将会推动生境的完善，同时还会带来显著的公共利益。随着物理环境和气候的不断变化，上述动植物的生境将会发生改变，表现出更加多姿多彩的生物群落。随着时间的推移，这些生境之间的边界也会发生缓慢的变化，从而反映出环境中的自然改变。为此，设置了各种生境类型，以便能够反映生态环境的这种自然动态性。

在整个设计过程中，设计方制定了科学的工作体系，为实现"城市的绿肺和生态屏障、奥运会的中国山水休闲后花园、市民的健康大森林，休憩的大自然"的规划目标，组建了强有力的专业设计团队和全方位的专家队伍，以科学严谨的精神，对多处重要景观节点及科技亮点进行研讨与论证，力求达到中国传统园林意境、现代景观建造技术、环境生态科学技术完美结合，让奥运会为北京留下一份绿色的遗产。

二、专类公园案例

（一）动物园案例——长隆野生动物世界

长隆野生动物世界即广州长隆野生动物世界（原广州香江野生动物世界），1997 年建成，隶属全国首批国家 5A 级旅游景区长隆旅游度假区，地处广州番禺。公园以大规模野生动物种群放养和自驾车观赏为特色，集动植物的保护、研究、旅游观赏、科普教育为一体，被誉为"中国最具国际水准的国家级野生动物园"，是全世界动物种群最多、最大的野生动物主题公园。

1. 规划设计理念

（1）以"动物 + 游乐"为核心的主题体验理念。

将动物园的功能与游乐园的功能有机结合，这一创新的主题公园设计理念在近 20 年的实践过程中证明是非常成功的，为动物园的改造和发展探索出了一条可持续发展路径。

（2）以动物为本，营造原生态的动物生存环境。

2 000 多亩的园区面积、亚热带气候、良好的自然环境为大多数动物的生存环境创造了基础。而基于动物生活习性及原产地生态环境，根据园区自然条件最大限度地模拟原生态环境，营造一种回归自然的感觉，使动物更快融入新环境，最大限度地将动物们从原有动物园的笼、圈、房中解放出来，给它们自由活动的空间和最适宜的生存环境。

（3）全面、深入、创新的科普功能。

首先，科普教育内容的全面化，将科普教育贯穿于整个景区、景点中，在主要功能区都有科普教育内容。其次，形式多样化，除了展馆、景区、景点的科普知识介绍，还有长隆动物学院的动物饲养体验、科普讲堂等形式，结合各种科技手段，使看、做、听有机结合，生动而有效。

（4）以人为本，满足多样性需求，增加互动体验。

园区设计了缆车、驾车、步行三种模式，满足不同人群的观景需要，同时设计了 25 个不同动物驿站，可以近距离观察甚至亲手喂养动物，如喂养长颈鹿、大象、各种鸟类等。还有满足不同游人需要的各种游乐设施。

（5）将动物保护与展示结合。

将世界各地的动物在园区进行培养、展示，同时开展动物的繁育保护，尤其是珍稀动物，为濒危动物种群保护尽力。大熊猫、考拉、白虎、白狮、合趾猿、朱鹮、巨嘴鸟等珍稀动物的数量在园区都有不同程度的增加。

2. 主要功能区

根据野生动物园"动物＋游乐"的核心理念和主要功能，主要分为以下功能区（图9－9）。

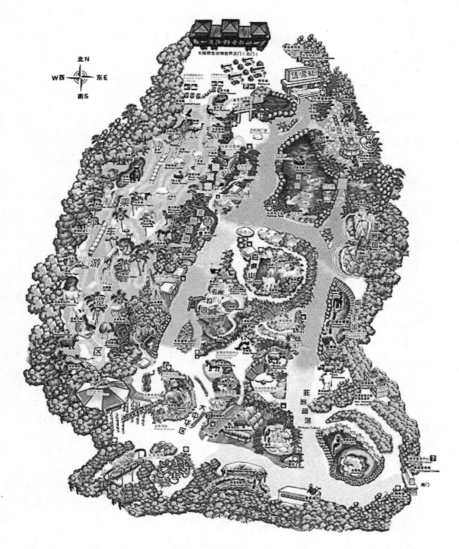

图9－9　长隆野生动物世界景区景点平面图

（1）动物游览区。

分乘车游览区和步行游览区两大区域。乘车游览区位于园区西半部，可乘观光车，也可以自驾。以野生动物的大规模放养为主要特色，乘车游览区的景观设计完全按照动物的生活地域和习性打造，改变"园"的圈养方式，突出"区"的地域概念，全开放的空间。让人和动物在安全和休闲的状态下，实现近距离观赏，游人可以进入动物的地盘，体验与兽同行的乐趣，构建人与动物和谐相处的场景。乘车游览区设计为澳洲森林、美洲丛林、西亚荒漠、南亚雨林、欧洲山地、狂野地带、南非高原、东非草原八大景区。步行游览区位于园区东半部，以世界各地的珍稀野生动物为主要特色，各大区域均位于步行游览区中。步行游览区由金蛇秘境、长隆大熊猫中心、考拉园、大象园、百虎山、长颈鹿广场、儿童天地、非洲部落、亚马逊雨林、猿猴王国、侏罗纪森林、非洲森林、丛林发现、雨林仙踪等展区组成。

（2）动物观演区。

位于园区西南角的步行游览区，有白虎表演场、大象表演场、非洲动物表演场等。场面宏大、惊心动魄的大型白虎表演，狮虎云集，而驯兽师就要在这猛兽环绕的表演场中与兽共舞、与虎同行、与狮同眠。滑稽搞笑的大象表演、明"猩"云集的《西游记》剧场表演都令人忍俊不禁、大开眼界，非洲动物表演更是全国首屈一指的大型鸟类及非洲动物表演项目，百兽奔腾、百鸟归巢的场面甚是壮观。

（3）儿童游乐区。

紧邻动物观演区，是动物园中的"园中园"，是根据动物造型全新打造的儿童天地。儿童游戏乐园拥有10项完全根据动物造型独家打造的游戏项目，10个项目也全部根据动物的名字命名，如旋转"百鸟归巢"，介绍的就是大鸟带小鸟回家的故事。让小朋友在游戏的同时，加深对动物的认识和树立保护动物、爱护自然的意识。走进儿童天地，仿佛爱丽丝梦游仙境一般。传统的旋转木马，全换成了形态各异的大鸟，有奔走的鸵鸟，还有飞翔的鹦鹉；旁边的转车也变成了狮子和老虎追逐游戏，可爱的转车造型让小朋友们流连忘返。

（4）科普教育区。

长隆野生动物世界一直致力于将动物园办成科普教育和环保教育基地，作为"广东省青少年科普教育基地"，科普教育是长隆野生动物世界最重要的功能之一。在长隆野生动物世界，保护动物的理念随处可见，集讲解与互动于一身的动物科普驿站、图文并茂的动物说明牌、内容丰富的科普长廊、生动有趣的动物学堂、充满温情的儿童动物王国、环保知识牌等使游人切身感受到了保护动物、保护生态环境的重要性，游玩的同时让小朋友们理解"爱护动物，保护环境"的理念。

（5）生态功能区。

良好的生态环境既是城市的需要，也是动物的需要。长隆野生动物世界通过外围带状森林、园区道路行道树、景区隔离绿地、园区内面状草地、水域、点状的花坛等结合，将园区建成森林和草原。此外，尽可能营造动物的原产地生态，为动物们提供最佳的生态环境与生存资源。

（6）动物繁育区。

2010年成立的长隆—华南珍稀野生动物物种保护中心，是华南地区最大的濒危野生动物保护和保存基地。截至2018年，已成功繁殖成活了鸟类"活化石"巨嘴鸟10多只、国际珍稀一类保护动物合趾猿2只、朱鹮10只、各类狨猴50多只；连续四年成功繁殖7只大熊猫；陆续引进了大熊猫、小熊猫、金丝猴、华南虎、羚牛等我国特有珍稀品种，考拉、马来貘、倭河马等一些国外特有珍稀品种，白虎、雪虎、金虎、白狮、白袋鼠、金蟒等人工培育的珍贵动物品种等，总数达 500 余种、2 万余只（条），形成了中国乃至世界上首屈一指的人工饲养条件下的珍稀动物种群和迁地保护基地。

（7）办公服务区。

办公服务区主要有办公区、停车场、购物区、餐饮区等。停车场主要位于北门和南门出入口，也是主要的人群集散地。购物区分布于步行游览区主要景区的出入口，文旅商品和景区主题紧密联系，餐饮区分散布局于步行游览区各主要景区中，种类、特色各异。

3. 步行游览区主要景区与景点

步行游览区由金蛇秘境、长隆大熊猫中心、考拉园、大象园、百虎山、长颈鹿广场、儿童天地、非洲部落、亚马逊雨林、猿猴王国、侏罗纪森林、非洲森林、丛林发现、雨林仙踪等展区组成。

（1）金蛇秘境。

它是全球最大的生态主题蛇园（附图 9-26），展出包括黄金蟒等 20 余种 300 余条珍稀蛇类。数十万平方原生态的森林秘境、世界首创的穹顶观蛇方式、创新的多媒体观赏体验，带游人认识全新的蛇类世界，发现蛇的亲和、美丽的一面，为游人带来前所未有的观蛇体验。

（2）长隆大熊猫中心。

长隆大熊猫中心位于长隆野生动物世界的心脏位置，整个中心面积达到 20 000 平方米，是华南地区最大的大熊猫中心，目前居住着 10 只憨态可掬的大熊猫。

（3）考拉园。

长隆野生动物世界是中国内地唯一可以见到考拉的动物园，这里不仅有全球唯一的考拉双胞胎"欢欢"和"乐乐"，还有"四代同堂"的考拉大家族。生活在长隆野生动物世界的考拉已从最初的 6 只增加到 2019 年的 42 只（附图 9-27）。

（4）大象园。

位于中华区的大象园是集展示、互动、表演于一体的充满自然生态的展区（附图 9-28）。在大象园内设有多个水池，并备有大象运动场以及互动区。在这里，游人不仅可以看到母象对小象的温馨喂哺，还可以看到象群在水池中嬉戏。除了探访大象，游人还可以亲手进行投喂，与大象互动。

（5）百虎山。

白虎是长隆野生动物世界的镇园之宝，也是长隆集团的吉祥物。目前长隆野生动物世界已经拥有 150 多只白虎，是世界上白虎最多的园区。有白虎、华南虎、金虎、银虎、孟加拉虎和东北虎等六大虎种，300 多只老虎生活在长隆野生动物世界。生态虎园按照生活和表演两大功能分为两大区域，在生活区域，每个虎种都有自己的单独生活区域，生活区内巨石、假山、流水，充分模拟老虎的野外生活环境。根据老虎生活习性的不同，加以细微的变化，比如华南虎和东北虎的体型和生活环境都有巨大的不同，所以在场馆的设计建设上，也根据这些差异做到"虎"性化"虎"居，让老虎们安居于长隆野生动物世界。在金虎山则可以目睹世界罕见的金虎、银虎。

（6）长颈鹿广场。

位于考拉园对面的长颈鹿广场生活着数十头非洲长颈鹿，这些昂着长脖子、外表温顺、迈着优雅的步子在广场自由散步的长颈鹿是游人最喜欢的动物，游人们还可以拿着鲜嫩的树叶进行喂食、感受长颈鹿灵巧的舌头（附图9-29）。

（7）儿童天地。

儿童天地是令儿童最欢乐的区域。根据动物造型全新打造的儿童天地不仅有儿童最喜爱的游乐设施（附图9-30），而且各种模拟动物造型的游乐设施使孩子们仿佛进入了动物的世界，像爱丽丝梦游仙境，形态各异的大鸟、奔走的鸵鸟，还有飞翔的鹦鹉等，使孩子们乐而忘返。

（8）非洲部落。

非洲部落紧邻热带雨林区，一扫雨林的湿润，游人首先看到的是非洲最为人熟悉的动物——獴哥，这里住着3家共30只勤快精灵的獴哥。

（9）亚马逊雨林。

亚马逊雨林位于南门入口，这里有一片雾气弥漫的雨林中心，这里生活着上百只火烈鸟，火红的火烈鸟把绿意盎然的岛变成了"火烧岛"，热闹而聒噪的火烈鸟叫声显示出这片雨林无限的活力（附图9-31）。为了模拟雨林的湿气和生态，沿途安装了高科技喷雾装置，即使在炎炎夏日，行走在雨林小道也如行走在真正的热带雨林一般凉爽湿润。

（10）猿猴王国。

在亚洲园生活着20多种来自世界各大洲的灵长类动物，这里有来自东南亚的"男高音歌唱家"，以叫声洪亮闻名的合趾猿；有白颊长臂猿、黑冠长臂猿、银白长臂猿，白掌长臂猿等多种珍稀长臂猿。长臂猿科动物拥有超长的手臂及灵活的身手，在树林中以单臂交替摆荡，来去自如，腾空悠荡如入无人之境。还有来自非洲，似戴着一副金丝眼镜，恰似温文尔雅、学问高深、一派儒生模样的博士猴；有脸上又花又丑、臀部却又鲜艳无比的山魈；有来自东南亚、对游人朋友总是挤眉弄眼的豚尾猴；有在非洲草原上跑得最快、能逃过狮子捕食的赤猴；还有来自南美洲、能用尾巴将自己悬挂起来的黑帽悬猴。

（11）侏罗纪森林。

在占地数十万平方米的全新侏罗纪森林，来自未来的机器人带你穿越时空隧道，绝美的侏罗纪风景真实呈现，惟妙惟肖的恐龙随时会现身在你身边，让你恍如置身史前，在一片惊叫声中体验恐龙时代（附图9-32）。

（12）非洲森林。

非洲森林展区占地超过3万平方米，模拟非洲森林的景观，30多只黑白疣猴、黑猩猩在此落户安家，还有各种小动物在树林间穿越，最好动的黑白狐猴、最精灵的白颊长臂猿就在你的身边出现，带给你最特别、最亲近的体验（附图9-33）。现场还有肯尼亚原住民带来原汁原味的鼓乐表演，让游人充分感受到浓郁的非洲风情。

（13）丛林发现。

这是全国唯一的大型综合性动物生态科普展区，更是国内首个能展示医疗保健实物和实操的科普展区。这里收藏着许多关于自然与动物的奥秘，为你揭秘在幕后进行的动物医疗保健方式，满足游人对野生动物保护幕后故事的好奇心，游人可以通过高科技互动技术深入了解动物世界，解开动物的密码，从而知道怎么做才是真正保护动物、真正爱护动物。

（14）雨林仙踪。

这里是国内最大型动物互动立体生态雨林展区，创新的立体、分层展示方式令游人的视觉体验真实、直观，从地面的大食蚁兽到树林间绚丽的犀鸟及太阳鹦哥，再到树梢上的黄猩猩等，让游人感受大自然中的食物链和生态结构，探索神奇精彩的雨林动物世界（附图9-34）。

4. 乘车游览区主要景区与景点

乘车游览区主要有澳洲森林、美洲丛林、西亚荒漠、南亚雨林、欧洲山地、狂野地带、南非高原、东非草原八大景区。

（1）澳洲森林。

这是乘车游览的第一站，在这里可以见到澳大利亚国兽——大赤袋鼠，世界第二大鸟类——鸸鹋，还有远洋而来、优雅的珍稀鸟类——黑天鹅。

（2）美洲丛林。

这里有美洲大地上最大的鸟类美洲鸵、"网红神兽"羊驼（附图9-35）、"世界十大爱情鸟"之一——黑颈天鹅（附图9-36）。

（3）西亚荒漠。

这里可以尽情领略阿拉伯式的游牧文化，认识生活在世界上海拔最高的哺乳动物，身披雪白长毛大衣的牦牛、珍稀的双峰骆驼（附图9-37）、中国"四不像"灵兽麋鹿。

（4）南亚雨林。

茂密的阔叶林模拟南亚的热带雨林气候，亚洲象、马来西亚国宝"另类四不像"马来貘是这里的主人（附图9-38）。

（5）欧洲山地。

欧洲山地盘踞着欧洲独特的欧洲盘羊与岩羊，活跃着黇鹿、马鹿和白唇鹿。

（6）狂野地带。

狂野地带是众多凶猛的食肉动物集聚之地，高大的灌木、陡峭的山坡和茂密的树林、壕沟预示着有猛兽出没。黑熊、棕熊是这里的主宰者（附图9-39）还有群居的狼群（附图9-40）、狮群（附图9-41）。

（7）南非高原。

这里是珍贵的白犀牛（附图9-42）、河马、白尾角马、大羚羊、南非剑羚、水羚羊（附图9-43）以及重量级的中国三大国宝之一的金毛羚牛、鹈鹕（附图9-44）、白天鹅的家园。

（8）东非草原。

东非草原是整个乘车游览区的最后一站，也是最激动人心的一站，是动物分布最为集中的区域。大群的长颈鹿、斑马、角马、白脸牛羚、黑斑羚、跳羚、大捻角羚、白长角羚……（附图9-45、附图9-46）再加上悠然漫步的鸵鸟（附图9-47）、非洲秃鹳、非洲冠鹤（附图9-48）等，让游人真实地感受到动物世界的自然景象，感觉不虚此行。

（二）植物园案例——昆明植物园

距离昆明市市中心12千米的昆明植物园始建于1938年，是一个集科研、科普、旅游和教学实习为一体、具有明显区域特色的多功能综合性植物园，是我国西南地区最大的亚热带植物多样性及种子资源保存研究基地，还是山茶、木兰、秋海棠等植物的引种栽培中心。昆明植物园总面积44公顷，是一个以引种云南名贵花卉、云南中草药、云南重要树木和云南珍稀濒危植物为主要内容的活植物收集园。现已收集植物近6 000种，设有10多个专类植物园。

1. 主要功能区

昆明植物园功能区分为植物展示区、科研和综合服务区、苗圃三大功能区，植物展示区分西园和东园两大园区，包括17个专类植物园、植物科普馆、温室展览馆，科研和综合服务区包括办公大楼区、生活区、中国西南野生生物种质资源库、植物标本馆、珍稀植物园（图9-10）。

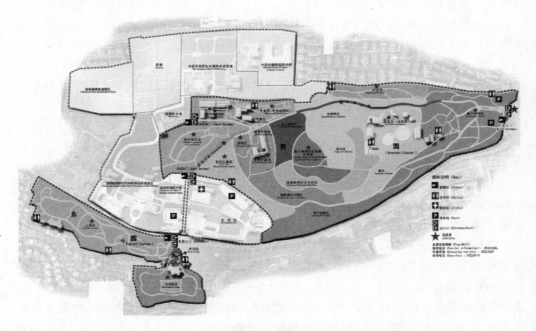

图9-10　昆明植物园功能区分布图

（1）植物展示区。

①专类植物园。包括东园的山茶园、岩石园、竹园、葱园和西园的蔷薇园、观叶观果园、杜鹃园、羽西杜鹃园、百草园、极小种群野生植物专类园、木兰园、裸子植物园、纪念树园等共17个专类园。

山茶园：占地150余亩，为我国最大的茶花专类园，位于昆明植物园东园，共引种栽培了云南山茶、华东山茶、金花茶、茶梅等200多个品种15 000多株。山茶园分为云南山茶品种区、华东山茶品种区和茶花生态区三部分。"鸣凤山茶"已成为昆明新十六景之一（附图9-49，陶恋摄）。先后获得了"国际杰出茶花园"和"昆明市花科普精品基地"等称号，是春节期间观赏昆明市花（云南山茶花）的重要场所。

岩石园：始建于 1999 年，历经 3 次改造，面积约 1 400 平方米，共由 7 个展示小区组成，是以岩石及岩生植物为主，模拟展示云南省境内的喀斯特地貌、金沙江河谷丹霞地貌和古河床砂砾鹅卵石地貌等为主题的专类园（附图 9 - 50，陈智发摄）。园区收集展示以滇中地区耐旱的岩生灌木及草本植物为主，如蔷薇科、小檗科、蓼科、龙舌兰科的一些种类，现已收集展示各类植物 300 余种。

竹园：占地面积 3.3 亩，位于昆明植物园东园，其中水体面积 90 多平方米，观景台和文化长廊 150 多平方米。观景台等建筑以中式古典建筑风格装饰，与竹类景观相得益彰。种植区域铺设草坪 1 200 多平方米，种植地被植物 13 种、竹类 50 种（包括变种和变形）。这些竹类形态各异，观赏价值较高，包括高大的乔木状竹类，如大琴丝竹、粉单竹，以及低矮的地被竹，如鹅毛竹、翠竹。在 50 种不同的竹类中，有的以观赏茎秆为主，如竹竿为紫色的紫竹、竹竿如乌龟壳的龟甲竹；还有的以观叶为主，如菲白竹、阔叶箬竹（附图 9 - 51，陈智发摄）等。

葱园：占地 5.5 亩，位于昆明植物园东园，分为观赏葱属植物区、食用葱属植物区、药用葱属植物区和原生种收集区四个区。是由昆明植物所与乌兹别克斯坦科学院植物研究所合作共建的世界首个葱属植物专类园，包括位于中国云南省的"昆明中心"和位于乌兹别克斯坦的"塔什干中心"两部分。目前昆明植物园一共收集保存葱属植物 154 个引种号（已鉴定的种类有 65 种）的葱属植物，葱园内现定植有葱属植物品种 18 个 7 000 多株，以大花葱的品种为主（附图 9 - 52，陶恋摄）。

蔷薇园：占地 30 亩，共收集展示有蔷薇科乔灌木和藤本植物共 25 属 100 余种，其中有冬季开放的冬樱花、梅花，早春开放的云南樱花、垂丝海棠，仲春开放的碧桃、毛叶木瓜，晚春开放的日本樱花、木香，秋季果实妍丽的火棘、红果树、葡萄枸子等。园区中还云南山楂、山里红、云南移依、枇杷等多种具有保健或药用价值的野生果树（附图 9 - 53，陈智发摄）。

观叶观果园：占地 42 亩，包括银杏黄叶区、槭漆红叶区、忍冬荚蒾观果区、蓝果树油橄榄色叶区、水景飘叶溯流区、木瓜品种收集区及种质保育区 7 个功能区，已有 70 科 160 属观叶观果植物 400 余种生活在此（附图 9 - 54，陈智发摄），游人还能在人行栈道、观景平台（附图 9 - 55，陶恋摄）、溪流（附图 9 - 56，陈智发摄）两侧赏景、休憩。

杜鹃园：建成于 2009 年 3 月，占地 60 亩，共引种栽培了云南产各种杜鹃花近百种，10 000 余株。全园分为映山红与锦绣杜鹃区、马缨花区、露珠杜鹃区、常绿杜鹃区以及烨煌园（附图 9 - 57，陶恋摄）。

羽西杜鹃园：占地 33 亩，是独具云南特色的专类园，收集了杜鹃属植物 243 种及栽培品种共 20 000 余株（丛），包括野生杜鹃 127 种，还展示了昆明植物园培育的 6 个新品种（附图 9 - 58，陶恋摄）。

百草园（药用植物园）：始建于 1979 年，是一个收集、保育和展示我国西南地区特色药用植物资源的专类园，因"神农尝百草"而得名，吴征镒院士为此题写了门匾。占地 45 亩，按中国传统园林布局设计，用步道、曲廊、水池隔分为"神龙本草""滇南本草""传统药用植物""芳香药用植物""芍药牡丹"等 10 多个药用植物栽植区，收集了三七、滇重楼等重要药用植物 171 科 592 属 1 000 多种（附图 9 - 59，陈智发摄；附图 9 - 60、附图 9 - 61，陶恋摄）。

极小种群野生植物专类园：占地 21.3 亩，是开展极小种群野生植物迁地保育研究、知识传播、科普展示与环境保护教育的专类园。目前，园区收集了极小种群野生植物 21 种、国家级保护植物 5 种，另有槭树科、漆树科、芸香科等植物 80 种。

木兰园：占地 23 亩，共收集保育有木兰科植物 11 属 100 余种，其中，华盖木、厚朴、云南拟单性木兰及单性木兰等 17 种为国家级保护植物。

裸子植物园：占地 35 亩，已栽培展示裸子植物 10 科 40 属 200 余种，包括银杏、银杉、水杉、攀枝花苏铁、云南红豆杉、落羽杉等，还有中国特有的单种属植物、世界五大园林树种之一的金钱松等观赏植物（附图 9 - 62，陈智发摄）。

纪念树园（名人植树区）：专门为纪念知名植物学家和历届植物园领导设立的专类园，主要收集展示中国西南地区重要乔灌木。目前栽种有著名植物学家吴征镒院士于 2001 年 1 月 17 日手植的银杏、中国科学院路甬祥院士于 2001 年 8 月 7 日手植的华盖木、昆明植物园第一任主任冯国楣于 2003 年 7 月 22 日手植的福建柏、中国科学院常务副院长白春礼院士于 2007 年 5 月 10 日手植的中华木莲、昆明植物园第二任主任张敖罗于 2012 年 7 月 24 日手植的马缨花、昆明植物园第三任主任罗方书于 2014 年 7 月 24 日手植的滇润楠、昆明植物园第四任主任管开云于 2014 年 7 月 24 日手植的珙桐、昆明植物园第五任主任李德铢于 2014 年 7 月 24 日手植的连香树等木本植物。

②植物科普馆。

植物科普馆位于西园中部，面积 320 平方米，2001 年建成，是集科学研究、收藏展示、社会教育于一体的专题博物馆，采用展板、实物展柜、沙盘、多媒体等多种形式，展示了植物的起源与进化、植物家谱、植物与环境、植物与人类、丰富多彩的植物世界五个专题知识。是游人及参加科普活动的学生开展植物知识普及的最佳场所（附图 9 - 63）。2011 至 2015 年，到昆明植物园开展科研观察、教学实习、科普活动和观光休闲的人数累计达到了 357 万人次，现在，每年都超过 100 万人次。昆明植物园已成为世界各地植物学家、植物爱好者、昆明市民开展交流、学习、休闲、科技实践活动的最佳场所。园区内的各种植物已实现二维码植物标牌，让游人可以更方便地查看不同植物的特性。

③扶荔宫（温室展览馆）。

扶荔宫是世界上最早有文字记载的温室，汉武帝时期曾建于上林苑中，用于栽种南方佳果和奇花异木，以种有荔枝而得名。

"扶荔宫"由主温室（热带雨林馆和荒漠馆，附图 9 - 64 至附图 9 - 67）、植物医生馆、兰花馆、秋海棠馆、蕨类馆（附图 9 - 68）、石生植物馆、猪笼草馆（附图 9 - 69）等组成，占地 30 多亩，主温室造型奇特，并与 4 个独立的小温室形成错落有致、相得益彰、功能完备、布局合理的温室群。通过相应的植物保育、引种设施与温室景观建设，初步形成了独具特色的植物保育与展示体系，现已保存热带特色植物 2 000 余种，充分展示了"植物王国"的物种多样性和别具特色的生态景观，已成为独具历史文化底蕴、科学内涵丰富、布局独特的温室群和植物多样性研究、展示与知识传播的重要基地。

（2）科研和综合服务区。

科研和综合服务区分布于植物园的东部，面积超过 500 亩，由办公区、生活区、珍稀濒危植物园、中国西南野生生物种质资源库、植物标本馆 5 大功能区组成。

办公区、生活区：分布在东园和西园之间，邻近东门，包括办公大楼、宿舍区、食堂、车队、停车场等建筑设施，面积超过 200 亩。

珍稀濒危植物园：位于植物园东部，面积近 70 亩，主要用于珍稀植物的科研、保育工作。

中国西南野生生物种质资源库：位于苗圃和标本馆之间，面积超过 70 亩，主要用于收集、储存植物种子资源。

植物标本馆：位于西区东北角，面积近 10 亩，主要用于收集、储存、展示园区所有植物的标本。

（3）苗圃。

苗圃位于珍稀濒危植物园和中国西南野生生物种质资源库之间，面积约 70 亩，主要用于植物繁育和育苗。

2．主要景点

植物园的主要功能在于展示、保育、研究植物，通过合理的景观设计与布局，还可以利用不同植物的观赏性构建别具特色的植物景观，形成不同季节、不同景区的景点，吸引游人驻足休憩，达到更好的社会文化价值。

（1）枫香大道。

位于昆明植物园西园，长约 500 米，栽种有树龄达 50 年的枫香树，加上近年来栽种的小树接近 800 余棵。枫香大道春夏两季树木成荫，每到深秋季节红枫似火、黄叶飘飞（附图 9 - 70，陈智发摄），特别适合久居都市的人们去郊外赏枫，放松心情，呼吸新鲜空气。

昆明植物园"枫叶节"于每年 10—11 月在园内枫香大道举行，枫香大道是该园区特有的季节景区。每当秋令时节，其便成了万山红遍，层林尽染的七彩世界。同时在每年的"枫叶节"中，还会有车展、摄影展等多样形式的活动不定期举办。届时，在这样一个红叶漫天的环境中，不仅能够为参与者提供一个良好交流平台，还给其带来美的视觉享受，愉悦其身心，让其在都市中无法接触的大自然美丽景观所带来的别样感受。

（2）鸣凤山茶。

茶花园为我国最大的茶花专类园，共引种栽培了云南山茶、华东山茶、金花茶、茶梅等 200 多个品种 15 000 多株。茶花园分为云南山茶品种区、华东山茶品种区和茶花生态区三部分。"鸣凤山茶"已成为昆明新十六景之一（附图 9 - 71）。

（三）体育公园案例——广东佛山南海全民健身体育公园

南海全民健身体育公园是佛山市最大的体育主题公园，于 2007 年年底初步建成，2008 年在原来的基础上进一步提升。公园位于佛山市南海区桂城城区，南海大道与海八路交汇处，桂江立交东北角。占地面积 14.7 公顷，总建筑面积 1.49 公顷，园林绿化面积 7.06 公顷，占总面积的 48%。围绕运动主题，以体育运动设施为核心内容进行建设，并运用生态学原理，创造出绿地与运动场所相融一体，具有完善整体功能体系，集体育、健身、休闲、娱乐于一体的开放性公园。

1. 设计理念

首先，基于改善城市生态环境的目标，完善城市绿地系统建设体育公园。将体育公园与其他公园绿地之间相互融合，完善城市绿地系统建设。南海全民健身体育公园是使佛山绿地的观赏性和实用性更好地结合，并营造出生态、景观、功能综合效益良好的绿色空间的典范。既解决了城市人均体育用地的不足，也通过对体育设施及其周边环境的改造，为城市增加更多的绿色空间，让人在运动和娱乐中也能沉浸在绿色的海洋里。

其次，促进城市体育设施建设，提高人均体育设施水平，满足不同居民的健身需求。南海全民健身体育公园是满足不同兴趣爱好的人的"一站式"健身场所，无论是刚会爬的孩童还是年迈的老人，都能找到自己的健身场所，给市民极大的方便和更多的乐趣。公园在设计大量竞技性运动场馆的同时，也大手笔规划了休闲体育活动场地，设计健身长廊、休闲路径、休闲广场、游乐场、植物配置多姿多彩的宽阔草坪等，为市民提供健身、慢跑、散步、游憩的场所。

最后，体育主题公园改变了人们的生活方式，兼具旅游和健身的双重作用，带动城市经济增长，加速城市发展。借助南海全民健身体育公园的强大吸引力，不但倡导社会形成一种积极、文明和健康的生活方式，同时还吸引众多体育用品、用具经销商前来设点，发展为全区体育用品集散地，形成具有南海特色的体育经济。

2. 主要功能区

以自然式、规则式相结合的造园手法，将该园绿地分隔成既相互联系、相互补充，又各具功能特色的七大序列空间，即场馆区、老人活动区、青年活动区、儿童活动区、健身休闲区、公共活动区、公共服务区，形成了完善的整体功能体系（图9-11）。

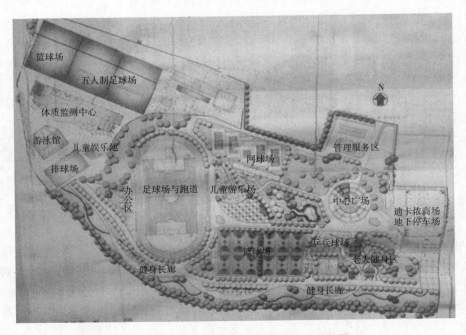

图9-11　南海全民健身体育公园总平面图

（1）体育健身区。

体育场馆：包括 1 个标准足球场、5 个五人制足球场、12 个标准篮球场、5 个网球场、2 个标准排球场、26 张乒乓球桌、1 个滑板练习场、1 个轮滑练习场、1 个门球场、1 个羽毛球馆、1 个游泳馆。

健身园区：包括 1 个万人中心广场（附图 9 - 72）、1 个多功能广场、3 条健身路径、健身园区（老人、青少年、儿童活动区）（附图 9 - 73）、戏水园。健身园区设置了跑步机、双人大转轮、肩关节康复器、太极柔推器等 30 多种健身器材（附图 9 - 74）。运动项目综合考虑了大众的运动手段、年龄、体质进行设置，以满足各类人群的活动需要，充分体现了全民参与性。健身长廊既有简易的健身路径等设施，又有可供市民休息的设施。

（2）生态功能区。

包括公园内及周边的绿地、林带、行道树等。考虑到南海全民健身体育公园紧邻海八路，道路上往来的车辆多及来自车辆的噪音影响大，充分利用植物的障景遮蔽功能，将道路与广场之间的绿化带设计为坡形，起伏有致，绿化带达 30m 的宽度，形成绿色小山丘，将海八路车水马龙的尘嚣隔绝在外（附图 9 - 75）。坡地制高点上栽种高大的密林，沿坡下植低矮的灌木，最后通过种植半开敞的疏林和草坪，使防护自然过渡到园路，使整个公园形成了半封闭的良好的空间格局，并且隔断了噪声和废气，削弱了不协调因素对景观视觉的影响，恰似公园前一道巨大的绿色屏风。

各场馆和活动区周边都进行了精心的绿化景观设计，以不规则的带状或块状分布在其周围，或绿树成荫，或繁花锦簇，或绿草悠悠，在运动的过程中既可以呼吸新鲜的空气又可以欣赏优美的景色，给人心旷神怡、爽心悦目的感觉（附图 9 - 76）。沿着健身长廊配置了琴叶珊瑚、茶花、美国槐、花叶良姜、红乌桕、希美丽、龙船花等开花艳丽或叶色多彩的植物，营造欢快、愉悦、轻松的气氛，健身路径和绿地有机结合，形成幽林清静的环境（附图 9 - 77）。主入口广场与老人活动区之间是一片开放的绿地，种植木棉、小叶榕、高山榕、火焰木、印度紫檀等高大乔木，既为老人活动区形成一定的空间私密性，又营造了自然、祥和的活动氛围。

（3）公共服务区。

其包括公园管理处办公室、停车场、卫生间，还有一座上万平方米的体质监测中心大楼。此外，还有体育超市、公共汽车站、自行车租放处等。

（四）湿地公园案例——广州海珠国家湿地公园

海珠湿地，位于广州市海珠区东南部，北面琶洲会展中心，南望大学城，东临国际生物岛，西跨城市新中轴，总面积约 1 100 公顷，被誉为广州"绿心"。其中，湿地核心区域 869 公顷为国家湿地公园建设范围，是我国特大城市最大、最美的城央国家湿地公园。另外，城市内湖湿地 59.7 公顷，河涌湿地 214.6 公顷，涌沟——半自然的果林镶嵌复合湿地 202.3 公顷，湿地率达 54.8%，具有繁华都市风光与自然风光相融、湿地生态系统结构独特、岭南农耕特色鲜明等特色，是候鸟迁徙的重要通道、岭南水果的发源地和岭南民俗文化荟萃区。分两期建设，本部分仅介绍一期建设景观。

1. 规划理念与目标

基于国家湿地公园建设的任务、目标与原则，紧紧把握区域内自然生态、岭南文化、都市风光三大特色内容的内涵与联系；将海珠国家湿地公园打造成具有岭南水乡特色的生态城示范区，体现"城在水中起，水在城中行"的主题定位；建设广州市"花城、水城、绿城"的样板区，让游人充分领略"水乡、花乡、果乡"的湿地特色风貌，形成市民可及、可达、可享受的世外桃源和城市水、林、田、湖、草一体的生态功能体。

2. 主要功能区

（1）湿地展示区。

分为三大功能区：海珠湖、龙潭水印及林洲凫影，分别位于公园西北、东北、南部（图9－12）。

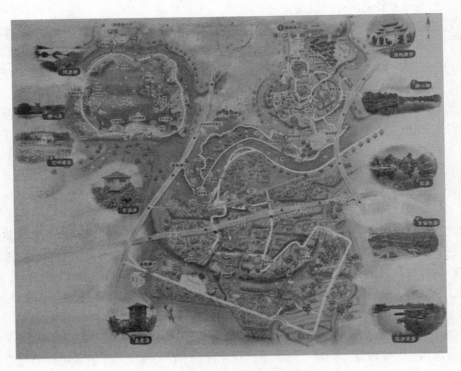

图9－12　海珠湿地功能分区图

（2）科普教育区。

有科普馆和红树林科普基地。科普馆位于北门入口湿地广场区，红树林科普基地位于龙潭水印西南角聚龙湾北侧，与海珠湖相邻位置。

（3）监测科研区。

包括水质监测站和气象监测站，分别位于龙潭水印的北侧和南侧。

（4）办公服务区。

包括办公区、停车区、餐饮区、游客服务中心等。

3. 主要景区与景点

海珠湿地作为海珠湿地的核心区，于 2012 年 10 月 1 日对外开放。湿地处于典型潮汐河网中，利用"潮起潮落"通过石榴岗河源源不断地将活水送入湿地，意在打造"水在脚下流、花在身边开、鸟在树上叫、人在画中行"的湿地景观。所以在原来果林景观的基础上，以保护为原则，逐步将岭南文化（如岭南式牌坊和镬耳屋等标志性建筑）融入其中，在城市中央打造出独具岭南水乡文化特色的原生湿地景观。

海珠湿地主要景点：湿地广场、湿地牌坊、绿心湖、花溪、友谊林、藏龙潭、福寿果廊、花果岛、都市田园、石榴湾、淡水红树林、古荫帆影、花洲古渡、花桥、玉龙桥、朱雀桥、凌波桥。

（1）湿地广场。

湿地广场位于北门口，占地面积约为 8 800 平方米，由北门的湿地牌坊（附图 9－78）、两侧的镬耳屋风格客服中心和绿影长廊共同围合而成敞开式广场。富有明显岭南文化地域特色，如雕花飞檐、镬耳山墙、飞阁流丹、趟栊门和满洲窗，整体感觉清新明快，处处彰显岭南建筑自由、自然和精美的风格特点。

（2）湿地牌坊。

湿地牌坊位于北门入口处，高宽分别为 23.8 米和 28.3 米，为目前广州同类牌坊最高，主体以石雕为主，搭配木制斗拱和灰塑装饰屋脊及岭南特色的鱼形鸥吻，构成一个具有岭南特色的牌坊。牌坊上有君子四友，梅兰菊竹的图文，也有"双龙戏珠""渔樵耕读""三阳启泰""硕果累累"和"岭南佳果"诸类石雕，体现岭南建筑设计精致、变化玲珑的特征，也展现了海珠湿地农耕文化历史背景和岭南佳果主产地的特色。

（3）绿心湖。

绿心湖紧邻湿地广场，占地约 6 000 平方米（附图 9－79），其水系同外围河涌水系相连，借助珠江潮汐水位变化规律对水位进行调控，保证水体流通性，每两天完成一次水量交换，盘活海珠湿地内的水系网络。在水景营造方面，强调四季观赏性，在驳岸和浅水处种植了常年开花的再力花和水生美人蕉、睡莲等 30 余种植物，湖底则种植苦草净化水质。绿心湖中应用了"食藻虫"水生态修复技术，通过构建"食藻虫—水下森林"共生系统，构建了一个稳定的食物链，净化水体水质，确保湿地水质基本达到Ⅳ类，部分区域达到Ⅲ类。良好的水质环境营造了自然之景，岸边花香满庭、水上荷莲摇曳，水下虾鱼嬉闹。沿湖两侧设置了双向木制亲水栈道，让人能近距离欣赏湖中景色（附图 9－80）。而在栈道观景平台上，可以从湖水中看到 5 千米外"小蛮腰"广州塔的倒影摇曳，通过借景手法，将其框入湖中，体现城央湿地的区位优势和别样景观。

（4）花溪。

花溪位于绿心湖南面，溪流长 650 米，溪水潺潺、树木错落有致、层次分明，并设置有栈道、休息廊、卵石和叠石等。为营造"水在脚下流、花在身边开"的观赏体验，区域内共种植植物 60 余种，开花植物和常绿植物相互映衬，通过选用不同花期植物如春冬开花的叶子花、香彩雀、鹤望兰，夏秋开花的千日红、巴西野牡丹、非洲凌霄，四季开花的长春花、朱槿、洋紫荆等，搭配溪边种植的梭鱼草、再力花、美人蕉等观花赏叶的水生植物和秋枫、樟树、杜英、朴树等乔木，营造一年四季花常开的景色（附图 9－81）。

（5）友谊林。

友谊林，位于花溪西侧，作为2012年11月17日举行的"广州宣言"暨广州国际城市创新研究会揭牌仪式和首届广州奖友谊林植树活动承办地，汇集了56个国家和地区的153个知名城市参评，与会代表种下了153棵美丽异木棉树（附图9-82）。木棉花枝叶繁茂，花开如火如荼，象征着我国外交文化软实力的不断增强，城市间交流与合作欣欣向荣。友谊林除了首届153个与会代表所种的153棵异木棉树外，还保存了大量的原生果林及一颗中心主题纪念树，并提供休息和观赏的场所，让游人休息之余可以进一步了解海珠湿地历史人文事件、湿地发展历程、城市间交流互助共同推进人与自然和谐发展的新趋势。

（6）藏龙潭。

藏龙潭位于友谊林和花溪南侧，紧邻龙潭涌，是龙潭本地村民存放龙船的地方（附图9-83）。赛龙舟是中国端午传统文化的一项重要活动，故龙舟日常的保存非常讲究。传统龙舟一般选用密度较大的红木作为原材料，这种材料虽然有良好的防水性，但在太阳暴晒下船体容易开裂，所以当地通常采用河涌鱼塘的湿润淤泥包裹龙船，并埋于河岸泥地中，即为"藏龙"。每年端午之后、农历五月十八日之前，在完成祭拜洪圣公等村中菩萨后，龙舟会被各村藏于底泥中，并插上竹子用作标记。通常藏龙地点会选择岸边树多区域，因为植物落叶会增加底泥分，使船体乌黑，保存时间也越长。待到来年端午前，再行"起龙"仪式。

（7）福寿果廊。

福寿果廊位于花溪东南侧，栈道长175米，里边种植了荔枝、龙眼、黄皮等岭南特色水果，果廊栈道凌空架设在果树林内，方便游客近距离接触观赏果树季相变化（附图9-84）。木制长廊上还雕刻有"福""寿""禧"字样文字各千个，独缺"禄"字，有"不求功名利禄，但求幸福、长寿、吉祥"之意。游客游玩过程中，领悟善恶因果，并对美好生活祈福。

（8）花果岛。

花果岛位于绿心湖东侧，保持了万亩果园的生态原貌。海珠区种植果树历史悠久，由于地处珠江冲积平原，河网交织，自然植被茂密，海珠人民便在上围垦滩涂，开沟挖渠道种植果树，并逐步引种桂味荔枝、石硖龙眼、鸡心黄皮、胭脂红番石榴等远近驰名的岭南水果，形成现在水道密布，蜿蜒曲折的农业果林风光。

（9）都市田园。

都市田园地处花溪南侧，由龙潭涌和石榴岗河围合而成。海珠湿地承载了珠江三角洲千年的果基农业文化，也是岭南农耕文化的重要组成。都市田园便是作为千年农业文化的展示基地。其分为蔬菜培植区和花圃种植区两块，用于展示时令果蔬及新品种的培育和种植过程。蔬菜区主要培育了菜心、西红柿、南瓜等科研实验的新品种，可以让游人体验农耕生活；花圃种植区则通过将泥土堆砌成微地形，成片种植不同花色、花期的花卉植物，形成七彩花田，不但增强田园气息，也为城市居民开展农业花卉认知提供了良好的场地（附图9-85）。

（10）石榴湾。

石榴湾位于都市田园西侧，面积约 30 万平方米、区域内水道长约 1 300 米，为典型的河涌、涌沟——半自然果林复合湿地生态系统（附图 9 - 86），种植有包括淡水红树林等乔、灌和水生植物共计 132 种，并依水而设花洲古渡、古荫帆影、玉龙桥、朱雀桥、凌波桥等多个次级景点。

（11）淡水红树林。

红树林是生长于陆地与海洋交界滩涂浅滩上的一类常绿灌木和小乔木植物，一般分布在潮间带，具有良好的耐盐碱性。红树林是一类植物，其中以红树科植物为主，共计 16 属 120 种，海珠湿地中种植的红树林属于淡水类红树林，包含海桑、桐花树等一系列品种。由于生长环境的特殊性，红树林具有典型的形态特征，如具备呼吸根和支撑根，有利于防风固沙，胎萌的繁殖形式有利于种群扩散，即子体从母体跌落，扎入泥滩逐渐萌发为新个体。红树林生态系统的生物资源量非常丰富，其为水生动物提供了良好的栖息地，可以看到常见的招潮蟹、弹涂鱼等物种，这些物种和植物果实也为鸟类提供了丰富的食物源。

（12）古荫帆影。

古荫帆影是仿古摇橹船和木画舫的主要停靠处（附图 9 - 87）。游人可在此登船出航，行舟水上、帆影点点、枝叶婆娑、花香弥漫，领略人、舟、树和花融于一景之感。

（13）花洲古渡。

"花洲"源于海珠悠久的种植花卉的历史，而"花洲古渡"意在重现当年古渡口花市交易的"商贾迤逦，一河渔火，歌声十里"的繁华景象，勾起人们对旧时水乡场景的遐想。

（14）海珠湿地各色桥。

海珠湿地水网密布，为尽可能地保留原生湿地景观，在游览路线上大量地运用到了桥这个元素，湿地中风格样式各异的桥，处处展现别样的设计理念和风景，如花桥（附图 9 - 88）、玉龙桥（附图 9 - 89）、朱雀桥（附图 9 - 90）、凌波桥、果香桥、果漪桥。这些桥造型多样、材料多样、景观多样。

三、主题公园案例

（一）自然遗址公园案例——西安曲江池遗址公园

1. 规划设计理念

曲江池遗址公园，位于陕西省西安市，公园北接大唐芙蓉园，南至秦二世陵遗址、曲江寒窑遗址公园，占地面积为 1 500 亩。

曲江是中国唐代著名的风景区，在唐长安城东南隅，因水流曲折得名。这里在秦代称洲，秦始皇在此修建离宫"宜春院"。汉武帝时把曲江列入皇家苑囿，并修建有离宫称"宜春苑"，汉代在这里开渠，修"宜春后苑"和"乐游苑"。隋营京城（大兴城）时，凿其地为池。隋文帝称池为"芙蓉池"，称苑为"芙蓉园"。唐玄宗时恢复"曲江池"的名称，而苑仍名为"芙蓉园"。据记载，唐玄宗时，引水经黄渠自城外南来注入曲江，且为芙蓉园增建楼阁。芙蓉园占据城东南角一坊的地段，并突出城外，周围有围墙，园内总面积约 2.4 平方千米。唐末，曲江池因战乱宫殿废圮，池水逐渐干涸，后被垦为田圃，园林盛景几无所存。

2007 年 7 月，西安市决定，由曲江新区投巨资规划建设曲江池遗址公园，由著名建筑大师张锦秋担纲总设计。从唐曲江池遗址、秦二世皇帝墓等文物古迹的保护性开发、城市功能配套和区域生态环境建设的角度出发，依托周边丰富的旅游文化资源和人文传统，恢复性再造曲江南湖、曲江流饮、汉武泉、宜春苑、凤凰池等历史文化景观，再现曲江地区"青林重复，绿水弥漫"的山水人文格局，构建集生态环境重建、观光休闲娱乐、现代商务会展等功能为一体的综合性城市生态和娱乐休闲区，集历史文化保护、生态园林、山水景观、休闲旅游、民俗传承、艺术展示为一体，为西安市民提供一个人文、自然、休闲、和谐的开放式城市生态文化公园。

2. 主要功能区

曲江池遗址公园主要由曲江池水面、环池生态廊道、广场、服务设施、景点建筑物、雕塑小品等功能区构成（附图 9 - 91）。水面是主体，占地约 1 050 亩，由北至南，按自然地形，从高到低，从入水口到出水口，大致分为两个湖面，中间有堤坝相隔（附图 9 - 92）。环池生态廊道围绕整个池，由道路、绿地组成（附图 9 - 93），长度超过 3 600 米，面积超过 400 亩。广场有中和广场、重阳广场和上巳广场，分别位于公园的西北角、东北角和中东部，是市民活动的主要硬地空间。服务设施包括停车场、洗手间、健身活动区（附图 9 - 94）等。景点建筑物包括亭（百花亭、曲江亭、祓禊亭、千树亭、祈雨亭等）、廊（御道长廊、荷廊）、楼（阅江楼、畅观楼）、阁（芸阁）、桥（片云桥、明皇栈桥、隥洲桥、黄渠桥、柳桥）、榭（藕香榭）等。雕塑小品是曲江池遗址公园的主要特色，以反映唐代盛世的事件、人物、风俗为主要题材，以浮雕（附图 9 -95）、铜雕（附图 9 -96）、石雕（附图 9 -97）为主要形式。

3. 主要景区与景点

曲江池公园以曲江池水面为中心，曲江流饮的出口为边界，分为八大景区：汉武泉景区、艺术人家景区、曲江亭景区、明皇栈桥景区、阅江楼景区、烟波岛景区、云韶居景区、畅观楼景区。主要景点有以下六个：

（1）阅江楼。

阅江楼是曲江池边最大最高的建筑，总共有地上四层，地下一层，高近 28 米。外观仿古的建筑风格使之看似建筑在一层夯土台基上，实际上它的内部结构设计精致，总面积接近 1 000 平方米（附图 9 -98）。"细草岸西东，酒旗摇水风。楼台在花杪，鸥鹭下烟中"在阅江楼可凭眺曲江池之景，凭吊大唐昔日的繁华盛世（附图 9 - 99）；也可赞叹与民同乐的山水楼台，并挑战诗仙鲸吞千钟玉山将倾的豪放。阅江楼把观景楼和酒楼的功能合而为一，使人们在这里能够体验到大唐名士登楼饮酒作赋的情趣。在楼上向南看，出了南门就是秦时的御花园——宜春院遗址；远眺曲江池北岸是唐城墙遗址。一时间，秦时名园唐时关，如诗如梦如画。每当夜色降临，金黄色灯光勾线的阅江人家更加迷人。背衬着黑夜里模糊的山色草木，亮起的阅江人家倒映在池水中，展现出朦胧一线的波光，好像金子撒进了池水，游人如痴如醉，如梦回大唐曲江。

（2）曲江亭。

曲江亭坐落在湖边，亭内中央立着一块巨石，上书"曲江亭"三个大字（附图 9 - 100）。进入曲江亭，只觉得池面上清风徐来，胸怀畅意。在这里可怀古、可赋诗、可放歌。有时也能见到三五人结伴在这里高唱秦腔，激昂的曲调应和着暖暖日光下的曲江公园，江滩跌水的"哗哗"水声也似乎在回应游人的舒畅心情。往南不远处，巨型的鹅卵石散在湖面上，搭成一座石桥，看似随意，实则匠心独具（附图 9 - 101）。

（3）湖心岛。

岛上山坡起伏，与东岸 10 米高岸相呼应。通过 30 米长的木桥登岛，山路回转，滨水路畅。岛上布置着三处开敞式的园林建筑（附图 9 - 102），供游人流连、休闲，有钓鱼台可供垂钓。岛周围遍布荷花，以应韩愈"曲江荷花盖十里"之说。岛上还飘逸着不染闲尘的"仙"气（附图 9 - 103）。木桥引渡，此组建筑与山池花木密切组合，荷廊建筑为其重要组成之一。追求一种天然之趣和自然情调，营造出一种优雅飘逸的园林景观。"榭者，借也。借景而成者也。或水边，或花畔，制亦随态"，"芙蓉影破归兰桨，菱藕香深写竹桥"正是藕香榭的真实写照。

（4）云韶居。

云韶居因水循势而建，也坐落在湖的东岸，地势高（附图 9 - 104）。站在云韶居顶端的上巳广场上登高遥望，湖景美色尽收眼底（附图 9 - 105）。

（5）艺术人家。

艺术人家景区主要由九栋建筑组成，疏落的古松、挺拔的银杏和虬曲的桃树点缀这片院落（附图 9 - 106），景如其名叫作疏林人家。建筑名字也很别致，以词牌取名分别叫作风入松、浣溪沙、浪淘沙、满庭芳、水调歌头、临江仙、念奴娇、忆秦娥和水龙吟。在这里能看到秦腔、皮影戏的表演，也能看到凤翔泥塑的成列。其中有一栋还是一个小型博物馆，展示着考古发掘所发现的曲江遗址，包括从新石器时代到明清时期的文物，见证了曲江两千多年的盛衰。

（6）畅观楼。

该景区位于曲江池东岸半岛南部，是公园的重要标志性建筑，南临池水，北有杨柳，花团锦簇，亭台水榭，长廊凉殿。畅观楼（附图 9 - 107）、御道长廊（附图 9 - 108）、涟漪亭（附图 9 - 109）、凉殿、重阳广场共同组成了畅观楼景区，与阅江楼、柳桥景点呼应（附图 9 - 110）。

（二）工业旧址公园案例——岐江公园

岐江公园建造在广东省中山市的一片废旧的造船厂的场地上，是一个反映了中华人民共和国成立后 50 年工业化的不寻常历史的市级公园。公园设计不仅保留了船厂浮动的水位线、残留锈蚀的船坞及机器等，而且利用这些设备很好地融合了生态理念、现代环境意识、文化与人性，使建成后的岐江公园成为一个富有城市历史文化沉淀的特色公园（图 9 - 13、图 9 - 14）。

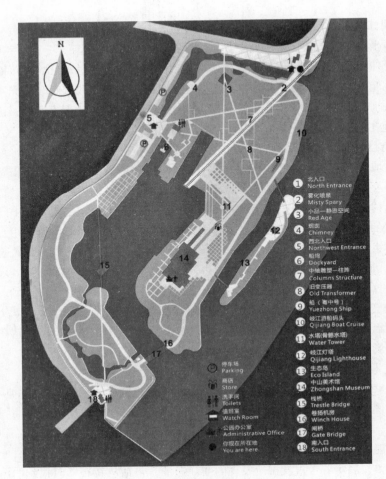

①	北入口 North Entrance
②	雾化喷泉 Misty Spary
③	小品—静思空间 Red Age
④	烟囱 Chimney
⑤	西北入口 Northwest Entrance
⑥	船坞 Dockyard
⑦	中轴雕塑—柱阵 Columns Structure
⑧	旧变压器 Old Transformer
⑨	船（粤中号） Yuezhong Ship
⑩	岐江游船码头 Qijiang Boat Cruise
⑪	水塔（骨骼水塔） Water Tower
⑫	岐江灯塔 Qijiang Lighthouse
⑬	生态岛 Eco Island
⑭	中山美术馆 Zhongshan Museum
⑮	栈桥 Trestle Bridge
⑯	卷扬机房 Winch House
⑰	闸桥 Gate Bridge
⑱	南入口 South Entrance

停车场 Parking
商店 Store
洗手间 Toilets
值班室 Watch Room
公园办公室 Administrative Office
你现在所在地 You are here

图9-13 岐江公园总平面图

图9-14 岐江公园鸟瞰图

1. 场地特点

岐江公园位于广东省中山市市区，园址原为粤中造船厂旧址，总面积 11 公顷，其中水面 3.6 公顷，水面与岐江相连通。场内遗留了不少造船厂房及机器设备，包括龙门吊、铁轨、变压器等（附图 9 - 111）。粤中造船厂始建于 20 世纪 50 年代，直至改革开放的 90 年代后期停产。作为工厂，它不足称道。但几十年间，粤中造船厂历经工业化进程艰辛但富有意义的历史沧桑、特定年代和那代人艰苦的创业历程，都沉淀为真实并且弥足珍贵的城市记忆。而在当今轰轰烈烈的城市建设高潮中，这种记忆是稍纵即逝的。

2. 设计方法与形式

岐江公园由北京土人景观规划设计研究所的俞孔坚团队设计完成，该设计成果获美国土地学会颁发的"2009 年亚太区卓越大奖"、2004 年中国民族建筑研究会"中国现代优秀民族建筑综合金奖"等多项奖励。

从方法上，岐江公园的设计进行了三个设计思路上的探讨：

第一大方面：借用地方古典园林风格，即岭南园林的设计方法，这是方案之初许多专家所推介和崇尚的。优越的临江及含湖环境、丰富的岭南植物以及中山市已有的园艺和工艺技术，加上资金上的保证，为创造一个具有地方特色的古典园林创造了条件。

第二大方面：设计一个西方古典几何式园林，其理由也相当充分。首先中山作为一个华侨城市，近百年来，受到南洋建筑风格的影响。其次，近年来的城市景观建设也特别注重园艺和工艺之美。最后，欧陆风格的广泛应用，在此设计一个强调工艺与园艺及几何图案之美的观赏性景观，也不失为一条颇受欢迎的途径。

第三大方面：借用现代西方环境主义、生态恢复及城市更新的路子，其典型代表 Rchard Hagg 的美国西雅图炼油厂公园和 Peter Latz 的德国 Ruhr 钢铁城景观公园都强调了废弃工业设施的生态恢复和再利用，成为具有引领现代景观设计思潮的作品。这一方面的探讨是最大的，而且整个设计也贯穿了生态恢复和废旧再利用的思想，其中的许多方法也借鉴到本设计中来了。

岐江公园的个性正是在与以上三个设计思路的不同和相同中体现出来的。与岭南园林相比，岐江公园彻底抛弃了园无直路、小桥流水和注重园艺及传统的亭台楼阁的传统手法，代之以直线形的便捷步道，遵从两点最近距离，充分提炼和应用工业化的线条和肌理（附图 9 - 112）。与西方巴洛克及新古典的西式景观相比，岐江公园不追求形式的图案之美，而是体现了一种经济与高效原则下形成的"乱"，包括直线步道的蜘蛛网状结构，"乱"的铺装以及空间、路网、绿化之间的自由，却基于经济规则的穿插。与环境主义及生态恢复相比，岐江公园借鉴了其对工业设施及自然的态度：保留、更新和再利用。同时，与之不同的是，岐江公园的设计强调了新的设计，并通过新设计来强化场地及景观作为特定文化载体的意义，揭示人性和自然之美。

3. 公园的园林景观艺术特点

（1）体现历史文化内涵。

足下的文化，即一个普通造船厂所注释的那片土地上、那个时代、那群人的文化。除了保留诸如烟囱、龙门吊、厂棚等这些文化的载体外，还通过新的设计把设计师对这种文化的感觉通过新的形式传达给造访者，如被称为静思空间的红盒子以及剪破盒子的直线道路（附图 9 – 113）；生锈的铸铁铺装（附图 9 – 114），如万杆柱阵（附图 9 – 115）：回首粤中造船厂当年，那时的主旋律恐怕是"自力更生，艰苦奋斗""一不怕苦，二不怕死"，感喟于当年集体主义，革命理想主义激扬出的众志成城的创业志气；也想到多少造船厂人完整的青春年华、青春热汗洒在了这块土地，设计者在向远处延伸下去的铁轨两侧（附图 9 – 116），安置了白色的钢柱林，或是千万枪杆，或是冲天的信念，或是无限的纪念，或是延入长空的思绪……这些措施不仅提高了公园文化内涵，也在城市景观当中保留了往日造船厂的历史足迹，同时也节省了大量的建设材料，节约了成本，保护了当地的能源利用量，有利于城市的长期可持续发展。在城市园林大地上谱写了城市近代的历史文化，有利于将中山市此 50 年之间的时代背景和人们的精神依稀地展现在后人的面前；有利于更好地宣扬中山市的历史文化，使该城市更加具有地方特色，充分体现中山市独特的个性魅力。

（2）营造自然之美——野草之美。

野草不自美，因人、因设计而美。在不同的生境条件下，用水生、湿生、旱生乡土植物——那些被人们践踏、鄙视的野草，来传达新时代的价值观和审美观，并以此唤起人们对自然的尊重，培育环境伦理（附图 9 – 117）。

现代的城市居民，离大自然越来越远，就连花草虫鱼，甚至人类本身也越来越园艺化。这是一种恐怖、一种悲哀。而在每天都有物种从地球上消失的今天，乡土植物对每个城市来说是何等的重要。珍惜它们吧！从乡土植物的乡土与朴实中发掘美。这种美是大自然纯真的美，也是人类关于生命的道德与伦理的升华（附图 9 – 118，辛晓梅摄）。

将水生、湿生、旱生乡土植物（野草），应用到公园当中，是岐江公园设计最具有影响力的一个特点。不仅大大降低了园林改造的成本，降低了许多苗木的劳运费，同时也给城市的景观注入了乡村景观、湿地景观和旱生景观等，丰富了城市生态景观的多样性、生物的多样性，有利于保护中山市生态景观，实现生态园林城市的发展蓝图。对乡土物种的应用，更能体现中山市独特的生态景观不是照搬某地方的景观设计，而是发挥城市独特的物种来营造城市与众不同的景观设计。这样能更好地将中山市独特的生态展现在世人的面前，让世人更深刻地了解中山市、了解中山市人民。

（3）遵循人性化的设计——突出人性之真。

小时候穿越铁轨时的紧张在这里变为一种没有危险的游戏，使冒险、挑战和寻求平衡感的天性得以袒露；人对水的向往、对空间的探幽天性等都通过亲水平台（附图 9 – 119）和平地涌泉（附图 9 – 114）、喷泉（附图 9 – 120）、树篱方格网（附图 9 – 112）的设计而得以充分体现。人性化的设计、丰富的景观形态——水体景观、富有地区性的地形变化、丰富的植物群落和色相、花相、园路廊道栈桥景观，大面积的绿化景观，形成了中山市人们休息、娱乐和休闲的乐土，也是享受中山市独特乡村自然风光的好去处。新鲜的空气、怡人的环境，大大地改善了人们的生活质量，创造出更加生态、优美的生活环境（附图 9 – 121、附图 9 – 122）。

（4）增加文化元素，体现生产文化内涵。

岐江公园设计除了充分体现旧船厂历史风貌、人文环境、生产要素，营造良好的城市生活、休闲、娱乐环境外，还充分利用原有厂房改造为中山美术馆（附图 9 - 123），定期、不定期展出各种文化作品，陶冶市民情操。

（三）游乐公园案例——上海迪士尼乐园

1. 设计理念

上海迪士尼乐园是中国内地首座迪士尼主题乐园，位于上海市浦东新区川沙新镇，于 2016 年 6 月 16 日正式开园。它是中国内地第一个、亚洲第三个、世界第六个迪士尼主题公园。

早在 20 世纪 80 年代，美国迪士尼的品牌便通过米老鼠和唐老鸭的卡通形象，使中国童叟皆知、家喻户晓。迪士尼这一品牌如今已成为神奇、梦幻和欢乐的象征，迪士尼已经成为美国文化的一部分。迪士尼生命力首先体现在自由的畅想、惊险的刺激、温馨的互动和活泼的形象。这就是为什么迪士尼乐园里挤满了快乐的孩子，也到处是兴奋的成年人，甚至有来了无数次的老人。走进迪士尼乐园，在"冒险乐园"里可以感受冒险的刺激；在"梦幻世界"里可以体验卡通的可爱；在"未来世界"可以触摸未来的脉搏。这里充满了自然的快乐和享受，这是迪士尼精心营造出来的一个现实生活中接触不到的梦幻世界。迪士尼乐园最能体现美国文化的包容性和多元化。迪士尼乐园的成果无疑是将艺术彻头彻尾商业化的结果。迪士尼乐园是一个使娱乐走向产业化的典范，也是将文化产业商业化运作的成功典范。上海迪士尼乐园从根本上也要遵守这一原则与目标，主题乐园、迪士尼元素、迪士尼文化充分在这里体现。同样，寓教于乐，集文化、旅游、购物于一体的商业化运作模式也是上海迪士尼乐园设计的核心理念。

另外，上海迪士尼乐园也充分体现了入乡随俗、与本土文化结合的思想。例如，迪士尼乐园中原有的美国小镇大街成了梦幻花园，加入了中国园林的设计要素，在整个花园中有非常多的绿化景观及水体，同时有非常丰富的娱乐表演元素。此外，十二生肖图也是考虑地方文化的体现，花木兰的故事和迪士尼公主们的童话世界同时出现在充满奇幻色彩的游乐项目中，充分体现了中国文化与西方文化的融合。

2. 主要功能区

上海迪士尼乐园占地面积 116 公顷，主要功能区有主题展示区、游乐活动区、生态功能区、办公服务区。主题展示区包括米奇大街、奇想花园、梦幻世界、探险岛、宝藏湾、明日世界、玩具总动员七大主题园区（图 9 - 15）；游乐活动区遍布于每个主题园区中，包括游乐设施、观演等；生态功能区涵盖整个园区，以水域、花园、湿地为核心，行道树、草坪、花坛、绿篱等各种形式绿植组成整个生态功能区（附图 9 - 124 至附图 9 - 126）。办公服务区包括入口安检区、游客服务中心、停车场、餐饮区、洗手间等。餐饮区、洗手间按一定密度分布于全园，和其他主题乐园不同，上海迪士尼乐园的餐厅分布于各主题园中，每个主题园的餐厅同样有自己的主题，体现迪士尼文化和商业价值。

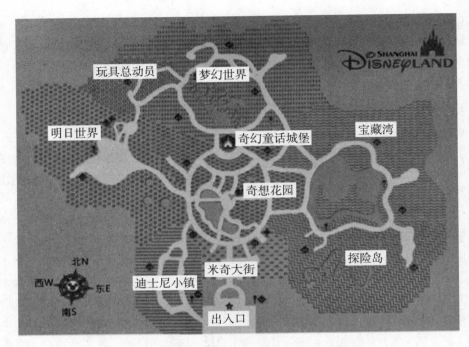

图 9-15　上海迪士尼乐园总平面图（盲人触摸图）

3. 主要景区与景点

上海迪士尼乐园有七大主题园区：米奇大街、奇想花园、梦幻世界、探险岛、宝藏湾、明日世界、玩具总动员；两座主题酒店：上海迪士尼乐园酒店、玩具总动员酒店；一座地铁站：迪士尼站；并有许多全球首发游乐、观演项目景点和创纪录建筑设施，包括全球迪士尼主题乐园中首创的创极速光轮景点，最美人工湖景点，所有迪士尼乐园中最高、最大的公主城堡，城堡里首次设置大量的游人互动活动和演出、数字化乐园等。

（1）米奇大街。

游人一进入上海迪士尼乐园入口便步入了"米奇大街"（附图 9-127），它是全球迪士尼乐园中第一个以米奇和他的欢乐伙伴们为主题设计的迎宾大道，米妮、唐老鸭、黛丝、高飞以及布鲁托等一众伙伴在这里欢聚（附图 9-128）。在进入其他主题园区前，游人就有机会了解到更多关于经典的迪士尼朋友和他们的故事（附图 9-129）。这里也是个热闹的集市，游人可信步漫游，尽情地挑选精美的商品，其中有许多是特别为国内游人而设计的。"M 大街购物廊"提供乐园内最丰富的礼品和纪念品，店内有专为上海迪士尼度假区设计的独家商品。游人可以选择值得珍藏的纪念品，将迪士尼乐园之行的美好记忆带回家与亲友分享。购物廊别致的外观设计旨在向最著名的迪士尼明星致敬，用马赛克壁画的方式呈现着他们所代表的美德：米奇（好客）、米妮与小猫费加洛（关爱）、高飞（乐观）、唐老鸭（博识）、黛丝（友善）、布鲁托和菲菲（慷慨）以及奇奇与蒂蒂（友谊）。甚至连收银区都有主题——史高治·麦克老鸭的第一家银行。"米奇好伙伴美味集市"是一间柜台点餐式餐厅。游人在享用中西式美食的同时，还能观赏到邻近的花园、"幻想曲旋转木马"和"奇幻童话城堡"的美景。

缤纷多彩的"米奇大街"分为四个街区，游人可以在这里与喜爱的迪士尼朋友热情拥抱、合影留念。"欢乐广场"是这个街坊的中心（附图9-130）；"花园广场"位于广场后方，邻近"奇想花园"（附图9-131）；"市集区"则位于大街的外围；对面是充满艺术气息的"剧院区"。每个街区都带着迪士尼乐园特有的积极乐观迎接着八方游人。

（2）奇想花园。

位于最高建筑城堡前一大片景色优美的大花园是上海迪士尼乐园特别打造的"奇想花园"。在这个由七座神奇花园构成的花园中，可以驾着"幻想曲旋转木马"体验回旋的欢乐，可以乘着"小飞象"在天空中尽情翱翔……

在园区入口，一座真实比例的迪士尼乐园创始人华特·迪士尼先生与米奇的铜像正欢迎游客来到上海迪士尼乐园这片欢乐之地（附图9-132）。

日间主题巡游"米奇童话专列"将满载奇幻、浪漫、音乐与欢笑，穿行于上海迪士尼乐园的主题园区。"米奇童话专列"在魔法火车头带领下驶过全球迪士尼乐园中最长的巡游路线。一整列主题花车前后相随，并伴着令人振奋的音乐节拍和多姿多彩的演出人员。每一辆花车都以一部迪士尼电影中的角色、故事和音乐为主题。"米奇童话专列"带着神奇、惊喜和欢声笑语为所有游客创造一生难忘的绝妙体验（附图9-133）。

"十二朋友园"是上海迪士尼乐园的全球首创。在这座神奇花园里，有12幅大型马赛克壁画，生动描绘出化身中国十二生肖的迪士尼及迪士尼·皮克斯动画的角色。将迪士尼标志性的故事讲述和传统中国元素完美融合，为游人创造与本命年生肖合影的绝佳机会（附图9-134）。

上海迪士尼乐园独有的"幻想曲旋转木马"为游人带来迪士尼传奇影片《幻想曲》中的角色和交响乐，装扮为魔法师学徒的米奇也会前来做伴。这个大型的旋转木马由中国手工艺匠打造，72种绚烂颜色美妙地交织，62匹飞马爸爸、飞马妈妈和飞马宝宝与两辆马车在其中回旋翱翔。不同于其他迪士尼乐园里的传统中世纪风格旋转木马，这是全球迪士尼乐园中第一座缤纷多彩的旋转木马（附图9-135）。

迪士尼角色之一大耳朵小飞象大宝，随马戏团来到了花园。在魔法羽毛和老鼠朋友提摩太的帮助下，小飞象学会了飞翔。游客们有机会乘着16辆象车在空中和小飞象一起遨游，俯瞰神奇的上海迪士尼乐园（附图9-136）。

漫月轩餐厅以中国建筑风格为基调，配以装饰着山、海、漠、林、河的象征符号，并首次在迪士尼乐园融入了"漫月"为主题的故事。餐厅以快餐的形式为游人提供广受喜爱的中式佳肴。

（3）梦幻世界。

"梦幻世界"是上海迪士尼乐园中最大的主题游乐区，宏伟壮丽的"奇幻童话城堡"便坐落其中（附图9-137）。游客可以在城堡上俯瞰童话村庄和神奇森林，也可以在各类精彩有趣的景点中沉浸于备受喜爱的迪士尼故事。

在这个童话仙境中，游人可以乘坐"晶彩奇航"从水上穿越和游览"梦幻世界"，经历熟悉的迪士尼故事。这一奇幻的游览体验成为上海迪士尼乐园又一全球首发游乐项目（附图 9 - 138）。

　　"七个小矮人矿山车"是适合全家人一起乘坐的过山车项目（附图 9 - 139）。它带领游人驶入闪耀着宝石光芒的美丽矿洞中，一边工作一边欢唱的七个小矮人在此与大家见面。游人乘坐矿车穿过蜿蜒连绵的山脉、经过池塘瀑布、在离开宝石矿之后，来到七个小矮人的小屋。每辆矿车都安装有支架状枢轴，可在更换轨道时来回摆动。在这里，游人会欣赏到迪士尼经典影片的音乐和动画人物表演，还会遇到乐于助人的森林小动物们。

　　"百亩森林"中（附图 9 - 140），"旋转疯蜜罐"是一处阖家同乐的景点（附图 9 - 141），游人可以坐进旋转疯蜜罐内体验这个因小熊维尼最爱的食物而得名的游乐项目。维尼喜欢以自己的方式在装满蜂蜜的陶罐上标注"疯蜜"。在捆扎着蜂巢的篷顶下，热情的"蜜蜂"们在游人身边哼唱着小熊维尼之歌。游客可以通过转动蜜罐中心的方向盘，自由地控制蜜罐的旋转速度。蜜罐上的各处细节，包括双语标签都用心设计。远远看去，每只蜜罐都像装满鲜美欲滴的蜂蜜一样。

　　专为上海迪士尼乐园设计的"爱丽丝梦游仙境迷宫"是全球迪士尼乐园中第一个以蒂姆·波顿的真人电影《爱丽丝梦游仙境》为主题的景点。游人在前往疯狂帽子茶会派对时（附图 9 - 142），可以选择自己的道路通往仙境的异想世界（附图 9 - 143）。一路上，游人会遇到妙妙猫、白兔以及电影中人物的雕塑，包括专横的红桃皇后（附图 9 - 144）。在绿篱、石墙、巨花和奇幻雕塑组成的迷宫内（附图 9 - 145），一场全家出动的冒险将带来无穷的乐趣。

　　在"小飞侠天空奇遇"景点中，你可以搭乘"飞船"在小飞侠的带领下经历一系列刺激的冒险，对抗虎克船长和他的海盗船员，体验前所未有的翱翔，同时感受小男孩放飞想象力的勇气。

　　在"林间剧场"，观众们可以跟随着《冰雪奇缘》中的朋友们和阿伦黛尔的村民们一同分享故事，欢声歌唱，感受充满欢乐的冰雪互动表演。

　　"老藤树食栈"和"皮诺丘乡村厨房"可以让游人在这郁郁葱葱的林地中享受丰盛的美食。餐馆环境设计灵感分别来自迪士尼动画《魔发奇缘》中的小鸭酒馆和迪士尼童话——《木偶奇遇记》。在享用美食的同时，游人还能一览"奇幻童话城堡"的景色。

　　（4）探险岛。

　　上海迪士尼乐园的"探险岛"将带领游人进入新发现的远古部落，这里四处弥漫着神秘色彩，还有隐秘的宝藏（附图 9 - 146）。巍峨的雷鸣山是"探险岛"园区的标志（附图 9 - 147）。

　　惊险刺激的"雷鸣山漂流"将载着游人深入"探险岛"腹地（附图 9 - 148）。筏艇顺水而下，带领游人穿过未知的惊险，驶入幽暗山洞，一探古老部落传说和神秘爬行巨兽的秘密。

　　上海迪士尼乐园是全球首座拥有"古迹探索营"的迪士尼乐园（附图 9 - 149）。探险家们无论年龄大小、技巧高低，都可一起出发去岛上的瀑布、遗址、考古现场搜寻远古部落的痕迹，也可探索自然景观与古老传说，跋涉穿过瀑布并沿岛上专设的攀爬索道去寻找部落遗址。到"古迹探索营"的游人可以选择自己的路线。偏爱惊险刺激的游人可以选择探索雷鸣山自然景观，其他游人则可以选择观赏雷鸣山上的险峻美景或陶醉于岛上的科学、自然和历史。

想要鸟瞰世界或翱翔天际的游客将在精彩绝伦的"翱翔·飞越地平线"美梦成真（附图9-150），展开前所未见的环球飞行之旅。"翱翔·飞越地平线"将带领游人俯瞰世界最具代表性的各处地标，探访游历每一片大陆。从云雾森林中的天文台古迹出发，游人们翱翔于天空，欣赏景观奇迹，包括上海天际线与中国长城美景。

"部落丰盛堂"是一间节日气氛浓郁、充满艺术魅力的餐厅，招徕游人享用佳肴。美景、旋律与香味交织在一起让人胃口大开，同时现场还有热炒和烤肉展示。位于亚柏栎村庄里的这间古老聚会场所是整个园区的核心所在，充满了生机盎然的气息、友善好客的氛围和美轮美奂的艺术作品。壁画、工艺品和画作令游人们目不暇接，可以从中尽情领略当地丰富的文化。

"人猿泰山：丛林的呼唤"是上海迪士尼乐园娱乐演出中的一部原创作品，由泰山和他的朋友们共同出演。沿用迪士尼长篇动画电影《人猿泰山：丛林的呼唤》经典配乐，该剧融合了戏剧、中国杂技和摇滚乐等元素，在歌舞艺术中心"故事舞台"上演。

（5）宝藏湾。

"宝藏湾"是全球迪士尼乐园中第一个以海盗为主题的园区（附图9-151）。特别为上海迪士尼乐园打造的"宝藏湾"里住着一群形形色色、乐天随性的海盗，以及四处寻找好玩刺激的冒险家。在这里，色彩、视觉和音乐的激烈碰撞，将海盗浮躁轻狂与颠沛流离的个性融入各种异域文化，呈现出丰富饱满的细节刻画和故事讲述。

"加勒比海盗——沉落宝藏之战"是一趟壮观无比的室内乘船漂流历险。游人将在杰克船长的带领下在欢乐冒险中偷走戴维·琼斯船长最珍贵的宝藏。这处游乐项目完美结合迪士尼故事讲述和尖端技术，配以独具特色的三块巨型多媒体穹顶、投影效果、栩栩如生的人物、剧院级的布景以及复杂的光影效果。游人将畅游海面甚至潜入海底展开一场生动的航海大冒险，会遇到勇敢无畏的海盗、美人鱼，甚至北海巨妖。

探险家独木舟，游人将以最早期海盗的方式来探索一座加勒比海岛——在真正的独木舟上荡起双桨，游弋在"宝藏湾"的碧波上，欣赏着沿途园区美景，欢乐之声此起彼伏（附图9-152）。泛舟之行安静而隐秘，唯一的动静来自游人和他们的船桨，但又不时需要闪避岸上海盗发射的水炮。热情友好又知识渊博的船长会引领每一艘独木舟行驶并指出沿途最美丽的风景所在。

在上海迪士尼乐园可容纳1 200名观众的"凡迭戈剧院"全球首演了精彩舞台剧"风暴来临——杰克船长之惊天特技大冒险"。由杰克船长领衔主演的"风暴来临"上演奇幻特技和激烈打斗，让观众直面壮观场景和惊人的视觉效果。该剧充满了栩栩如生的场景和幽默诙谐的笑料，在狂风暴雨里，杰克船长最终在旋风中击退了英国皇家海军。

"船奇戏水滩"是位于法式大帆船残骸上的一处嬉水区，周围有美丽的沙滩（附图9-153）。孩子们和海盗迷可以在此探索、假扮海盗、打水仗，甚至在随机喷发的水柱、音效和动画之间乐翻天。遮阳座位区让家长既能舒适观景，又能照看在水边嬉闹的孩子们。

"巴波萨烧烤"是整个上海迪士尼乐园中最大的餐厅之一，海盗们在此庆祝自由自在的生活。这家生气蓬勃又别有风味的"酒馆"装饰得多姿多彩又古里古怪，展示着老板巴波萨船长的个人风格。这家店的特色是厨房里爱炫厨技的海盗厨子演示最拿手的美味烧烤。游人可以选择在"巴波萨烧烤"主题用餐区用餐，也可以体验在惊险刺激的"加勒比海盗——沉落宝藏之战"景点里享用美食。

（6）明日世界。

上海迪士尼乐园打造的全新"明日世界"（附图9-154），展现了未来的无尽可能。它选用富有想象力的设计、尖端的材料和系统化的空间利用，体现了人类、自然与科技的最佳结合（附图9-155、附图9-156）。"明日世界"园区所传达的希望、乐观和未来的无穷潜力，正是迪士尼乐园最初的三大主题。

随着"创极速光轮"的全球首发，"明日世界"园区将展现迪士尼电影《创：战纪》所描绘的未来世界。乘着两轮式极速光轮，游人们将在壮丽穹顶下的轨道飞驰而过，高速进入由多彩灯光、投影和音效营造出虚实莫辨的幻想空间。穹顶采用半透明材料设计，当极速光轮呼啸驶过，车上的脉冲会从穹顶透射出来。酷炫的蓝绿光条在整座穹顶闪亮、幻化出不同光彩，如龙尾般在"创广场"周围翻转摆动（附图9-157）。

"巴斯光年星际营救"是源自迪士尼·皮克斯电影《玩具总动员》系列的游乐项目，游人们将协力完成拯救世界的任务。沉浸式的体验、全新的故事情节及最新的射击系统，使其成为迪士尼乐园中最吸引人的景点之一。该项目模拟外太空场景，采用了动画目标和LED屏幕，以及实时反馈的新型瞄准系统。随着故事步步深入，索克天王威胁要毁灭外星人所居住的星球，巴斯光年需要召集更多的太空骑警并招募乐园游客加入他最新建立的星际总部，搭乘各自的飞船，利用发射个性化彩色激光来射击敌人。

在"喷气背包飞行器"中，游人将变身"太空飞行员"，搭乘未来的交通工具起飞。"飞行员"将被固定在独立的喷气背包上，双腿悬垂，尽享飞行的快感与奇妙体验。随着每个喷气背包的加速旋转，其臂杆会升至空中。游人可以自行控制喷气背包的上升高度，升得越高，前倾幅度就越大。在高空瞭望点，"飞行员"可以欣赏到"明日世界"以及上海迪士尼乐园令人屏息的壮丽美景。

星球大战远征基地：在这个以星球大战银河系为主题的体验项目中，游人可以见到这部电影巨作中的英雄与反派，参观标志性的星战场景，欣赏最新电影系列的道具和展品，并且借助新技术亲身体验天行者的故事。

漫威英雄总部：在这里，游人有机会一睹著名的漫威英雄及其超级装备的风采，更可以通过特别制作的多媒体影片了解漫威世界的精彩之处，近距离接触自己喜爱的漫威英雄，还可以练习绘制不同角色，体验漫画艺术家的工作。

太空幸会史迪奇：被称为"626号实验品"的史迪奇会与游人随兴畅谈、玩耍游戏和搞笑逗趣，并带领他们踏上银河系环游之旅。这场实时互动的精彩演出在"明日世界"两家剧场中的其中一家演出。主演是迪士尼动画片《星际宝贝》中淘气的动画外星人史迪奇。

星露台餐厅：位于"明日世界"的上层广场，可远眺上海迪士尼乐园绚丽的美景。在户外平台上，游人能够一边享受中外佳肴，一边饱览"奇幻童话城堡"的景色。"星露台餐厅"是上海迪士尼乐园内最大的餐厅，为了辉映"明日世界"独有的建筑风格，采用了波纹状雕塑设计，并拥有极具未来感的舒适座位区。自然的光线、先进的技术和优雅的弧形天花板，以及闪着熠熠星光般的球形玻璃照明灯，共同营造出低调而精致的用餐氛围。

（7）玩具总动员。

这是上海迪士尼乐园的第七个主题游乐区。在这个玩具世界里，胡迪、巴斯光年和他们的玩具伙伴都被赋予了生命。来到这里，就感觉变成了玩具世界的"荣誉玩具"之一，可以放开玩！

新园区的入口，警长"胡迪"（附图9－158）和牛仔"翠丝"就站在入口迎接大家的到来。走进园区，最引人注目的便是园区内三个全新的景点和那个独特的与迪士尼朋友见面的主题区域。"抱抱龙冲天赛车"值得一试，坐进遥控车，系好安全带，冲天赛车会在高耸的轨道上高速俯冲，上下来回，全力飞驰。30多米高的轨道，刺激程度不亚于创极速光轮。还可以试试"弹簧狗团团转"，穿过扑克牌顶的走廊，走过弹簧狗的原版包装盒，就可以坐上可爱弹簧狗的螺旋形弹簧座椅上，跟着它一起追自己的尾巴。轨道起伏不定，一定要小心坐稳。旋转的速度会越来越快，一边团团转，一边把整个园区的欢乐气氛尽收眼底。

路过一辆老式的西部马车，沿着一条沙漠小径继续前行，走过一条干涸的小溪，跨过几座小桥，"胡迪牛仔嘉年华"就在眼前了。一路上，你会在不经意间邂逅许许多多来自《玩具总动员》电影的各式玩具（附图9－159）。然后，就可以挑选喜欢的小马，坐上小马车，感受"嘉年华"了，这里充满节奏感的音乐都来自《胡迪音乐精选》，包括《玩具总动员》电影经典主题曲《你是我的好朋友》。紧邻"胡迪牛仔嘉年华"的友情驿站，被精心布置成了电影《玩具总动员》里西部老镇的模样。这里有玩具世界里的拴马桩、警察局、沙龙和银行等各个建筑，能见到帅气高大的"胡迪"和俏皮可爱的"翠丝"（附图9－160）。

── 本章复习思考题 ────────────────────────────

一、简述城市公园的发展历程是怎样的。

二、城市公园的含义是什么？

三、简述城市公园的基本类型包括哪几种，并结合实际来举例说明城市公园的类型所属关系。

四、基于设计方法谈一谈公园的基本布局形式。

五、简要说明公园景观规划设计的主要内容是什么。

六、结合公园景观设计内容对已有公园进行实地调查，并写出调查记录。

七、根据已有公园的实地调查结果进行功能分区方面的分析。

八、针对已有公园的实地调查结果进行景观布局方面的分析。

九、试找出一处你熟悉的公园，根据其平面尺寸进行模拟景观设计练习。

十、请你针对某个综合公园、专类公园或主题公园的设计谈一谈自己的看法。

本章图片链接

第十章 居住区景观规划设计

目前全球居住区景观规划设计正发生深刻的变化，城市管理者越来越重视居住区景观的打造，在满足人们居住需求的同时，更加注重融合本地的自然生态环境、地理地貌特征以及特有的风土人情景观。居住区景观作为城市景观的重要组成部分，是邻里之间沟通交流的场所，也是人们在如今快节奏工作之余放松心情、与家人共享天伦的最温馨的地方。因此，居住区景观规划设计应本着尊重自然的前提，坚持以人为本、生态性、和谐人居等原则，在植物景观、道路景观、水体景观、小品设施景观、铺装和照明景观等方面做统一设计，让已经远离我们城市生活的自然景观、乡土记忆再现于居住环境中，使人们真正感受到人与自然的和谐相处。

第一节 概述

一、基本概念

最新修订的《城市居住区规划设计标准》（GB 50180－2018）中将居住区定义为城市中住宅建筑相对集中布局的地区。居住区按照居民在合理的步行距离内满足基本生活需求的原则大小，可以分为 15 分钟生活圈居住区、10 分钟生活圈居住区、5 分钟生活圈居住区和居住街坊 4 个等级。

1. 居住区

15 分钟生活圈居住区是以居民步行 15 分钟可满足其物质与生活文化需求为原则划分的居住区范围；一般由城市干路或用地边界线所围合，居住人口规模为 50 000～100 000 人（17 000～32 000 套住宅），配套设施完善的地区。

10 分钟生活圈居住区是以居民步行 10 分钟可满足其基本物质与生活文化需求为原则划分的居住区范围；一般由城市干路、支路或用地边界线所围合，居住人口规模为15 000～25 000 人（5 000～8 000 套住宅），配套设施齐全的地区。

5 分钟生活圈居住区是以居民步行 5 分钟可满足其基本生活需求为原则划分的居住区范围；一般由支路及以上级城市道路或用地边界线所围合，居住人口规模为 5 000～12 000 人（1 500～4 000 套住宅），配建社区服务设施的地区。

居住街坊是由支路等城市道路或用地边界线所围合的住宅用地，是住宅建筑组合形成的居住基本单元；居住人口规模在 1 000～3 000 人（300～1 000 套住宅，用地面积2～4hm²），并建有便民服务设施。

2. 居住区景观

居住区景观是居民使用的外部空间场所，是专为满足居住区居民户外生活各种需要提供服务的场所。主要是指从大自然空间中分隔出来的、较小的，并由道路、建筑物、构筑物、地面和其他各种界面围合而成的空间。

3. 居住区景观规划设计

居住区景观包括道路交通布局、植物景观、水体景观、铺地景观、小品设施景观、照明景观和其他景观等，也包括历史特色、视觉和心理感受等精神元素。景观设计是关于对土地的分析和规划的艺术，在进行规划设计时，要确保景观使用性、艺术性、整体性、趣味性的统一协调。

二、居住区景观构成

现代城市居住区景观构成要素大致可分为视觉性与非视觉性两种。视觉性：道路、植物、水体、铺地、小品设施、照明、公共设施、建筑和其他构筑物。非视觉性：人的行为和空间、情感要素、环境的文化内涵。居住区景观的功能几乎渗透到了居住区环境的每个角落，在景观设计中如何对这些设计元素进行综合取舍、合理配置是居住区景观规划设计的要点。

1. 道路

道路是居住区的动线，同时是居住区的构成框架，一方面它具有疏导居住区交通、组织居住区空间的功能；另一方面，好的道路设计本身也是居住区的一道亮丽风景线。居住区道路讲究"通而不畅原则"，这是居住区设计规范中明确规定的交通形式的处理方法。居住区道路一般由主干道、次干道和小路三级道路构成交通网路，是联系住宅建筑、居住区出入口、各功能分区以及景观节点的桥梁和纽带，是居民生活和散步休息的通道。道路景观根据实际情况有所不同，不仅能满足道路的交通功能，同时也是居住区的一道风景线。

主干道是联系居住区与城市街道的主要道路，兼有人行和车辆交通的功能，其景观的空间和尺度布置可采取一般城市道路的布局形式。比如在植物景观设计上，主干道经常会选用冠大荫浓和姿态优美的中小乔木做行道树，在道路交叉口和转弯处等地方留好安全视距，以确保车辆交通安全和居民行走遮阴，并且确保行道树的分枝点在 2 米以上；为了丰富道路景观，在人行道绿带上可以种植灌木、草本花卉和耐阴花卉等形成花境；在中央分车绿带上可种植草皮和低矮花灌；为防止尘埃和阻挡噪声，在人行道与建筑之间可多行丛植或列植乔灌木；为了减少交通对低层住宅等的影响，可以用花灌木和绿篱来分割道路空间。

次干道是联系主干道和住宅小路的纽带，是居民日常散步行走的常用道路。根据住宅楼走向和周围环境等因素，可以进行活泼多样的景观设计，比如多选一些开花繁密、叶色变化的小乔木和开花灌木等，在一条路上可以选用两到三种花木为主调，形成特色景观路，确保一路一景，使每条路都展现与众不同的景观效果。

小路是居住区内最基本的单元道路，是居住区各住户最紧密联系区内景观的道路。在进行景观设计时，主要采用曲折自然式的道路布置，交叉口与休息场地结合布置，以此来丰富道路景观。植物采用多样化配置方式，形成便于识别家门的不同景观。

各种形状的道路丰富了居住区景观空间层次，达到了步移景异的效果。景观布置上使道路、植物种植、宅间绿地和公共绿地之间的关系相得益彰，使行人和车辆在行进过程中感受景观的特质。另外，目前居住区在道路交通规划上分人车局部分行和人车完全分行两种形式。人车局部分行是指在人车混行的道路交通基础之上，布置专用步行道路来联系居住区内各级公共服务中心的道路交通系统，并且车行道与步行道交叉处不采用立交。人车完全分行是为了适应居住区内大量居民使用小汽车而设计的一种路网组织形式，行人与机动车交通完全相互分离，形成各自独立的道路交通系统。

2. 植物

植物景观设计，也称植物造景设计或者植物配置，是指在景观中按照植物的自然生长规律和生态学原理，结合园林景观艺术构图和环境保护要求进行自然景观的营造，对植物的栽植进行合理布局，创造各种实用的、优美的景观空间环境。

植物景观的设计营造是个复杂的过程，既要将植物自身的景观特质以适当的方式表现出来，又要与周围环境所表现的性质相吻合。在进行植物景观设计时，首先要遵循植物的生长规律，然后要充分发挥植物的线条、形体、色彩等自然美的艺术手法，充分运用乔木、灌木、藤本、草本植物和地被植物等来设计植物景观，要尽可能运用植物的"花""叶""姿""色""果"等自身要素，来提高居住区的景观艺术效果，以便创造一个自然、优美的人居环境。因此在植物配置上要做到：树种在统一基调的前提下有变化，种植树姿优美、果实丰硕、色彩艳丽、有丰富季相变化的植物；因地制宜，选择乡土树种，植物种类不宜繁多，但也要避免单调，要考虑植物种类的选择和植物之间的相互搭配，常绿树和落叶树的搭配，乔木和灌木的结合，速生树和慢生树的组合，适当地点缀一些花卉、草皮。树种搭配上，既要满足生物学特征，又要考虑树丛之间的组合、平面和立面的构图、色彩、季相以及园林景观意境；不能选择有毒性的、带针刺的或者能引起人过敏的植物；除了需要行列式栽植外，还应采用孤植、对植或者丛植等方法，忌等距离和等高度的栽植，适当运用对景、框景等造园手法划分和组织空间。最后还要考虑植物与园路、水体、山石、建筑等景观要素之间的配置。

3. 水体

水作为大自然的产物，具有无比的动态和静态之美。我国古代非常重视城与水体的关系，这源于"天人合一"的思想和讲究"藏风得水"的风水观，河道驳岸起到防洪泄洪、防护堤岸的作用。在硬质景观设计中如能巧妙地在驳岸的形式、材质上做文章，通过河道的宽窄和形态控制水流速度，制造急流、缓流、静水，形成动静结合、错落有致、自然与人工交融的水景，则可形成区内多视线、全天候的标志性景观。

依据水体在居住区景观中存在的不同状态，可以将水体分为相对静止如湖水、池水等的静态水景和流动状态如瀑布、涌泉、喷泉等的动态水景。静态水景设计利用对景、借景等手法，须依据原有自然生态景观与水体的关系，并借助自然条件，形成纵向、横向及鸟瞰景观。动态水景的设计由三方面组成：一是构成要素，动态水景由水口、路径和承载三个主要组件组成，它们按照不同的方式进行多样式组合，从而形成花样繁多的动态水景；二是环境因素，它是动态水景设计的背景与基础，水景设计都必须依靠环境而存在；三是调节因素，主要是设计师充分运用工程学原理、美学知识和心理学的手法等来表现更深层次的景观含义，这也是水体景观设计理念人为因素的最好体现。

4. 铺地

居住区铺装设计有其实际的使用意义和艺术价值，铺装设计能够划定空间所定义的

"场所"，给空间场所定下某种意义或精神。地面铺装材质的变化能够体现不同的节奏与韵律，增加景观中的趣味性。不同的铺装图案构成给人不同的方向感，如外散、内聚、导引、旋转。铺装形式能够界定空间位置的多种变化，界定出不同的空间层次。广场铺地在居住区中是人们经过和逗留的场所，是人流集中的地方。

铺地景观包括广场铺地、建筑地坪铺地、活动场地铺地和园路铺地等。常用铺地材料有石材类，如天然大理石、人造大理石、天然花岗岩、人造花岗岩等；地砖类，如渗水砖、广场砖、黏土砖、仿古砖等；木材类，如防腐木、绿可木、炭化木等；混凝土类，如沥青混凝土、水泥混凝土等。在规划设计中，通过地坪高差、材质、颜色、肌理、图案的变化创造出富有魅力的路面和场地景观。

为了取得不一样的空间效果，可以考虑选用不同尺寸的铺地图案；为了设计出与环境相协调的铺地，可以采用不同尺寸的铺地图案，采用与周围不同色彩和质感的材料来调节景观空间的比例关系。铺地的色彩既要服从于居住区整体景观色调，又要遵循景观艺术的基本原理，为了使铺地的色彩稳重大气而不觉得沉闷，鲜明靓丽而不觉得俗气，可以采用冷暖色调进行调控，从而改变色彩一成不变的沉闷感。例如，在庄严肃穆的广场、祠堂等纪念场所，宜使用沉稳的色调来烘托营造庄重的氛围；在青少年游戏区和儿童活动区，使用色彩鲜明的铺地来形成明快、活泼的氛围；在老人和残障人士的安静休息区以柔和素淡色调的铺地为主，以营造安宁、平静的氛围。

5. 小品设施

小品在居住区硬质景观中具有举足轻重的作用，精心设计的小品往往成为人们视觉的焦点和小区的标志。小品设施景观的设置为居民提供休息、观赏的地方，目的是丰富居住区景观内容，增加景观情趣，对景观空间起点缀作用，是景观要素中的点睛之笔。在设置小品设施景观时，尺度不宜过大，色彩宜用单纯色，要以精巧取胜。小品设施具有实用功能和精神功能，包括生活设施小品，如座椅、桌凳、健身器材、垃圾箱、电话亭、报刊亭等；建筑类小品，如雕塑、亭、台、廊、花架、楼阁、壁画、牌坊、花台、花钵等；道路设施小品，如宣传栏、站牌、道路标识牌、防护栏、园灯等。小品设施景观既要满足实用功能，还要体现其艺术性，给人们带来美的享受。优秀的小品不仅依靠自身的形态使居住区环境有了明显的识辨性，同时更增添了整体居住区的活力和凝聚力，对整体居住区的环境空间起到了烘托及活跃空间气氛的作用。

6. 照明

照明景观是指既有照明功能，又有装饰艺术和美化景观功能的户外照明景观，有功能照明和艺术照明两大类。功能照明最基本的要求就是满足人们在夜晚的室外不会因为环境昏暗而受到意外伤害。艺术照明也被称为装饰性照明，它是利用人工光的特性来表现艺术效果的照明，是以最终满足欣赏人的审美需求为目的的。

三、居住区景观形成与发展趋势

1. 国外居住区规划设计进展

19世纪欧洲的工业革命，让人类由农业社会迈入工业社会，随之带来城市内诸如人口剧增、污染、疫病流行等一系列环境问题，当这些国家意识到问题的严重性时，他们不得不想尽办法来解决这些问题。西方专家学者们相继进行了居住区景观规划设计的研究探索。早在 1820 年，英国著名的空想社会主义者罗伯特·欧文首先提出田园城市的概念雏形，表达了对居住环境的美好向往。到 19 世纪 30 年代初，用植物改善环境的案例开始在西方国家出现。19 世纪中期，由美国风景园林之父奥姆斯特德首先提出景观设计学概念。到 1898 年英国学者霍华德在他的 *Garden Cities of Tomorrow* 一书中明确"田园城市"的构想，他通过调查研究，借鉴一些社会改革家的规划思想和实践，提出了田园城市模型的理念，奠定了现代居住区规划的基础。

进入 20 世纪，对居住区景观的研究也越来越丰富，出现了不少著作和团队，使居住区景观的研究取得了长足的发展。比如，1929 年美国的 C.佩里在纽约地区规划中提出了被后人称为社区规划理论的先驱的"邻里单位"理论，其主要理念是"现代城市的规划结构要因机动交通的变化而变化"，在居住社区邻里单元中，布置住宅建筑、日常需要的各项公共服务设施和绿化空间，使居民有一个更加安静、更加优美、更加舒适方便的居住环境。后来，C.斯坦恩和 H.赖特、L.芒福德等学者从充分考虑人的安全性和舒适性的要求出发，站在土地资源和地域特色的角度，明确了居住区要摒弃棋盘式排列的单调格局，提出了组团模式设计的邻里和"拉德本体系"。20 世纪 40 年代，德国地理学家特罗尔首先提出了"景观生态学"这一概念，景观生态规划的概念一直被人们融会贯通于众多园林绿化的设计理念之中。20 世纪 50 年代，希腊规划师道萨迪亚斯提出人类聚居学，论述全人类的聚居环境问题，邻里单位模式逐渐被社区理论模式取代。同时期，苏联提出"住宅生态学"理论，认为居住环境研究的目的是保证居民健康，获得生态平衡，在满足居住区使用功能的前提下，创造一个优美、舒适的环境。20 世纪 60 年代，麦克哈格的《设计结合自然》中提出将生态学知识和自然环境学科引入景观与区域规划的理念。20 世纪 70 年代，日本最早提出和出台了居住区景观的基本要求，不仅要安全和便捷，还要舒适和优美。20 世纪 80 年代，"生活要接近自然环境"的设计原则在英国的居住区建设中被社会广泛认可。同时期，在美国，以"滨海镇开发"为代表的"新城市主义运动"结合了都市主义的观点来解决美国的郊区住宅问题。20 世纪 90 年代初期，美国、澳大利亚等国都提出进行生态型城市的建设。1992 年 6 月，可持续发展的概念在巴西举行的联合国环境与发展大会正式被确立，这为居住区景观设计向生态化、人性化与可持续发展相结合发展指明了方向。1994 年法国制定了《居住区绿地标准》，规定了公共绿地的范围、人均绿地面积的大小、组团绿地的大小、绿地的服务半径等。20 世纪末，美国凯特·奥利维亚·塞申斯在居住区景观设计上提出的"绿道网络"的概念，在环境保护和美学等方面有巨大的价值，对我们有很好借鉴意义。

2. 我国居住区景观规划设计进展

我国作为世界园林的发源地之一，有着辉煌的园林景观发展历史，备受世界推崇，但是对于居住区景观规划设计的研究有些晚。20 世纪 50 年代，我国的居住区受苏联居住区规划模式的影响，采用居住街坊、居住小区、居住区模式建设，当时的居住区只是简单地种植花草树木，没有根据居住区所处的地域文化等特点进行景观规划设计，虽然有了绿化，但是没有做到合理地规划环境景观。1978 年后，我国的居住区景观建设随着国家改革开放的逐步深入，也开始引起专家、学者的重视，以组团绿化为基本单位实施的居住区景观规划设计成了当时居住区景观建设的首选。随着改革开放的开展，越来越多的国外居住区景观规划设计理念进入我国，景观设计师们结合我国的国情，同时借鉴国外的先进理念，使我国的居住区景观发展紧随世界发展步伐。两院院士、清华大学教授吴良镛长期致力于人居环境科学的研究工作，中国科学院技术科学部于 1993 年召开的学部大会上，吴良镛第一次正式提出"人居环境科学"及其理论框架，该理论提出人居环境建设原则是以人为核心，建设目标是进行有序空间和宜居环境建设。吴良镛教授及其团队为此开展了多方面的探索研究，试图建立一种以居住环境为研究对象，以人与自然协调为中心的新的学科群。吴良镛关于人居环境的研究受到国际界的普遍认可，并荣获"世界人居奖"。

进入 21 世纪，随着我国城市化进程的加快，人们生活水平的不断提高，以人为本，与自然和谐相处，同时突出特色的居住区景观规划设计已经成为当下改善城市居住区环境的重要研究课题。2018 年 7 月，国家对《城市居住区规划设计标准》进行了修订，适用范围从居住区的规划设计扩展至城市规划的编制以及城市居住区的规划设计；调整居住区分级控制方式与规模，统筹、整合、细化了居住区用地与建筑相关控制指标；优化了配套设施和公共绿地的控制指标和设置规定；与现行相关国家标准、行业标准、建设标准进行对接与协调；删除了工程管线综合及竖向设计的有关技术内容；简化了术语概念。

3. 居住区景观规划设计发展趋势

（1）景观更加以人为本。

以人为本是景观规划中的基本理念，在以后的居住区景观规划设计中，这一理念会更加细化，不仅根据居民的年龄结构、生活特点等满足物质需求，而且会在精神层面满足居民的更多需求，即使一个很小的细节也能使居民感觉被尊重、被体贴，人性化的景观规划设计将使居民获得更大的幸福感。

（2）景观的共享性。

"共享"一词入选"2017 年度中国的十大流行语"，其基本含义是分享，是共同的使用资源或空间。随着经济的发展，共享单车、共享汽车等越来越多的共享物品出现在人们的生活中，其中共享景观也必将成为居住区景观规划设计的发展方向。新修订的《城市居住区规划设计标准》（GB 50180-2018）中明确提出：居住区绿地在居民视野高度内不能"隔断"，应与居住区空间环境里外浑然一体。比如，为了确保院墙里外通透而形成隔而不断的视觉美景，应以绿篱或其他空透式栏杆作分隔。在居住区景观规划设计时应尽可能地利用居住区现有的自然环境或者稍加修饰创造虽由人作却宛如天开的人工景观，让所有的住户都能享受这些优美景观。

（3）景观的智能化。

目前，我国的城市化进程还在继续，很多城市面临严峻的雾霾天气和沙尘暴天气。为了解决城市发展中遇到的各种环境难题，也为了实现城市的可持续发展，智慧城市建设成为当下人们关注度较高的话题。住建部已经启动智慧城市建设工作，而居住区的智能化景观规划设计将发挥重要的作用，如在居住区内建设智能化信息景观设施、智能化卫生景观设施、智能化照明与休息景观设施以及智能化植物养护等。

（4）新技术和新材料的广泛应用。

在很多的欧洲国家如荷兰的鹿特丹广场、德国的一些街边小广场等均使用了新技术与新材料，使用性和景观性能均得到了很好的评价。例如，目前我国正在开展的海绵城市建设就是利用新技术和新材料渗水、耐磨、抗压、防滑以及环保、美观、舒适等特点，形成容易维护、"会呼吸"的景观路面，有效缓解了城市的热岛效应。

第二节　居住区景观规划设计原则与目标

一、居住区景观规划设计原则

居住区环境景观设计主要是以建设部住宅产业化促进中心 2009 年版的《居住区环境景观设计导则》（以下简称《导则》）为主要参考和依据。

1．总则

目的是适应全面建设小康社会的发展要求，满足 21 世纪日益提高的居住生活水平，促进我国环境景观设计尽早达到国际先进水平。指导设计单位和开发单位的技术人员正确掌握居住区环境景观设计的理念、原则和方法。通过《导则》的实施让广大城乡居民在更舒适、更优美、更健康的环境中安居乐业，并为我国的相关规范的制定创造条件。

居住区环境景观设计应坚持以下原则：社会性原则、经济性原则、生态原则、地域性原则、历史性原则、统一性原则、以人为本原则。

2．社会性原则

赋予环境景观亲切宜人的艺术感召力，通过美化生活环境，体现社区文化，促进人际交往和精神文明建设，并提倡公共参与设计、建设和管理。

3．经济性原则

顺应市场发展需求及地方经济状况，注重节能、节材，注重合理使用土地资源，提倡朴实简约，反对浮华铺张，并尽可能采用新技术、新材料、新设备，达到优良的性价比。

4．生态原则

应尽量保持现存的良好生态环境，改善原有的不良生态环境，提倡将先进的生态技术运用到环境景观的塑造中去，利于人类的可持续发展。

5．地域性原则

应体现所在地域的自然环境特征，因地制宜地创造出具有时代特点和地域特征的空间环境，避免盲目移植。

6．历史性原则

要尊重历史，保护和利用历史性景观，对于历史保护地区的居住区景观设计，更要注重整体的协调统一，做到保留在先、改造在后。

7．统一性原则

居住区景观规划应与建筑规划布局、公共设施的布置、道路交通系统、各类给排水、管道等工程管线规划密切配合，在居住区总体规划阶段同时进行、统一规划。同时协调市政、商业服务、文化、环卫等建设，确保景观规划在居住区总体规划下既协调统一，又独立成景。

8. 以人为本原则

居住区景观是最贴近居民日常生活、最直接让人感受、最便捷居民使用的室外环境。在进行景观空间尺度设计时，只有符合人体工程学原理的设计，才能满足居民的生理和心理需求，才能满足居民的安全感和社交愿望，才能满足居民的休闲和对居住区景观审美等方面的需要。

二、 居住区景观规划设计目标

居住区景观规划设计的目标应尊重住户的景观需求。现代人类对居住区环境景观需求大致可以归纳为三方面：一是安全的，在这种居住区环境景观中，人们不必担心各类来自外部的或内部的侵扰，居住区环境景观应当是最安全的。二是安静的，人们主要靠回到居住区、回到家里的时间来享受安宁，没人希望居住区整天敲锣打鼓、鞭炮声声，居住区景观应当是最安静的。三是安心的，有了安全，有了安静，心平气和了，离开了喧嚣繁杂的公共景观场所，脱离了紧张忙碌的工作，暂停了尘世间的竞争，回到居住区就会身心放松，就会安心，居住区景观应当是最安心的。

1. 安全的居住区

安全的居住区景观可以带来家园感。景观专业理论证明，安全的家园感对应着人类生存环境偏爱的"了望—庇护"理论中的庇护，居住区景观是人类生存庇护所的极致所在。安全的居住区景观源于居住区居民人身安全、居住区环境卫生安全、居住区环境生态安全，涉及日照、通风、绿化、除尘等一系列基本的保证居民生理健康的需求。

2. 安静的居住区

安静的居住区景观可以造就花园感，安静的花园感对应着人类理想中的生活环境。在整个景观规划设计中，最静态、最安静的景观应该是居住区景观。居民在其中可以休息、闭目养神甚至瞌睡。安静的居住区景观指的是没有人为的噪声，但这个安静不排除鸟鸣，不排除自然的流水、瀑布之声，自然之声不仅不是噪声，还能强化居住区安静的氛围。创造安静的居住区景观需要自然之声。

3. 安心的居住区

安心的居住区景观可以创造归属感，安心的归属感则对应着人类关于生活本源的寻找和追求，只有在这样的景观中，人们才会感到回归自然、回归原始、回归人性本真。除了天然景观的保护，居住区景观所需要的是大量性的、日常性的、生活性的、质朴的同样是原始性的景观。安全、安静和安心对应的家园感、花园感、归属感是居住区景观规划设计的基本目标。

第三节　居住区景观规划设计方法与标准

一、 居住区景观规划设计方法

居住区景观的规划设计包括对基地自然状况的研究和利用，对空间关系的处理和发挥，与居住区整体风格的融合和协调。包括道路的布置、水景的组织、路面的铺砌、照明的设计、小品的设计、公共设施的处理等，这些方面既有功能意义，又涉及视觉和心理感受。在进行景观设计时，应注意整体性、实用性、艺术性、趣味性的结合。

1. 空间组织立意

景观规划设计必须呼应居住区整体设计风格的主题，硬质景观要同绿化等软质景观相协调。不同居住区设计风格将产生不同的景观配置效果，现代风格的住宅适宜采用现代景观造园手法，地方风格的住宅则适宜采用具有地方特色和历史语言的造园思路和手法。当然，城市设计和园林设计的一般规律诸如对景、轴线、节点、路径、视觉走廊、空间的开合等都是通用的。同时，景观设计要根据空间的开放度和私密性组织空间。

2. 体现地方特征

景观设计要充分体现地方特征和基地的自然特色。我国幅员辽阔，自然区域和文化地域的特征相去甚远，居住区景观设计要把握这些特点，营造出富有地方特色的环境。同时居住区景观应充分利用区内的地形地貌特点，塑造出富有创意和个性的景观空间。

3. 使用现代材料

材料的选用是居住区景观设计的重要内容，应尽量使用当地较为常见的材料，体现当地的自然特色。在材料的使用上有以下六种趋势：

（1）非标制成品材料的使用。

（2）复合材料的使用。

（3）特殊材料的使用，如玻璃、荧光漆、PVC 材料。

（4）注意发挥材料的特性和本色。

（5）重视色彩的表现。

（6）DIY（Do It Yourself）材料的使用，如可组合的儿童游戏材料等。

当然，特定地段的需要和业主的需求也是应该考虑的因素。环境景观的设计还必须注意运行维护的方便。常出现这种情况：一个好的设计在建成后因维护不方便而逐渐损坏。因此，设计中要考虑维护的方便易行，才能保证高品质的环境景观历久弥新。

4. 点线面相结合

环境景观中的点，是整个环境设计中的精彩所在。这些点元素经过相互交织的道路、河道等线性元素贯穿起来，点线景观元素使得居住区的空间变得有序。在居住区的入口或中心等地区，线与线的交织与碰撞形成面的概念，面是全居住区中景观汇集的高潮。点线面结合的景观系列是居住区景观设计的基本原则。在现代居住区规划中，传统空间布局手法已很难形成有创意的景观空间，必须将人与景观有机融合，从而构筑全新的空间网络。

（1）亲地空间，增加居民接触地面的机会，创造适合各类人群活动的室外场地和各种形式的屋顶花园等。

（2）亲水空间，居住区硬质景观要充分挖掘水的内涵，体现东方理水文化，营造出人们亲水、观水、听水、戏水的场所。

（3）亲绿空间，硬软景观应有机结合，充分利用车库、台地、坡地、宅前屋后构造充满活力和自然情调的绿色环境。

（4）亲子空间，居住区中要充分考虑儿童活动的场地和设施，培养儿童友好、合作、冒险的精神。

5. 提升居住区景观规划设计品质

如何提高居住区景观艺术性，进而提升居住区景观环境的品位和档次？这是居住区景观规划设计的一大问题，居住区环境景观应该要突出艺术性，应当有自己的个性特色。这种特色化、个性化源自居住区的需求，居住区景观规划设计因住户之需而个性化，每一住户需求不同，其景观环境也就不一样。

6. 设计师、开发商、业主三结合

设计师在景观规划设计过程中不仅需要了解市场动向，还需要为开发商着想，尽量采用最为经济可行、最有实效的设计手法以达成与开发商的共识。此外，还需了解居民及社会需求，关注人们所需的各项设施（包括基础设施）的配置，最大限度地满足从物质到精神上的需要，因景观设计最终是服务于人，人的活动将是居住区中最为生动、最有意义的一种景观。现代景观规划设计者应从自身职责、经济利益、社会需求等多角度进行综合平衡，也就需要从业人员具有丰富的专业技巧、充足的市场信息和跨学科知识。

7. 规划师、建筑师、景观师三结合

过去的居住小区规划往往是规划师先做小区总体布局，安排主次道路，布置住宅单体；随后，建筑师接着进行住宅单体设计，直到最后，甚至要等到住宅单体封顶之后，才邀请园林绿化师进场，见缝插绿，稀稀拉拉种上三年五载还不一定能见效的树木。这种小区规划设计步骤与居住区环境景观规划设计原则大相径庭。基于三要素的居住区环境景观规划设计，要求规划师、建筑师、景观师三者从一开始就同时介入。要实现景观三要素的各类规划，需要与规划、建筑随时交流、反复协调。从景观的角度、绿化的考虑、户外活动的需求考虑，才可以形成更为理想的总体布局。居住区环境景观规划不仅需要风景园林师的理解，更需要得到建筑师、规划师的共识。景观规划师、城市规划师、建筑师三者结合并同时介入是创造良好居住区环境景观的前提。

二、 居住区景观规划设计评价标准与指标

合理的评价标准以及指标是衡量居住区景观好坏的基础。从满足居住区景观使用要求出发，应该有三条基本的标准：一是安全，须设置必要的围墙和篱障，视线也应当收放有秩、遮引有序；二是实用，包括绿化、安静、采光、通风、活动场地等功能齐全，利用率高等；三是好看，包括体现居住区景观美观的各个方面：诗情画意、文化内涵、艺术性等。

居住区景观规划设计的评价有三条基本的标准：第一条标准是关于居住区环境景观空间形态形象的问题，其中视觉景观较为重要，涉及绿视率、空间美学等问题；第二条标准是关于环境绿化生态的问题，居住区环境景观绿地率、绿化覆盖率、生物多样性等指标都是这条标准的具体体现；第三条标准是关于住户行为活动的问题，通过"硬地率"可以反映行为活动空间是否合理。根据刘滨谊教授的研究，建议在公共活动空间安排15%～30%的硬地为好。

总之，居住区景观规划设计评价是保证居住区景观质量的关键环节，除了这些基本标准指标，还可以制定更多的细化标准和指标。标准可以各式各样，评分可以有高有低，但总的来说应以鼓励实用性、多样性、美观性为优先，应以"三性"优先为原则。

第四节　居住区环境景观规划要点

《导则》旨在指导设计单位和开发单位的技术人员正确掌握居住区环境景观设计的理念、原则和方法。它遵循国内现行的居住区规划设计规范、住宅设计规范和其他法规，并参考国外相关文献资料编制，具有适用性和指导性。它坚持"以人为本"的原则，努力为新建居住区创造舒适、安全、健康、平衡的生态型景观环境。

一、　总体环境

居住区环境景观规划必须符合城市总体规划、分区规划及详细规划的要求。要从场地的基本条件、地形地貌、土质水文、气候条件、动植物生长状况和市政配套设施等方面分析设计的可行性和经济性。

依据居住区的规模和建筑形态，从平面和空间两个方面入手，通过合理的用地配置，适宜的景观层次安排，必备的设施配套，达到公共空间与私密空间的优化，达到居住区整体意境及风格塑造的和谐。

通过借景、组景、分景、添景等多种手法，使居住区内外环境协调。濒临城市河道的居住区宜充分利用自然水资源，设置亲水景观；临近公园或其他类型景观资源的居住区，应有意识地留设景观视线通廊，促成内外景观的交融；毗邻历史古迹保护区的居住区应尊重历史景观，让珍贵的历史文化融于当今的结果设计元素中，使其具有鲜明的个性，并为保护区的开发建设创造更高的经济价值。

二、　绿化应注意三大标准

在宅旁绿化方面，《导则》提出宅旁绿地贴近居民，特别具有通达性和实用观赏性。宅旁绿地的种植应考虑建筑物的朝向（如在华北地区，建筑物南面不宜种植过密，以免影响通风和采光）。在近窗区不宜种高大灌木；而在建筑物的西面，需要种高大阔叶乔木，对夏季降温有明显的效果。宅旁绿地应设计方便居民行走及滞留的适量硬质铺地，并配植耐践踏的草坪。阴影区宜种植耐阴植物。隔离绿化中，居住区道路两侧应栽种乔木、灌木和草本植物，以减少交通造成的尘土、噪声及有害气体，有利于沿街住宅室内保持安静和卫生。

在行道树方面，《导则》要求树应尽量选择枝冠水平伸展的乔木，起到遮阳降温的作用。公共建筑与住宅之间应设置隔离绿地，多用乔木和灌木构成浓密的绿色屏障，以保持居住区的安静，居住区内的垃圾站、锅炉房、变电站、变电箱等欠美观区域可用灌木或乔木加以隐蔽。

在屋顶绿化方面，《导则》指出建筑屋顶自然环境与地面有所不同，日照、温度、风力和空气成分等随建筑物高度而变化。屋顶绿地分为坡屋面和平屋面绿化两种，应根据上述生态条件种植耐旱、耐移栽、生命力强、抗风力强、外形较低矮的植物。坡屋面多选择贴伏状藤本或攀缘植物。平屋面以种植观赏性较强的花木为主，并适当配置水池、花架等小品，形成周边式和庭园式绿化。屋顶绿化数量和建筑小品放置位置，需经过荷载计算确定。

三、 公共绿地率不能低于 30%

公共绿地设置方面，《导则》明确了居住区应根据居住区不同的规划组织结构类型，设置相应的中心公共绿地，包括居住区公园（居住区级）、小游园（小区级）和组团绿地（组团级）以及儿童游戏场和其他的块状、带状公共绿地等。公共绿地指标应根据居住人口规模分别达到：组团级不少于 0.5 平方米/人；小区（含组团）不少于 1 平方米/人；居住区（含小区或组团）不少于 1.5 平方米/人。绿地率指标，新区建设应大于等于 30%；旧区改造要大于等于 25%；种植成活率大于等于 98%。

道路交叉口处种植树木时，必须留出非植树区以保证行车安全视距，即在该视野范围内不应栽植高于 1 米的植物，而且不得妨碍交叉口路灯的照明，为交通安全创造良好条件。

植物配置的原则，一是适应绿化的功能要求，适应所在地区的气候、土壤条件和自然植被分布特点，选择抗病虫害强、易养护管理的植物，体现良好的生态环境和地域特点。二是充分发挥植物的各种功能和观赏特点，合理配置，常绿与落叶、速生与慢生相结合，构成多层次的复合生态结构，达到人工配置的植物群落自然和谐。三是植物品种的选择要在统一的基调上力求丰富多样。四是要注重种植位置的选择，以免影响室内的采光通风和其他设施的管理维护。适用居住区种植的植物有乔木、灌木、藤本植物、草本植物、花卉及竹类。

四、 要给古树名木"让路"

居住区建设要注意古树名木保护。古树，指树龄在 100 年以上的树木；名木，指国内外稀有的以及具有历史价值和纪念意义等重要科研价值的树木。古树名木分为一级和二级。凡是树龄在 300 年以上，或特别珍贵稀有，具有重要历史价值和纪念意义、重要科研价值的古树名木为一级；其余为二级。

新建、改建、扩建的建设工程影响古树名木生长的，建设单位必须采取避让和保护措施。国家严禁砍伐、移植古树名木，或转让买卖古树名木。在绿化设计中要尽量发挥古树名木的文化历史价值的作用，丰富环境的文化内涵。

古树名木保护范围的划定必须符合下列要求：一是林带外树冠垂直投影及其外侧 5 米宽或树干基部外缘水平距离为树胸径 20 倍以内（两者取其大）。二是保护范围内不得损坏表土层和改变地表高程，除保护及加固设施外，不得设置建筑物、构筑物及架（埋）设各种过境管线，不得栽植缠绕古树名木的藤本植物。三是保护维护附近，不得设置造成古树名木的有害水、气的设施。四是采取有效的工程技术措施和创造良好的生态环境，维护其正常生长。

五、 设立专门儿童游乐设施

儿童游乐场应该在景观绿地中划出固定的区域,一般均为敞开式。游乐场地必须阳光充足,空气清新,能避开强风的袭扰。应与居住区的主要交通道路相隔一定距离,减少汽车噪声的影响并保障儿童的安全。游乐场的选址还应充分考虑儿童活动产生的嘈杂声对附近居民的影响,离开居民窗户10米远为宜。儿童游乐场周围不宜种植遮挡视线的树木,以保持较好的可通视性,便于成人对儿童进行目光监护。儿童游乐场设施的选择应能吸引和调动儿童参与游戏的热情,兼顾实用性与美观,色彩可鲜艳但应与周围环境相协调。游戏器械的选择和设计应尺寸适宜,避免儿童被器械划伤或从高处跌落,可设置保护栏、柔软地垫、警示牌等。

在涉水池设计方面,提出涉水池可分水面下涉水和水面上涉水两种。水面下涉水主要用于儿童嬉水,其深度不得超过0.3米,池底必须进行防滑处理,不能种植苔藻类植物。水面上涉水主要用于跨越水面,应设置安全可靠的踏步平台和踏步石,面积不小于0.4米×0.4米,并满足连续跨越的要求。上述两种涉水方式均应设水质过滤装置,保持水的清洁,以防儿童误饮池水。

居住区游泳池设计必须符合游泳池设计的相关规定。游泳池根据功能需要尽可能分为儿童游泳池和成人游泳池,儿童游泳池深度为0.6至0.9米为宜,成人游泳池为1.2至2米。儿童池与成人池可统一考虑设计,一般将儿童池放在较高位置,水经阶梯式或斜坡式跌水流入成人泳池,既保证了安全又可丰富泳池的造型。

六、 应设置隔音墙防噪

《导则》提出,要注重居住区环境的综合营造,并对居住区的整体环境提出了具体的要求:

光环境方面,居住区休闲空间应争取良好的采光环境,有利于居民的户外活动;在气候炎热地区,需考虑足够的荫庇构筑物,以方便居民进行交往活动。选择硬质、软质材料时需考虑对光的不同反射程度,并用以调节室外居住空间受光面与背光面的不同光线要求;居住区小品设施设计时宜避免采用大面积的金属、玻璃等高反射性材料,减少居住区光污染;户外活动场地布置时,其朝向需考虑减少眩光。

通风环境方面,居住区住宅建筑的排列应有利于自然通风,不宜形成过于封闭的围合空间,做到疏密有致、通透开敞。为调节居住区内部通风排浊效果,应尽可能扩大绿化种植面积,适当增加水面面积,有利于调节通风量的强弱。户外活动场的设置应根据当地不同季节的主导风向,并有意识地通过建筑、植物、景观设计来疏导自然气流。

声环境方面,城市居住区的白天噪声允许值宜小于等于45分贝,夜间噪声允许值宜小于等于40分贝。靠近噪声污染源的居住区应通过设置隔音墙、人工筑坡、植物种植、水景造型、建筑屏障等进行防噪。

建筑外立面处理中,形体上居住区建筑的立面设计提倡简洁的线条和现代风格,并反映出个性特点。材质上鼓励建筑设计中选用美观经济的新材料,通过材质变化及对比来丰富外立面。外墙材料选择时需注重防水处理。色彩上居住建筑宜以淡雅、明快为主。住宅建筑外立面设计应考虑室外设施的位置，保持居住区景观的整体效果。

第五节　居住区景观规划设计范例

实例1：　佛山保利天玺花园

制订保利天玺花园小区景观设计方案时，将怀古的浪漫情怀与现代人对生活的需求相结合，兼容华贵典雅与时尚现代，反映出个性化的美学观点和文化品位。整体以现代欧式为景观设计主题，打造集商业、居住于一体的现代简洁型的"四维"空中花园式新型人居典范（图10-1）。

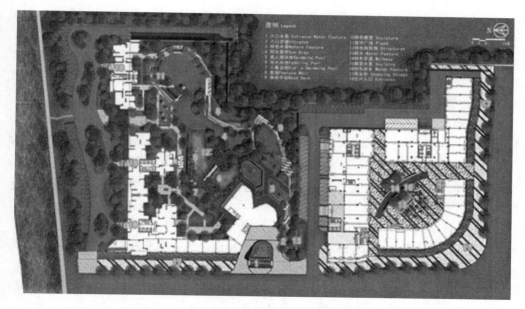

图10-1　保利天玺花园小区景观设计总平面图

一、　风格元素

风格总体以"现代、时尚、自然、艺术"为主题。

二、　规划设计原则

（1）坚持"自然与艺术融合"的原则，以自然风景园的设计手法，将水、植物等自然空间及景象与具有强烈艺术品位的园建、小品等结合，创造自然与艺术相得益彰的小区环境。

（2）坚持"生态优先"的原则，结合地形变化，以水和丰富的植被为主，营造怡人的自然生态居住区空间和景观。

（3）以水景作为景观重点，结合艺术小品，创造多种亲水空间，营造和谐的小区滨水人居环境。

（4）以植物造景为主，充分利用乡土植物及相同气候带的植物资源，营造形态多样、具有丰富季相变化的植物景观和空间（附图 10 - 1）。

三、 设计构思及景观布局

以现代休闲的 shopping mall 形式结合园林式的景观空间而成的集商业、居住于一体的现代简洁型的"四维"空中花园式新型人居典范。总体规划的原则是以现代风格为景观主题，力求创造一个有地域感、有独特的可识别性的高尚住宅区。整个小区有很好的外部环境，充分利用周边得天独厚的自然环境，使高层视野开阔，一线江景尽收眼底。

1. 商业区

商业街是人流活动的焦点，以水景为主，结合景墙跌水、阳光茶座，成为整个商业空间的最亮点。采用简约的手法营造舒适美观的购物环境，满足住户的购物和休息的需要，局部设置现代风情的雕塑、花钵，提升整个空间的品位，配合时尚的、导向性极强的直线铺装和错落的绿化种植，营造浓郁的商业氛围（附图 10 - 2、附图 10 - 3）。

2. 游泳池区

游泳池在平面布局上结合建筑的形式，设置深水区和浅水区，在立面视觉效果上形成跌水，水景、平台和建筑很好地融为一体，直线和曲线的大胆穿插运用，极大地张扬了极简主义干脆利落的构成之美，园建总体风格与建筑相呼应，加以颜色对比体现现代简洁的风格。在材料运用上，不做复杂的拼花图案，利用材料本身质感、纹理、色泽的对比和多样的铺贴形式，简约而富有变化（附图 10 - 4）。

3. 疏林草地区

台地花园、水景、园路、大面积草地的巧妙结合，使空间更为丰富、细腻。清爽简洁的地面铺装给人明快现代的感觉，阳光茶座的设置使人有更强的参与性，道路蜿蜒于疏林草地之中，配以开与合、疏与密、掩与露等造景手法，做到植物配植点线面结合，大中小搭配、集中分散有序、主次分明，使植物与建筑统一融合在一起，形成一个完整的环境系统，使绿意在空间里荡漾，宛如四季流动的风景（附图 10 - 5）。

实例 2： 东莞天安智谷高层居住区

进行东莞天安智谷高层居住区景观设计时，设计师为其标明了三个设计特色：其一，卧虎藏龙、行云流水的"溪谷"声韵；其二，步移景异，小空间焕发大景观；其三，以人为本，用景观手法来触发人的本能反应，充分利用流动的水、植物、建筑来形成居住者的灵感之源（图 10 - 2）。

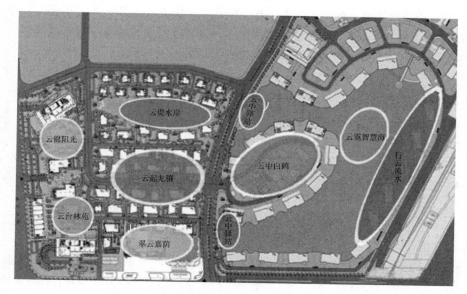

图 10 – 2　天安智谷高层居住区景观设计总平面图

　　方正的建筑围合空间匹配对称的构成元素，使空间大方雅致，双树成林，一亭而立其中，比比皆成景（附图 10 – 6）。

　　几何视觉效果的"亭"在简约大气的景观中更显点睛之笔，不对称的屏遮设计，给规整的空间小小的"放肆"，在雅致的同时掩藏着淡淡的个性，这是景观的微妙所在，甚至在反复使用后才可以察觉，给人想象和发挥的空间，而不是流于表面或者强行灌输的（附图 10 – 7）。

　　设计中尽可能地扩大休息区间，在多个树荫下设置长椅平台，用于休息、停歇、放置等，功能性极强，同时兼具美观。想象夏日午后，离开严肃的办公室走在树荫斑驳之间，光与影像活泼的孩童，疏解你烦热的心情，让你渐渐心旷神怡。取一杯凉茶，随心坐于树荫之下，饮一口清凉，闭眼，任光斑在脸上游走，静静享受这一片刻的舒适（附图 10 – 8 至附图 10 – 10）。

　　后场空间作为还原未来生活场景的场所，茶亭、碎石、绿坛以及自然景观，围绕自然主题，实现交通与景观协调统一（附图 10 – 11、附图 10 – 12）。

　　叠水汩汩，一角叠水喷涌，如同缓缓接近一片山水瀑布。划分水道的种植池贴水而砌，浅草与水气共生长。寻路而上，恍若追寻自然的足迹（附图 10 – 13）。

　　水可能是最具有吸引力的一种景观设计元素，它能映射周围景物，形成韵致无穷的倒影，对一切的反映能力如同一个魔术师启发观赏者的创造力和想象力（附图 10 – 14、附图 10 – 15）。

　　借鉴英国牧场风光的"生产厂房—基础种植（基线）—草坪—乔木—人行道—乔木—车行道"这一模式，同时也是美国自然式公园前身的模式化景观，外界的行人可以通过乔木阴影中驻足，通过窗户看到优美的风景画，也是英国地理学家阿普尔顿所说的"了望—庇护"式景观。这种模式让人在游走之时，三步顺溪而上，四步便能遇亭台以歇，可达行云流水之效（附图 10 – 16）。

　　设计中加入多种雕塑，增强景观趣味性，同时与人形成互动。把最终点落于"人"上，秉持"以人为本"的理念（附图 10 – 17）。

本章复习思考题

　　一、简述居住区的概念及其不同规模居住区所包含的基本内容。

　　二、居住区景观基本构成是什么？

　　三、简述居住区景观形成与发展的过程。

　　四、居住区景观规划设计包括哪些基本原则？

　　五、试论居住区景观规划设计的方法。

　　六、在居住区景观规划设计时，如何使设计师、开发商、业主三结合？如何使规划师、建筑师、景观师三结合？

　　七、简述居住区景观环境规划的要点。

　　八、对你周边的或自己家的居住区景观进行实地调查，分析其规划设计的优缺点。

 本章图片链接

第十一章

厂矿、校园及庭园景观规划设计

厂矿、校园和庭园（包括各类行政、事业单位、宾馆、私人住宅的院落绿地）在城市空间中占据了相当大的比例，又是主要的生产、生活和学习场地，人口集中，对环境影响大或对环境要求高。这些场地的绿化对整个城市的环境贡献仅次于公共绿地，其绿地率、绿地布局和结构直接影响到城市的绿化水平和特色。

第一节　厂矿景观规划设计

厂矿企业是生产、加工、销售各类产品的基地，是城市生态系统中主要的人工要素，是产生各类污染物的主要源地。因此，既是影响城市环境的主要单元，又是城市绿化的重点区域。

一、厂矿景观规划设计的基本原则

（1）在满足生产的前提下，确保厂矿及周边环境的健康。

（2）根据绿地建设指标和主要污染物排放量确定足够的绿地面积和比例。

（3）以厂房为单元，点、线、面结合，灵活布局绿地。

（4）根据主要排放物类型配置乔灌木植物类型，将污染物降到最低水平。

二、厂矿景观规划设计的主要方法

1. 科学选址，整体规划，合理布局

厂矿类型复杂，生产的产品多样，部分产品会对城市环境造成危害，甚至会威胁到城市居民的健康，所以厂矿选址要经过科学论证，充分考虑生产、加工、运输过程产生的废水、废气、废渣等污染物，特别是放射性污染物，还要考虑流域、风向、地形等自然要素及其建厂后对自然生态系统的影响。通过科学论证和环境评价后确定厂矿的位置。位置一经确定就要科学规划，确定绿地比例、绿地类型、绿地结构，合理布局厂房、库房、生活区、文化娱乐区等位置，规划建设内外结合、点线面结合、乔灌草结合、防护与美化结合、人工与自然结合的绿地系统。

2. 不同功能区采取相应的景观设计方法

厂矿区既有厂房、库房，又有管理区、生活区、文化娱乐区，还有道路、运动场、苗圃等其他功能区，不同的功能区景观规划设计要求不同。

（1）厂前区。

厂前区包括厂矿出入口、厂矿前广场、建筑群等，既是主要的人群集散区，又是厂矿主要的标志区和厂矿内外交流的核心区。除了大门口内外建筑、绿地景观塑造外，门口与厂前区建筑群之间的空间往往是广场、花坛、喷泉、雕塑等重点景观的建设区。绿地应该是这个区域占主导位置的景观类型，以绿地为背景，结合厂矿类型特征和文化特征设计景观小品及其附属设施。除了门口，在厂矿外围营造防护林带，利用植被将厂矿与周边环境适当隔离。

（2）生产区。

生产区包括所有生产环节所需的功能区，是主要的污染源区，厂房建设时要留足绿地空间，保证厂房周边一定面积的防御区域。根据污染物类型选择最佳的树种，通过一定面积的林地吸收化学污染物、粉尘，隔离噪声。林带、片林、绿篱是该区域主要的绿地类型，最好多用攀缘植物实现立体绿化。当然，绿地设置要考虑厂房对光照、通风、运输、维修等方面的要求，还要考虑与各种管线的关系。

（3）库存区。

库存区包括库房、材料堆放场及其周边区域。库存区周边要留有一定的空地，保证消防通道的宽度和高度，宜选择抗病虫、干性强、挺拔的阔叶树种，不宜栽植低矮的、针叶型的、油脂含量高的树种。

（4）生活区。

生活区包括职工家属区、宿舍、食堂、学校、幼儿园、机关等。绿地景观设计首先要考虑消除污染物，净化空气；其次，满足职工的休憩娱乐需求，规划设计小游园、水景、片林、广场等景观，绿化与美化结合。

（5）道路。

道路包括各种车道、人行道、铁路等。首先，要保证交通安全畅通；其次，行道树的选择和生产区一样考虑对污染物的吸收，宜选择生长健壮、抗病虫、树冠整齐、耐修剪、落叶集中的树种，在路口安排一定的斑块绿地，并加入美化元素。

第二节　校园及庭园景观规划设计

校园包括大、中、小学校和幼儿园、托儿所。庭园包括各种政府和事业单位、私人院落等空间。这些都是人口最密集的区域，也是环境要求最高的区域。

一、 校园景观规划设计理念

在校园规划中，校园景观特色不仅要体现出不同学校的文化及地域特色，还要体现出与学校文化、地域特色相匹配的环境特色。特别是充分体现出生态环境在校园规划设计中的重要性，应结合自然和充分利用自然条件，构建和保护校园的生态系统，实现可持续发展。大学校园景观设计的安全性包括两方面的内容：物理环境安全和心理安全。

校园景观设计规划更注重内外部空间的交融，强调空间的交往性。校园不仅是传授知识技能的教育场所，也是陶冶性情全面发展的生活环境。校园通过环境的景观化处理使校园在满足感官愉悦的同时，可为校内师生提供娱乐、交流、休闲的场所，起到舒缓压力、疏松心理的作用，典雅、庄重、朴素、自然应该是其本质特征，因此校园的景观设计不同于其他场所的景观设计。归纳出以下四点设计理念：

1. 功能分区

功能分区且使各功能区域之间相互交融、渗透，就必须运用"以人为本"的理念。

2. 校园特色

在规划中传承大学文化、地域特色，创造反映各自学校人文精神和地域特色的校园环境。

3. 生态环境

校园规划设计中应结合自然和充分利用自然条件，构建和保护校园的生态系统。

4. 可持续发展

校园规划应充分考虑到未来的发展，使规划结构多样、协调、富有弹性，适应未来变化，满足可持续发展。在校园整体设计中还应注意以下内容：

建筑单体之间应相互协调、相互对话和有机关联，以形成道路立面和外部空间的整体连续性；从校园整体风格出发，建筑物或景观应该具有有机秩序并成为系统整体中的一个单元；外部空间和建筑空间的设计是密不可分的，是校园建设发展中的一项重要工作。

二、 校园景观规划设计原则

校园景观设计要考虑宏观、中观、微观三个层次。宏观层次——以整体空间环境营造为对象，设计师要以整体用地空间环境营造为设计对象和最终目标。中观层次——优化群体建筑外部空间，在校园整体设计中，应使群体建筑外部空间与其周边达到整体性的效果。微观层次——重构"灰空间"和构筑空间，"灰空间"一方面指色彩，另一方面指介于室内外的过渡空间，它的存在在一定程度上抹去了建筑内外部的界线，使两者成为一个有机整体。

1. 功能原则

学校主要包括校前区、教学区、生活区、课外活动区等功能区，设计时应根据各功能区的不同特点进行布置，既要满足教学、工作、学习、生活的物质功能，更要满足增进师生交流、激发灵感、创造智慧、提高修养、陶冶情操的精神功能。如学校前区是学校对外形象宣传的重要展示区，故设计采用简洁、大方、明快的手法；而生活区则采用休闲、亲切的设计手法，创造宜人的空间，设置较多的园桌、园凳，为师生的休息、交流提供方便。

2. 以人为本的原则

学校的主体是教师和学生，这就要求充分把握其时间性、群体性的行为规律，如大礼堂、食堂等人流较多的地方，绿地应多设捷径，园路也应适当宽些，空间的组织与划分应依据不同层次需要组织不同活动空间各种设施设置，材料的选择、景观的创造要充分考虑师生的心理需求。

3. 突出校园文化特色原则

充分挖掘校园环境特色和文化内涵，运用雕塑、廊柱、浮雕、标牌等环境小品，结合富有特色的植物来强化校园的文化气息。

4. 体现可持续发展的原则

以生态理论作指导，坚持以植物造景为主，尽可能进行乔、灌、草多层次复式绿化，增加单位面积上的绿量，将有利于人与自然的和谐，使其可持续发展。

5. 景观生态规划原则

景观生态规划是指应用景观生态学原理，以区域景观生态系统整体优化为目标，在景观生态分析、综合和评价的基础上，建立区域景观生态系统优化利用的空间结构和模式。高校校园的规划应当以景观生态优先并从整体考虑出发，合理布局景观空间格局的各个单元，以期望达到高校景观生态系统整体优化的目标。

6. 最高效率原则

最高效率原则就是指校园规划应考虑到学生在校园内完成同等数量的任务和活动所运动的最短水平距离。可见，最高效率原则在规划中所要解决的问题就是如何通过合理布局使学生在运动最短的距离内到达一个或多个既定的目的地。考虑到学生在校园中的作息规律和生活习惯，可以得出在上课期间，学生每天在各类型板块之间移动的一般次序。以此为依据，有序地布局各个板块，以达到最大限度地方便学生的目的。

7. 多样化原则

开放空间多样化包括功能、形式及配置的多样化。功能多样化，如隔离、交通、交往、运动等不同用途；形式上多样化，如形状、尺度、色彩、材质、构图等多种变化；配置多样化，如草坪、树林、山、水、建筑等不同设置。校园开放空间需要交通、集会、运动等多种功能，多样化有利于实现校园的基本功能、满足师生不同的心理需求、强化教学环境氛围。生机勃勃、丰富多变的校园景观可以激发学生的学习兴趣，强化教育氛围。

8. 整体性原则

从整体上确立校园景观的特色是设计的基础。这种特色来自对大学校园所处的气候、环境、地理、自然条件、历史、文化、艺术的尊重与发掘。所谓特色，就是指大学校园总体景观的内在和外在特征，它不是靠人随意断想与臆造的，而是对校园生活功能、规律的综合分析，对人文、历史与自然条件的系统研究，对现代生产技术的科学把握，进而提炼、升华创造出来的一种与校园活动紧密交融的景观特征。

9. 安全原则

安全是人性化设计中的第一要素。校园景观设计，安全性包括两方面的内容：物理环境安全和心理安全。

物理环境安全主要体现在校园环境建设要把好质量关，工程质量经得起时间考验，优化建筑结构，提升防震、防火及其他防灾功能，确保师生人身安全。比如，道路不能过窄，弯度不能过急，坡度不能太陡，增设人行道；不能种植有毒花木，起阻隔空间作用的植物可以选择不易接近的植物，供观赏的则应选择对人体不会造成伤害的植物；危险之处应设置扶栏等。

心理安全相对比较复杂，主要是避免教室、图书馆、校园中的步行道、宿舍区、校园操场以及其他会令师生感到不安的情况。如昏暗的灯光、狭窄的甬道、刺鼻的气味、巨大的没有声音的空间等。不同形态的空间也会引起师生情绪及心理上的不同体验，人人都希望安全、舒适、隐蔽的环境空间。人在进行各种活动时，总希望活动不被外界干扰或妨碍，不要超越个人"气泡"范围和领域。另外，不同的活动，接触的对象不同，"气泡"也不一样。因此，室外环境空间的大小尺度、桌椅距离等都应按师生对环境的尺度需求及认知状态进行布置。避免使用不稳定的形体，危险的、没有围护的巨大空间等。

三、 庭园景观规划设计的基本原理

1．整体统一

庭园应与周边环境协调一致，能利用的部分尽量借景，不协调的部分设法视觉遮蔽；庭园应与建筑浑然一体，与室内装饰风格互为延伸；园内各组成部分有机相连，过渡自然。

2．视觉平衡

庭园的各构成要素的位置、形状、比例和质感在视觉上要适宜，以取得"平衡"，类同于绘画和摄影的构图要求，只是庭园是三维立体的，而且是多视角观赏。在庭园设计上还要充分利用人的视觉假象，如在近处的树比远处的体量稍大一些，会使庭院看起来比实际的大。苏州的狮子林为了达到水波浩渺的扩大感，而把水域周边景观按比例缩小，也是同理。

3． 动感效果

多观赏点的庭园引导视线往返穿梭，从而形成动感，除坐观式的日式微型园林外，几乎所有庭园都应在这一点上做文章。动感决定于庭园的形状和垂直要素（如绿篱、墙壁和植被）。比如，正方形和圆形区域是静态的，给人宁静感，适合作为座椅区，两边有高隔的狭长区域让人急步趋前，有神秘性和强烈的动感。不同区间的平衡组合，能调节出各种节奏的动感，使庭园独具魅力。

4． 色彩调控

色彩的冷暖感会影响空间的大小、远近、轻重等。随着距离变远，物体固有的色彩会深者变浅淡，亮者变灰暗，色相会由暖变冷。应用这一原理，可知暖而亮的色彩有拉近距离的作用，冷而暗的色彩有扩大距离的作用。庭园设计中把暖而亮的元素设计在近处，冷而暗的元素布置在远处会有增加景深的效果，使小庭园显得更为深远。

四、 校园及庭园景观规划设计要点

1． 庭园空间设计要点（场地地形）

（1）不同地形的处理方式。

在常见的庭园空间中，一般地形相对平整，在空间充足的情况下一般会以微地形抬高等设计方式增加空间层次感。下沉式庭园空间设计有利于丰富庭园观景层次，创造理想的景观庭园空间（附图 11－1）。抬高空间与下沉空间相似，只是空间层面相反，主要因建筑设计地库，建筑首层等因素。做抬高层面空间时，整体抬高高度应以设计空间协调为准（附图 11－2）。

庭园空间设计首先应注意交通组织的流畅舒适、抬高或下沉空间跟抬高面积的比例关系。其次就是注重设计细节。空间细节主要表现在整体铺装的深化样式拼接，绿化设计着重于灌木线与草坪铺装等相互之间的衔接关系，层次高差等高线的关系衔接等。

（2）高差与堆坡，景观墙体与构筑。

在庭园设计上，平面设计主要考虑空间组织关系，立面设计主要考虑层次，尽可能采用植物、灯光、水景、地形等元素丰富空间层次（附图11-3、附图11-4）。

2. 庭园交通组织

（1）入口设计要点。

在庭园设计中，入口设计相对于其他大门来说较为小巧，同样，可以通过灰黑颜色对比，产生强烈的现代质感，通过植物的围合在冷色调的基础上多了一丝清新素雅；通过对称阵列式的布局手法营造尊贵气派的别墅入户；运用白色墙体加上原木颜色，营造自然清新的私家花园等（附图11-5至附图11-7）。

（2）庭园道路设计手法。

道路设计首先应考虑交通功能，包括结实耐用、方便快捷；其次可以通过不同材质及搭配、曲直配合等营造丰富的景观（附图11-8、附图11-9）。

3. 庭园绿化设计

庭园绿化设计首先要考虑乔木的应用，因庭园空间较小，乔木在庭园中应用相对较少，通常起到点缀主景或隔离视觉的作用，多位于庭园的对景角落，但不宜离建筑太近（图11-1、附图11-10）；庭园绿化用得最多的是灌木与花卉，植物品种多以常绿观花植物为主，注意乔木、灌木、花卉、草坪带结合，丰富空间景观层次（附图11-11、附图11-12）。

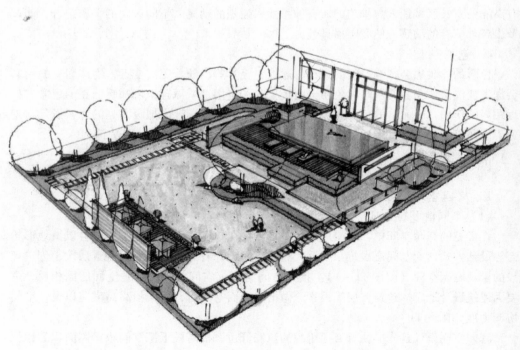

图11-1　乔木点缀形成庭园主要景观图

4. 庭园的围墙设计

围墙不仅能反映住宅的风貌和姿容，也能影响到建筑的整体美感、安全和舒适。建造围墙的时候，要兼顾美观、实用，在设置上要求新颖、有创意。一般呈方形的住宅，围墙最好呈曲线或圆状，不可前窄后宽或前宽而后窄（呈三角形）。围墙不能过低，但是也不可太高。过于低矮的围墙让人没有安全感，起不到一定的防护作用，还容易使人手脚受伤；住宅四周的围墙过高，则有压抑感。从美学的角度来看，过高的围墙，挡住了窗户、屋檐和屋顶，也极大地影响了采光、通风效果。一般来说，围墙不要高于1.5米才不会影响到采光与通风。围墙不可太贴近住宅，否则易给人压迫感，也会缩短与近邻的距离，使自己的住宅无法保持隐秘性。另外，如果住宅与四周围墙的距离太近，也会形成采光不佳、通风不良等问题。

围墙设计可以充分利用多种材料和形式来增加空间感（附图11-13），还可以利用高差、水体、绿篱、树丛等将围墙设计为景墙，把空间的分隔与景色的渗透相联系（附图11-14至附图11-16）。

庭园内水池设计应当慎重，湿度增加、招惹蚊虫等后果都需要考虑，如果需要，则要做好水循环、自洁及排污系统设计。

在庭园中适当摆放一些石头、雕塑、石刻、木刻、盆景、喷泉、假山等可以增加庭园的趣味和风雅，可以结合绿化、水体造型等景观，创造体现文化内涵的庭园景观。

合格的庭园空间环境设计，应更多地贴近自然，以水、树及其他形体装饰构成自然和谐的景观。在功能的设计上，更多的是要满足适于以家庭为单位的观赏、休闲、运动等生活，包括家庭的聚会；下班之后的散步、休息；老人与小孩的休息；家庭与家庭之间的交流等。确保庭园的和谐、秩序、韵律及归属感和亲切感。

第三节　厂矿、校园及庭园景观设计范例

一、厂矿景观设计范例

以南京城北污水厂环境设计为例。

南京城北污水厂位于南京主城城北金川河西侧，紧邻南京长江大桥及狮子山风景区，总面积131 400平方米，绿化用地62 600平方米。

厂区景观设计由主入口、中心绿地及周边防护性绿地三部分组成，设计力图通过良好的防护绿化与景观绿化结合形成具有特色的景观效果（图11-2）。

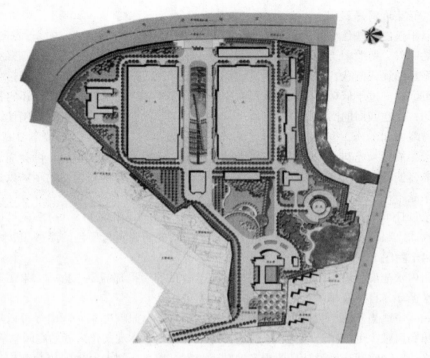

图 11 -2　南京城北污水厂景观平面图

设计特点：

（1）现代化、生态型的厂区景观。

（2）具有科普教育意义。

（3）良好的生态防护效果（图 11 -3）。

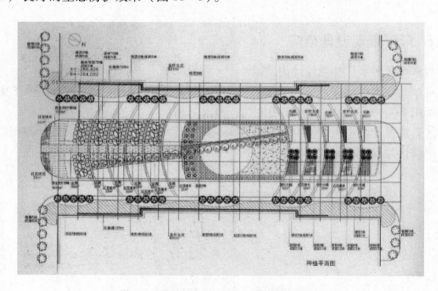

图 11 -3　南京城北污水厂种植平面图

（4）具有独特景观特征和城市景观相融的效果（图11-4）。

图11-4　南京城北污水厂景观效果图

二、校园景观设计范例

（一）福建闽江学院景观规划设计

闽江学院是一所新建的本科院校，规划用地面积113.3公顷，总建筑面积46.8公顷。基地位于福州上街大学城，西临旗山风景区，东临京福高速公路（图11-5）。

图11-5　闽江学院总平面图

规划首先建立在对基地充分认识与理解的前提下，构筑人工与自然和谐的山水生态型校园景观，保留并整理基地内原有池塘河道，形成自东北而流向东南的校园主要景观水系，象征源远流长的闽江水。同时利用校园主入口处河道密布、水系丰富的特征，通过整理水系，形成独具特色的校园入口景观空间。校园西侧则沿旗山脚下结合丰富的水溪，挖出护校河，同时起拦截山洪的作用，也使校园与旗山融为一体，并与校园主河道相连，构筑丰富而生动的校园水系。

在总体空间结构中，以"内外环＋主轴"的结构构筑校园的路网与景观骨架。环内为以"曲水绿岛"为中心的公共教学、试验、图书信息中心区，形成开放型的全步行校园公共空间。环外为绿楔组团式的各功能区：体育活动区，学生生活区，行政、后勤办公区等。规划将其相同功能和相近属性的建筑形成组团分布于环内外，组团绿楔式布局结构加强了校园与周围大自然山水的融合（图11-6）。

图11-6　学校鸟瞰图

中轴景观带是古老文化传统的象征，是闽江学院未来的体现。轴线起始于入口广场，经人文轴至校园主体空间——巨型绿色开放空间，以公园、水体强化了中心绿色广场的地位，也表达了闽江学院面向世界与未来的宏大气魄。中轴延入校园主体建筑群图书信息中心，以底层院落式空间体现浓厚的校园文化，象征大学文化的悠久历史。中轴的严谨、气势与嵌入中轴及圆环的各绿廊、绿楔的自由、浪漫的空间构筑了严谨与自由共存、理性与情感交织、秩序与诗意相融的人文精神空间景观。而精心构筑的各组团建筑群的小广场、庭院、街及道路空间，更渗透出浓浓的地方文化特色（图11-7至图11-10，附图17）。

图 11 - 7　规划结构图

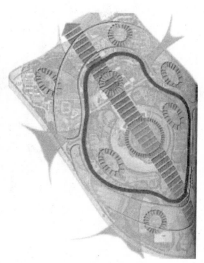

图 11 - 8　景观分析图

图 11 - 9　绿化分析图

图 11 - 10　功能分析图

（二）韩国首尔梨花女子大学校园规划设计

　　韩国首尔梨花女子大学是 1886 年设立的韩国私立大学，校区位于首尔。其主楼是一个下沉地面 6 层，建筑面积约为 6.6 万平方米，集地下停车场、教室、咖啡馆和展览空间为一体的大型建筑综合体（图 11 - 11）。建筑的概念是"校园峡谷"，位于建筑中心的体育场地如同峡谷，与体育带相结合，既是通向梨花女子大学的新路，也是进行日常体育活动以及举行每年节日庆典的区域。

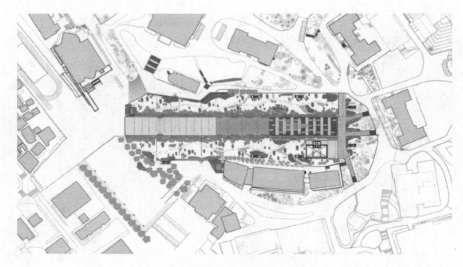

图 11 –11　梨花女子大学平面图

　　这个位于首尔校园中央的景观设计使自然、体育活动、节日庆典和教育建筑形成一体。长长的柏油铺地的尽头是一个塑胶运动场，两边则是修建规整的灌木丛和梨树。沿着红色的塑胶跑道、黑色的柏油和绿色的自然一路前行，最终到达"峡谷"地带——构成学校的"香榭丽舍大街"（图 11 – 12）。继续向北前进，可以穿越不同高度的场地。在缓缓下沉的"峡谷"另一端，则是可以用作露天剧场的大台阶。这个地方常被用作一个集会广场、户外讲座场所、户外餐饮休息地、展览空间，同时也是一间天然的阶梯教室（附图 11 – 18）。

图 11 –12　梨花女子大学鸟瞰图

整个校园构成田园一般的景观，表面覆盖树木（附图 11 – 19）、鲜花或是草地（附图11 –20）。校园似一座诗意的花园，创造了独特的聚集空间，可以上课，也可以休息、运动。

此外，整个建筑和景观也考虑了许多的节能策略，如屋顶绿化、暴雨管理净化、最大限度地利用自然能源和再生能源等，形成可持续发展的校园。

（三）西安立德思小学

西安立德思小学是西安万科及立德思教育投资有限公司开发的一所高端私立小学，位于西安市西北角的秦汉新城，学校旨在以 STEAM 课程（科学、技术、工程、艺术、数学）为特色，将中华传统文化与西方多元教学理念相融合，为少年儿童提供优质的教育服务。根据总体规划，学校景观主要由庭园、露台、下沉广场及操场组成（图 11 –13）。主要景观主题及功能区包括入口礼仪广场、家长等候广场、下沉剧场、垂直游乐园、植物认知花园、好奇心乐园及蒙德里安空中走廊等。

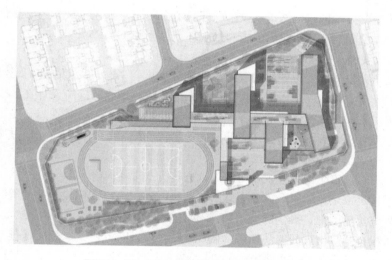

图 11 –13　西安立德思小学景观总平面图

1. 充分体现课程教学特色

西安立德思小学课程采用了 STEAM 系统，其景观设计中也充分体现了这一特色。比如，通过一个玩乐互动装置来揭示空气输送原理，该设备上层由蹦床和活塞气泵组成，下部连接管道至装有塑料球体的垂直玻璃管内，当孩子们在蹦床上弹跳时，下面的抽气筒产生空气并将其推入管道中，垂直玻璃管中的球受到空气推动开始上下跳跃。这个有趣的科学体验装置，让学生在现实世界中亲身体验他们从书本上或从教师口中所学习到的知识，另外一个安装了滑轨的棋子既可以提供让孩子们来回推动的娱乐方式，也可以作为座椅组成临时的小型聚集场地。整个场地鼓励孩子与景观产生对话互动，从而激活场地的热度和生命力，为孩子们提供一处科普平台（附图 11 –21）。

2. 寓教于乐

将光照最充足的校园西侧两个下沉庭院分别作为户外课堂、课间活动广场与趣味性极强的垂直游乐场。

北下沉庭院的定位是下沉剧场，剧场将楼梯、木制座椅和植物灵活组合在一起，使室外课程、上下跳跃、追逐、独立阅读、协作作业、聚会等多种活动可复合地发生在同一空间内（附图 11 – 22）。剧场前的广场成了最受孩子们欢迎的空间，午餐后孩子们在这里奔跑、相互追逐，在波浪种植池周边捉迷藏（附图 11 – 23）。

南下沉广场高差为6.8米，进深仅为20米，不能像北下沉广场那样设置单向的大台阶，设计师将台阶转折设置，尽量在最短进深范围内满足舒适行走的功能需求。台阶休憩平台处，趣味的标识结合扶手栏杆，增加场地的活力。考虑到小学生爱玩的天性，利用现有高差设置一个跟自然种植结合的滑梯，孩子们可以通过滑梯穿越自然草丛由一层滑到下沉广场；同时，台阶另一侧设置了攀爬墙，提供了另一种由地下爬到地面层的方式。这样，大高差、短进深的下沉广场，通过台阶、滑梯、攀爬墙三组方式，成功将场地不利条件有效利用，成为孩子们最喜欢的户外游乐场地（附图 11 – 24）。

3. 融入自然

校园景观充分考虑将自然带入校园，打造了一个充满绿色植被、为学生们带来更多自然近距离体验和自然质感接触的校园景观环境（附图 11 – 25）。

4. 强调安全

校园安全是设计首要考虑的问题，特别是对于6～12岁的儿童，他们还没有足够的环境意识和安全意识来判断周围是否存在潜在的危险。因此，安全设计在各个环节都必须充分考虑，在设计之初就要消除各种潜在的安全隐患。比如，各种材料是否有锋利的边缘，是否是有毒、有刺植物，在高低变化处是否有醒目提示，等等。通过座椅圆角设计（附图 11 – 26）、植物选择、充足的光照（附图 11 – 27），警示条、标示牌、护栏等被放置在所有存在安全隐患且视线可及的地方等方式规避风险。

学生的接送也是校园安全需要考虑的，在校园外主入口两侧设置家长等候区，结合风雨廊架与庭荫树国槐，提供舒适的接送环境。根据学生数量，预留分班放学解散区，避免放学时段校门口出现的混乱拥挤（附图 11 – 28），既方便了家长接送孩子以及有助于学校高效组织学生放学，也为家长们创造了一个交流空间。

三、 庭园景观规划设计赏析

（一） 北京香山饭店

1. 概况

北京香山饭店位于香山公园静翠湖西侧，由美国著名建筑师贝聿铭及其事务所于1979年设计。总建筑面积36 572平方米，共有客房325套。这座新颖而现代化的建筑体现了中国民族建筑艺术的精华。香山饭店的景观设计顾问陈从周高度评价了香山饭店的设计，认为香山饭店是中国现代建筑的一种希望，是建筑与地景融合的一个典范（图11 – 14）。

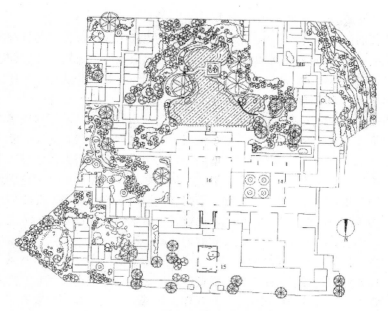

图 11-14　香山饭店主庭院平面图

2．设计理念

北京香山饭店将中国园林建筑与现代建筑高度结合，将中国传统民居中的语汇（诸如漏窗、影壁、花园、白墙、灰瓦）与现代建筑高度融合，充分体现了《园冶》中"因地制宜"的布局思想；各功能区分布合理，疏密有致，客房部分如伸展的枝蔓，根据具体的场地条件迂回转折，而入口到"曲水流觞"的主轴线，则端正地再现了传统宅邸中的空间层次（图 11-15）。

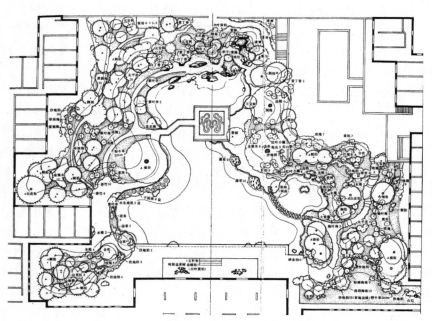

图 11-15　北京香山饭店主庭院环境景观平面图

3. 空间形式与平面布局

香山饭店的设计多处借鉴了江南园林的艺术特色，同时又兼备了北方院落布局中轴线的形式，结合传统北京四合院的规整布局，相对自由地安排建筑，并保护场地中的古树，规矩方正中带着轻灵纤巧。对"大屋顶间的空间——庭院"这一基本传统元素的重复运用，形成大量的室外庭园空间。

香山饭店分为四个主要的功能区：公共活动区、后勤供应区、客房区和游憩区。公共活动区以常春四合院为主体居中，与其他三个功能区取得紧密、简捷的联系。后勤供应区紧挨公共活动区并靠近交通道，联系方便。客房区采用水平方向延伸布置，曲曲折折，走道很长，但走道上多半有景可赏。游憩区三面被客房区和公共区包围，但一面敞开，借后花园之景。庭园空间中前庭绿化较少，按照广场空间设计，此非传统园林的设计手法，是为了满足现代旅馆功能而采取的设计。后花园是香山饭店的主要庭园，三面被建筑包围，朝南一面敞开，远山近水、叠石小径、高树铺草，布置得非常得体，既有江南园林的精巧，又有北方园林的开阔。还有若干小庭园沟通了香山自然景色与香山饭店的联系，用简洁的处理取得了丰富的效果。前庭和后院虽然在空间是绝然隔开的，但由于中间有常春四合院的一片水池、一座假山、几株青竹，使前庭后院有了连续性。光彩夺目的四季厅从形式、尺度上看类似于北方四合院，但其空间的抑扬、明暗的强烈对比又表明这是一座扩大的苏州园林的天井，里面的假山、水池也很好地呼应了这一点。

4. 建筑立面造型

贝聿铭放弃了古典式的大屋顶，客房各翼的顶层部分采用了中国传统园林建筑中常见的形式——硬山和单坡屋顶，形成一种韵律，体现了传统风格。三角形构架的顶棚是传统四坡顶的新阐释。深色的钢管、浅色的玻璃重复着园林厅堂室内黑椽与青面瓦的关系。最令人震撼的是它的外观形象：醒目的白墙、美丽的线脚、深色的压檐。在香山饭店大片白色墙面上，用磨砖对缝的青砖将窗户连接起来，避免单调。香山饭店中窗的设计非常精妙，墙面上重复的菱形窗是高度抽象的结果，充分发挥中国园林漏窗"泄景""引景"之作用。正如贝聿铭所说："在西方，窗户就是窗户，它要放进阳光和新鲜空气。但对中国人来说，窗户是镜框。那里总有园林。"

整个香山饭店的色彩也延续了中国传统园林建筑的风格——从室外到室内，基本上只用三种颜色，白色是主调（墙面、顶棚、屋架、桌面、茶几和灯具），灰色是仅次于白色的中间色调（勒脚、门窗套、屋顶、围墙压顶处），黄褐色用作小面积点缀（墙面花岗石勒脚、木楼梯、室内装饰格带、竹制窗帘），这三种颜色组织在一起，统一和谐，形成了整个建筑和环境的主调氛围。

5. 传统建筑符号运用

苏州庭园的长廊曲径、假山水树，尤其是建筑屋宇与周围自然景观相辅相成的格局，以及光影美学的运用都被贝聿铭作为建筑符号用于香山饭店的设计之中。贝聿铭的另一手法是大胆地重复使用两种最简单的几何图形——正方形和圆形。大门、窗、空窗、漏窗，窗两侧和漏窗的花格，墙面上的砖饰、壁灯、宫灯都是正方形；圆则用在月洞门、灯具、茶几、宴会厅前廊墙面装饰，南北立面上的漏窗也是由四个圆相交构成的。香山饭店标志性地灯，内圆外方，是中国人的宇宙观，也是中国道家传统的行为方式。这些装饰符号的重复出现、运用手法的一致，使香山饭店的整体风格与传统元素统一而协调，也使观者得到了极为完整而统一的视觉享受。

香山饭店开张七个月以后，美国授予贝聿铭普利茨克奖。这是建筑界可与诺贝尔奖相媲美的一项大奖。

—— 本章复习思考题 ——

一、简述厂矿、校园和庭园景观规划设计各自的特点。

二、对自己所在校园进行调查，分析其功能区和空间布局的合理性。

三、搜集资料了解中国庭园设计的历史。

四、调查周边厂矿的景观现状，找到其规划设计中存在的不足并提出改造建议。

 本章图片链接

第十二章 商业区与城市历史文化景观规划设计

第一节 商业区的功能、景观特征与设计要点

商业区主要指商业旅游区，商业步行街、购物广场等人流密度较高，以购物等商业活动为主要活动内容的城市空间。

一、商业区的功能及景观特征

商业区的功能活动主要有购物、餐饮、观演、娱乐、交流等，如上海的城隍庙、北京的西单、广州的上下九等。商业区主要关注人与商品的交流，购物是主要的活动目的，同时在这一区域往往和一些景点结合，如城隍庙的豫园，西单的长安街、天安门等，将购物与旅游项目结合，满足和延迟人们的逗留时间，吸引更多的游人观光购物。

商业区的景观形态特征：以商业建筑为主，兼以大量人流，景观五光十色，由人群、室外空间场所、商业建筑、娱乐设施、街头雕塑、摊贩、广告、绿化、交通等组成，人工景观为主。目前，在国内的许多大、中城市都建有商业步行街，国外除步行街外还建有大型的步行商业区，如澳大利亚墨尔本的购物中心（此市中心区域聚集的商店多达160家），美国纽约的SOHO商业区等。

商业区的环境生态组成比较简单，由于商业区往往位于市中心繁华区，高楼林立、空间拥挤，因此，绿化空间少，水体也做得比较人工化，雕塑景观常见。阳光、风、绿色成为商业区珍贵的自然资源要素。

二、商业区的景观规划设计要点

1. 空间的合理规划布局

无论是步行街、购物广场还是大型商业区，在城市规划中的选址都十分重要，应充分考虑人口密度、交通、商场、景点等要素，特别在建成区、繁华区，步行街、购物广场的建设对交通的影响要科学论证。在新城或新开发区建商业区要有充足的空间，保证绿地、停车、交通、休憩、观光等各功能区的完善。

2. 合理设计容量

交通与容量是商业区规划设计的核心问题。容量是指在有限的地块内尽量安排密度比较高的商业、娱乐、餐饮建筑，安排尽量大的户外活动空间。另外，还要尽可能多地容纳人。人、建筑、外部空间三者是密切联系的。在商业区，经济效益是决定容量的主要因素，经济效益取决于游人量，而游人量与购物环境、商品种类、娱乐项目、环境质量、景点、服务等有关。同时从空间上讲，游人、建筑物和外部空间是矛盾的，比如，为了提高环境质量，就要增加绿地面积，相应地就要减少建筑量，也就要减少店面，这会使商家效益降低，影响开发的积极性。所以，要从商家和游人两方面衡量容量。既要

提高经济效益，还要营造良好的户外景观。如果处理好二者的关系，会吸引更多的游人，增加他们停留的时间，相应地也会增加经济效益。因为商业区内很大一部分购物并不是事先想好的，而是看到了觉得不错才买下来的，与旅游购物有所类似，属选择性购物范畴，与环境、人的停留时间有很大关系，所以建筑量要多，环境更要好。

3. 满足游人多元化需求

首先是满足游人多元化的购物需求，商品种类丰富，购物快捷便利。其次，增加活动内容、餐饮、娱乐设施，满足游人观、购、食、乐多种需要。另外，在商业区增加文化方面的内容，尤其要结合当地的自然、文化等旅游资源，形成"商业旅游区"，旅游促商业，商业促旅游，相辅相成。

4. 合理解决交通问题

在商业区，人流、车流、物流密集，交通组织非常重要。特别随着私家车的快速发展，停车问题已成为商业区、步行街最头疼的问题。由于商业区的土地资源紧缺，地面价值高，解决停车问题的最佳途径是开发地下空间，将停车转入地下，步行交通搬到二楼以上，有限的地面主要用作景观、观演及商业活动。

第二节　城市历史文化景观保护规划

一、 城市历史文化景观的含义

在第二次世界大战后欧洲大规模重建的过程中，城市中大量的历史环境迅速消失，欧洲历史城市的保护意识日益增强。1976年在内罗毕联合国教育、科学及文化组织（UNESCO）大会第19届会议通过的《关于历史地区的保护及其当代作用的建议》（即《内罗毕建议》）提出了"历史地区"的概念，指包含考古和古生物遗址的任何建筑群、结构和空旷地，构成了城乡环境中的人类居住地。1987年，国际古迹遗址理事会（ICOMOS）通过了《保护历史城镇与城区宪章》（即《华盛顿宪章》），明确了"历史城区"的定义，并提出了历史城镇和城区的保护原则、目标和方法，认为历史城镇和城区一切物质和精神的组成部分都值得保存，它们构成人类的记忆，其损害会威胁到历史城镇和地区的原真性。2004年UNESCO在经过修订的《实施世界遗产公约的操作指南》中首次全面阐述了历史性城市的含义：①城市是特定历史阶段的文化产物，能够完整地被保护起来，其遗存未被后来的历史发展所影响和破坏；②城市是沿着一个典型特点不断发展并得到保护的，某些时段可能会出现自然环境方面的特殊情况，但其后的阶段依然延续着历史的一贯风格；③"历史中心"是指古代城市所覆盖的区域，同时这些区域被现代城市建筑所包围，共同构成一个既古老又年轻的大城市；④城市里的一些部分或孤立的单元，尽管是残存物，但足以证明历史城市的整体特色，能够诠释历史城市曾经的辉煌。前两类都是完整的历史城市，历史中心可能是不连续的，不具有整体城市的完整特点，但遗留下来的单元是相对完整的，并能够见证曾经的文化进程。被列入世界文化遗产名录中的历史城镇和城区已经达到100多项，如中国澳门历史城区、维也纳历史中心等。

历史性城市在英国被称作历史古城，在日本被称为古都，在中国则被称为历史文化名城。在《中华人民共和国文物保护法》中，将历史文化名城定义为"经国务院公布的保存文物特别丰富并且具有重大历史价值或革命纪念意义的城市"。这一概念在 1982 年公布之初，只是作为我国对历史文化遗产的一种宣传教育方式和政府的保护策略而提出的，其具体概念内涵和标准并不明确。1986 年公布了历史文化保护名城审定的三个原则：①保存有较为丰富完好的文物古迹和具有重大的历史、科学、艺术价值；②历史文化名城的现状格局和风貌应保留着历史特色，并具有一定代表城市传统风貌的街区；③文物古迹主要分布在城市市区或郊区，保护和合理使用这些历史文化遗产对该城市的性质、布局、建设方针有重要影响。2005 年实施的《历史文化名城保护规划规范》确定了历史文化名城、历史文化街区与文物保护单位三个层次的名城保护体系，明确了与历史文化名城相关的概念体系，包括历史城区、历史地段、历史文化街区、文物古迹、文物保护单位和地下文物埋藏区。1982 年、1986 年和 1994 年国务院先后公布了三批国家历史文化名城，共 99 座。此后经陆续增补，至 2018 年，国家级历史文化名城共计 135 座。

历史文化景观是历史性城市的基石。文化景观是地理学的一个重要概念，德国地理学家拉采尔最早系统地阐述文化景观的构成，并称之为历史景观。景观往往被视为社会历史文化的地理体现，是社会文化的积淀，往前追溯，可以发现过去的政治、经济、宗教习俗、价值观念、美学价值等，均强调历史文化景观的复原、跟踪景观的塑造过程。历史文化景观可以成为地方象征的符号系统，诠释地方社会文化和政治的历史过程，是阅读地方特征的历史"文本"。由于城市历史文化景观的价值，2005 年，在世界遗产委员会第 27 届会议上通过旨在保护历史性城市景观的《维也纳备忘录》，明确提出了历史性城市景观的定义，即历史性城市景观指自然和生态环境内任何建筑群、结构和开放空间的整体组合，其中包括考古遗址和古生物遗址。在经过一段时期之后，这些景观构成了人类城市居住环境的一部分，从考古、建筑、史前学、历史、科学、美学、社会文化或生态角度来看，景观与城市环境的结合及其价值均得到认可。历史性城市景观根植于当代和历史在这个地点上出现的各种社会表现形式和发展过程，是现代社会的雏形，对我们理解当今人类的生活方式具有重要价值。显然，历史性城市景观的含义超出了前面各宪章和保护法律中惯常使用的"历史中心""历史地段"等传统术语的范围，涵盖的区域背景和景观背景更为广泛。国内学者董鉴泓、阮仪三认为："历史文化名城要保护的就是的史上有价值的城市文化景观，历史文化名城简单地讲就是具有特殊价值的城市文化景观的城市。"郭钦认为："历史文化名城文化景观是附着于城市自然景观之上的人类活动的各种历史形态，是城市历史文化的综合体，反映了一个城市的历史特征。"毛贺则将城市历史文化景观的定义概括为："那些现存于城市之中，具有丰富的历史与文化内涵的城市景观，它们往往见证了城市的历史变迁，承载着城市的文化精神，并对城市的过去或现在的发展起到了重要或特殊作用。对于城市而言，除了那些列入世界文化遗产的'精品'外，城市中的一处人文风景区，一座古典园林，一段城墙遗址，一片历史街区等这些当地人们所熟知的、饱蘸了城市独特的历史文化内容、'有故事的'景观都是城市有价值的宝贵资产。"

综上所述，城市历史文化景观的内涵可以从宏观和微观两个方面进行阐述。宏观上，历史文化景观是历史性城市的整体，它是人与自然的共同杰作，也是人类社会发展的文明结晶，反映了社会文化发展过程中某个时代的特征，在世界或者一定地域范围内具有相当重要的历史意义。微观上，历史文化景观包括了历史性城市中的古建筑、古遗址、历史园林、文物古迹等物质文化实体，以及城市的历史城市空间格局和肌理，还有民俗、传说、技艺、宗教等非物质文化元素与物质文化实体相结合的文化空间。它们都具有重要的历史、科学、美学、考古、艺术等方面的价值，反映了历史性城市社会文化的发展过程，承载着城市的记忆，是城市地方性的表征和地域认同的象征性符号系统。

二、 城市历史文化景观文化多样性的保护

文化景观是文化物种的地理投影，文化物种多样性也就是文化景观多样性。可以从文化多样性的视角，在文化基因、文化物种和文化生境层次上考虑城市历史文化景观的保护。生物特性是通过遗传基因代际传递下去的，文化特征则是通过文化物种的传承而得以流传下去。所以，文化传承既是文化多样性保存的主要方式，又是文化多样性的基础。就文化物种个体而言，文化基因多样性与大多数文化物种的适合度呈正相关，某一文化物种基因多样性消失后，就再也不可恢复了。在全球化条件下，不适合的人为干扰是文化多样性丧失的主要因素。如我国一些历史文化名城，在所谓的"旧城改造"的口号下，拆掉了旧城墙、古街巷（附图 12－1，本节未署名者均为李凡摄），代之以宽广笔直的大道。这些活动破坏了传统的城市肌理，导致历史文化景观破碎化，文化景观结构趋于简化，失去了对传统文化物种的传承效应，文化物种趋于濒危，当这种趋势达到一定程度时，对历史文化名城文化多样性的破坏是毁灭性的。

景观结构是由斑块、廊道和基质等景观要素组成的异质性区域，各要素的数量、大小、类型、形状及在空间上的组合形式构成了景观的空间结构。透过对城市历史文化景观结构及其变化的分析，可以诠释城市历史文化景观保护的特点。

（一）景观斑块与文化多样性

斑块指依赖于尺度的、与周围环境基底在性质上或者外观上不同的空间实体。从文化景观的角度，可以称之为文化斑块，文化斑块具有空间非连续性和内部均质性的特点。斑块具有大小、形状、镶嵌等空间性质。文化斑块大小影响文化物种的丰富度，文化物种需要与之相适应的文化生境结构，文化斑块的保护需要重视对斑块的生境结构的营造。例如，在历史文化名城的土地利用过程中，会产生孤立的文化斑块，不同程度地中断了文化丛间的文化基因流，同时增强了孤立的文化丛内文化传承的"漂变效应"，引起孤立斑块内文化基因的变化，适宜的文化生境丧失，使文化景观结构趋于简化，名城的文化多样性减少。文化斑块形状和边界特征也强烈影响着斑块内部的文化景观变化，主要是通过影响文化斑块和基质或其他斑块之间的"物质和能量"交换而影响斑块内的文化物种多样性。比如，"紧密型"文化斑块易于保护文化多样性，抗干扰性强，而"狭长松散型"文化斑块容易促进斑块内部与周围环境的相互作用。

文化斑块的时空镶嵌使文化景观空间具有异质性，有利于文化物种的保存和延续及文化生态系统的稳定。城市记录了城市文化的发展过程，不同历史时期的文化生境存在

差异，文化物种也不完全相同。因此，在城市的某个时空断面上，应保留历史时期存留的多种文化物种，即保护不同时期的城市文化景观格局及其适应的文化和自然生境。但是一些历史文化名城存在着对传统文化生境的破坏，所以在城市历史景观文化多样性保护的过程中，不仅要保护历史文化物种及其景观，更要通过一定人为措施，如营造、恢复一定的文化生境，有意识地增加和维持景观异质性，前提是要保持好文化传承，恢复的文化生境应该与文化物种相适应。遗憾的是，历史文化名城建设过程中往往忽视了这一点，"拆掉真文物，仿建假古董"的现象屡有发生。

（二）景观廊道与文化多样性

景观廊道被看作线形或带状的景观斑块，在很大程度上影响着斑块间的连通性，从而影响着斑块间的物质和能量的交流。景观廊道的功能取决于廊道的内环境、宽度、长度、连通性及生物学特性。针对文化遗产的保护，有学者提出"遗产廊道"概念。在城市历史文化景观保护中，河涌、狭长的绿地、道路和街区都可以成为文化遗产廊道，也就是文化景观廊道。景观廊道对文化物种多样性的影响表现在：①为某些文化物种提供特殊生境或文化保留地。例如，广东的北江及其支流作为文化景观廊道，可以为疍民文化的延续提供一个自然和文化的生境，成为疍民文化的保留地。②增加斑块的连接性，促进斑块间文化物种流动，通过文化廊道，实现文化物种的空间扩散。廊道还提供一个连续的栖息生境，增加文化物种重新迁入的机会，可以通过景观规划和设计，在斑块之间以景观廊道联系，营造景观廊道的文化生境，吸引传统文化物种的回归，如佛山老城区的木版年画、剪纸等传统手工艺作坊等。③景观廊道除了对文化斑块有组织作用外，异质性强的廊道空间也会分割文化斑块，通常成为强势文化物种侵入的通道，导致斑块内部的破碎化，威胁乡土文化景观的存在，而使文化物种多样性受到了破坏。

由于景观廊道对文化斑块功能上的矛盾，要求在历史文化景观保护过程中，谨慎考虑如何发挥廊道对乡土文化物种的保护作用，其中最重要的一点是必须使廊道具有原始景观自然本底及乡土特性，廊道应是自然的或对原廊道的恢复，任何人为设计的廊道都必须与自然和文化景观格局相适应，历史街巷、河涌常常构成了城市的重要景观廊道。城市历史文化多样性保护要重视保存廊道历史文化肌理，使其具有原真性和文化适应性。

（三）景观基质与文化多样性

景观基质又被称为景观背景，文化景观基质通常指由历史城市的生产方式、生活方式、价值观念、民俗风情、宗教信仰、审美观、道德观等制度文化和精神文化与自然环境本底一起所构成的文化生境。景观基质对城市历史景观文化多样性保护的作用表现在：①为文化物种提供一定尺度的文化生境；②作为景观背景，控制、影响着与文化斑块之间的"物质和能量"交换，或缓冲文化斑块的"岛屿化"效应；③控制整个景观的连接度，从而影响斑块间文化物种的扩散。在空间尺度上，文化斑块和文化景观基质之间相互作用对于文化景观变化有显著影响，从而控制着文化景观的空间格局。

认识景观基质的作用对于保护文化多样性非常重要。"岛屿化"效应是景观生态学的重要概念，历史文化景观的"岛屿化"效应则指历史文化生境被破坏，文脉被割断，文化斑块破碎，传统文化斑块与周围现代都市文化生境的对比度增高，结果造成传统文化斑块"脱颖而出"，成为散布在现代城市风貌中的一个个"孤岛"。这种传统文化景观的"岛屿化"效应已成为许多历史文化名城所共有的现象。由上而知，基质控制着整个景观的连接度，通过人为活动，既可能使文化景观基质的异质性加强，强化传统文化斑块的"岛屿化"效应，也可能增强基质的亲和性，减轻文化生境对斑块的压力，起到缓冲"岛屿化"效应的作用。例如，在一些城市的老城区发展过程中，现代都市文化景观对传统街区的强势介入，导致文化景观基质与传统文化斑块的突兀，形成破碎化的斑块孤岛。由于现代都市文化对传统文化的势能梯度，当这种作用达到一定阈值时，甚至会淹没仅存的"文化孤岛"。所以，对文化景观基质的营造不能忽视对传统文化的继承，特别要注意传统文化斑块及其周围的文化景观基质与文化物种之间的协调性。

三、城市历史文化景观保护的空间战略

（一）建立绝对保护核心区

建立绝对保护核心区是自然保护中最传统的战略，从保护文化多样性角度看，传统文化物种及其栖息地（或空间载体）在空间上表现为文化景观斑点，这些斑点要尽量完整地保护起来，并将人类干扰活动排斥在核心区之外。对这些文化景观斑点要划定保护范围，并根据实际需要划出建设控制地带，亦即文物保护的紫线范围，对其物质实体及文化生境要做出相应的保护和管理规定，在其保护范围内不得进行各种干扰性的建设，形成微观层次上的文化景观保护的空间格局。

（二）建立文化缓冲区

文化缓冲区的功能是保护核心区的文化物种，减少外界景观人为干扰带来的冲击。文化缓冲区建立是在保护核心区周围划一辅助性保护范围，按《中华人民共和国文物保护法》规定，建设控制带的控制宽度为：国家级文物保护单位20m，省级文物保护单位15m，县级文物保护单位10m。而实际上，这种控制范围无法满足文化缓冲区的要求。所以，从文化多样性保护出发，文化缓冲区应与名城中的历史文化街区范围相结合，空间上表现为文化景观斑块。建立文化缓冲区与名城保护中的历史地段保护是一致的，构成中观层次上的文化景观保护的空间格局。以成都宽窄巷子为例（附图12-2），虽然2003年的改造对宽窄巷子的完整性及原真性均造成了一定影响，巷子的功能也发生了彻底的转变，但街区肌理未发生大的变化，宽窄巷子内依然延续着成都少城片区"鱼骨"形的空间格局，以宽窄巷子为历史文化街区，分别将建筑高度/肌理尺度、建筑风貌、交通设施、历史要素及文化产业类型、景观要素各要素所确定的缓冲区范围进行GIS叠加，取范围最大值，可得到东以长顺街、南以蜀都大道金河路、西以西郊河、北以奎星楼街为界的宽窄巷子文化缓冲区范围。

（三）建立文化遗产廊道

应对文化景观破碎化和孤岛化的一个重要空间战略是在相对孤立的景观斑块之间建立联系，构建文化遗产廊道是比较好的景观规划方法。文化遗产廊道是将绿道规划与遗产保护相结合的景观规划模式，是一种新的历史遗产保护的空间思路，其目标是"遗产

融合自然，保护结合景观"的思想以线性文化景观的形式落实在空间上。遗产廊道起源于"绿道"，相近的概念还有廊道遗产、文化线路、文化径。具有一定文化意义的运河（河流）、道路、铁路和传统街巷等线性廊道，可以通过适当的景观整治措施，联系单个的遗产点而形成具有一定文化意义的绿色通道。以佛山老城为例，历史文化景观廊道的构建通过对佛山老城片区的空间要素进行提炼，评估提炼历史文化价值和特征，概括出三类最重要的景观要素——江、街、城，并打造相应的特色主题，廊道通过工商业景观要素、民间信仰和宗族景观要素的耦合，构成点轴式的曲折"T"形社会文化空间结构，并以祖庙作为文化景观要素的核心。选取绿化水系和商务、民俗文化体验走廊这样的类线形空间要素，通过一横一纵一环三个景观廊将禅城的文化意向进行串联叠加，打造城市文化的时空体验游廊，形成与之对应的空间结构和行游体验轴线（图 12 - 1，本节未署名者均为李凡摄）。

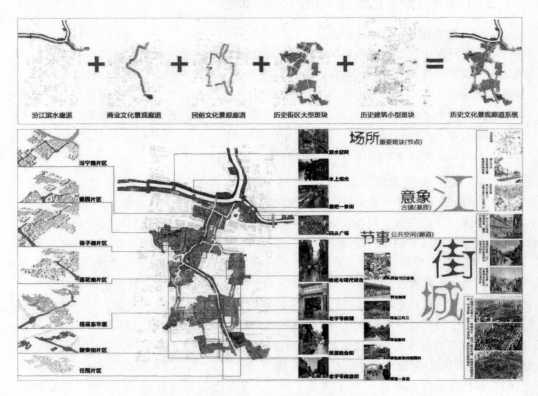

图 12 - 1 佛山老城历史文化景观廊道系统平面图

（四）恢复乡土文化景观

在关键性的部位引入或者恢复乡土文化景观斑块或廊道，作为孤立的文化景观斑块之间的"跳板"和文化物种联系的通道，这样既可以增强文化多样性保护的效果，也可以提高景观的美学价值。许多历史文化城市的老城区的文化景观被严重破坏，在历史的变迁中逐渐丧失了原有的使用价值，但其凝聚着较高的艺术价值、考古价值和历史价值，所以，应通过人为措施有意识地营造、恢复一定的乡土文化景观。一些流经旧城中心区的河流大都逃不过被截弯取直、河床渠化、填占河床最终沦为排污渠的命运。荔枝湾地区位于广州发展历史最为悠久的荔湾区西部，因南汉广植荔枝而被称为"荔枝湾"。20世纪80年代后期因水体污染严重被覆涌，河涌变为城市道路——荔枝湾路。2010年，借着迎亚运会契机，广州对此片区制订了"融自然与城市风光于一体，以传达本土丰富文化内涵为主旨的文化休闲区"的行动计划，对荔枝湾路实施"揭盖复涌"工程，改造后的荔枝湾涌注重地域性水文化和西关文化元素的延续与利用。通过恢复河涌、调水补水、文塔广场恢复整治、建筑立面整饰与景观塑造等措施，恢复乡土文化景观，重现"一湾溪水绿，两岸荔枝红"的岭南水乡风貌。

（五）考虑城市文化生态系统动态性

历史文化名城文化生态系统时间结构复杂，城市保存有不同时间断面的文化景观，由于城市不同文化活力、不同文化生态系统相互渗透，容易产生新时代的文化景观。所以，要考虑城市文化生态系统的动态性，从宏观上构建文化景观保护的空间格局。

佛山老城内有六个历史文化街区，以历史文化街区为景观斑块、传统街巷为景观廊道（图12-2），考虑城市空间结构特征及文化生态系统的动态性，以传统文化景观斑块为中心向周围形成以文化适应、文化传承和文化创新为主的景观规划和管理格局：①城市化发展对文化景观斑块的文化生境带来冲击，老城内人口激增，交通拥挤，环境质量下降，文化景观所依托的物质载体无法满足现代城市生活的要求。所以，要有计划地控制交通，疏散人口，完善基础设施的改造和配套，从根本上改善居民生活环境，保持文化景观与传统和现代的文化生境相适应。②文化景观斑块边缘是文化交错带，文化交错

景观斑点 景观斑块 景观边缘 待恢复隧道 景观隧道 异质景观侵入

图12-2 佛山老城的历史文化景观空间格局平面图

带对文化多样性的保护有特别重要的意义。在文化交错带，传统文化和现代都市文化共存、交融，文化物种既有文化传承又有文化创新，往往形成文化多样性显著的景观界面。因此，景观规划时要注意与文化景观斑块传统文化氛围的过渡。③文化景观斑块的外缘以文化创新为主，在新的城市文化生境下，在文化传承的基础上，创造新时代的城市文化景观，丰富文化多样性。

四、 城市历史街区的景观设计

城市历史街区承载着城市的历史，积淀着城市的文化，存留着城市的记忆。但随着城市的发展，老街区日渐老化衰败，历史街区已经不能满足人们的要求，需要通过景观改造设计以提升和复兴历史街区的活力。

(一) 城市历史街区景观设计的原则

1. 协调统一整体性原则

从历史街区的主体风格、主导色调、主要材质、主体植被的选择进行设计调整，尊重历史街区的整体风貌。协调好植物、景观与人的关系，使自然与人文相统一，同时还要注意协调景观设计的尺度及位置。改造后的历史街区对外要与周边的环境相适应，它的形式、色彩和材质要有很好的融合性，它的肌理统一在城市的整体环境下，使历史街区能够和城市的整体风貌和谐共存。保证历史街区内部能够协调统一，外部能够与整个城市相适应。

2. 优化街区生态环境原则

历史街区往往由于历史久远、年久失修，经济中心的转移导致片区生活与生活环境越来越恶劣。在历史街区改造的时候将优化生态环境作为主要任务，根据历史街区的实地情况进行优化生态的设计，增加植被覆盖率、净化景观水体、处理污水和排放的废弃物，提升历史街区的环境质量，提高资源利用率，使历史街区的环境能够可持续发展。

3. 特色文化的保护和展现原则

历史街区是城市特色文化的空间载体，包含着各个方面，如有形的建筑、植物、美食、街道，无形的情怀、记忆、语言、精神等。历史街区文化景观的保护就是对其特色文化的保护。但从历史街区的景观设计来看，如何将片区的区域文化展示出来，让大家了解和认识也是设计的重要内容。首先对当地特色文化的挖掘，然后以不同的手段和元素来进行有效的文化保护，从建筑、景观装饰、场所功能三个方面，通过传统院落街巷空间、承载历史记忆的老物件和传统活动，再现历史场景，以更为直接的体验方式唤起人们对这座城市的记忆。

4. 修旧如旧的适度开发原则

历史街区应该具有风貌的完整性、历史的原真性和生活的真实性。历史街区景观改造应以传统的营造手法，修旧如旧设计自然，防止大拆大建，一律推倒重来的盲目性和片面性。保留历史街区有价值的东西，如古迹、古建筑、宗教建筑和传统街巷、名人名居等，本着拆除与修缮相结合的方式，对传统的材料、工艺、营造手法进行更新改造，用相近或相同的材料修补残缺与破损，从而完善建筑的完整性，提升景观改造的效果。

5. 存表去里，功能植入原则

传统老街区的居住环境恶劣，功能和业态多呈低端和单一的状况，可以通过植入功能，引进相应的商业和其他配套服务设施，提升片区整体活力。存表去里是主要的设计手法，存表去里即对保留建筑进行必要的维护、修缮，保留建筑外观和外部环境，对内部进行全面更新，以适应新的使用功能。例如，佛山岭南天地（祖庙—东华里历史街区）保持了历史街区传统建筑的外表面风貌，对立面进行适当修缮，采用"修旧如旧"

的方式进行修葺、利用，而内部功能却进行了大换血，原先的居住功能变成了商业服务功能，里面的陈设格局都重新设计，使岭南天地成为一个集商业、旅游、文化、美食、娱乐、购物于一体的综合街区（附图 12 - 3）。

6. 重视公众参与原则

历史街区内的建筑或者环境都与当地居民有着密不可分的关系。对历史街区景观改造势必会涉及居民的权益，因此街区内的居民应该具有优先参与权。只有当历史街区的价值形成一种公共意识时，规划设计才有意义，才可以顺利实施，才能期待整治的结果得到公众主动的关心和爱护。社区营造是历史街区公众参与的重要方式，除了建筑修复、街道维护、工程改造等之外，最重要的是发挥社区居民的主观意识，重新恢复历史街区人与人、人与环境、人与社区的关系，营造"社区感"，实现从静态的技术论导向向动态的公众参与导向的历史街区改造景观设计的思想变化。

（二）典型案例

1. 成都宽窄巷子

宽窄巷子历史文化保护区位于在四川省成都市城西。它由三条巷子组成，分别为宽巷子、窄巷子、井巷子，是成都历史的缩影。改造工程中，设计师们对宽窄巷子的设计定位是打造老成都休闲娱乐、旅游为主的历史文化街区，巴蜀文化与地区特色为基调的文化商业街区，让它成为成都市的新名片、城市的优质会客厅。

宽窄巷子整体设计遵循形态、文态、业态和生态有机结合的改造原则，四态融合的设计思维。其中，形态指"千年少城的城市格局"和"百年原真的建筑遗存"的城市风貌；文态是"成都生活精神"的典型样态；业态是根据对宽窄巷子的不同定位，为宽、窄、井三条巷子分别引入不同的商业组团；生态则意味着尽最大的可能性来保留宽窄巷子的绿化，保证街道浓郁遮蔽、庭院深深的隐蔽感及历史感（附图 12 - 4）。

2. 上海新天地

上海新天地位于上海市中心卢湾区的太平桥地区，毗邻淮海中路及地铁站，是一个极具上海历史文化风貌的都市旅游景区。保留石库门建筑原有的贴近人情与中西合璧的人文与文化特色，改变原先的居住功能，赋予它新的商业经营功能，每座建筑内部按照相应的功能需求重新设计（附图 12 - 5）。

新天地的景观设计创新主要有三个方面：第一，赋予新生，融合建筑的历史感和新生活形态的文化品位，对历史特色建筑赋予新商业功能，创造商业、餐饮和艺术展览等使用空间。第二，增添活力，对于步行空间设计以及大型活动和节假休闲庆典的公共空间设计考虑了人的参与，体验感受空间的使用权利，增添人气，促进繁荣。以一条步行街串联起南北两大地块，南里存在一些石库门旧建筑，但大多是现代建筑，商业业态丰富；北部则是石库门旧建筑群，历史文化积淀更深厚，两块区域呈现各具特色的氛围。第三，去里存表，通过对历史文化街区的更新，增加绿化，完善公共设施，保留原有的砖瓦建材，拆除不可利用的废旧建筑作为开敞空间和人们的公共活动交往空间，实现建设物化环境与再生上海城市生活形态交织发展。

3. 上海田子坊

田子坊位于上海市泰康路 210 弄，东面到思南路，西面到瑞金二路，南面是泰康路，北面是建国中路。周围是新式里弄和花园住宅，田子坊则是一片弄堂工厂旧址。这里保留了大量20世纪初的建筑风格，建筑装饰、肌理、材质、色彩营造出老上海的文化风韵。由于历史发展变化的原因，这里曾是法国租界，受此影响，该区域融入了多元化的建筑形式，既有整齐的法式洋楼，也有上海特色的石库门建筑。"田子坊"是画家黄永玉为这片古老的弄堂起的名字，为这里的里弄民居增添了艺术气息（附图12-6）。

20世纪50年代，城市人口快速增长，田子坊区域居住压力较大，基础设施落后，居住空间普遍是多户居民共同使用。20世纪90年代后，经济条件改善后，许多年轻住户搬离，大多是老年人在此居住。21世纪，康泰路的废旧工厂被艺术家们改造成画廊或工作室，成为创意工厂。创意工厂吸引了越来越多的创意企业入驻，于是当地居民也将住宅改为创业商铺。当地政府因势利导统筹规划，田子坊片区居民参与到街区发展中，由当地居民自下而上进行街区改造，将碎片化的历史街区进行空间优化，营造丰富的景观节点，连接大大小小的空间，保留了原有街巷的尺度。改造后的田子坊融入了多国文化元素，将时尚前卫的艺术形式和上海传统特色文化相结合，打造集商业、文娱、休闲、居住等多种功能于一体的创意工厂，成为上海城市创意产业的发源地。

── **本章复习思考题** ─────────────────────────────

一、论述商业区景观的特点及其设计要点。

二、商业区已成为现代人最关注的场所，试讨论在现代商业区景观规划设计时如何强化生态景观的塑造。

三、对周边重要的商业区景观进行调查，分析其规划设计的合理性。

四、城市历史文化景观保护有何意义？如何保护？

五、调查周边的历史文化景观保护情况，看看历史文化景观的遗失及其后果。

六、城市历史街区的景观设计有何原则？结合所在城市老城区的改造情况进行分析。

本章图片链接

第十三章　乡村景观规划设计

第一节　乡村景观概述

一、乡村景观内涵

乡村景观源于人们的乡村活动，是人与自然和谐共处最生动的写照。日出而作，日落而息，这种生活习惯世世代代影响着人们的审美和追求，深深地烙印在人们的血脉之中。

乡村景观是乡村地域范围内自然、文化、历史、经济、人文、社会、生活方式等多种现象叠加所呈现出来的综合反映和面貌，它是人地交互作用下的产物，是主体与客体的复合体。它包括广阔的自然生态空间、田园风光和人类聚集环境。它作为地域文化的空间缩影，不仅是可见的物质和视觉景观，更是当地政治、文化、社会生活的体现。

乡村景观是相对于城市景观而言的。城市由于地理位置优越，人口密集，第二、第三产业占比较高，产业多样化，设施齐全，交通发达，建筑密集，高层建筑多，景观精雕细琢，呈现人工化、现代化、开放化，自然属性弱，大多为规则的设计，人工干预度高。而乡村，因地理位置较偏僻，多从事农业生产（包括农业、林业、畜牧业、渔业等），人口稀疏，设施较少，交通不发达，建筑分散，低层建筑居多，整体景观呈现自然、质朴、乡野化，较为天然、随意，人工干预度低的特点。

二、乡村景观的特点

1. 生产性

乡村的生产性是其主要特征，乡村景观是人们在生存、生活、生产的过程中对原有乡村地区的资源环境进行开发利用、修改、完善和创造而形成的，因此生产性是乡村景观的基本特点。

2. 自然、质朴性

相对于城市景观来说，乡村景观具有更多的自然特性，人工干预相对较少，大部分是自然形成的，特别是整体风貌、区域环境、河流水系、农田景观等，较为质朴，原汁原味地体现了乡村的生产环境和生活环境。

3. 自发性

乡村景观并不是完全天然的，是祖辈居于此的村民为了满足生产、生活的需要，利用他们的知识和技能，无意识地创造出自然与人相互依存、相互适应的和谐之美。即使某些局部景观是由农民主观意愿创造的，最后形成的整体景观却是集体无意识的，因此，传统乡村景观的形成具有自发性。

4．地域性

各地的地理条件、资源环境、气候、人文历史等情况的差异，导致了乡村景观呈现出明显的地域特征。这种地域性，也是乡村景观丰富多样的根源，是最能体现乡村特色的因素。

5．生态性

因地制宜的耕作方式、与自然环境相协调的土地利用方式，它们是祖辈流传下来的生产经验，体现了人与自然和谐共生的生态性。景观丰富性、生物多样性和各要素协调性共同构成了乡村环境的生态美。

6．审美性

欣欣向荣的乡村景观表现了人与自然不断较量、探试的过程，反映了人对自然的依存和人对自然的适应，同时也是人类改造自然、利用自然资源的过程，这些过程体现了人们的审美情趣和价值观，具有强烈的审美性。

7．历史人文的载体

乡村景观是人们适应环境而形成的结果，是社会与文化的直接载体，讲述着人与土地、人与人，以及人与社会的关系。它反映了当地的社会文化发展状况，记载了一个地方的历史，包括自然的和社会的历史，富含着地域发展的历史信息，是当地历史人文的载体。

三、 乡村景观的分类

1．乡村聚落景观

乡村聚落景观是乡村居民点集聚呈现出来的整体面貌和景观，是完全有别于城市景观的。首先，对于乡村景观而言，整体环境较为自然，背景多为农田、山林等；建筑高度低，密度较低，房屋稀疏，体量相对较小，建筑形式多以当地特色建筑形式为主，且建筑材料多以当地的石材、木材为主。其次，对于乡村的建筑大多会设置房前屋后的庭院，这也是有别于城市建筑的地方（附图13－1，石薇提供）。

2．乡村建筑景观

乡村建筑相对于城市统一规划建设的建筑来说，具有更大的自主性，能很好地体现个性和地域文化，从建筑群体景观、建筑风格、颜色、材质、细节等方面，很容易形成特色的建筑景观。比如，潮汕民居的华丽装饰，江南水乡的粉墙黛瓦，皖南民居的青瓦白墙马头墙，西南少数民族的"竹楼"干栏"麻栏""半边楼"等，都是特色地域文化和景观的有力体现（附图13－2、附图13－3，石薇提供）。

3．乡村植物景观

乡村植物景观是一个由自然生态环境、农耕文明形态、人文生态环境共同作用下的生态综合体，它包括山林里的树木、农田里的庄稼、果园里的果树、溪流边的杂草、居民种植的花木等，乡村植物景观是一个地方地域特色的标签。

4．乡村文化景观

乡村文化景观对于村庄而言，是村庄表面现象的复合体，它反映了村庄在该地区的地理和人文特征，以及在村庄整个发展历程中所形成的特有的地域文化，是人类活动的历史记录以及文化传承的载体，具有重要的历史文化价值（附图13－4，黄冬云提供）。

第二节　乡村景观的设计原则及要素

一、乡村景观的设计原则

1. 整体性原则

乡村景观是一个整体，大到村庄整体风貌，小到一个个景观节点，甚至铺装、植物设计都应该作为一个整体来研究和规划设计。从整体到局部，每一处都需要符合整体规划，每个节点都应该体现着同一个主题，相同的景观设计风格、设计手法，为的是体现同一个理念。

2. 生态与可持续性原则

生态优先，以可持续发展为目标，充分尊重乡村原始的自然生态环境，建立高效的人工生态系统，实现土地集约经营，保护集中的农田斑块，控制建筑斑块的盲目扩张，引入自然界的山、水、自然风光，处理好地理、气候、生物、资源、人文等各因素对农村建设及民居建设的影响。在建设过程中还要调节好山、田、水、路、渠、库、村综合治理之间与生态过程的关系，塑造环境优美而与自然系统相协调的人居环境和宜人景观，建设生态型乡村人居环境。

3. 以人为本原则

以人为本，考虑当地村民的实际需求、生活习惯、审美层次和历史人文风俗，建设和谐的乡村人居环境，满足人们生活舒适、健康、便利和安全性的需求，符合农民生活、生产、学习与工作方式，同时尊重当地风俗习惯，并考虑外部景观的协调性。

4. 景观多样性原则

乡村的景观资源包括自然景观、农田景观、聚落景观、院落景观、植物景观、农村经济景观、文化景观、田园生活景观、农业生产景观、生态景观以及人文历史景观等，种类丰富多彩，可以通过不同方面的重点来塑造多样性的、丰富的景观，使当地的景观不会显得单调、千篇一律。

5. 因地制宜原则

每个地区都有其特有的乡村景观，其景观反映了乡村特有的地域特点。因此在设计时要因地制宜，分析当地景观特色，提取成设计的"符号"和语言，运用当地材料，尊重村庄中现有的池塘、山坡、植被、空间格局、建筑风格、人文历史等要素，因地制宜地设计一些人工景观，尽量保持原汁原味的乡村景观形态，彰显地域文化。

6. 独特性原则

每一个村子都是独特的，因为村里的每一棵树、每一个人、每一个故事都是独特的，所以乡村景观设计应该充分挖掘乡村的独特性。即便是相邻的两个村子，也要找出差异点，设计出不同的乡村主题，这样的"一村一品"才能实现差异化发展和村村联合。

7. 人文继承原则

很多乡村都拥有悠久的历史和丰富的文化遗产，继承保留当地的人文风情，让历史文化遗产通过另一种手段继续保存下来；构建乡村文化体系，突出乡村特色、地方特色和人文特色，在村庄的空间布局、整体规划、活动场所设计、建筑设计以及景观小品等方面体现出来。

8. 经济、实用、美观的设计原则

乡村景观要体现经济、实用、美观的原则，利用当地材料，尽可能少地人工干预，用最简单、最自然的材料和理念去设计乡村景观，为乡村服务，为村民服务，满足大部分村民的审美要求，遵循经济、实用、美观的设计原则，体现乡村特色。

二、 乡村景观设计要素

景观设计涉及地理学、建筑学、美学、植物学、生态学、心理学、历史学等内容，它们相互影响、相互渗透、相互作用，共同构成景观风貌。有学者归纳：景观设计是对组成园林景观整体的地形地貌、整体环境、水体、植物、建筑物、构筑物、设施小品等要素进行综合设计的一门学问。乡村景观的最大特点就是它的低密度住宅、乡村生活、田园风光和半人工环境。因此从设计要素来说，乡村景观主要分为以下十类：

1. 地形地貌

地形地貌是构成乡村景观的最基本要素，不同的地域环境将会产生不同的景观风貌，是乡村景观最直观的体现。常见的乡村地形地貌类型有高原、平原、丘陵、山地、盆地、水乡等。不同的地形地貌形成了形形色色的乡村景观风貌，影响了乡村的空间布局、建筑风格、农业景观、自然景观、植被景观等方面。比如，丘陵地区，建筑布置错落有致，农业景观多为梯田，层层叠叠，十分壮观；平原地区，则一望无际，视野更为开阔，视线更加绵长，更容易打造平缓、壮阔的景象；水乡地区则水系发达，水网密布，建筑大多依水而建，景色更加灵动、秀气，容易打造精细、雅致的景观形象（附图 13 – 5，石薇提供）。

2. 整体环境风貌

乡村的地形、周边环境、农田、农作物、建筑风格、排列布局、建设色彩等要素交织在一起，构成了乡村的整体风貌。乡村的整体风貌是乡村景观的基调，后期的景观设计都不能跳脱该大环境，其中建筑风貌与排列布局是其核心，是景观塑造的重点内容。比如，位于黄山市的祖源村，偎依在海拔 685 米的插角尖山腰，村庄生态绝佳，流泉飞瀑，粉墙黛瓦，徽风古韵，村内拥有古桥、古民居、古树等历史文化景观，尤以千年红豆杉而闻名，有百余亩梯田景观，是黄山市百佳摄影点之一。

3. 空间聚落形态

乡村的空间聚落形态一般是经过长时间的积累而自发形成的，主要是由当地的地形、气候、水文、生产方式、商贸活动、交通方式、历史文化等方面因素所决定的。常见的有分散型空间聚落、密集型乡村聚落、沿道路发展型村落、沿水系发展型村落、环形村落，甚至八卦村等形式，也有人工规划得比较规则的棋盘格式村落。不同的空间聚落形态为乡村景观展现了绝美的风采，也为后期的景观塑造提供了很好的切入点（附图 13 – 6，石薇提供）。

4. 建筑物

乡村的建筑物包括居住建筑、公共建筑和生产建筑。一般民居数量最多，是乡村景观最直观的体现，也是景观塑造的核心和重点。然而目前的乡村景观趋于雷同，建筑毫无特色，"千村一面"的问题日趋严重，因此在乡村景观塑造的过程中，要深入挖掘当地文化，打造特色建筑，塑造独特景观。

居住建筑，包括建筑风格、样式、色彩、布局形式、院落景观等方面，是乡村建筑的主体和设计重点。我国地域辽阔，不同区域的民居呈现较大差异，北方厚重朴实，强调阳光与保暖；南方清新通透，注重通风与隔热防潮。景观方面，北方更能体现一年四季的景色变化，南方则更多强调各类水景的利用。因此在塑造景观的时候，要把居住建筑作为重点来考虑，结合当地的历史、传统文化、服饰、宗教、生活习惯等，因地制宜，通过对屋顶、围墙、墙体、门窗、门楼、院落等要素的设计，来挖掘和打造具有当地民族文化特色的乡村建筑景观（附图13-7，石薇提供）。

公共建筑，常见的包括祠堂、文化室、公厕、商业建筑、快递点、学校等。公共建筑因其体量较大、数量较少、作用独特的特点，而成为乡村景观塑造的点睛之笔，如果设计合理，则能产生引领全局的作用。设计要素主要包括建筑形式、风格、颜色、装饰、外环境、内部空间、与周围建筑的关系等方面。

另外一个比较重要的是历史建筑，是当地历史文化的缩影，代表了传统的生活方式和居住形式，是当地重要的历史建筑，一定要严格保护。如果该历史建筑尚有利用价值，要谨慎修缮，合理利用，严禁以假乱真，新建"假古董"。可以更改建筑使用功能，作为博物馆、陈列室、文化室等，但外观不宜做过多改变，要符合历史建筑保护的原则和目的（附图13-8，石薇提供）。

5. 空间节点

乡村的空间节点是村民进行公共活动的主要场所，是凝聚乡愁、增加认同感的地方，是展现乡村景观风貌的第一场所，如乡村入口、广场、公园、健身场所、儿童游乐场等。这些公共场所是村民休闲、聚会、健身、聊天的地方，因此首先要考虑的是以人为本的舒适度、安全性，在这些基础上，进行景观设计，体现当地的历史文化、生活习性和景观特色。

乡村入口景观是一个村子的大门，代表了人们对村子的第一印象，因此应该作为重点来打造。常见的有仿古牌坊、景观墙、景观小品、造石景观、木质景观、植物造景等方式。不但应根据当地的建筑特色、文化特色来塑造特色的入口景观，而且要与村子的整体景观相协调，应因地制宜，材料应以便宜易得为主，不宜追求排场而花费高昂费用修建气势恢宏、不合时宜的入口景观（附图13-9、附图13-10，余诗跃提供）。

乡村广场是平日村民聚会、休闲、健身、举办活动的场所，是邻里交往、塑造和谐乡村生活的重要场所。乡村广场宜设置在文化室、学校、祠堂、公园等公共建筑和场所的旁边；考虑通风、排水良好的地段，尺度不宜过大，要注重舒适性；考虑村民的需求，设置必要的座椅、垃圾桶、健身设施、儿童游乐设施等，植物的配置要因地制宜，选择高大遮阴的本土树种，增加使用率。

6. 道路

乡村道路主要包括村道、村内主干道、巷道、农用道路、田间小道等。乡村道路尽可能保持自然生态性和趣味性，除了对外联系的村道外，尽量少做大面积硬化。道路硬化要有其特色形式，表现自然、质朴、天然、生态的景观，如鹅卵石、石板、石子 + 泥土、碎拼、砖拼、防腐木等，甚至可以用一些废弃材料进行铺设，既古朴又环保。在植被搭配上要遵循简约不简单的原则，不追求复杂奢华的植被配置，重用本土植物进行有机搭配，呈现出自然之美（附图 13 - 11，石薇提供）。

7. 河流水系

水是景观体系的核心和灵魂，在乡村景观中也不例外。水系是乡村发展的依托，是农业发展的经济命脉，是农村生活的必备条件，其除了灌溉、养殖、生活用水之外，因为同时具有观赏价值，所以水系在乡村景观塑造中占据着非常重要的地位。根据水体形态的不同，可将常见的水体分为河流、湖泊、池塘、沼泽等形态，不同形态的水系在乡村景观塑造中体现出不同风格的形象。例如，河流因为其流动性，具有动感、声音和流动的色彩，给人活泼、灵动、自然、欢乐的氛围，增强了吸引力和亲和力，容易营造温馨祥和的生活氛围；而湖泊相对来说较为平静，给人安静的感觉，容易打造静谧、安逸、禅意的生活空间（附图 13 - 12、附图 13 - 13，石薇提供）。

水景驳岸一定要保持其固有的形态，保证其自然和原生态不被破坏。材料的选择也要乡土化、生态化，因地制宜，就地取材。空间尺度上不仅要满足功能需求，还要做到"远景、中景、近景"协调统一，要给人以轻松、安静、自由的感觉，体现乡村景观的特点。

8. 植物景观

乡村植物景观，区别于城市植物景观的最大特点是其更多的自然性、乡土性，不矫揉造作，浑然天成。因此在植物配置的时候要尽可能地利用乡土植物，唤醒人们对乡村的记忆。要选择那些适应当地自然条件、生命力顽强、有相应的绿化作用和具有一定观赏性的树木，不用或少用外来贵重树种，突出地方生态特色。要让常绿植物和落叶植物相交融，合理进行布局，明确在视觉上的搭配和感官的体验，考虑将乔木、灌木、草本植物、花卉等多种植物合理搭配，要令人有层次分明、流连忘返的感觉。在此基础上，进行创意设计，打造特色景观。切忌人工痕迹太过，把乡村打造成"城市社区"而失去了原汁原味。

庭院植物可以选择本土果树、蔬菜瓜果、花木等，既能有一定的经济产出，又能体现浓厚的乡村生活气息（附图 13 - 14，石薇提供）。

此外，乡村可以利用广阔的空间，打造农田艺术景观、大地景观等，用来表现当地的历史文化，举办民俗节日、旅游活动等，丰富整个景观体系，打造旅游品牌，发扬传统文化。

9. 景观小品

乡村丰富多样的景观小品，为乡村景观的塑造增加了可能性，也更能体现乡村景观的乡土化，是区别于城市景观的重要手段。常见的如牌坊、亭子、宣传栏、展示牌、水井、水车、小木屋、石磨、石碾、晾晒稻子的架台、篱笆等传统农具和生活风景。如果塑造得当，很能体现乡村的生活场景，是保留乡愁的重要手段，提供了展示原始生活场景的窗口（附图 13 - 15，余诗跃提供；附图 13 - 16，石薇提供）。

在塑造乡村特色景观小品的时候，建议使用废弃材料，如轮胎、农具、铁桶、木桩、石槽等生活用品，来塑造乡土气息浓厚的景观小品，既简单易得，又能体现乡土特色，还能培养大家废物利用的环保意识，激发小孩子的创造能力和动手能力。

10. 人文景观

乡村景观除了上述物质景观之外，历史文化也是不可或缺的重要部分，主要包括宗教信仰、生活方式、思维方式、语言、传统习俗、节日庆典、历史人物、民间故事、特色技艺、服饰、手工艺品、美食等。人文景观是当地历史文化的传承，是人们记忆的载体，体现了当地的文化价值。然而目前的情况不容乐观，随着城市化进程的加速，乡村数量不断减少、乡村人口急剧减少，随之而来的就是文化的流逝、传统的消逝、技艺的失传等问题，因此需要大力保护传统文化，通过各种手段和渠道进行挖掘、宣传、传承、保护和利用。

第三节　乡村景观案例分析——杭州市西河村

一、总体设计及构思

杭州市淳安县文昌镇西河村是列入《杭州市美丽乡村精品村建设三年行动计划（2018—2020）》的市级精品村，经过规划设计及改造建设，如今已经欣欣向荣，规划目标——"富有乡愁的村庄""游客向往的村庄"——已基本实现，成为村民安居乐业、主客祥和共生的新晋"网红村"。

该乡村景观的规划蓝图是以田园认养、果园采摘、休闲农屋为主要特色的乡村客厅。具体设计方案中，把整个村庄看作一个家庭，将公共空间分为玄关、餐厅、客房、洗手间、家庭活动室、阳台、书房、内院等部分，并对每个部分进行详细规划设计，进而体现"好客西河，宾至如归"的形象口号。规划布局可视化一览图、规划布局总平面图如图13-1、图13-2所示（本节图片由余诗跃提供）。

图13-1　西河村规划布局可视化一览图

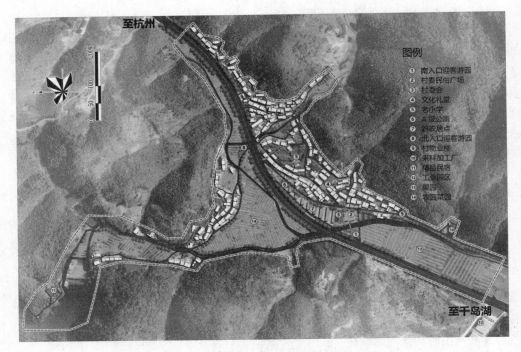

图 13 -2   西河村规划布局总平面图

二、详细设计

1. 玄关

玄关作为入村门户，是重点打造的景观节点。西河村有两个出入口——北入口和南入口，分别在两个入口设计了入口标志和迎客游园，并且在北入口规划了候车亭，方便居民使用。入口标志的设计与本地建筑风格相一致，南入口的两个人物在互相作揖，体现了好客、有礼的形象特色，显得生动有趣，与"好客西河，宾至如归"八个大字结合起来，体现了该村的目标和形象（图 13 -3、图 13 -4）。

图 13 -3   村北入口标志设计图

图 13 -4   村南入口标志设计图

2．客厅

客厅是居室的重心，也是西河村重点打造的空间节点——村委民俗广场。该广场是村委会前的小型开阔空间，可以作为民俗展示、村民集会、举办活动的场所（附图13－17）。

3．活动室

活动室作为居室的动区，是必不可少的组成部分。西河村的活动室包括文化礼堂和老小学室外空间两部分。文化礼堂经改造修缮后可作为村民集会、讨论、举办文化活动的场所。老小学室外空间现状为菜园，经改造之后成为儿童活动场地，设置植物迷宫、沙坑、攀爬架等儿童活动设施，为儿童提供活动场所（附图13－18）。

4．书房

西河村的书房包括老小学建筑改造和村委会民俗书吧。老小学闲置已久，经建筑外立面改造及室内装修，植入书房、文化创作室等功能，以此吸引学生群体及文人墨客（图13－5）。

图13－5　西河村老小学改造方案图

5．餐厅——民俗农家乐

为了体现"好客西河，宾至如归"的形象，西河村沿主要道路两侧设置了一些民俗农家乐，设计较为质朴，材质多用当地竹、木、石材，装饰多是体现当地风俗和生活场景的农具、农作物、手工艺品等，提供的食物也是本土农家菜和传统菜肴，为游客展现当地的传统美食，也是保留民俗文化的一种途径（附图13－19）。

6．客房——乡村民宿

西河村改造了村前水库边的农宅，引入民宿、茶室、垂钓、登山等活动，打造西河村的精品民宿，让游人体验乡村民俗文化之时有休憩、歇息之处（附图13－20）。

7. 洗手间——公厕

西河村对原有公厕进行建筑美化、内部改造、景观升级等工程，提升整体形象和文化内涵，增强居民和游客使用舒适感和生活幸福感（附图 13 – 21）。

8. 阳台

阳台作为居室的户外空间，是居民与外界交流的场所，是欣赏户外景色的窗口。西河村的"阳台"包括文化宣传墙、儿童记忆景墙等，展现西河村的生活场景和历史文化，为后辈提供文化的记忆，是保留乡愁的很好方式（附图 13 – 22、附图 13 – 23）。

9. 工作室——染织坊、鲁班墙、磨坊

西河村有一些传统技艺，目前保护不够，几近失传，因此应该加强宣传和教育，使之继续流传。如染织、木工、石磨豆腐等，特地设置了青清染坊、鲁班墙、磨坊等设施，来呈现当地文化和手工技艺，是文化和景观相融合的直接案例（附图 13 – 24 至附图 13 – 26）。

10. 儿童房——儿童乐园

为儿童提供游乐场所也是必不可少的。西河村设置了儿童乐园，结合滑梯、沙坑、攀爬墙等设施，为儿童提供活动场地，其鲜亮明媚的色彩，也是西河村的一道亮丽风景（附图 13 – 27）。

11. 内院——美丽庭院

村庄建设离不开一个个美丽庭院，推窗见绿、抬头赏景、起步闻香，这就是乡村庭院的美丽风景。西河村的庭院布置大多遵循村民意愿，采用乡土材质的石材、木材、竹等，种植乡土果树及蔬菜，体现乡村气息（附图 13 – 28）。

12. 道路景观

西河村的车行道主要采用沥青硬质化铺地，道路两侧种植本地植物，配以大矮灌木和花草，靠墙一侧结合景观墙，种植攀缘花卉，在墙角置石，设置小景观，干净的路面、丰富的植被、多样的景观形式形成了西河村富有乡土气息的乡村道路景观（附图 13 – 29）。

与车行道不同，巷道则采用本地石、砖、沥青等乡土材料铺设而成，两侧种植竹、枇杷、桂花、瓜果蔬菜等具有农村特色的植物，使巷道富有生活气息和乡村特色（附图 13 – 30）。

除此之外，还有一座桥造型十分别致，形似枯木，横跨在河流两岸，水岸自然生长的野花野草使自然气息浓郁，体现了乡村景观的特色（附图 13 – 31）。

13. 隔断——围栏景观

西河村的围栏种类多样，丰富多彩，为整体景观增色不少。材质也丰富多样，水泥、竹、木、石头、砖、土坯等，都可以作为围栏的材料，把这些种材料进行组合和设计，形成了有趣的、生态的、富有自然气息的、多样化的景观，是乡村景观的有力体现（附图 13 – 32）。

14. 水景观

西河村有河流穿过，是当地村民生活、灌溉用水的主要来源，也是主要的娱乐场所和景观要素。西河村的水景观以自然风格为主，减少人工干预，为了安全和生态，在部

分地段设有木质围栏，水岸植物多为自然生长，体现了乡村景观的生态性。在村庄入口地段设有仿木桥，兼具使用和美观功能，其独特材质、颜色和造型体现了乡村景观的质朴、因地制宜、乡土化等特点（附图 13 – 33）。

15. 菜园景观——共享菜园

乡村内部及周边多有菜园、果园等，其作为乡村生活的主要场所，如果布置得当，也能成为乡村景观的特色部分。西河村除了村民自家的菜园之外，还集中设置了两处共享菜园，兼具展示、科普、旅游等功能。整齐的菜畦、生机勃勃的蔬菜瓜果，体现了乡村生活的特色（附图 13 – 34）。

16. 其他文化景观设施

西河村还有其他体现文化的景观设施，如许愿亭、许愿树，表达村民美好愿意和期许；文化宣传栏、小品设施等，用来宣传政策、进行文化教育；还设有清心轩、贝壳公园等设施，以当地的本土材质为主要原料，体现了当地的传统文化，为村民提供休闲娱乐的场所，同时也提高了乡村景观的可观赏性（附图 13 – 35 至附图 13 – 38）。

本章复习思考题

一、乡村景观区别于城市景观的主要特点有哪些？

二、乡村景观规划设计的难点和重点分别是什么？

三、举例分析某个乡村的景观设计特色。

 本章图片链接

参考文献

[1]《2018 年版世界城镇化展望》报告发布 [J]. 上海城市规划, 2018 (3).

[2] 金浩然, 戚伟, 刘盛和, 等. 1982—2010 年基于不同统计数据的中国城市人口规模体系研究 [J]. 干旱区资源与环境, 2017, 31 (8).

[3] 中华人民共和国住房和城乡建设部. 中国城市建设统计年鉴 (2014 年) [M]. 北京: 中国统计出版社, 2015.

[4] 萧笃宁, 李团胜. 试论景观与文化 [J]. 大自然探索, 1997, 16 (4).

[5] 俞孔坚, 李迪华. 景观设计: 专业　学科与教育 [M]. 北京: 中国建筑工业出版社, 2003.

[6] 俞孔坚, 刘东云. 美国的景观设计专业 [J]. 国外城市规划, 1999 (2).

[7] 约翰·O. 西蒙兹, 巴里·W. 斯塔克. 景观设计学: 场地规划与设计手册 [M]. 俞孔坚, 等译. 北京: 中国建筑工业出版社, 2000.

[8] 刘滨谊. 现代景观规划设计 [M]. 2 版. 南京: 东南大学出版社, 2005.

[9] 董光器. 城市总体规划 [M]. 南京: 东南大学出版社, 2003.

[10] 俞金尧, 等. 城市发展和经济变革 [M]. 南昌: 江西人民出版社, 2012.

[11] 杨小波, 吴庆书. 城市生态学 [M]. 2 版. 北京: 科学出版社, 2006.

[12] 凯文·林奇. 城市意象 [M]. 方益萍, 何晓军, 译. 北京: 华夏出版社, 2001.

[13] 欧阳志云, 王如松, 赵景柱. 生态系统服务功能及其生态经济价值评价 [J]. 应用生态学报, 1999, 10 (5).

[14] 约翰·O. 西蒙兹. 大地景观: 环境规划指南 [M]. 程里尧, 译. 北京: 中国建筑工业出版社, 1990.

[15] 刘滨谊. 现代景观规划设计 [M]. 南京: 东南大学出版社, 1999.

[16] 刘滨谊. 景观规划设计三元论: 寻求中国景观规划设计发展创新的基点 [J]. 新建筑, 2001 (5).

[17] 威廉·S. 桑德斯. 设计生态学: 俞孔坚的景观 [M]. 俞孔坚, 等译. 北京: 中国建筑工业出版社, 2013.

[18] 肖笃宁. 景观生态学理论、方法及应用 [M]. 北京: 中国林业出版社, 1991.

[19] 傅伯杰, 等. 景观生态学原理及应用 [M]. 北京: 科学出版社, 2001.

[20] 邬建国. 景观生态学: 格局、过程、尺度与等级 [M]. 北京: 高等教育出版社, 2000.

[21] 肖笃宁. 景观生态学研究进展 [M]. 长沙: 湖南科技出版社, 1999.

[22] 肖笃宁, 李秀珍. 当代景观生态学的进展和展望 [J]. 地理科学, 1997 (4).

[23] 刘叔成, 夏之放, 楼昔勇. 美学基本原理 [M]. 上海: 上海人民出版社, 1984.

[24] 周岚, 等. 城市空间美学 [M]. 南京: 东南大学出版社, 2001.

［25］卢新海. 园林规划设计［M］. 北京：化学工业出版社，2005.

［26］陈从周. 惟有园林［M］. 天津：百花文艺出版社，2007.

［27］刘滨谊. 现代景观规划设计［M］. 4版. 南京：东南大学出版社，2017.

［28］张晓燕. 景观设计理念与应用［M］. 北京：中国水利水电出版社，2007.

［29］张辉. 浅析视觉元素在景观设计中的运用［J］. 上海工艺美术，2008（1）.

［30］张大为，尚金凯. 景观设计［M］. 北京：化学工业出版社，2008.

［31］任仲泉. 城市空间设计［M］. 济南：济南出版社，2004.

［32］苟平，杨平林. 景观设计创意［M］. 北京：中国建筑工业出版社，2004.

［33］徐高福，洪利兴，柏明娥. 不同植物配置与住宅绿地类型的降温增湿效益分析［J］. 防护林科技，2009，3（90）.

［34］鲁敏，李英杰. 园林景观设计［M］. 北京：科学出版社，2005.

［35］冯炜，李开然. 现代景观设计教程［M］. 杭州：中国美术学院出版社，2002.

［36］王学斌. 景观规划设计内容和方法［J］. 天津建设科技，2002（2）.

［37］李心蕊. GIS技术在城市景观设计中的应用［J］. 信息技术，2016（7）.

［38］赵哲旻，沈守云. 数字分析技术在景观规划中的应用发展［J］. 现代园艺，2016（9）.

［39］吴信才，等. 地理信息系统原理与方法［M］. 北京：电子工业出版社，2002.

［40］程晓楠. 计算机辅助设计技术（CAD）在景观设计中的应用前景［J］. 计算机产品与流通，2019（6）.

［41］袁崇鑫，杨杰，谢卓婷. 基于SketchUp软件在景观设计制图中的应用［J］. 电脑知识与技术，2017，13（21）.

［42］张逸冰，熊恺薇，何彦雨. 浅谈计算机对景观设计制图与表现的辅助作用［J］. 电子制作，2017（8）.

［43］刘骏，等. 城市绿地系统规划与设计［M］. 北京：中国建筑工业出版社，2004.

［44］贾建中. 城市绿地规划设计［M］. 北京：中国林业出版社，2001.

［45］王浩，等. 城市道路绿地景观规划［M］. 南京：东南大学出版社，2005.

［46］张庭伟，等. 城市滨水区设计与开发［M］. 上海：同济大学出版社，2002.

［47］王颖，盛静芬. 滨水环境与城市发展的初步研究［J］. 地理科学，2002，22（1）.

［48］王建国，吕志鹏. 世界城市滨水区开发建设的历史进程及其经验［J］. 规划信息，2001，25（7）.

［49］甘灿. 城市滨水区景观生态规划与设计研究［D］. 长沙：湖南农业大学，2007.

［50］迪恩·霍克斯，韦恩·福斯特. 建筑、工程与环境［M］. 张威，等译. 大连：大连理工大学出版社，2003.

［51］吴家骅. 环境设计史纲［M］. 重庆：重庆大学出版社，2002.

［52］陈其浩. 城市滨水区环境设计初探［D］. 天津：天津大学，1997.

［53］吴雅萍. 城市中心区滨水空间形态要素研究［D］. 杭州：浙江大学，1999.

［54］王东宇，李锦生. 城市滨河绿带整治中的生态规划方法研究：以汾河太原城区段治理美化工程为例［J］. 城市规划，2000，24（9）.

[55] 刘滨谊，等. 历史文化景观与旅游策划规划设计：南京玄武湖 [M]. 北京：中国建筑工业出版社，2003.

[56] 杨·盖尔. 交往与空间 [M]. 何人可，译. 北京：中国建筑工业出版社，1992.

[57] 毛彬. 城市滨水空间规划设计与开发 [D]. 武汉：武汉大学，2001.

[58] 日本土木学会. 滨水景观设计 [M]. 孙逸增，译. 大连：大连理工大学出版社，2002.

[59] 余新晓，等. 景观生态学 [M]. 北京：高等教育出版社，2006.

[60] R. 福尔曼，M. 戈德罗恩. 景观生态学 [M]. 肖笃宁，张启德，译. 北京：科学出版社，2003.

[61] 单庆，王昕. 城市堤岸景观设计 [J]. 南昌水专学报，2003，22 (1).

[62] 吴文生. 中国城市滨水景观发展研究 [D]. 武汉：武汉大学，2004.

[63] 郑力鹏. 城市广场建设应注重防灾功能和生态效益 [J]. 城市规划，2002，26 (1).

[64] 段进. 应重视城市广场建设的定位、定性与定量 [J]. 城市规划，2002 (1).

[65] 王晓俊. 西方现代园林设计 [M]. 南京：东南大学出版社，2000.

[66] 佛山市城市规划勘测设计研究院. 佛山石湾文化广场规划设计 [R]. 佛山：佛山市城市规划勘测设计研究院，2000.

[67] 刘骏，等. 城市绿地系统规划与设计 [M]. 北京：中国建筑工业出版社，2004.

[68] 人力资源和社会保障部教材办公室. 园林规划设计 [M]. 北京：中国劳动社会保障出版社，2009.

[69] 蔡雄彬，谢宗添，等. 城市公园景观规划与设计 [M]. 北京：机械工业出版社，2013.

[70] 刘福智，等. 景园规划与设计 [M]. 北京：机械工业出版社，2003.

[71] 胡洁，吴宜夏，吕璐珊，等. 奥林匹克森林公园景观规划设计 [J]. 建筑学报，2008 (9).

[72] 殷爱华，张学平，谭家得，等. 南海全民健身体育公园建设 [J]. 中国城市林业，2009，7 (6).

[73] 张学平，殷爱华，胡美聪，等. 南海全民健身体育公园设计特点 [J]. 中国城市林业，2010，8 (1).

[74] 中华人民共和国住房和城乡建设部. 城市居住区规划设计标准：GB 50180 - 2018 [S]. 北京：中国建筑工业出版社，2018.

[75] 吴良镛. 人居环境科学导论 [M]. 北京：中国建筑工业出版社，2001.

[76] 建设部住宅产业化促进中心. 居住区环境景观设计导则 [M]. 北京：中国建筑工业出版社，2010.

[77] 李浩年，等. 风景园林规划设计50例 [M]. 南京：东南大学出版社，2005.

[78] 《世界建筑导报》北京编辑部. 中国景观设计：第二辑（上）[M]. 北京：中国水利水电出版社，2006.

［79］赵良. 景观设计［M］. 武汉：华中科技大学出版社，2009.

［80］刘红婴. 世界遗产精神［M］. 北京：华夏出版社，2006.

［81］王景慧，阮仪三. 历史文化名城保护理论与规划［M］. 上海：同济大学出版社，1999.

［82］吴建藩. 德国人文地理学的理论与实践［J］. 人文地理杂志，1986，1（1）.

［83］唐晓峰. 人文地理随笔［M］. 北京：生活·读书·新知三联书店，2005.

［84］张松. 城市文化遗产保护国际宪章与国内法规选编［M］. 上海：同济大学出版社，2007.

［85］董鉴泓，阮仪三. 名城文化鉴赏与保护［M］. 上海：同济大学出版社，1993.

［86］郭钦. 论历史文化名城文化系统及构成要素：以历史文化名城长沙为例［J］. 湖南社会科学，2004（5）.

［87］毛贺. 城市历史文化景观与周边环境关系处理的原则［J］. 苏州科技学院学报（工程技术版），2006（4）.

［88］王志芳，孙鹏. 遗产廊道：一种较新的遗产保护方法［J］. 中国园林，2001，17（5）.

［89］安定. 探析西部名城中历史遗产的"孤岛化"现象［J］. 城市规划学刊，2005（4）.

［90］谢周辰茜. 历史文化街区缓冲区划定与评估研究：以成都宽窄巷子为例［D］. 成都：西南交通大学，2018.

［91］邓晟辉，姚亦锋. 南京明故宫历史地段保护研究［J］. 山东建筑工程学院学报，2006，21（2）.

［92］崔珊，周庆，杨敏行. 历史文化景观廊道构建：以佛山禅城古镇为例［J］. 现代城市研究，2014（1）.

［93］李凡，司徒尚纪. 历史文化名城文化多样性保护的景观生态学视角：以佛山市为例［J］. 地域研究与开发，2007（6）.

［94］张卫欢. 保定市西大街历史文化街区景观改造设计的研究［D］. 呼和浩特：内蒙古师范大学，2018.

［95］付军，蒋林树. 乡村景观规划设计［M］. 北京：中国农业出版社，2007.

［96］王姣姣. 乡村景观与城市景观的内涵及其关系浅析［J］. 福建质量管理，2020（2）.

［97］刘小喜. 浅谈乡村景观规划建设［J］. 建筑工程技术与设计，2015（24）.

［98］潘玉梅. 乡村振兴战略背景下乡村景观规划设计研究［J］. 乡村科技，2018（21）.

［99］吕俊，毕玉莹，杨君龙. "乡村振兴"战略背景下的乡村景观规划设计研究［J］. 城市建设理论研究（电子版），2020（16）.

［100］彭杨慧. 浅谈植物造景在乡村景观设计中的重要性：以神农架郑家湾村为例［J］. 大众文艺，2020（24）.

［101］易玲. 浅析美丽乡村景观建设与规划［J］. 绿色包装，2020（12）.

［102］刘铁铮. 浅谈城乡规划设计中乡村景观的体现［J］. 城市建设理论研究（电子版），2019（4）.

［103］李芬. 乡村振兴背景下的景观规划研究［J］. 华中建筑，2020，38（12）.

［104］赵宏振，任潇. 美丽乡村景观规划设计原则［J］. 北京农业，2015（28）.

［105］郑会玲，刘正春. 乡村振兴与乡村景观建设［J］. 现代交际，2020（19）.

［106］李佳琪. 基于地域文化视角下乡村旅游景观设计探究［J］. 现代园艺，2020，43（12）.

［107］JAMES E. M. WATSON, OSCAR VENTER, JASMINE LEE, KENDALL R. JONES, JOHN G. ROBINSON, HUGH P. POSSINGHAM, JAMES R. ALLAN. Protect the last of the wild，global conservation policy must stop the disappearance of earth's few intact ecosystems，warn［J］. Nature，2018，563.

［108］NEWTON N T. Design on the land: the development of landscape architecture［M］. Cambridge: The Belknap Press of Harvard University，1971.

［109］MCHARG I. Design with nature［M］. New York: John Wiley and Sons，1969.

［110］ARLT G, SIEDENTOP S. Grundzüge eines Sustainability – Konzeptes für die，1995.

［111］WERNER N. Sustainable landscape use and aesthetic perception-preliminary reflections on future landscape aesthetics［J］. Landscape and urban planning，2001（54）.

［112］USDA Forest Service, National forest landscape management. Vol. 2, Chapter3, USDA for. Agricultural Handbook. No. 484. 1976.

［113］USDA. Soil Conservation Service, Procedure to Establish Priorities in Landscape. TR – 65. Washington, D. C. 20250. 1978.

［114］Kaplan, S., Cognitive maps, human needs and the designed environment. In: Preiser, W. F. E. (Ed.) Environmental Design Research. Stroudsburg, Pa., Dowden, Hutchison and Ross. 1973.

［115］KAPLAN S. An informal model for the prediction of preference. In: Landscape Assessment: Values. 1975.

［116］URICH R S. Visual landscape preference: a model and application［J］. Man-environment systems，1977，7（5）.

［117］ULRICH R S. Aesthetic and affective response to natural environment. In: Altman, I. and Wohlwill, J. F. (Eds), Behavior and the Natural Environment. New York, Plenum. 1983.

［118］ULRICH R S. Human responses to vegetation and landscapes［J］. Landscapes. Landscape and Urban Planning. 1986，13.

［119］COSTANZA R, ARGE R, GROOT R. The value of the world's ecosystem services and natural capital［J］. Nature，1997，387.